李承恕：无线电通信专家，资深教授。长期从事铁路、军事及民用无线通信领域的教学和科研工作，积极参与铁路无线通信的建设，推进了无线通信在客站与货站（场）的应用和铁路卫星通信网的建立，倡导扩展频谱通信和码分多址技术在军用野战通信和民用蜂窝移动通信中的应用。多次组织并主持国内外学术交流活动，促进我国民用及军用无线移动通信的发展。从教50年，在培养研究生方面指导硕士、博士、博士后和访问学者共58人，为铁路无线通信建设和培养无线通信高水平的科技人才做出了重要贡献。

知行学人丛书

发展我国无线及移动通信为国民经济和国防建设服务

——学术论文选集

李承恕　著

（扫描二维码，获取本书配套数字资源）

北京交通大学出版社

·北京·

内 容 简 介

本书浓缩了李承恕教授半个多世纪以来从事无线及移动通信教学与科研的历程和为促进我国通信事业发展所做的贡献，以及对教学、科研工作的总结，既展现了学术大家个人学术研究的脉络，也从一个侧面展现了新中国无线通信专业的教学与科研发展进程。本书对从事无线及移动通信专业的高校教师及科研人员有极高的参考价值；对研究我国通信技术的发展也有重要的意义。

图书在版编目（CIP）数据

发展我国无线及移动通信　为国民经济和国防建设服务：学术论文选集/李承恕著.—北京：北京交通大学出版社，2018.1

（知行学人丛书）

ISBN 978-7-5121-3447-8

Ⅰ.①发…　Ⅱ.①李…　Ⅲ.①无线电通信-文集 ②移动通信-文集　Ⅳ.①TN92-53

中国版本图书馆 CIP 数据核字（2017）第 302091 号

总 策 划：章梓茂
责任编辑：贾慧娟
出版发行：北京交通大学出版社　　电话：010-51686414
　　　　　北京市海淀区高梁桥斜街 44 号　　邮编：100044
印 刷 者：艺堂印刷（天津）有限公司
经　　销：全国新华书店
开　　本：185mm×260mm　印张：23.25　字数：575 千字
版　　次：2018 年 1 月第 1 版　2018 年 1 月第 1 次印刷
书　　号：ISBN 978-7-5121-3447-8/TN·112
定　　价：98.00 元

本书如有质量问题，请向北京交通大学出版社质监组反映。对您的意见和批评，我们表示欢迎和感谢。
投诉电话：010-51686043，51686008；传真：010-62225406；E-mail：press@bjtu.edu.cn。

写在“知行学人丛书”出版之际（代序）

一所大学就是一座精神的家园。今年适逢北京交通大学建校 120 周年，在一个多世纪的历史进程中，北京交通大学弦歌不辍、桃李芬芳，所倚重者，正是以“知行”为精髓的北京交大精神。

“知行”二字言简意赅，意蕴深远。“知”要“知民族大义、知国家所需”；“行”要“行远自迩”，既脚踏实地，又坚定不移。作为学校校训，“知行”凝聚了我校百年来的办学理念，也蕴含着对全体北京交大人为学为人的要求和期许。在“知行”校训的指引下，一代代交大人求真务实、严谨治学、胸怀担当、勇于奉献，用他们的人生诠释着“知行合一”的真正意涵。

在学校 120 周年校庆之际，由北京交通大学出版社出版“知行学人丛书”，选取近半个世纪，特别是改革开放以来我校学人中的部分杰出代表，总结他们数十年来潜心科研、倾心育人的所学所思。他们的“故事”体现着交大的精神，是交大历史的重要组成部分。这一切不仅展现了北京交大独特的学人风骨，更反映出学校在科技进步、国家发展和民族振兴中的重要作用，也正是“知行”校训在学校建设、发展中的光辉写照。

希望“知行学人丛书”能成为北京交通大学的文化精品，也希望广大师生校友能从中继承老一辈学人的光荣传统，矢志践行“知行”校训，用不懈的奋斗，为中华民族的伟大复兴、为人类文明的进步做出积极的贡献，谱写属于北京交大人的崭新篇章！

北京交通大学校长 宁滨

2016 年 9 月

前　言

Preface

为了庆祝北京交通大学建校120周年，本人特整理编选了这本《发展我国无线及移动通信为国民经济和国防建设服务——学术论文选集》。本书共选编了本人公开发表过的250篇论文中的50篇，此外还选编了本人传略、所发表过论文的目录，以及所培养的研究生学位论文的目录等内容。

传略简述了本人在北京交通大学66年来学习和工作的概况，介绍了本人所从事的主要科研工作和学术活动，包括：积极推动铁路无线通信的建设和发展；倡导扩展频谱通信，促进我国军用无线通信的发展；主持国内外学术交流活动，推动我国民用移动通信的发展；努力培养科技人才等内容。本人所发表的论文也大致反映了这些方面的情况。

本书所选编的论文多数是围绕我国无线及移动通信的发展问题展开的。自中华人民共和国成立以来，我国的无线通信及移动通信取得了巨大的进步和广泛的应用，我国已成为世界通信大国，人类梦寐以求的个人通信也已实现。回顾我国无线通信事业的整个历史发展进程，既有过艰难曲折、跌宕起伏，又有迅速多变、异彩纷呈的局面。本书选录本人在各个历史节点上发表的论文中所阐明的各种观点和建议，在一定程度上见证了我国通信事业数十年来的发展历程。这些论文可供各界人士作为史料进行研究和参考。

北京交通大学无线通信专业成立至今已有60多年，培养出了许多高水平的人才，他们在国内外各自的工作岗位上做出了突出的贡献。本书选编的学术论文和列出的各类论文目录能反映出我校通信专业的教学、科研和研究生培养的成绩和水平。本书也可作为与兄弟院校师生和业界人士进行学术交流的资料。

这本学术论文选集能得以出版也离不开北京交通大学出版社领导的积极倡导和精心组织。同时也得到了学校领导的赞许与支持。本人对他们尊师重教的精神和举措表示钦佩和由衷的感谢！

值此庆祝北京交通大学建校120周年之际，谨以此书恭祝母校繁荣昌盛，为中华民族的伟大复兴培养更多的杰出人才，做出更大的贡献！

李承恕

2016年5月6日

目　录

CONTENTS

第一部分　传　略

第二部分　学术论文选编

第三部分 发表论文目录

第四部分 研究生名单和学位论文目录

第一部分　传　略

一、李承恕传略（1932— ）

李承恕，无线电通信专家，资深教授。长期从事铁路、军事及民用无线通信领域的教学和科研工作，积极参与铁路无线通信的建设，推进了无线通信在客站与货站（场）的应用和铁路卫星通信网的建立，并且积极倡导扩展频谱通信和码分多址技术在军用野战通信和民用蜂窝移动通信中的应用。多次组织和主办各种国内外的学术交流活动，为促进我国民用及军用无线移动通信的发展起到了关键性的作用。从教50年来，为我国铁路无线通信建设和培养高水平的无线通信科技人才做出了重要贡献。

李承恕于1932年5月6日出生于重庆市。抗日战争时期为躲避日军飞机的狂轰滥炸移居江北寨子坪花朝门。通过家教及自学于1942年考入观音桥大庙中心小学高小学习，于1944年毕业，同年考入重庆市私立南开中学。该校在抗日战争时期是国内著名的学校，师资力量强，教学质量高，学生素质好，为我国培养出了大批知名学者和国家领导人。李承恕在校期间刻苦努力、勤奋学习，曾两次获得学校“四七奖学金”。高中时因数学、英语两科平时成绩优秀，曾获期末免考的奖励。抗战胜利后，国内政治斗争形势日趋激烈。李承恕眼见国民党当局统治的贪污腐化、通货膨胀、民不聊生，受进步思想的影响，积极参加进步的学生运动，并参加了中国共产党领导的进步学生的外围组织“民主青年联合会”。1949年11月27日重庆解放，1950年初李承恕参加了新民主主义青年团西南及重庆市团干部训练班的学习，并转为正式团员。不久，又被选为重庆市第一届人民代表会议的学生代表并参加了会议。同年夏天参加了全国统一高考，进入中国交通大学（1950年8月27日更名为北方交通大学）唐山工学院电机系学习，1952年因院系调整转入哈尔滨铁道学院电信系通信专业学习。

1953年大学毕业后留校担任助教工作，同年学校迁京并入北方交通大学（现北京交通大学）。1955年11月加入中国共产党。1956年通过考试及参加俄语培训后，作为

---

* 本文转载自：中国科学技术协会编．中国科学技术专家传略（铁道卷）2，中国铁道出版社，2007：463-474。

研究生被派赴苏联列宁格勒铁道运输工程学院学习。师从苏联无线电通信专家拉姆拉乌教授。1960 年获苏联科学技术副博士学位。同年底返校继续担任教学工作。

20 世纪 70 年代初，各高校恢复招生，李承恕重新投入到了紧张的教学工作中。为了践行以典型产品带教学的教育理念，他通过广泛的收集资料和深入的调研分析，向教研室提出了研究“雷德（RADA）”无线任意选址通信系统的建议，并获得了大家的赞同。在取得初步研究成果的基础上，1974 年 2 月与北京军区协作共同研制“无线双工任意选址保密通信系统”。历时 4 年于 1978 年完成了 3 台试验样机的研制，实现了双工、任意选址和保密功能，初步达到了预期的要求。该项目后因北京军区按上级指示停止了协作和经费支持而结束。此项研究因首次在我国采用了新兴的扩展频谱通信技术实现了野战通信中的码分多址（CDMA）应用而具有开创性的意义，也因此获得了全国铁路科技大会奖。

随着改革开放政策的实施，我国自 1980 年开始又大批选送高校师生出国留学。李承恕通过考试及参加培训于 1981 年以访问学者的身份赴美国麻省理工学院进修。其间除旁听了一系列相关课程外，还在 R. Gallager 教授的指导下完成了两篇有关数据通信网方面的研究报告，后来在相关的国际会议上进行了宣读。这一次难得的留学进修机会为他后来工作和提高学术水平打下了更为坚实的基础。1983 年学成归国，返校继续工作。在 20 世纪 80 年代及 90 年代，李承恕一直坚持在学校教学及科研岗位上，先后担任讲师、副教授、教授、博士生导师，担任的行政工作有教研室主任及研究室主任、系主任、研究所所长，校学术委员会、校学位委员会及校职称评定委员会委员等职务。在科研工作方面，李承恕主持完成了铁道部下达的 3 个无线通信方面的课题，并分别于 1987、1988 和 1991 年获铁道部科技进步三等奖。在军事通信方面，由其指导的研究生完成了扩频信号的检测和实现了跳频通信的同步。另外，他还系统地研究了实现无线自组织网的通信控制协议及完成了短波跳频同步系统的研制。主持并完成了多项军方研究所和国防重点实验室的项目。此期间，他还主持完成了多项国家攻关及 863 计划支持和国家自然科学基金、国家教委博士点基金资助的研究无线及移动通信相关技术的项目。1991 年被评为北方交大“七五”期间优秀科技工作者。在培养研究生方面，李承恕指导硕士生、博士生、博士后和访问学者共 58 人。李承恕还担任多个学会的高级职务，积极组织和参与国内外的学术交流活动，为推动和促进我国的民用和军用无线及移动通信的发展做出了积极的贡献。为表彰李承恕所做出的显著业绩，1992 年获国务院政府特殊津贴，1998 年获茅以升铁道科学技术奖。

（一）积极推动铁路无线通信的建设

中华人民共和国成立后，无线通信在我国铁路中的应用主要是列车无线通信。20 世纪 80 年代改革开放以后，铁路无线通信才开始得到广泛应用。北京交大现代通信研究所承担了 3 项铁道部下达的相关科研项目，均由李承恕主持完成。

(1)“全路大中型客站无线通信系统及沈阳站实施方案”于 1987 年 12 月获铁道部科技进步三等奖。此项目为铁道部科技局与运输局下达的科研项目，目标是客站的无线通信组网。其技术难点为要保证在面积不到 1 $(\mathrm{km})^2$ 内有数十部手持电台进行通信而互不干扰。此项研究提出的组网原则和组网方法有着广泛的指导意义，为大中型铁路客站无线通信组网的应用打下了坚实的基础。此项目的成果为铁路客站在应用无线通信指挥系统，提高运输效率，保证旅客乘降安全等方面做出了重要贡献。该项成果随后在一些大中型客站中得到了更广泛的推广应用。

(2)“铁路货站（场）无线通信网”于1989年1月获铁道部科技进步三等奖。此项目的研究目的是为在铁路货场组织无线通信网，以提高管理效率。该项目的技术特点是为提高统一调度指挥和相互通信能力，采用小组内同频单工组网及小组间频分多路复用的原则，从而使整个货场自上而下指挥畅通，各货场之间指挥灵活，大大提高了货物的存取效率和管理水平。此项目的研究成果已在我国上海铁路局、济南铁路局、哈尔滨铁路局等20余个货场中推广应用，取得了明显的经济效益。

(3)“卫星通信在铁路上发展的研究”于1991年12月获铁道部科技进步三等奖。此项目主要是为铁道部制定卫星通信的发展规划。经过充分的调查研究和理论分析，制定的规划分为三个阶段：第一阶段实现小数据站（VSAT）通信网，以解决边远地区数据传输的需要；第二阶段为组织各主要铁路局与铁道部的数字卫星通信网，以提高全路通信网的通信能力与安全性；第三阶段为延伸到全国各个分局，以形成统一的卫星通信网。截止到2007年，第一阶段已在4个边缘站实施，取得了良好的效果。第二、第三阶段也进入实施阶段，并将在全国各个路局与铁道部构成卫星通信网，利用世界银行贷款实施此规划方案。本项目的科研成果已在铁路卫星通信的发展上起到了指导性的作用。

李承恕与现代通信研究所的同事们积极推动GSM-R无线通信系统在我国铁路现代化中的应用。我国的铁路通信在20世纪末期面临着更新换代和实现现代化的艰巨任务。为适应21世纪铁路建设大发展的需要，他们通过认真的调查和深入的研究分析，向铁道部有关领导提出了采用GSM-R铁路无线通信系统的建议。该系统是欧洲各国铁路无线通信所制定和采用的共同标准，在欧洲获得了广泛的应用。GSM-R系统是在第二代移动通信系统GSM的基础上增加了适应铁路需要的部分改进而成，能够满足铁路调度和行车指挥等功能的要求。经过欧洲一些国家的实际应用，表明它是技术上先进、运行可靠的铁路无线通信系统。铁道部领导经过多方面的慎重研究和亲临使用、现场考察后，采纳了李承恕等人的建议，决定采用GSM-R系统作为我国新一代的铁路无线通信系统，并首先在青藏铁路上试用，然后逐步在全国主要铁路干线上推广应用。至2007年，北京交通大学现代通信研究所一直在进行相关技术开发、现场试验和推广应用的工作，这一系统为我国铁路通信的现代化起到巨大的推动作用。

（二）倡导扩展频谱通信，促进我国军用无线通信的发展

自1974年2月开始，在李承恕的主持下，北京交通大学有关项目组进行了“无线双工任意选址保密通信系统”的研制。此项目为与北京军区协作的项目，历时5年。该项目为我国第一次在野战通信中采用直接序列（DS）扩频通信技术实现的任意选址码分多址系统，可在-15dB信噪比的情况下把信号提取出来，并能在等功率条件下实现正确码分。众所周知，扩展频谱通信是一种具有很强抗干扰能力的通信技术。它根据信息论中以频带资源换取信噪比提高的原理，用高速扩频码序列把有用信息调制到更宽频带的信号上进行传输。同时，在接收端采用相同的扩频码序列进行相关解调的技术把有用信号从干扰中提取出来，从而达到抗强干扰的目的。此外，扩展频谱通信还具有信号功率谱密度低，不易检测信号的存在，可以实现码分多址，并可利用扩频码序列的特点

进行测距和抗多径干扰等一系列优良的性能。目前扩频通信在码分多址（SS-CDMA）的蜂窝移动通信、卫星通信和个人通信中都有广泛的应用。李承恕主持研究的系统具有很强的抗干扰能力，可以任意选址，并实现了同频双工，以及数字加密等功能，在军事上有重要的应用价值。此项科研成果使北京交通大学在国内扩频通信技术上处于领先地位，为国内同行所承认，也为推动我国扩频通信技术在军事通信中的发展和应用做出了重要贡献。无线双工任意选址保密通信系统获得了1978年全路科技大会奖。

在军事通信领域，李承恕还进行了一些其他专题的研究，指导研究生完成的研究课题有：用能量积累的方法实现扩频信号的检测；第一次在国内实现跳频信号的同步；系统地研究了多跳信包无线通信网和自组织无线通信网的一系列通信控制协议，并在计算机仿真中验证了20个节点的自组织和抗干扰功能，为进一步研制实际系统打下了基础。李承恕在一些军事通信会议上发表了有创新思想的论文，全面分析研究了直接序列扩频和跳频通信系统电子对抗和反对抗的性能，提出了“军民结合，共建21世纪军事信息系统”和研制“合成电子战系统”等重要建议。

此外，李承恕还主持完成了“短波跳频通信同步系统的研制”“抗干扰通信体制性能评估和仿真”及“GloMo系统的跟踪研究”等课题，以及“军用无线通信网顽存性的研究”和“军民两用即兴网（Ad Hoc Networks）的研究”等项目。

纵观上述课题的研究，李承恕在发展我国军事通信中强调的指导思想是：（1）应对军事通信中的电子对抗和电子反对抗进行综合研究，才能真正做到提高抗干扰性和增强对抗的能力；（2）应进行合成电子战系统研究，它是包含通信、对抗、情报、侦察、指挥和控制于一体的自组织、自适应的信息系统，以适应21世纪现代化战争的需要；（3）发展军事通信要走军民结合的路线，平时民用，战时军用，研制军民两用的通信装备，才符合我们虽然是一个大国，但在经济和技术上又比较落后的国情。这些指导思想对发展我国的军事通信至关重要。李承恕还受聘担任军方研究所和国防重点实验室的客座研究员，为促进我国军事通信的发展做出了不懈的努力，获得了军方的赞许。

（三）主持国内外学术交流活动，推动我国民用移动通信的发展

我国的移动通信事业自20世纪80年代中期开始起步，如今已发展成为世界上移动用户最多的国家。多年的发展取得了巨大的成就，经历了从第一代模拟蜂窝移动通信到第二代数字蜂窝移动通信的发展和现在第三代移动通信的发展阶段过程。在这期间，李承恕主持和完成的科研课题包括：国家“八五”攻关项目“数字移动通信中电波传播的研究”；国家“863”计划项目“CDMA小区规划工程设计软件系统的研究”；国家自然科学基金资助项目“扩频码分多址的理论及其在个人通信、移动通信中的应用”等，这些研究成果都具有较高的价值。

李承恕长期担任中国通信学会常务理事、理事、无线通信委员会主任委员、《通信学报》常务编委等职务；组织和主持了两届以“扩频通信、个人通信和移动通信”为主题的国际会议，并担任程序委员会主任委员；主持全国性的无线通信学术会议12次；出国参加国际会议和做学术报告9次。这些学术交流活动主要围绕如何发展无线及移动通信展开，对我国移动通信的发展和制定决策、规划发展起到了很好的作用。此外，李承恕担任过的其他学术职务还包括：中国铁道学会自动化委员会副主任委员、中国电子学会通信分

会委员、铁道部电务局无线通信专家组顾问和北京市通信学会理事等。

在我国移动通信发展历程中，曾出现过一些问题，以及关于发展方向的争论，在一些关键时刻，李承恕都提出过不少中肯的看法与观点供各界参考。在我国移动通信发展的初期，在制式上究竟是采用模拟式还是数字式的讨论中，他明确表示应采用技术上先进的数字式移动通信；在发展第二代数字式移动通信的过程中，在采用时分还是码分的争论中，他积极主张采用具有一系列优点的扩频码分多址（CDMA）技术体系。纵然采用何种制式的决策是由多种因素决定的，但我国数字移动通信发展的历史进程在一定程度上验证了这些观点的正确性。

在 2001 年年初发表的论文"我国移动通信的发展战略与支配移动通信发展的 4 条基本规律"中,李承恕提出制定移动通信发展战略的基本原则是：①发展战略是指宏观的、大范围的和长远的根本性指导原则；②制定发展战略的重要性在于如果战略上出现错误将带来严重的失败；③制定发展战略要尊重客观规律；④制定发展战略要抓住主要矛盾，要弄清发展的决定性因素。

在总结国内外移动通信发展历史经验的基础上，他提出了支配移动通信发展的 4 条基本规律。

（1）移动通信的发展应尽量采用新技术，新技术具有很强的生命力。新技术生存、发展和具有生命力的充分和必要条件是其性能/价格比要（或性能函数与代价函数之比）具有明显的优势。

（2）在移动通信的发展中新技术终究要取代落后的技术，这是一条不可抗拒的客观规律。

（3）移动通信的发展离不开市场的牵引和技术的推动，二者是相互促进的。有时是市场的需求大大促进了新技术的发展，有时又是新技术的发展培育了巨大的市场。

（4）移动通信发展演进的基本规律是：不断提高频带利用率和不断提高数据传输率，以满足人们不断增长的对服务的需求。

上述从历史经验中总结出的基本规律具有重要的指导意义，对我国民用移动通信的发展起了积极的推动作用。

（四）为培养科技人才做贡献

半个世纪以来，李承恕在教学岗位上辛勤耕耘，结出了丰硕成果。他是北京交通大学无线通信专业的创建人之一，在担任系主任期间，学校的通信与电子系统重点学科及博士点分别获得上级主管部门评审通过，被批准成立。在科研工作取得较大进展的情况下，他还主持创建了现代通信研究所。这些工作为培养高水平的科技人才建立起了牢固的基础。

多年来李承恕为高年级本科生及研究生讲授过的课程有《微波通信》《无线电通信理论》《数字通信原理》《无线计算机通信网》《数据通信网理论基础》《通信网理论基础》《信息论基础》等。开设的博士生学位课程有《扩展频谱通信原理》《码分多址（CDMA）通信技术》《网络最优化算法》等。

在研究生学位课程的教学中，他主张在讲授时只需要提纲挈领地引导和对重要概念进行阐述，由浅入深，循序渐进，逻辑性强，使学生易于接受。同时要求学生课后阅读高水平的外文原版教材，通过自学，使学生既学到了知识又能更多地掌握外文专业词汇与表述方法。实践证明，这种方法取得了良好的效果，受到了学生们的欢迎。

在指导硕士研究生的工作中，他强调和要求学生在大幅扩充基础和专业知识的同时，也要通过科研项目和硕士论文的写作初步培养独立进行科学研究的能力。在完成硕士论文方面，要求学生参加科研课题的研究，在导师的指导和帮助下独立完成一定份额的科研任务。然后围绕科研课题写硕士论文，进行答辩，从而对学生的科研能力进行全面培养和训练。硕士研究生导师的主要作用就是引导和帮助。导师要引导学生学会自己学习、自己思考和自己去寻找研究和解决问题的方法，并逐步培养其独立工作的能力。

在对博士生的培养上，李承恕认为在博士研究生阶段学习的课程数量宜少不宜多。可采用导师拟定学习大纲，指定中外文参考书，由学生自学，通过答疑和考试完成指定课程的学习；也可以辅之以阅读当前的报刊文献资料，写出综述或读书报告，这也是培养学生自学能力的好方法。此时不宜再进行讲授，以消除学生在学习中的依赖思想。

博士研究生阶段学习的重点应是通过科研课题完成论文的写作。博士论文在水平上应能开拓一个新的学术领域。同时，前瞻性、探索性和创新性都是对论文的基本要求。一个博士研究生在具备了一定深度和广度的基础理论和专业知识，并在科研中取得一定成果后写出的论文才能达到较高的水平。论文选题是多数博士研究生碰到的第一难题，对此，李承恕认为论文题目的确定需要有一个过程，研究生应在导师指导下广泛阅读相关科研课题的文献资料，进行较深入的研究后逐步提出该课题需要解决的问题，在形成自己解决问题的思路后确定。稳定的研究方向和正确的选题对科研成果的取得和论文质量的提高大有裨益。

研究生应该认识到，从研究课题开始，到提出存在的问题，形成解决问题的思路，再到进行理论分析或仿真，直至取得研究成果，最后整理写作成文，是一个一步步向上攀登的艰苦过程，需要克服任何的侥幸和依赖心理。

导师在指导搏士研究生的过程中，应创造条件让学生自己努力克服各种困难以步入科学研究的殿堂。此外，李承恕还认为，导师除了要时刻关注研究生论文的工作进展和存在的问题，及时加以方向性的指导和点拨以协助解决其难题外，还要花费更多的时间与精力进行当今前沿课题的研究，广泛阅读报刊杂志，把握科学发展的新动向，以及进行各种学术交流活动，及时跟上科技发展前进的步伐，只有自己具备开阔的视野和深厚的积淀才会在指导工作中胸有成竹，给学生以中肯和有价值的指导意见。好的导师应做到对博士研究生彻底放手，使之有条件大胆独立地进行科学研究，同时又要在各个环节上严格要求，确保其在正确的方向上按期完成学习任务，取得博士学位。李承恕这些年来在培养研究生中积累的宝贵经验对于年青导师和研究生都具有重要的指导意义。

在60多年的教学和研究生培养工作中，李承恕以严谨踏实的治学态度和独到的育人理念为国家培养出了大批优秀的人才，获得了国家和学校的多次表彰和奖励。1991年被评为北方交大优秀研究生指导教师，1992年获国务院政府特殊津贴，1994年被评为北方交大优秀研究生任课教师，1995年被评为北方交大优秀教师，1998年获茅以升铁道科技奖。李承恕培养了硕士生28人、博士生26人、博士后3人及苏联访问学者1名共计58人。他们如今都在国内外不同的岗位上发挥着骨干和中坚作用，其中不少人还在高校、政府部门、中外企业和事业单位担任领导职务。李承恕在半个世纪的教学和科研实践中，用自己的辛勤努力为培养我国无线通信领域高水平的科技人才做出了不可磨灭的突出贡献。

（李翠然）

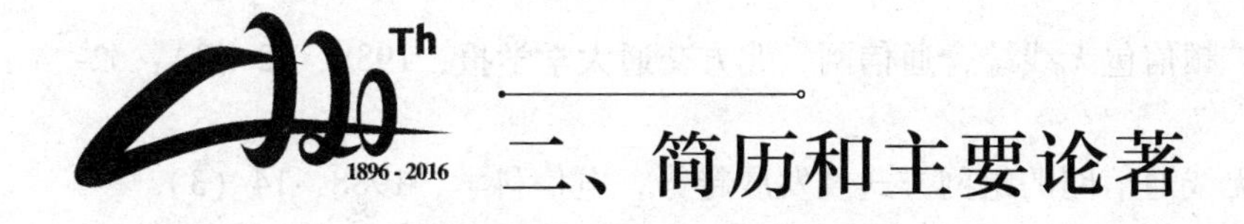

二、简历和主要论著

（一）简历

1932 年 5 月 6 日出生于重庆市；

1944—1950 年　重庆南开中学高中学习；

1950—1953 年　北京铁道学院（现北京交通大学）电信系学习；

1954—1956 年　北方交通大学（现北京交通大学）电信系助教；

1955—1960 年　苏联列宁格勒铁道学院（现圣彼得堡国立交通大学）研究生学习，获副博士学位；

1961—2002 年　北方交通大学（现北京交通大学）讲师、副教授、教授、教研室主任、科研室主任、系主任，现代通信研究所所长、名誉所长；

1981—1983 年　美国麻省理工学院访问学者；

2002—　北京交通大学电子与信息工程学院资深教授、现代通信研究所名誉所长。

（二）主要论著

［1］李承恕．时分多路无线接力通信同步系统的研究［副博士论文(俄文)］．苏联：列宁格勒运输工程学院，1960.

［2］李承恕．视频矩形窄脉冲序列同步简谐自激振荡器的研究．电子学报，1962，1（2）.

［3］李承恕．无静差相位自动微调系统（一）（二）．第三次科学讨论会论文选集．北京：北京铁道学院，1962.

［4］李承恕．扩频选址通信系统．军事通信技术，1980（增刊）.

［5］李承恕，等．扩频选址通信方案电路的试验．北方交通大学学报，1980（2）.

［6］李承恕．频率跳变扩展频谱信号的自同步．北方交通大学专题科技资料，1982.

［7］Li Chengshu. A Dynamic analysis of variable size protocols. MIT LIDS-P-1285，1983.

［8］Li Chengshu. Clustering in Packet Radio Networks. MIT LIDS-P-1183，1983.

［9］Li Chengshu. Clustering in Packet Radio Networks. IEEE ICC'85 Proceedings, 1985. Sec, 10. 5.

［10］李承恕．扩频信包无线综合通信网．北方交通大学学报，1988，12（3）：62-68.

［11］李承恕．无线通信网的组网方式及发展趋势．电信科学，1988，14（3）.

［12］李承恕．发展我国铁路通信的几个问题．未来通信技术与经济研讨会论文集，1988.

［13］李承恕．综论跳频通信的电子对抗与电子反对抗．全国第二届现代军事通信学术会议论文集，1990.

［14］李承恕．数字移动通信发展现状．通信学报，1991，7（3）.

［15］李承恕．综论跳频通信的电子对抗与反对抗．通信对抗，1991（3）.

［16］李承恕．自组织自适应综合通信侦察电子对抗系统．无线电工程，1991（6）.

［17］李承恕．扩频码分军用移动通信．军事移动通信研讨会论文集，1992.

［18］李承恕．数字移动通信发展中的若干问题．电信科学，1992，8（4）.

［19］李承恕．综论直接序列扩频通信的电子对抗与电子反对抗．第三届全国现代军事通信会议论文集，1992.

［20］李承恕，赵荣黎．扩展频谱通信．北京：人民邮电出版社，1993.

［21］李承恕．当前军事通信抗干扰的几个问题．野战通信抗干扰体制研讨会论文集，1994.

［22］李承恕．军用移动通信的基本原则与 CDMA．全国第四届现代军事通信学术会议论文集，1994.

［23］李承恕．自组织扩频信包无线通信网．全国第四届现代军事通信学术会议论文集，1994.

［24］李承恕．建设信息高速铁路初探．铁路无线通信学术会议论文集，1994.

［25］李承恕．数字移动通信．北京：人民邮电出版社，1996.

［26］李承恕．我国第三代移动通信的研发与移动通信产业的发展战略问题．电信软科学研究，2001.

［27］李承恕．我国移动通信的发展战略与支配移动通信发展的 4 条基本规律．中国移动通信，2001.

第二部分　学术论文选编

本书所选编论文是作者早期从事科研工作所发表的论文和科研成果总结。
为尊重论文原貌，所选论文均按原文内容排版。

论文 1

视频矩形窄脉冲序列同步简谐自激振荡器的研究*

李承恕

摘要：本文对视频矩形窄脉冲序列牵曳自激振荡器频率现象进行理论研究，确定了在各种条件下同步自激振荡器的指标：平衡状态及其稳定性、牵曳频带、相位剩余误差、相位建立时间等依赖于振荡器及脉冲序列参数间的关系。基本结论与实验结果相符。

引　言

在时分制多路通信系统中，一般都采用专门的同步脉冲来实现节拍频率的同步。在某些情况下，直接利用这种同步脉冲序列去牵曳节拍频率振荡器的频率具有很大的实际意义，但到目前为止尚未发表有关这一问题的文献。本文的目的在于对视频矩形窄脉冲序列同步简谐自激振荡器问题进行理论和实验研究（图 1）。

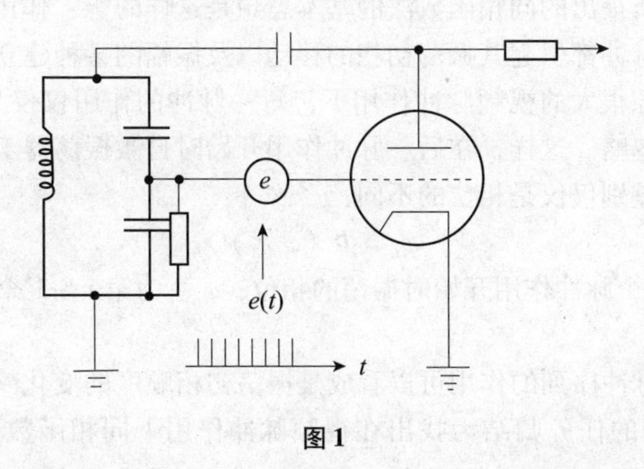

图 1

以外加正弦电压同步的自激振荡器理论已十分完善。如果把视频脉冲序列看成无数

* 本论文选自：电子学报，1962（02）：35-49。（注：本论文原文字母角标符号全部用正体。俄文参考文献请读者请查阅原论文。）

谐波之和，应用一些经典方法，例如振幅缓变法（王德堡法）①，小参数法（布昂加尔法）② 等来解决这一问题将碰到数学上繁杂运算的困难[1,2]。问题的症结在于应用上述方法时自激振荡器在脉冲序列作用下的工作状态是由下面这种具有一个自由度的，在无数外力作用下自振系统的非线性微分方程所描述：

$$\ddot{x} + x = \mu F(x,\dot{x}) + \sum_{1}^{8} \lambda_n (n\tau - n\theta_0)$$

大家都知道，即使只有两个谐波振荡之和作用于自激振荡器，在稳定情况下来求解这类方程也是十分困难的。为了把问题简化，我们作如下的假设：(1) 自激振荡器电子管工作在第一类状态，具有固定的栅偏压，且无栅流。(2) 脉冲宽度 τ 足够小，在一般情况 $\tau = 0.01 \sim 0.05T_i$，这里 T_i 为脉冲重复周期。(3) 谐振回路的品质因数很大。这样一来，解决问题的途径可以从下面的物理概念出发得出：当脉冲电压作用在电子管栅极上时，在阳极回路中将出现阳流脉冲序列，因而在振荡回路中也将产生附加的、具有小振幅的、近于简谐的振荡，而这一附加振荡将去牵曳自激振荡器的频率。

最近一个时期以来，有关无线电高频脉冲同类自激振荡器的问题，以及在具有小振幅或大振幅正弦电压作用下自激振荡器的过渡历程问题已经发表了一系列文章。其中我们感兴趣的是［3、4］及［5］。前者建议了同相函数法，而后者提出了理想脉冲的概念。但其中讨论的都是无线电脉冲作用的问题。下面所进行的理论分析就是基于这些方法以及大家熟知的缩短方程法的基本思想，根据视频脉冲的具体条件，考虑到简化问题所作的假设，从而完全得到同步理论中所提出问题的解答，诸如：平衡状态和它们的稳定性，稳定状态的建立过程，以及相位剩余误差，当微小频率失调时的牵曳频带等等[7]。

1. 同相函数法

扎纳德沃洛夫所提出的同相函数法的基本思想是这样的[3]：作用于自激振荡器上的脉冲序列中每一个脉冲都引起其振荡初相的移动以及振幅的某种建立过程。对于在脉冲宽度很窄而脉冲间隙很大的视频脉冲作用下，每一脉冲的作用仅仅只引起初相的移动，而振幅的变化可以忽略。这样，在后一脉冲作用开始时自激振荡器工作状态与前一脉冲作用时工作状态的差别仅仅是相位的不同：

$$\varphi_{\mathrm{n}} = \Phi\ (\varphi_{\mathrm{n}-1}) \tag{1}$$

这里 φ_{n} 为第 n 个脉冲作用开始时振荡的相位；$\varphi_{\mathrm{n}-1}$ 为第 $n-1$ 个脉冲作用开始时振荡的相位。

因此，周期性脉冲序列的作用可以看成是振荡初相顺序的变化（$\varphi_0 \rightarrow \varphi_1 \rightarrow \cdots \varphi_{\mathrm{n}-1} \rightarrow \varphi_{\mathrm{n}} \rightarrow \cdots$）。从而我们的任务归结为找出在视频脉冲作用下同相函数（1），并求出它的解来。

脉冲序列作用在自激振荡器而没有反馈时与脉冲序列作用在一般谐振放大器的情况

---

① метод медленно меняюшнхся аиллитуд (метод Ваи Дер поия).

② метод малояо параметра (метод Пуанкаре).

完全一样。振荡回路在具有周期为 T_i 的周期性函数 $i_u(t)$（图2）的作用下，其稳态电压在时间间隔 $\tau<t<T_i$ 内可以按下式计算，而这时回路准确调谐到某一谐波频率，即当 $\omega_p=n\frac{2\pi}{T_i}$：

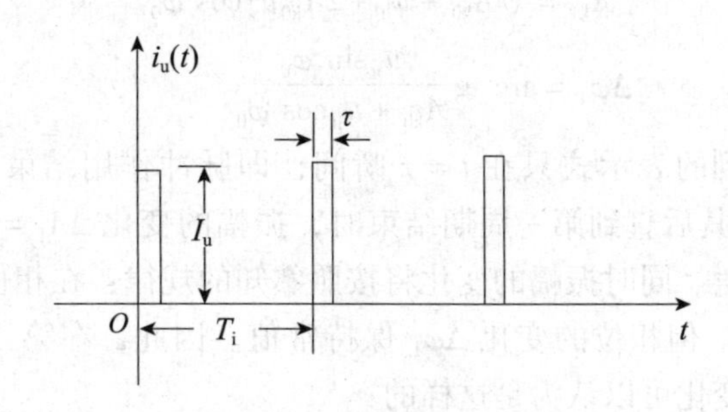

图2

$$u_и(t)=-\frac{I_и e^{-\alpha t}}{\omega_p C(1-e^{-\alpha T_i})}\gamma(\tau)\sin[\omega_p t-\theta(\tau)] \tag{2}$$

此处

$$\alpha=\frac{R}{2L}, \quad \omega_p=\frac{1}{\sqrt{LC}} \tag{3}$$

$$\left.\begin{aligned}\gamma(\tau)&=\sqrt{1-e^{\alpha\tau}\cos\omega_p\tau+e^{2\alpha\tau}}\\ \theta(\tau)&=\text{arc tg}\frac{e^{\alpha\tau}\sin\omega_p\tau}{1-e^{-\alpha\tau}\cos\omega_p\tau}\end{aligned}\right\} \tag{4}$$

应该指出，在这一时间间隔外可以假设此解答继续作周期性的重复。

当振荡回路调谐到脉冲序列的基频时，即 $n=1$，$\omega_p\backsimeq\omega_0=\frac{2\pi}{T_i}$，在脉冲宽度很窄，且每一周期结束时振荡幅度的衰减不大的条件下，可以假定 $e^{\alpha\tau}\backsimeq1$。从（2）式我们得到：

$$u_и(t)=\bar{u}_и\sin(\omega_0 t-\theta)\backsimeq\bar{u}_и\cos\omega_0 t \tag{5}$$

这里

$$\bar{u}_и\backsimeq-\gamma\frac{I_u}{\omega_o C} \tag{6}$$

$$\left.\begin{aligned}\gamma&=\sqrt{2-2\cos\omega_0\tau}\backsimeq\sin\omega_0\tau\\ \theta&\backsimeq\text{arc tg}\frac{\sin}{1-\cos}\frac{\omega_0\tau}{\omega_0\tau}\backsimeq\frac{\pi}{2}\end{aligned}\right\} \tag{7}$$

此处未计及前面脉冲对回路电压幅度的影响。所得（5）~（7）式表明，在电流脉冲序列作用下，回路中所产生的电压振荡具有小振幅和确定的相位。我们称这一电压为脉冲序列等值正弦电压。

如果自激振荡器的固有振荡能用下式表示：

$$u_{k0}(t)=A_{k0}\cos(\omega_0 t-\varphi_0) \tag{8}$$

则将（5）与（8）式相加，可以得出每一周期脉冲序列等值电压所引起的振荡幅度和相位变化的表示式：

$$u_k\ (t)\ = A_{k1}\cos\ (\omega_0 t - \varphi_0 + \Delta\varphi_1) \tag{9}$$

这里

$$A_{k1} = \sqrt{A_{k0}^2 + \overline{u}_u^2 + 2A_{k0}\overline{u}_и\cos\varphi_0}$$

$$\Delta\varphi_1 = \mathrm{arc\ tg}\,\frac{\overline{u}_и\sin\varphi_0}{A_{k0} + \overline{u}_и\cos\varphi_0} \tag{10}$$

应该指出：所得到的表示式只在 $t=\tau$ 瞬间，即脉冲作用结束瞬间是对的。但是，在 $\overline{u}_u \ll A_{k0}$ 的条件下，其后直到第一周期结束时，振幅的变化 $\Delta A_1 = A_{k1} - A_{k0}$ 将为自激振荡器非线性特性所补偿。同时振幅的变化将按照熟知的规律：在相位平面上逐渐趋近于极圈，也就是 $\Delta A_1 \to 0$。但相位的变化 $\Delta\varphi_1$ 保持常值。因此，在第二个脉冲作用瞬间自激振荡器工作状态的变化可以认为是这样的：

$$\left.\begin{aligned}\Delta A_1 &= [A_{k1} - A_{k0}]\ e - \xi T_i \backsimeq 0\\ \Delta\varphi_1 &\backsimeq \mathrm{arc\ tg}\ (\beta\sin\varphi_0)\ \backsimeq \beta\sin\varphi_0\end{aligned}\right\} \tag{11}$$

这里 ζ 为自激振荡器的衰减；$\beta = \overline{u}_u / A_{k0}$ 为牵曳系数。

类似地，在第二个脉冲作用以后，到第二周期结束时，我们有：

$$\left.\begin{aligned}\Delta A_2 &= [A_{k2} - A_{k0}]\ e - \zeta T_i \backsimeq 0\\ \Delta\varphi_2 &\backsimeq \beta\sin\varphi_1\end{aligned}\right\} \tag{12}$$

以此类推，在脉冲序列作用下，相位的改变可以用下面一系列方程来表示：

$$\left.\begin{aligned}\Delta\varphi_1 &= \beta\sin\varphi_0\\ \Delta\varphi_2 &= \beta\sin\varphi_1\\ &\cdots\cdots\cdots\cdots\\ \Delta\varphi_n &= \beta\sin\varphi_{n-1}\\ &\cdots\cdots\cdots\cdots\end{aligned}\right\} \tag{13}$$

引入这样的表示法：$-\Delta\varphi_n = \varphi_n - \varphi_{n-1}$，从上面这些有限差分方程，我们得到同相函数的一般表示式：

$$\varphi_n = \varphi_{n-1} - \beta\sin\varphi_{n-1} \tag{14}$$

应该注意，同相函数（14）是在振荡器固有振荡频率与脉冲重复频率相等的条件下得到的。当脉冲重复频率稍大于振荡器固有振荡频率时，亦即脉冲重复周期约小一些的时候，第二脉冲在相位上将早一个角度 $\Delta\xi$ 出现。与此对应，等值电压每一周期也将在相位上移前一个角度 $\Delta\xi$。这样，同相函数在有微小频率失调的情况下无疑地应该表示成：

$$\varphi_n = \varphi_{n-1} - \beta\sin\varphi_{n-1} + \Delta\xi$$

这里

$$\Delta\xi = -2\pi\frac{\Delta f}{f_и};\qquad \Delta f = f_и - f_0 \tag{15}$$

直接求解非线性有限差分方程（15）是困难的。对于讨论平衡状态和它们的稳定性，应用图解法得到数字解比较方便[3]。平衡点决定于同相函数曲线与坐标系统（φ_n，φ_{n-1}）平分角线的交点（图 3a），换句话说，决定于方程：

$$\varphi_{n} = \varphi_{n-1}$$

也就是

$$\varphi_{p} = \Phi\ (\varphi_{p})$$

这里 φ_p 为平衡点相位值。

从（15）式我们得到：

$$\varphi_{p} = \varphi_{p} - \beta \sin \varphi_{p} + \Delta\xi$$

它的解是：

$$\left.\begin{aligned} \varphi_{p1} &= \arcsin \frac{\Delta\xi}{\beta} \\ \varphi_{p2} &= \arcsin\left(\pi - \frac{\Delta\xi}{\beta}\right) \end{aligned}\right\} \qquad (16)$$

在 φ_{p1} 点：
$$-\left.\frac{d\Phi}{d\varphi_{n-1}}\right|_{\varphi_{n-1}=\varphi_{p1}} = 1 - \beta \cos\left(\arcsin \frac{\Delta\xi}{\beta}\right) < 1$$

平衡是稳定的。

在 φ_{p2} 点：

$$-\left.\frac{d\Phi}{d\varphi_{n-1}}\right|_{\varphi_{n-1}=\varphi_{p2}} = 1 - \beta \cos\left[\arcsin\left(\pi - \frac{\Delta\xi}{\beta}\right)\right] > 1$$

平衡是不稳定的。

在图 3a 中也表示出同相函数曲线及平衡点。稳定平衡用符号⊙表示，不稳定平衡用符号⊗来表示。从图上我们也可以得出物理概念上的解释。当频率有微小失调时，频差所引起的相位变化被脉冲的作用所补偿。因此，相位的误差在同步的时候是不可能消除的，我们称为相位的剩余误差 φ_{oc}，它决定于下式：

$$\varphi_{oc} = \varphi_{p1} = \arcsin \frac{\Delta\xi}{\beta} \qquad (17)$$

或者

$$\varphi_{oc} = \arcsin\left(\frac{1}{\beta}\frac{\Delta\omega}{T_{i}}\right)$$

这里

$$\Delta\omega = \omega_{u} - \omega_{p} = 2\pi\ (f_{u} - f_{p})$$

如果频率失调增大到某一数值，这时外来脉冲的作用不能补偿由于频率失调所引起的相位的变化，则频率牵曳现象消失；同时，在振荡器中出现为外力所调制的振荡，或出现拍频振荡。因此，我们有必要来确定稳定平衡的区域，亦即所谓牵曳频带。在牵曳频带以外的工作状态在几何上相当于同步函数与坐标系统平分角线没有交点。正如在[3]中所论述的，临界状态即同步函数曲线与平分角线相切的时候，这相当于满足条件：

$$\left.\frac{d\Phi}{d\varphi_{n-1}}\right|_{\varphi_{n-1}=\varphi_{k}} = 1 \qquad (18)$$

将（15）式微分后，考虑到上述条件，可得：

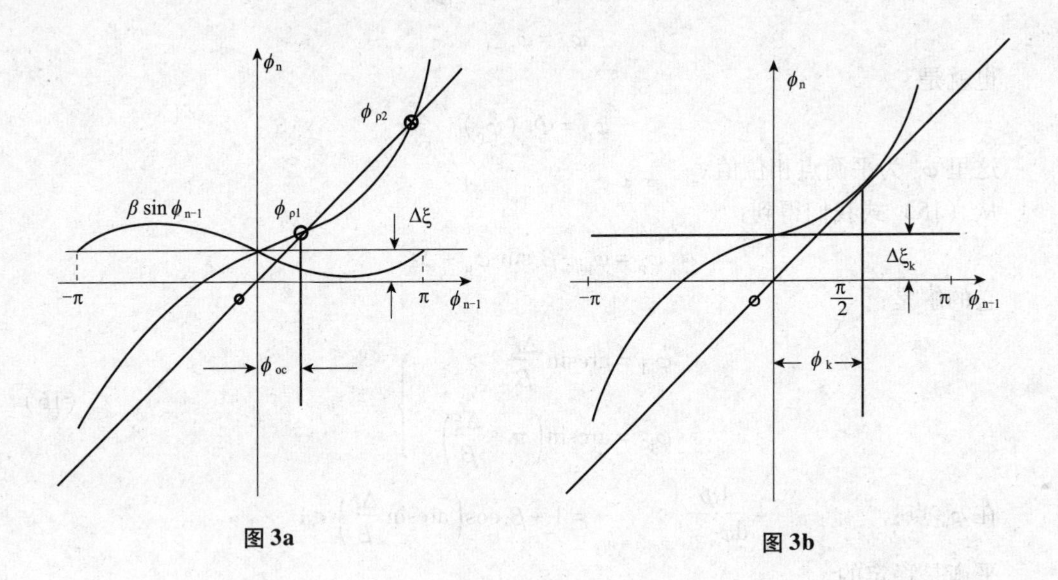

图 3a　　图 3b

$$1-\beta\cos\varphi_k=1;\qquad \varphi_k=\pm\frac{\pi}{2} \tag{19}$$

将 φ_k 值代入（16）式，我们得到：

$$\varphi_k=\arcsin\frac{\Delta\xi}{\beta}$$

亦即：

$$\Delta\xi_k=\pm\beta \tag{20}$$

如果把牵曳频带表示成：

$$\Delta\omega^*=2|\Delta\omega_k|$$

则最后将得到下式：

$$\Delta\omega^*=2\left(\frac{\beta\omega_и}{2\pi}\right)=2\left(\frac{\beta}{T_i}\right) \tag{21}$$

相对牵曳频带等于：

$$\gamma^*=\frac{\Delta\omega^*}{\omega_и}=\frac{\beta}{\pi} \tag{22}$$

在图 3b 中从几何上表示当正失调时处于牵曳频带边界上时的情况。

过渡历程的分析表示式可用与（15）相对应的连续函数的方程式得到。我们这样来求；

先将每一周期相位的变化表示成：

$$\Delta\varphi_n=\frac{d\varphi}{dt}\cdot T_i$$

从（15）式可得：

$$\frac{d\varphi}{dt}=\Delta\omega-\frac{\Delta\omega^*}{2}\sin\varphi \tag{23}$$

这一方程式正好与研究小振幅正弦外力同步自激振荡器时所得到的方程一样[6]，许多人曾研究过它。在［5］中研究这一方程所得到的结果都可以直接加以利用，但唯一需要说明的是全部讨论只在脉冲作用的离散瞬间是正确的。下面我们不附加任何解释而用离散形式直接写出我们感兴趣的一些结果。

将（23）式积分后，在 $|\Delta\omega| < \frac{\Delta\omega^*}{2}$ 的条件下，引入符号 $t = nT_i$，我们得到：

$$n = \frac{1}{\sqrt{\beta^2 - (\Delta\xi)^2}} \ln \frac{\sin\frac{\varphi - \varphi_{oc}}{2}\cos\frac{\varphi_0 + \varphi_{oc}}{2}}{\cos\frac{\varphi + \varphi_{oc}}{2}\sin\frac{\varphi_0 - \varphi_{oc}}{2}} \tag{24}$$

这里 n 表示由 φ_0（当 $t = 0$）变到值 φ 时所需的周期数。显然，从（24）可以看出，当 $n \to \infty$ 时，$q \to \varphi_{oc}$。

由于相位建立时间依赖初相 φ_0，而 φ_0 具有随机的性质，这样，正如［5］中所指出的，最好用统计的方式来确定。现在用平均偏移 $\delta_{cp}\varphi$ 来表征建立的程度。

$$n_{yct} = -\frac{1}{\beta\cos\varphi_{oc}} \ln \frac{\delta_{co}\varphi}{2\cos^2\varphi_{oc}} \tag{25}$$

在 $|\Delta\omega| > \frac{\Delta\omega^*}{2}$ 的条件下，由（23）式得到的是拍频解。因此，牵曳频带决定于数值 $\Delta\omega^* = 2\left(\frac{\beta}{T_i}\right)$，这与图解法得到的结果（21）完全一致。

现在来讨论一特殊情况，即脉冲重复频率等于自激振荡器固有频率时候的情况。在 $\Delta\xi = 0$ 的条件下，从（17），（23），（25）式可得：

$$\varphi_{oc} = 0 \tag{26}$$

$$\frac{d\varphi}{dt} = -\frac{\beta}{T_i}\sin\varphi \tag{27}$$

$$\varphi_n = 2\text{arc tg}\left[e^{-n\beta}\text{tg}\frac{\varphi_0}{2}\right] \tag{28}$$

$$n_{ycT} = -\frac{1}{\beta}\ln\frac{\delta_{cp}\varphi}{2} \tag{29}$$

（26）式表明相位在这时可以完全相一致而没有剩余误差。有趣的是（28）正好与［3］中研究小振幅无线电脉冲同步自激振荡器时用另外的方法得到的结果相同。

利用上面所导出的公式，就可以去解决在理论分析中或实际计算中所提出的各种问题。

2. 理想脉冲法和缩短方程法

除了在引言里曾作过的假定外，为了使问题简化，这里还需要假定阳流脉冲幅度与电子管非线性特性曲线无关。我们的根据是这样的：在一般情况下，视频脉冲序列都加在电子管栅极上，这时微分方程可以写成：

$$\frac{d^2 i_L}{dt^2} + \frac{R}{L}\frac{di_L}{dt} + \frac{1}{LC}i_L = \frac{1}{LC}i_a' \tag{30}$$

这里
$$i'_a = f_0 \ (v'_s) \tag{31}$$
$$v'_s = M_r \frac{di_L}{dt} + e_и \ (t) \tag{32}$$

在这些表示式中 $e_и$（t）的作用显然依赖于电子管的非线性特性曲线。计及上面所做的假定，或以折线段近似地表示非线性特性曲线，为了简化计算，可以假设阳流脉冲无论在什么时候出现时都不依赖于电子管的非线性特性曲线（图4）。这样，阳流（31）可以表示成两部分之和：

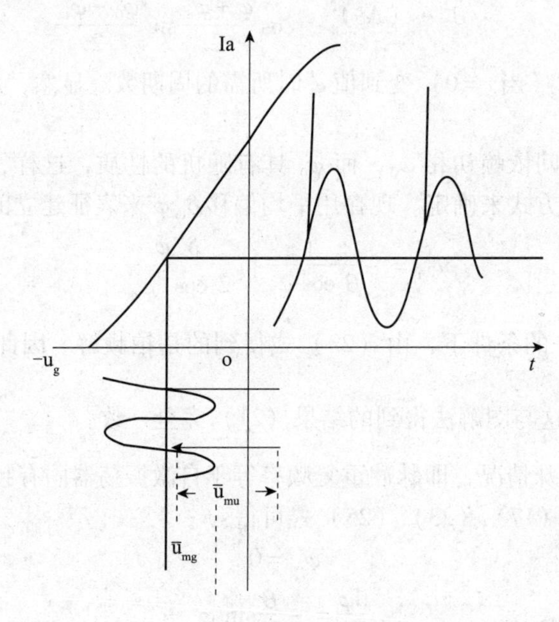

图4

$$i'_a = i_a + i_и \ (t) \tag{33}$$

这里
$$i_a = f_0 \ (v_s); \quad v_s = M_r \frac{di_L}{dt}; \tag{34}$$
$$i_и \ (t) = S \ e_и(t) \tag{35}$$

S 为电子管特性曲线的平均跨导。将（34）代入（30）可得

$$\frac{d^2 i_L}{dt^2} + \frac{R}{L}\frac{di_L}{dt} + \frac{1}{LC} i_L = \frac{1}{LC} i_a + \frac{1}{LC} i_и \ (t) \tag{36}$$

我们将利用这些方程式作进一步的讨论。需要提醒一下的是 $i_и$（t）是电流脉冲序列的函数，脉冲的幅度为 $I_и$，宽度为 τ。所得的（36）的特点是外力作用项不依赖于电子管的非线性特性曲线。这样的假定只在脉冲宽度足够窄，而且幅度的变化在自激振荡器中又不起甚么显著的作用的情况下才是正确的。

柯布扎列夫所建议的理想脉冲法的优点在于应用相位平面的概念和以理想脉冲序列代替外加正弦作用力可以很清楚地表示出牵曳频率时相位的建立过程[5]。在目前我们所研究的问题中不难用理想脉冲序列来代替视频脉冲序列，从而也能得到在前节中已经得到过的同相函数。

将（36）改写成下面的形式：

$$\frac{d^2 i_L}{d\lambda^2} + r（i_L）\frac{di_L}{d\lambda} + \frac{\omega_0^2}{\omega^i} i_L = \frac{\omega_0^2}{\omega^2} i_и（\lambda） \tag{37}$$

这里 $\gamma（i_L）$ 为等效非线性电阻；$\lambda = \omega t$ 为无量纲时间，

如果（37）右端可以用理想脉冲来表示：

$$\frac{\omega_0^2}{\omega^2} i_и（\lambda）= I_e \delta（\lambda - q_0） \tag{38}$$

这里 δ 为狄拉克函数，则相当于在相位 φ_0 瞬间，由于脉冲作用的结果，$di_L/d\lambda$ 将阶跃式地变化一数值 I_o。在以 i_L 和 $di_L/d\lambda$ 为座标轴的相位平面上这一数值可以表示在纵座标方向上的变化（图 5）。

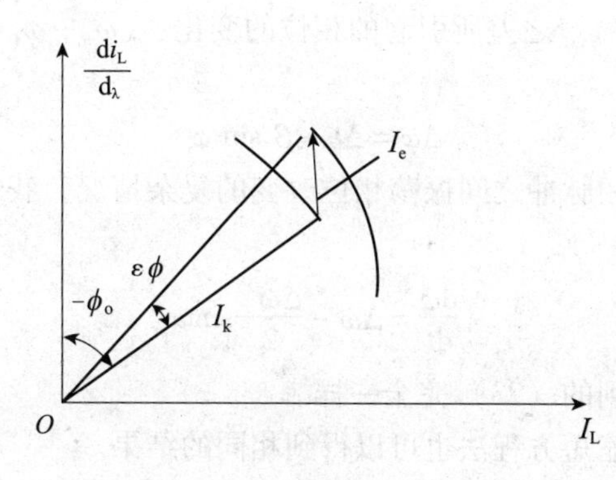

图 5

这样一来，相位的改变由下面等式来决定：

$$I_k \varepsilon\varphi = I_e \sin\varphi_0 \tag{39}$$

在所考察的瞬间，自激振荡器固有振荡为

$$i_k = I_k \cos（\omega_0 t - q_0）$$

实际上，借助于狄拉克函数可以把视频脉冲序列表示成理想脉冲序列：

$$\frac{\omega_0^2}{\omega^2} i_и(\lambda) = \int_{-\infty}^{\infty} \frac{\omega_0^2}{\omega^2} I_и(\Omega)\delta(\lambda - \Omega) d\Omega \tag{40}$$

比较（40）与（38），可见在每一周期内：

$$I_e = \int_0^{\omega\tau} \frac{\omega_0^2}{\omega^2} I_и(\Omega) d\Omega \tag{41}$$

将（41）代入（39）可得

$$I_k \varepsilon\varphi = \int_0^{\omega\tau} \frac{\omega_0^2}{\omega^2} I_и d\Omega \sin(\Omega - \varphi_0) \tag{42}$$

从而我们得到：

$$\varepsilon\varphi = \frac{\omega_0^2}{\omega^2} \frac{I_и}{I_k} \gamma \cos（\theta - \varphi_0） \tag{43}$$

这里

$$\left.\begin{aligned}\gamma &= \sqrt{2-2\cos\omega\tau}\\ \theta &= \operatorname{arctg}\frac{\sin\omega\tau}{1-\cos\omega\tau} \backsimeq \frac{\pi}{2}\end{aligned}\right\} \tag{44}$$

当频率只有微小失调时，相位的变化可以近似地表示成：

$$\varepsilon\varphi \backsimeq -\frac{I_и}{I_k}\gamma\sin\varphi_0 = -\beta\sin\varphi_0 \tag{45}$$

这里β即牵曳系数

$$\beta = \frac{I_и}{I_k}\gamma = \frac{\overline{u}_и}{\overline{u}_k}$$

对于每一周期相位的全部变化$\Delta\varphi$，除了上面的$\varepsilon\varphi$外，还应该加上自激振荡器固有振荡频率$\omega_Г$与外力频率$\omega_и$之差所引起的相位的变化：$(\omega_и-\omega_Г)\ T_i=\Delta\xi$。这样，最后得到：

$$\Delta\varphi = \Delta\xi - \beta\sin\varphi \tag{46}$$

如果不考虑位于视频脉冲之间振荡相位改变的复杂情况，我们可以写出相位变化连续函数方程如下：

$$\frac{d\varphi}{dt} = \Delta\omega - \frac{\Delta\omega^*}{2}\sin\varphi \tag{47}$$

这一方程和前节得到的（23）完全一样。

下面我们用熟知的缩短方程法也可以得到相同的结果。

大家都知道，缩短方程法是基于振幅和相位慢变化的假定上面的。无疑地，在视频矩形窄脉冲作用时，这样的条件都是满足的。脉冲序列函数$i_u(t)$可以展开成富氏级数：

$$i_u(t) = \frac{I_и\omega\tau}{2\pi} + \sum_i^\infty \frac{2I_и}{n\pi}\sin\frac{n\omega\tau}{2}\cos n\omega t \tag{48}$$

鉴于振荡回路具有高度的滤波度和选择性，我们忽略掉阳流脉冲的直流分量和所有的高次谐波，同时认为只有基波作用在振荡回路上。

由（48），当$n=1$时可得

$$i_{u1}(t) = \frac{2I_и}{\pi}\sin\frac{\omega\tau}{2}\cos\omega t \tag{49}$$

将（49）代入（36），我们得到：

$$\frac{d^2 i_L}{dt^2} + 2\alpha\frac{di_L}{dt} + \omega_0^2 i_L = \omega_0^2 i_a + P\cos\omega t \tag{50}$$

这里

$$P = \frac{\omega_0^2 2I_и\sin\frac{\omega\tau}{2}}{\pi} \tag{51}$$

正如大家知道的[6]，非线性微分方程（50）的解可以借助于缩短方程得到：

$$\frac{dA}{dt} = -\sigma(A) + \frac{P\cos\varphi}{2\omega} \tag{52}$$

$$\frac{\mathrm{d}\varphi}{\mathrm{d}t}=\frac{\omega^2-\omega_0^2}{2}-\frac{P\sin\varphi}{2\omega A} \tag{53}$$

在 P 数值很小的条件下，振荡的幅度几乎是不改变的：

$$\frac{\mathrm{d}A}{\mathrm{d}t}=0;\quad A=I_{\mathrm{k}}=\text{常值}$$

（53）式可以写成：

$$\frac{\mathrm{d}\varphi}{\mathrm{d}t}=\Delta\omega-\frac{\omega_0 I_{и}\sin\omega\tau}{2\pi I_k}\sin\varphi \tag{54}$$

如果引入符号：

$$\beta=\frac{I_{и}\sin\omega\tau}{I_{\mathrm{k}}}\backsimeq\frac{I_{и}\gamma}{I_{\mathrm{k}}}=\frac{\overline{u}_{и}}{\overline{u}_{\mathrm{k}}}$$

这里 β 为牵曳系数。最后，我们得到：

$$\frac{\mathrm{d}\varphi}{\mathrm{d}t}=\Delta\omega-\frac{\Delta\omega^*}{2}\sin\varphi \tag{55}$$

这样，应用缩短方程法也得到同样的微分方程（47）或（23）。总结上面的讨论，我们可以做如下的结论：视频矩形窄脉冲序列在基频的情况下同步自激振荡器与具有小振幅外加正弦电压同步自激振荡器的情况很少区别。

3. 在脉冲重复频率倍频情况下的同步

更加一般的情况是自激振荡器的频率为脉冲重复频率的倍数，亦即 $f_\Gamma=mf_{\mathrm{u}}$。分析这种情况的必要性不仅仅由于理论上的兴趣，而且还在于它的实际应用。

当满足条件：m 足够大，而脉冲的宽度和振幅不特别大，可以假定在脉冲作用以后，在振荡回路中于时间间隔 $\tau<t<T_{и}$ 内出现一个不大的衰减振荡，其频率由振荡器本身决定。同时在这一间隔以外，振荡将作周期性的重复，这意味着脉冲的作用相互间互不影响。因而我们可以假定：

a）周期性同相过程仅仅在脉冲作用瞬间进行，即 $t=nT_{и}=mnT_\Gamma$ 瞬间；

b）在脉冲间隙，振荡器振荡幅度衰减而趋近于自激振荡器的稳定值，但相位的改变仍为前一脉冲引起的固定的偏移 $\Delta\varphi$。

用前述类似的方法可以得到描述同相过程的连续函数形式的同相函数方程：

$$\frac{\mathrm{d}\varphi_\Gamma}{\mathrm{d}t}=\Delta\omega_\Gamma-\frac{\beta}{mT_\Gamma}\sin\varphi_\Gamma \tag{56}$$

这里

$$\Delta\omega_\Gamma=2\pi\ (mf_{и}-f_\Gamma)$$

利用所得到的方程，重复以前的讨论就可以得到在倍频情况下同步指标的近似公式如下：

相位的剩余误差：

$$\varphi_{\mathrm{oc}\omega\Gamma}=\arcsin\left(\frac{\Delta\xi_\Gamma}{\beta}\right) \tag{57}$$

这里

$$\Delta\xi_{\Gamma}=2\pi\left(\frac{mf_{и}-f_{\Gamma}}{f_{\Gamma}}\right)$$

牵曳频带：

$$\Delta\omega_{\Gamma m}^{*}=2\left(\frac{\beta}{mT_{\Gamma}}\right) \tag{58}$$

相对牵曳频带：

$$\gamma_{\Gamma m}^{*}=\frac{\beta}{m\pi} \tag{59}$$

相位建立到精确度为 $\delta_{cp}\varphi$ 所需时间：

$$n_{ycTm}=-\frac{m}{\beta\cos\varphi_{ocm\Gamma}}\ln\frac{\delta\cdot p\varphi_{r}}{z\cos^{2}\varphi_{ocm\Gamma}} \tag{60}$$

从所得公式（57）~（60）与前面（17），（21），（22），（25）比较中，可以看出，如果 β 和振荡器频率在两种情况下都相同的话，也就是说仅仅脉冲重复频率在后一种情况小 m 倍，则可以作出这样的结论：相位剩余误差和相位的建立时间增加了 m 倍，而牵曳频带比在基频同步时减小了 m 倍。

必须指出，（56）仅在脉冲作用瞬间是正确的。在脉冲间隙，振幅和相位的变化具有很复杂的特性，但可近似地认为振幅是按指数函数的规律变化的。

4. 负脉冲作用时的情况

在大多数情况下，自激振荡器都工作于第二类状态并自给栅偏压。当处于同步状态的时候，如在电子管栅极上加的是正脉冲，则会引起巨大的栅流，使负偏压增加，最终导致振荡幅度的减小。最好在栅极上加以负脉冲。

在讨论自激振荡器固有振荡频率与脉冲重复频率相等情况的时候已经得出：稳定同步出现在脉冲序列等值正弦电压与自激振荡器固有振荡完全同相的时候。如果经过脉冲变压器将负脉冲加到栅极而没有栅偏压，则在振荡回路中产生的等值电压的相位与加上正脉冲时的等值电压的相位区别不大。因而振荡器也能被负脉冲的等值电压所同步。同时，平衡状态也与正脉冲作用时一样，即脉冲序列位于阳流脉冲峰值附近。至于负脉冲作用时的特点，可以说有这样一些：

a）负脉冲序列等值电压的幅度比正脉冲序列等值电压的幅度要小。

b）负脉冲实际起作用的幅度依赖于它出现的时间，如果视频脉冲在阳流脉冲界限以外出现，则不起任何作用。

c）由于栅极负截止偏压的作用，自激振荡器抗干扰性有所增加。

此外，在自激振荡器的频率为负脉冲重复频率整倍数的时候，也能够实现同步，同时，前节所得的基本结论只需略加修正即可利用。

5. 牵曳系数

前面所导出的公式表明，几乎全部同步指标都依赖于牵曳系数β。按定义，β表示脉冲序列等值电压幅度与振荡器固有振荡电压幅度之比。在所有的情况，数值β的增加使同步指标都有所改善：牵曳频带增加，相位剩余误差和相位建立时间减小。根据β定义，其值不难由实验方法加以确定。牵曳系数与振荡器及脉冲序列参数间的关系，可以用以下方式得到。假设振荡器工作在第一类状态，具有固定的栅偏压且无栅流（图4）。按照图上所标符号我们有：

$$\overline{u}_{\text{и}} = \gamma \frac{S\,\overline{u}_{\text{ти}}}{\omega_{\text{p}} C} = \gamma \rho S\,\overline{u}_{\text{ти}} \tag{61}$$

$$A_{\text{ko}} = \frac{\mu\,\overline{u}_{\text{mg}}\,|Z_{\text{p}}|}{R_{\text{i}} + |Z_{\text{p}}|} \tag{62}$$

这里R_i，μ，S，均为电子管特性参数，

$$|Z_{\text{p}}| = \rho Q \quad \rho = \sqrt{\frac{L}{C}} \quad Q = \frac{\rho}{R} \tag{63}$$

利用上面的关系式，按照β定义，可得

$$\beta = \gamma\eta\left(\frac{1}{Q} + \frac{\rho}{R_{\text{i}}}\right) \tag{64}$$

这里

$$\left.\begin{aligned} \eta &= \frac{\overline{u}_{\text{ти}}}{\overline{u}_{\text{mg}}} \\ \gamma &= \sqrt{2 - 2\cos\omega_{\text{p}}\tau} \end{aligned}\right\} \tag{65}$$

用同样的方法我们也可以确定在其他工作状态时β的值。所得到的（64）表明，牵曳系数的增加，主要靠增加脉冲宽度和幅度及减小振荡回路的品质因数。

6. 实验结果

为了验证理论分析的结果所制作的实验设备可以进行定性地观察频率牵曳现象和定量地测量相位剩余误差和牵曳频带。在图6中示出实验设备的方框图和有关测量仪表。被测8000周振荡器Ⅱ及标准频率振荡器Ⅰ按照电容反馈并自给栅偏压电路连接（图7）。负极性同步窄脉冲经过脉冲变压器作用在振荡器电子管的栅极上。这些脉冲由МГИ-1型小型脉冲发生器Ⅰ产生，而脉冲发生器又为振荡器Ⅰ所同步。

振荡器Ⅰ频率失调用НЧ-6型频率表来测量。为了提高测量的精确度和灵敏度，利用自制的仪器，其中包括倍频器（8倍），晶体稳频振荡器（64千周）及变频器。这样在频率表刻度盘上所指出的失调数值为实际失调的8倍。

相位的剩余误差由СИ-1型脉冲示波器来测量。脉冲发生器都由相应的自激振荡器所同步。在脉冲发生器Ⅰ同步脉冲输出端所分出的脉冲，经过混合器加到脉冲示波器输入

端，而脉冲示波器扫描由外部任一自激振荡器所同步。这样，相位差就决定于示波器荧光屏上脉冲间的距离。利用屏幕上的时标，相位剩余误差的读数可以精确到十分之几微秒。

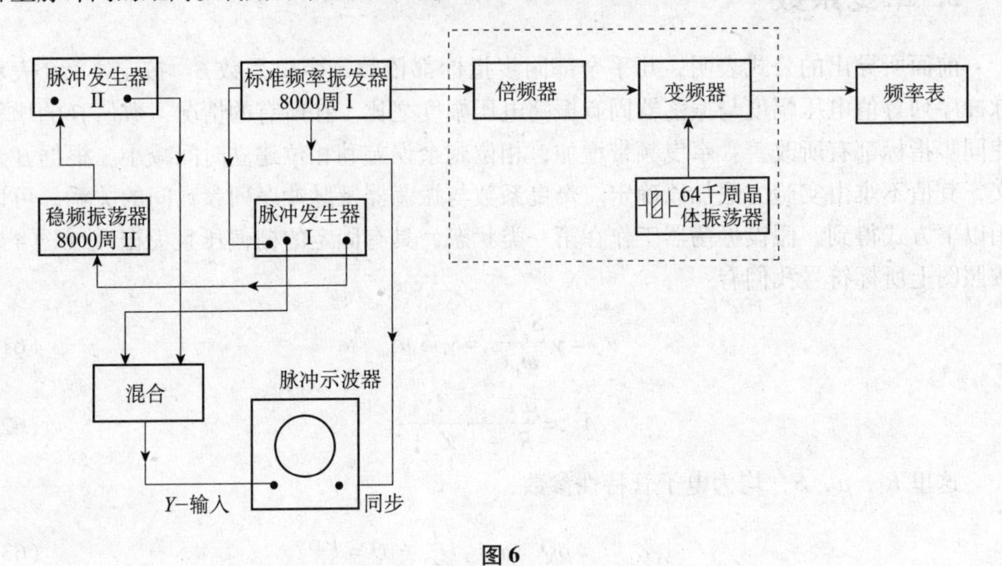

图 6

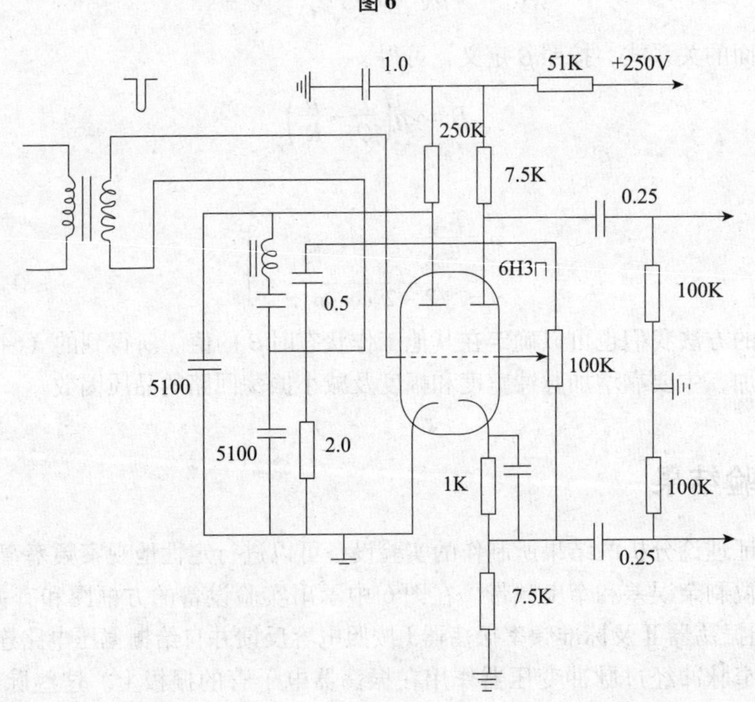

图 7

在同步脉冲作用下，在牵曳频带内，两个振荡器具有相同的频率和确定的相位差。与这种情况相对应，在屏幕上脉冲将站立不动而其间相隔一定距离。如改变一个振荡器的频率，则脉冲间的距离也改变。牵曳频带就决定于频率失调的某一范围，在其内可以维持同步，范围以外则同步被破坏。

在图 8 中示出在基频和倍频的情况下，正脉冲和负脉冲作用在栅极上的稳定位置。显而易见，脉冲的相位关系在这两种情况区别很小。

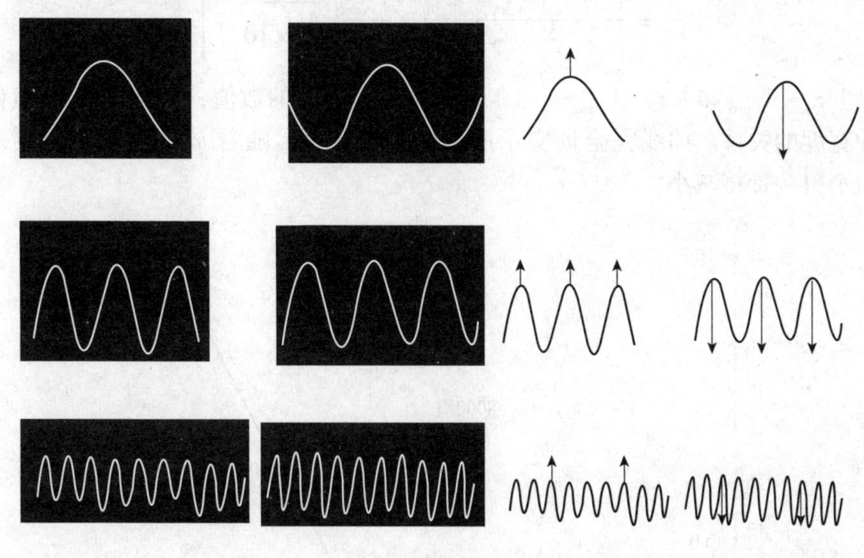

图 8

在图 9 中示出在同步脉冲不同宽度时牵曳频带和相位剩余误差与频率失调的关系。它表明了随着脉冲宽度的增加，相位剩余误差将减小而牵曳频带将增加。

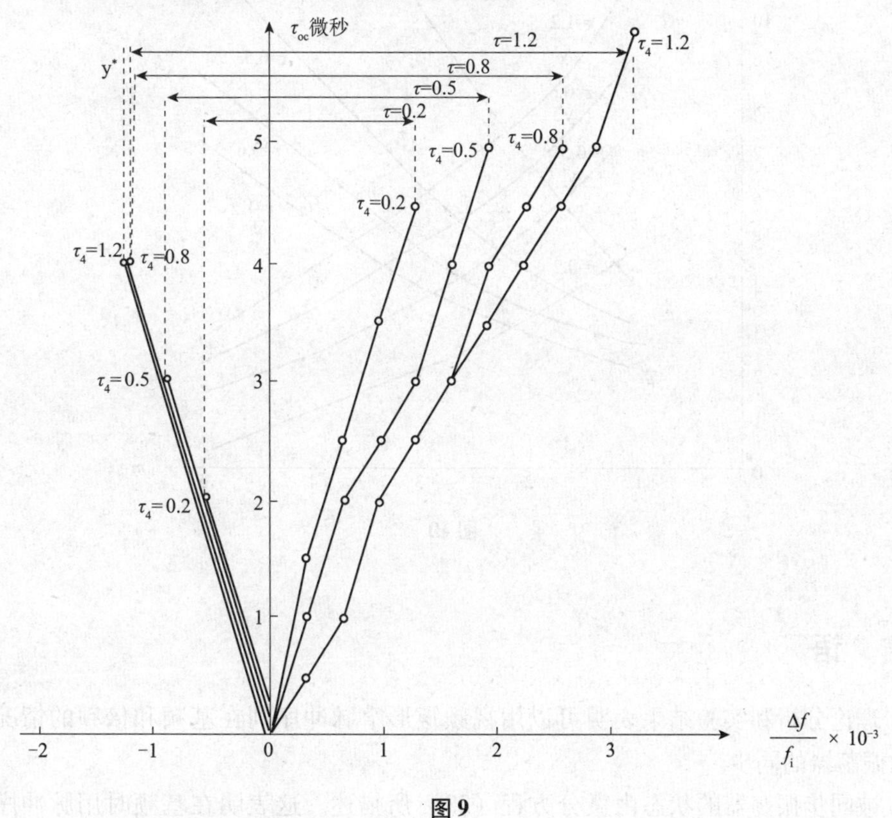

图 9

在图 10 中给出牵曳带频由与下式决定的平均剩余误差：

$$\tau_{cp} = \frac{|\tau_{oc}{}^{+}|_{max} + |\tau_{oc}{}^{-}|_{max}}{y^{*}}\left(\frac{微秒}{\dfrac{\Delta f}{f_{i}} \times 10^{-3}}\right)$$

这里$|\tau_{oc}{}^{+}|_{max}$和$|\tau_{c}{}^{-}|_{max}$——在牵曳频带边界上的数值，在不同的 m 值依赖于不同脉冲宽度的关系。曲线完全证实了所作的理论分析：随着 m 的增加相位剩余误差将增加而牵曳频带将减小。

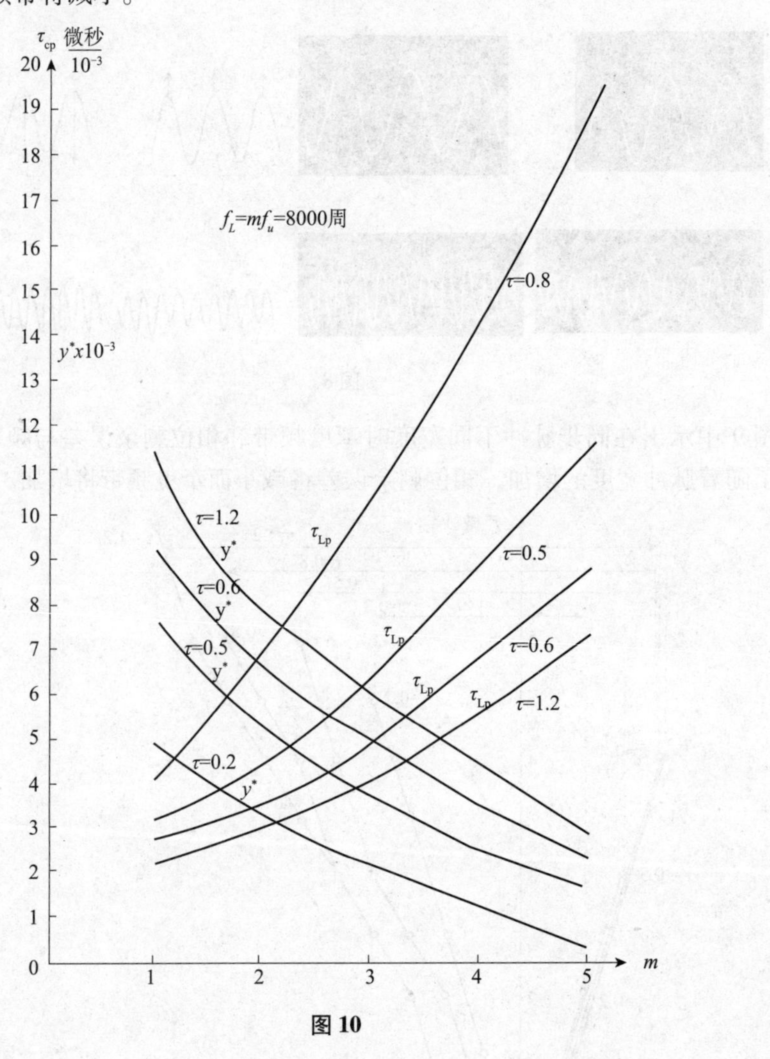

图 10

结　语

1. 理论分析和实验结果表明可以用视频矩形窄脉冲序列在基频和倍频的情况下实现自激振荡器的同步。

2. 被同步振荡器的状态由微分方程（23）所描述。这表明在基频时用脉冲序列和用小振幅正弦电压来同步自激振荡器没有什么太大差别。

3. 相位剩余误差，牵曳频带及相位建立时间分别由公式（17），（21），（25）来决定。增加牵曳系数β的数值将改善上述这些指标。

4. 牵曳系数β由公式（64）来计算。增加脉冲的宽度和幅度或减少回路的品质因数可以增大牵曳系数数值。

5. 随着倍数m的增加，相位剩余误差和相位建立时间都将增加，但牵曳频带将减少。

6. 用正脉冲和负脉冲都可以实现同步。在电子管工作于第二类状态并自给栅偏压时，最好加以负脉冲以提高自激振荡器的抗干扰性。

7. 在一定的条件下，这种被同步的自激振荡器可在时分制无线电中联通信中、无线电遥测遥控系统中，或电视、传真电报系统中被作为同步系统来应用。

8. 理论分析结果基本上得到实验上的证明。

参考文献

［1］Ван-Дер-Поль. Нелинейная теория электрическпх колебаний. Саяээьидат，1935.

［2］А. А. Андронов，А. А. Bhтт и С. Э. Хайкин. Теория коиебанһй. Фиэматгиэ，1959.

［3］П. Н. Занадворов. О синхронизапһ иавтоГенераторов лериодической иоследовательностью змлулбьсов. Радиояехнһкана злектронлка，т. II. No. 2，1958.

［4］П. Н. Занадворов，М. К. Чирков. О воздействин на автогенератор радиоимлуль сами большой амдлигуды. Нзмесгиа ВУЗ，Серня“Радиотехника”，No. 2，1959.

［5］Ю. З. Кобзарев Нестапионарные процессы в синхроннвируемом генераторе. Весяуик НИИ МРТП，1954，5（50）.

［6］К. Ф. Теодорчик. Автоколебательные системы. Гостехлзлат，1952.

［7］Ли Чзн-шу，Иссладоаание сисгем синхронизацһ в рашиорелеиных пениях саяви с аременншм уцотменнем. Кандитатская диссертапия ЛИИЖТ’а，1960.

论文 2

扩频选址通信系统*

李承恕
北方交通大学副教授

摘要： 本文简要地介绍扩展频谱任意选址通信系统的基本原理和组成，初步探讨它的某些实际应用问题。

引　言

所谓扩频选址通信系统，指的是应用扩展频谱通信技术实现任意选址通信系统。扩展频谱通信（Spread Spectrum communication）近来引起人们广泛的兴趣。从四十年代末期开始，随着通信理论的产生和发展，在解决频道拥挤问题的过程中，提出了许多用户同时共用一宽频带进行通信的概念，经过不断的理论研究和技术实践，到目前为止，扩展频谱通信技术已逐步应用于导航、跟踪、测距、遥控、空间通信、卫星通信、电子对抗和任意选址通信等各个方面。长期以来，由于扩展频谱技术复杂和造价昂贵未受到人们的重视。近年来新型器件的应用和通信技术水平的提高，使研制出的扩频通信设备达到了实用阶段。特别是最近几次战争中出现的剧烈的电子战的情况，使得具有较强抗干扰能力的扩展频谱通信越来越受到各国军方的重视，大大加速了这一通信体制的研究和应用。现在，有关扩频通信系统的论述已有专书出版，会议录、论文集等也相继问世。这些迹象表明；扩展频谱通信正处于进一步发展而日趋成熟的阶段。

任意选址通信系统，即雷德系统（RADAS——Random Access Discrete Address System）是从二十世纪四十年代末期开始研制的，五十年代曾形成高潮。后来由于多经干扰，同类型电台干扰，以及其他原因，在发展过程中几起几落。六十年代末期，我国也开始这方面的研制工作，直到现在。这种不用转接中心，同频双工，任意选址的数字通信方式引起了人们极大的兴趣。但由于在客观条件比较苛刻的情况下要求体现这样一些功能，在技术上难题较多，一时尚未得到满意的解决。近来，随着器件的进一步小型化，新型器件及计算技术在通信中的应用，据报道，国外在采用时一频编码技术和扩频

* 本论文选自：军事通信技术，1980（增刊）。

通信技术来实现任意选址通信方面，都面临有所突破的形势，值得引起关心这方面研制工作进展的同志们注意。

本文的目的在于引起更多的同志对上述两方面技术发展的兴趣，下面扼要地谈谈扩展频谱通信的基本原理和任意选址通信系统的基本概念，以及扩频选址通信系统的组成和特性。最后，讨论一下有关应用方面的一些前景。

一、扩展频谱通信的基本原理

1. 什么是扩展频谱通信?

在一般的无线通信中射频信号带宽是与信息本身带宽相比拟的，例如用调幅信号来传送语音信息，其带宽为语音信息带宽的两倍。电视视频信号本身带宽虽有几兆赫，但其射频信号带宽也只是它的一倍多。这些都属于窄带通信。

所谓扩展频谱通信，指的是用来传输信息的信号带宽远远大于信息本身带宽的通信。

如果信息持续时间为 T，信息带宽为 $\Delta F \backsimeq 1/T$，而信号带宽为 W，则信号带宽与信息带宽之比为：

窄频带通信　$W/\Delta F = WT \approx 1$，

扩展频谱通信　$W/\Delta F = WT \approx 100 \sim 1000$。

也就是说，信号带宽是信息带宽的100倍甚至1000倍。利用这样宽的频带的信号来传输信息，初看起来岂不太浪费了吗？它又有什么好处呢？下面让我们先从信息论和抗干扰理论的基本观点来加以说明。

2. 为什么要扩展频谱?

仙农（Shannon）在其信息论中得到如下有关信道容量的有名公式[6]：

$$C = W\log_2\left(1 + \frac{P}{N}\right) \tag{1}$$

这个公式的原意是说，在给定信号功率 P 和白噪声功率 N 的情况下，只要采用某种编码系统，我们就能以任意小的误差概率，以接近于 C 的传输信息的速率来传送信息[7]。显然，这个公式指出：在保持信息传输速率 C 不变的条件下，我们可以用不同的频带宽度 W 和信噪功率比 P/N 来传输信息。换句话说，带宽 W 和信噪比 P/N 是可以互换的。如果增加频带宽度，就可以在低的信噪比的情况下用相同的传息率以任意小的误差概率传输信息。甚至在信号被噪声淹没的情况下，只要相应地增加信号带宽也能保持可靠的通信。这一公式指明了采用扩展频谱进行通信的优越性：用扩展信号频谱的方法以换取信噪比上的好处。这正是扩展频谱通信的基本思想。

柯捷尔尼可夫（Котельэинов）在其潜在抗干扰性理论中得到如下关于信息传输差错率的公式

$$P_{\text{ош}} \backsimeq f\left(\frac{E}{N_o}\right) \tag{2}$$

这个公式指出：差错概率 $P_{\text{ош}}$ 是信号能量 E 与噪声功率谱密度 N_o 之比的函数。设信号频带宽度为 W，信息持续时间为 T，信号功率为 $P=E/T$，噪声功率为 $N=WN_o$，信息带宽为 $\Delta F=1/T$，则（2）式可化为：

$$P_{\text{ош}} \backsimeq f\left(\frac{P}{N}\cdot TW\right)=f\left(\frac{P}{N}\cdot\frac{W}{\Delta F}\right) \tag{3}$$

从上式可知，差错概率 $P_{\text{ош}}$ 是输入信号与噪声功率比 P/N 和信号带宽与信息宽带比 $\frac{W}{\Delta F}$ 二者乘积的函数。也就是说，对于传输一定带宽 ΔF 的信息来说，信噪比与带宽是可以互换的。它同样指出了用增加带宽的方法可以换取信噪比上的好处。

总之，我们用信息宽带的100倍，以至1000倍以上的宽带信号来输入信息，就是为了提高通信的抗干扰能力，即在强干扰的情况下保证可靠的通信，这就是扩展频谱通信的基本思想和理论依据。

3. 扩频与解扩

图1为扩展频谱通信系统的原理图。在发送端扩展信号频带的方法可以经过编码或调制来实现。在接收端还需要把接收到的扩展频谱的信号解扩，即进行相应的反变换，还原为原始的信息频带。

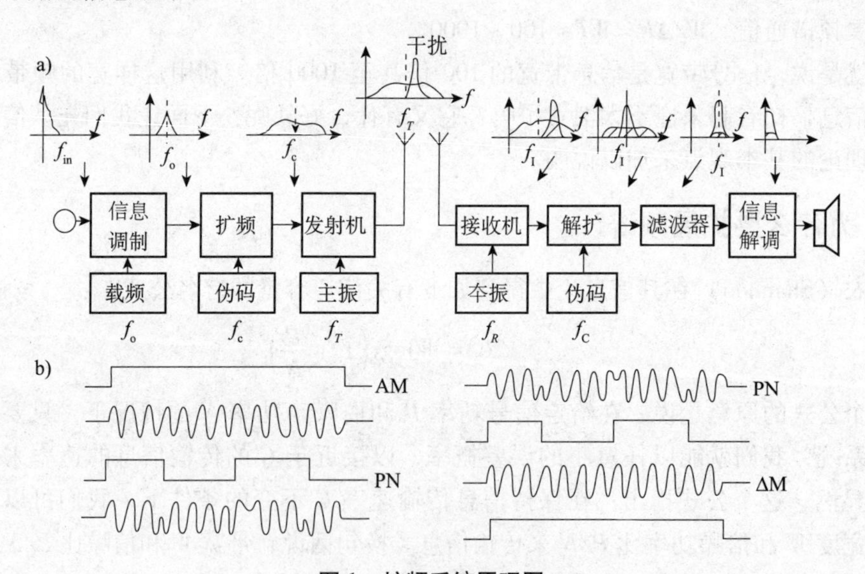

图1　扩频系统原理图

在图1中，假定发送的为一频带限于 f_i 以内的窄带信息，将此信息先对某一付载频 f_o 进行调制，例如进行调幅或窄带调频，得到一中心频率为 f_o 的带宽为 $2f$in 的信号，即通常的窄带信号，一般的窄带通信系统直接将此信号在发射机中对射频进行调制后由天线辐射出去。但在扩展频谱通信中还需要增加一个扩展频谱的处理过程。常用的一种扩展频谱方法就是用一高码钟率 f_c 的伪随机码序列对窄带信号进行二相相移键控调制

（见图 1b 中发端的波形图）。大家知道二相相移键控信号相当于载频抑制的调幅信号。由于fc的选择使$f_c \gg f_o > f_{in}$。我们得到了带宽的$2f_c$的载频抑制宽带信号。这一扩展了频谱的信号再送到发射机中对射频f_T进行调制后由天线辐射出去。

信号在射频信道传输过程中必然受到各种外来信号的干扰，因此，在收端，进入接收机的除有用信号外还存在有干扰信号。假定干扰为功率较强的窄带信号。宽带有用信号与干扰经变频至中心频率为中频f_1输出。不言而喻，对这一中频宽带信号必须进行解扩处理才能进行信息解调。解扩实际就是扩频的反变换。通常也是用于发送相同的调制器，并用于发端完全相同的伪随机码序列对收到的宽带信号再一次进行二相相移键控。从图 1b 中收端波形可以看出，再一次的相移键控正好把扩频信号恢复成相移键控前的原始信号。从频谱上来看则表现为宽带信号被解扩压缩还原成窄带信号。这一窄带信号经中频窄带滤波器后至信息解调器去恢复成原始信息。

但是，对于进入接收机的窄带干扰信号，在收端调制器中同样也受到伪随机码的双相相移键控调制，它反而使干扰变成宽带干扰信号。由于干扰信号频谱的扩展，经过中频窄带通滤波器的作用，只允许通带内的干扰通过，使干扰功率大为减少。由此可见，接收机输入端的信号噪声功率比经过压扩处理，使信号功率集中起来通过滤波器，同时使干扰功率扩散后被滤波器大量滤除，结果便大大提高了输出端的信号噪声功率比。这一过程说明了扩频通信是怎样通过对信号进行扩频与解扩处理从而获得提高输出信噪比的好处的，它具体体现了扩频通信的抗干扰能力。

4. 扩频通信的类型

这里简单介绍一下现有的几种基本扩频通信的类型：

①直接序列（DS）系统：上面图 1 所示即直接序列扩频的原理方框图。在这种方式中发送端直接用伪随机码序列去进行扩展频谱，在接收端用相同的本地伪随机码序列去进行解扩。它的特点是：

A. 扩频和解扩调制解调器多采用平衡调制器，制作简单又能抑制载波。

B. 模拟信息多采用频率调制（FM），数字信息多采用增量调制（△M）。

C. 接收端多采用产生本地伪码序列对接收信号进行相关解调，或采用匹配滤波器。

D. 伪码序列的同步多利用伪随机码 M 序列的二电平自相关特性在延迟锁定环中实现。

E. 一般需要用窄带通滤波器来排除干扰，以实现其抗干扰能力的提高。

②跳频（FH）系统：所谓跳频，比较确切的意思是："用一定的码序列进行选择的多频率频移键控。"简单的频移键控 FSK 只有两个频率，分别代表传号和空号。而跳频系统则采用几十个，甚至上千个频率，由所传信息码与伪随机码的组合进行选择控制。图 2a 是其简单的原理图。

在发送端信息码序列与伪码序列组合以后按照不同的码字去控制频率合成器，其输出频率根据码字的改变而改变，形成了频率的跳变，故称为跳频。从时域来看是多频率的频移键控信号（图 2b）。从频域来看（图 2c）输出频谱是在一宽频带上所选择的某些频率随机的跳变。从图 2d 是时频矩阵上不同的时刻频率变化的示意图。在接收端，

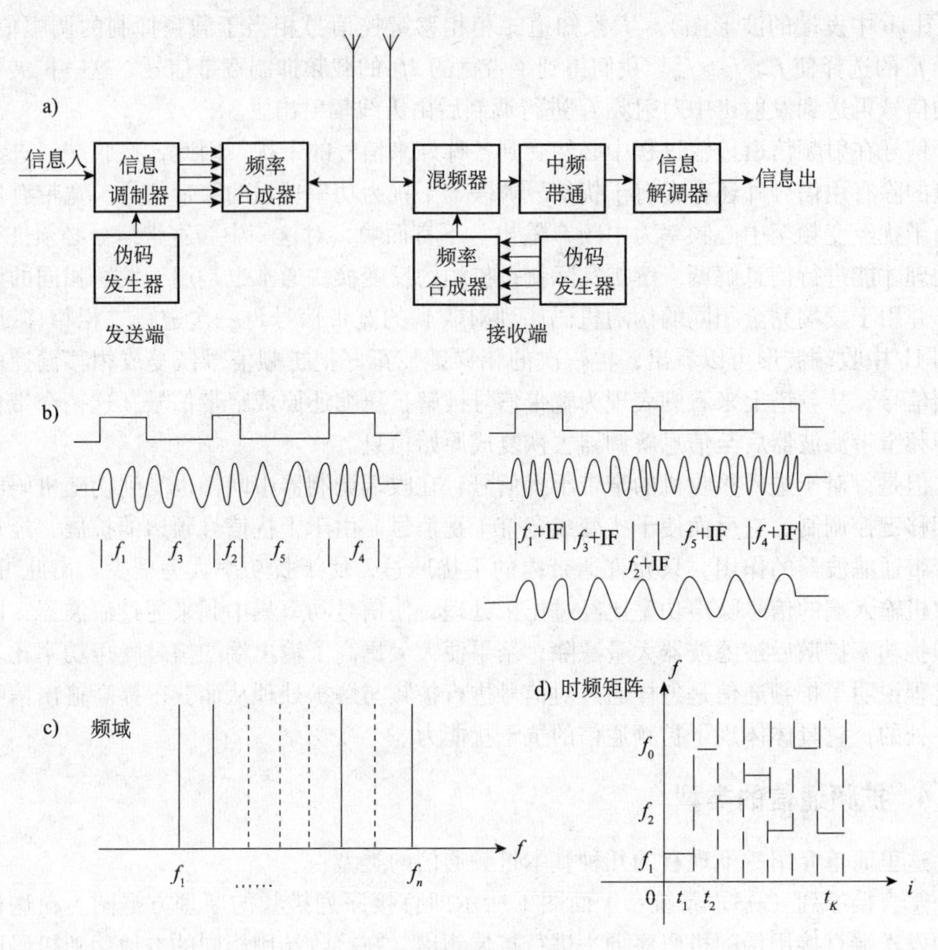

图 2　跳频系统原理图

为了解调出跳频信号，需要有与发送端相同的本地伪码序列发生器去控制本地频率合成器。使其输出的跳频信号能在混频器中与接收信号差频出固定的中频信息。经中频带通滤波器至信息解调器解调出信息。从上述作用原理可以看出，跳频系统也占用了比信息带宽要宽得多的频带。从每一瞬间来看，它只是在单一射频载波上通信。但从总体上看来，它所占用的宽频带提供了提高抗干扰能力的可能性。简单地说，任何外来的窄带干扰信号，只在与有用信号频率相同重合瞬间才起作用。频率跳变以后就不再受干扰了。因差频以后不再是中频了，这样的干扰都被中频窄滤波器所滤除。跳频系统的特点是：

A. 跳频器主要由伪码发生器与频率合成器组成。伪码发生器由跳频数与跳变速率的要求来确定。频率合成器可采用直接式合成或用锁相环的间接式合成。对其要求是转换频率要快，频率成分要纯。

B. 接收端对跳频信号的解调也是采用相关检测，因而必需有相应的本地伪码发生器和频率合成器。

C. 同步问题是个关键。收发两端的频率必须以相同的规律跳变才能保持正常的通信。同步的过程一般要经过搜捕、伪码元的粗同步，以及相干跳频信号射频载波的相位精确同步。

D. 模拟信息的调制可先对付载波进行频率调制后与伪码控制的频率合成器的输出差频成射频频率。数据信息的调制可直接与伪码序列组合后控制频率合成器的输出实现。

③线性调频（Chirp）系统：这种系统多用于雷达，也用于通信，其基本概念示于图3中。

发射的脉冲信号的载频频率在脉冲持续时间 T 内做线性变化（图3a）。脉冲起始和终了时刻载频频率差为 $|f_1-f_2|=\Delta f$。这种信号可由锯齿波信号控制压控振荡器频率得到。因此，脉冲信号从原来的单一频率展宽为 Δf。发射的线性调频脉冲信号在接收端用匹配滤波器来解调。它由色散延迟线构成。其作用为对高频成分延迟时间长，对低频成分延迟时间短，频率由高变低的脉冲信号通过匹配滤波器后各种频率成分几乎同时输出。这些成分叠加形成了对脉冲时间的压缩，使输出信号的幅度增加能量集中（图3b）。这就使信号容易检测出来。只要频带展宽得足够宽，在强干扰的作用下也能把弱信号提取出来。

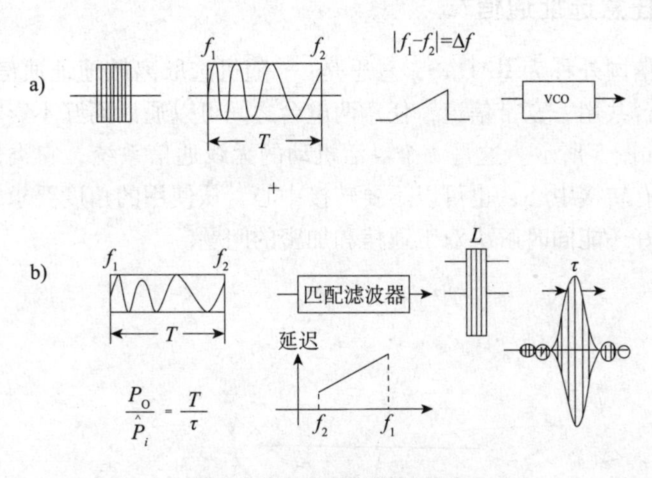

图3　线性调频的基本概念

④跳时（TH）系统：这种系统的作用原理如图4所示。

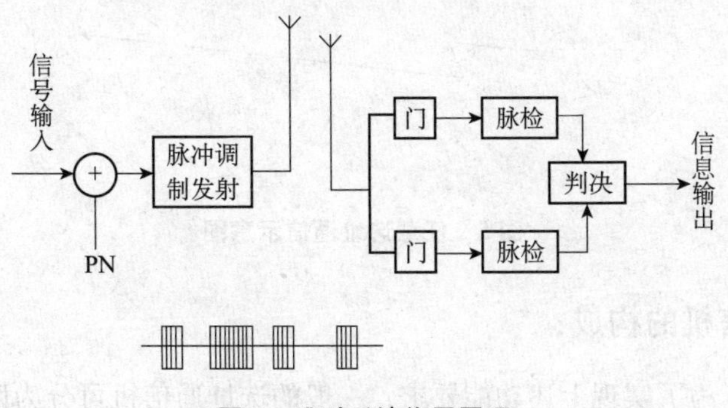

图4　跳时系统作用原理

在发送端，输入的数字信息与伪码序列组合以后去控制发射机的开闭。何时有信号发射出去决定于码序列结构。实际信号相当于一个随机码序列的脉冲振幅调制。在接收端本地伪码序列与发送端伪码序列完全同步的条件下，去控制两个选通门，使传号和空号分别由两个门选通后经检波后进行判决，输出解调信息。这种系统多用来与其他系统构成组合系统。

⑤组合系统：上述几种基本类型的扩频系统，有时很难满足实际需要的时候，可以用两种或多种方式组合起来，以得到单独一种方式所达不到的特性。例如：

A. FH/DS：可以实现单独用 FH 或 DS 所难于实现的更宽频带的扩展。

B. TH/FH：在任意选址通信中易于解决远—近问题。

C. TH/DS：即时间复用加上直接扩频，可以增加选址数。

二、任意选址通信的基本概念

1. 什么是任意选址通信?

任意选址通信国外称为 RADAS，意思是：“随机选取离散地址通信系统”。我们的理解是：许多电台共用一宽带信道，任意两电台之间可以通话而互不影响的无线通信系统（通信网），如图 5 所示。这是一个灵活机动的无线通信系统，它类似常见的有线自动电话网，可以有转接中心，也可以不要转接中心。从使用的角度要求，除上述任意选址的功能外，最好还能同时解决双工通信和加密的问题。

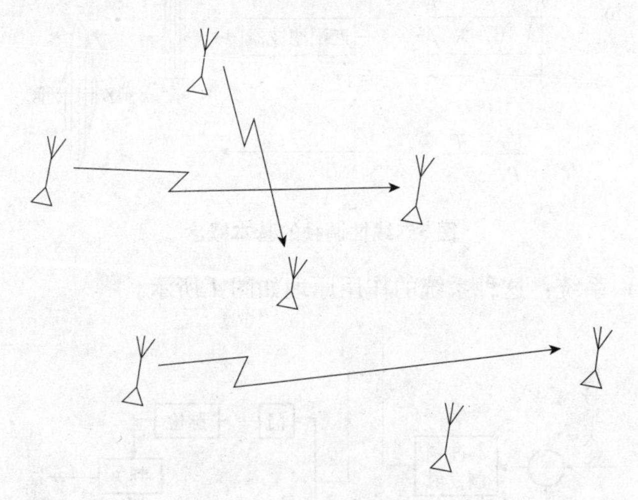

图 5　任意选址通信示意图

2. 选址通信机的构成：

从体制上看，为了实现上述功能要求，一般的选址通信机可分为四大部分，图 6 为其原理方框图，现分述如下。在发送端：

(见图6)

①语言处理（一次调制)：把语言信号数字化，以便于进行地址编码和加密，一般可采用脉位调制（PPM）或增量调制（ΔM)。

②地址编码（二次调制)：对不同的用户分配不同的地址码，在接收端靠地址码结构的不同来区分不同的用户。一般多采用时—频矩阵编码或采用伪随机编码。

③射频调制（二次调制)：地址编码以后，编码信号送到发射机去对射频进行调制。一般可采用脉幅调制（PAM）或相移键控（PSK)。

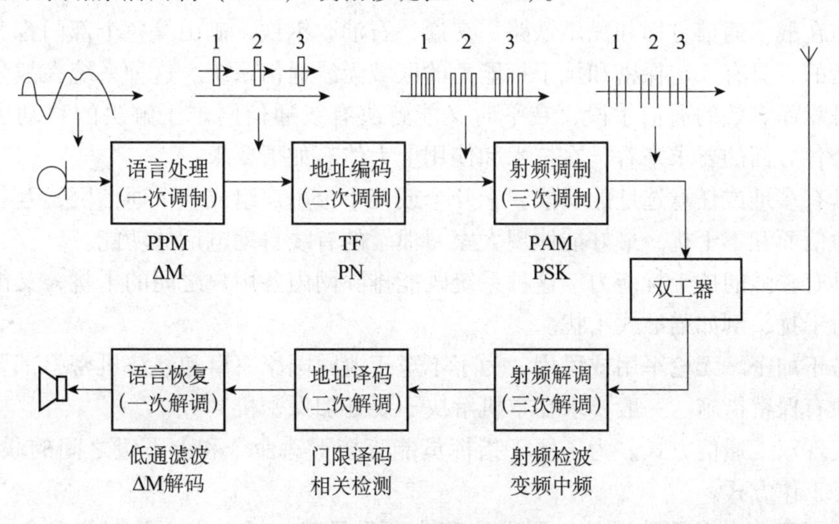

图6　选址通信机的构成

④双工器：其作用为分隔收发信号。使发射机输出的射频信号尽量少漏至接收机，同时对从天线接收到的信号衰耗尽量小地通过双工器。可采用集中参数或分布参数的双工器，它们都工作在同频的情况下。

在接收端则进行与上述相反的变换：

⑤射频解调（三次解调)：将收到的射频信号直接进行检波或变频成中频信号以进行下面的地址译码。

⑥地址译码（二次解调)：对于时—频地址码一般采用匹配滤波器的门限译码法。而对于伪随机地址码，现在多采用相关检测的方法来译码。

⑦语言恢复（一次解调)：对于 PPM 可直接用低通滤波器解调，而对 ΔM 则需用 ΔM 解码电路。

⑧同步系统：图中虽未标出，但对于数字收发系统，收发两端的同步是必不可少的。采用何种方法视前面几种调制方式而定。

3. 选址通信的特点：

与常用无线通信相比较，主要的特点在于它是：

①数字通信：将语言信息数字化。

②码分多址：用地址码区分用户。

③扩展频谱：采用宽带共用信道。

④双工方式：便于组成通信网络。

三、扩频选址通信系统的组成和特性

1. 研制扩频选址通信系统的目的和要求：

目前在战术通信方面和民用铁路、交通、石油、钢铁、矿山等各个部门都急需一种机动灵活的、具有一定保密和抗干扰能力的区域无线通信系统。这种系统在战争条件下是一种可靠而有效的通信手段，在平时又能解决有线通信网难于解决的移动通信等问题。综合各方面的要求来看，在技术和使用上大体有如下要求：

①具有多址或任意选址的功能。十几个或几十个用户组成一个通信网，互相之间可以任意通信而互不干扰，最好能体现大家习惯了的有线自动电话的功能。

②具有较强的抗干扰能力。这种系统既能排除网内各用户之间的干扰，又能抗御敌方的人为干扰，例如瞄准式干扰。

③易于加密。无论军用或民用，为了不至于泄露国家军事和经济机密，都要求无线通信必须有保密措施。一般要求在本机解决不要外加保密机。

④实现双工通信方式。为了便于指挥员能直接下达命令和上下级之间的联系畅通，要求双工工作方式。

⑤适用于定点或移动通信。要求体积小，重量轻，耗电小，最好能背负，至少能车载。

⑥既能传话音，又能传数据或控制信号，以适应不同用户的要求。

⑦能接入大的通信网，便于和其他通信系统连接。

2. 扩频选址通信系统的组成：

要想全面实现上述这些要求，从技术上来讲，难题是很多的。但从前面介绍的扩频通信和选址通信的原理和技术，在一定程度上满足上述要求是可能的。也就是说，把扩频技术应用于选址通信系统中，在主要的功能方面是能满足要求的，图 7 示出扩频选址通信系统的原理图。在图中：

①在以传语声为主的情况下，首先应将模拟信息数字化，目前宜采用低钟率的 ΔM。将来可采用数字式声码器等低数码率的部件。在传数据信息时则不用经过这一环节。

②加密方式以采用数字式加密为好。可用通用的加密机插入，或针对扩频选址的特点，自行设计加密部件，根据加密级别的要求。以简单、效果好为标准。

③地址编码及扩频，根据用户数，同时通话台数，以及抗干扰性的要求，可以选用时—频编码。如选用伪码时，既可用直接序列扩频也可用跳频。前者技术上较为成熟，后者便于与现有的通信方式兼容。但关键决定于器件的水平。

④需要制作频率稳定的宽带收信机。要求线性好，动态范围大，有足够的功率输出

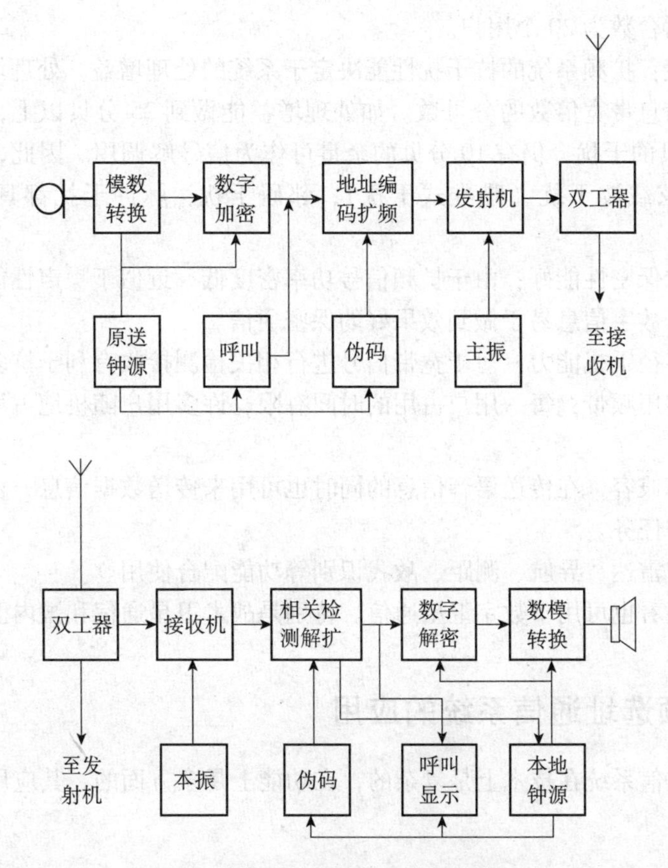

图7　扩频选址国通信系统组成原理

和接收灵敏度。发射机的功率要能加以控制及调整以满足整个通信网干扰电平的要求。

⑤接收端地址解码及解扩，可采用有源（延迟锁定环）或无源（声表面波器件、电荷偶合器件）相关器。以满足抗干扰性的要求为准。

⑥对于伪码的选择，要求相关特性好，频谱分布合适，能编出足够的用户数。

⑦关于双工通信，如制作同频双工器，难度较大。解决双工的问题也可采用有转接中心转发的异频双工。各分机收发频率不同，而中心转发站收发频率正好与之相反。

⑧同步问题。两端码序列码元同步的建立可采用延迟锁定环，或其他钟频锁相环路。要求达到有较快的捕获时间和一定的保持时间。

⑨呼叫系统。为了使用方便，至少应有呼叫显示，即接收端能立即知道是谁在呼叫，还应有占线表示及强插等功能。

⑩整个系统是否设立转接中心视需要和技术可能而定。一般要求无转接中心是由于为了避免敌方摧毁引起整个通信系统失效。但实现同频双工难度大。如设立转接中心，便于建立网间联系，构成大的通信网，且异频双工也易于实现。

3. 扩频选址通信系统的特性：

①任意选址能力：国外有报导能有 60 ~ 70 个用户可同时通话，作为第一步，我们

应争取同时通话台数为 20 个用户。

②抗干扰性：扩频系统的抗干扰性能决定于系统的处理增益。处理增益被定义为信号带宽相对于信息带宽倍数的分贝数。如处理增益能做到 25 分贝以上，则对于输入信噪比为 -15 分贝的干扰，仍有 10 分贝的余量可作为信号解调用。因此，系统对高斯白噪声干扰，正弦载波干扰（瞄准式干扰），邻码干扰，脉冲干扰都具有相当的抵抗能力。

③隐蔽性和保密性能好：由于扩频信号功率密度低，近似于噪声性能，使敌方难于检测发现。对于数字信息易于做到效果好的保密通信。

④具有抗多径干扰能力：对于宽带信号进行相关检测接收有利于抗多径干扰。

⑤有效的利用频带：每一用户占用的时间有限，许多用户随机地占用同一频带使其利用率提高。

⑥可以数模兼容，在传送语音信息的同时也可用来传送数据信息，也可同时完成通信和自控及遥控任务。

⑦也可以与雷达、导航、测距、敌我识别等功能配合使用。

⑧从体制上看也可用于数字卫星通信。特别是战术卫星通信和国内卫星通信。

四、扩频选址通信系统的应用

扩频选址通信系统在技术上是复杂的，在功能上是多方面的，其应用前景也是十分广阔的。

1. 在军用方面：

①美刊报道：军方有人认为，“美国正在研制的全部无线电台都要使用频谱扩展技术”。又有人认为：“扩展频谱技术是通信方面的革新”。目前国外虽未公开报导，但估计已达实际装备阶段。

②海、陆、空三军都可采用，而空军和海军应用的范围更为广泛。

③用于卫星通信及深空宇宙通信。

2. 在民用方面：

①在铁路交通部门：

铁路站场通信，既传语声也传机车信号等控制信号。用于列车无线调度电话，可解决同频干扰、选择呼叫及控制信息传输。采用国内数字化卫星通信系统以解决部与各路局的无线战备通信等。

港口的无线通信网。船舶的远译卫星通信等。

②在大型工矿企业：

如首钢、鞍钢等大型联合企业的内部调度及指挥用无线通信。

③在大型矿山及油田：

如大庆、大港等大油田及矿山的内部通信。特别是在沿海地区需解决通信的隐蔽和保密问题更为适用。

总之，在应用方面应考虑多种通信手段同时具备，特别是应付地震、水害等天灾时更为需要。应充分运用扩频选址通信系统特有的功能。

结束语

本文仅对扩频选址通信做粗浅的介绍，因而有关理论问题及技术细节均未涉及。限于篇幅，目前国内外的动态及水平也未提到。

论文3

扩频选址通信系统方案电路的试验*

李承恕　王　臣　卢尧森　冯锡生
李振玉　胡振声　赵荣黎　王国栋
姚家兴　宋士功　张广川

摘要：本文简要地介绍扩频选址通信系统方案电路的组成和方案试验情况。试验结果表明：应用扩频技术实现选址通信的方案是成立的。各局部电路能体现总体方案要求的功能。整个系统能正确进行选址，加密效果良好，抗干扰性能强，呼叫显示正确。扩频选址通信系统是一种很有发展前途的新型通信体制。

前　言

根据使用要求，需要研制出一种无线信道的，既能双工通话，又经加密，且具有任意选址功能的通信系统。

该系统适用于"区域移动无线通信网"，以解决内部各单位之间的调度、指挥联系，例如：在铁路站场通信中可用来传送调度命令和机车控制信号，也可以用于列车无线调度电话，解决同频干扰、选择呼叫以及自动控制信息的传输。这种通信方式和体制也适用于国内数字化卫星通信系统，可以解决铁道部和各路局之间的战备通信问题。特别是解决在边疆、沿海地区通信的隐蔽问题。在应付突然发生的地震、水害等天灾情况时，需要具有多种通信手段。《无线、双工、保密、任意选址通信系统》将发挥其特殊功能。总之，这一通信系统研制成功，在国民经济各个部门都将具有广阔的应用前景。

现将我们在研制工作中有关总体方案的考虑，各局部电路的功能、特点和试验情况简介如下。

一、总体方案[1]

为了实现《无线、双工、保密、任意选址通信系统》，采用一般的调幅、调频、单

* 本论文选自：北方交通大学学报，1980（2）：33-40。

边带方式是无法同时满足上述多功能的要求的。必须尽量利用先进技术和建立新的通信方式与体制。我们认为采用扩展频谱技术，以实现任意选址通信是一条较好的途径。因此，从学术上看，《无线双工保密任意选址通信系统》又可称为《扩频选址通信系统》关于扩频选址通信系统的基本原理和主要技术问题在［1］中已有较详细的论述。本扩频选址通信系统具有如下特点：

（1）采用数字通信方式，以便于加密，并且可同时解决传送语言和数据信息，也便于实现扩展频谱。同时数字电路也有利于小型化、轻量化。

（2）采用码分多址方式，以便于解决任意选址和组成机动灵活的通信网。不同的用户分配不同的地址码。

（3）采用扩展频谱技术，用伪随机码调制扩展频谱，既可保证有较强的抗干扰性，又可同时解决地址码的编码问题。

（4）采用双工通信方式，既满足使用要求，也有利于构成选址通信网。

本方案的方框原理图见图一。

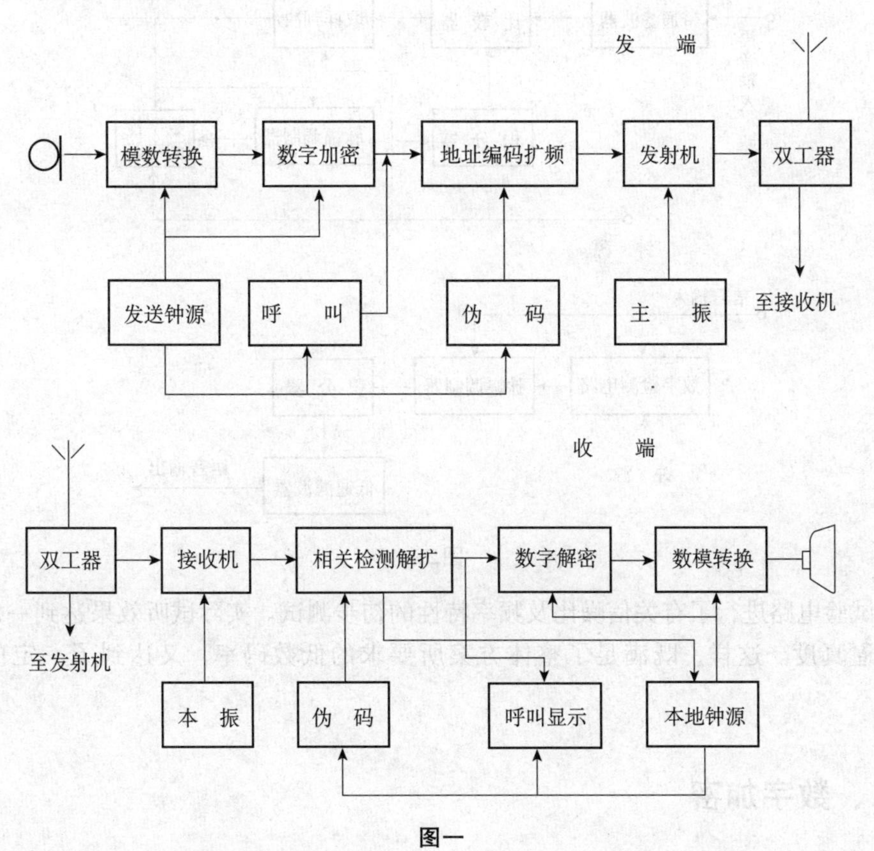

图一

各部分的作用原理简述如下：

发端：语言信息经模数转换成数字信号，经过数字加密后，在地址编码器中用伪码进行地址编码，同时起扩展频谱作用。此地址码再送入发射机调制射频信号，并且放大到一定功率，然后经双工器输出。

收端：输入信号在接收机中变频至中频后，送入地址译码，同时起解扩的作用。这里需用本地伪码去进行相关检测以解出有用信号。解出的信号经数字解密后山数模转换，恢复成语言信息。

此外，为了保证两端钟源同步，需要同步系统。为了使用方便，需要有呼叫显示系统。

下面分别叙述各局部电路的功能和特点。

二、语言处理

由于使用要求主要传送加密语言信息，在发端首先应进行模数转换，在收端再用模数转换，恢复成语言信息。考虑到高频带宽的限制，同时保证最低限度的语言清晰度，现采用低数码率以 9.6kb/s 的数字压扩增量调制。其方框原理图如图二所示。

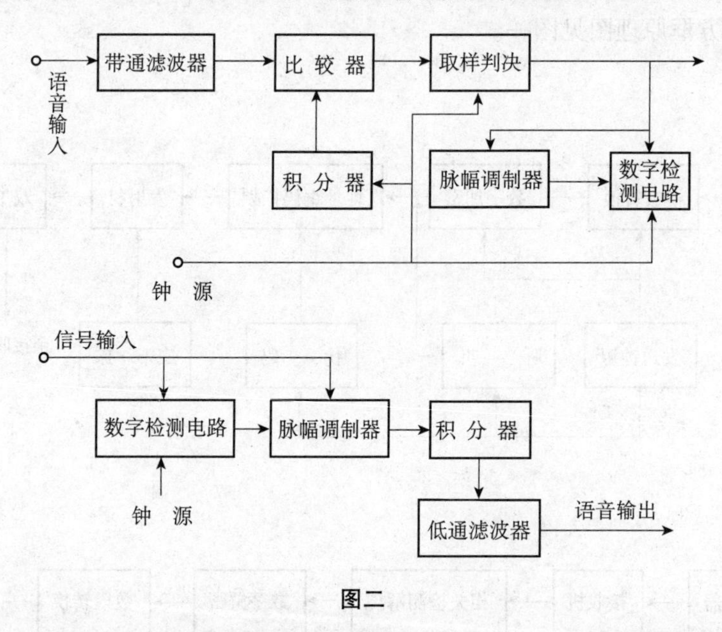

图二

对试验电路进行了有关信噪比及频率特性的初步测试。实际试听效果达到一定的可懂度和逼真度。这样，既满足了整体方案所要求的低数码率，又达到了一定的话音质量。

三、数字加密

为了在本机自行解决加密问题，不用外加的加密机，我们自行设计的电路能做到无误码的加密和解密，加密以后不影响话音质量，且采用自适应的方式，即讲话时加密，不讲话时不加密。将来在制造正式机器时电路稍加变动，可保证足够的密钥，敌方不易破译。

四、地址编码[2]

总体方案要求足够的处理增益和可编成的地址数，故采用511位Gold码（即M序列优选对码）作为地址码。M序列优选对码产生简单，相关特性旁瓣不超过一定的数值，且可构成513个地址，对于选址通信是比较适用的。电路全部集成化，伪码发生器采用组件型多抽头码序列发生器，如图三所示。

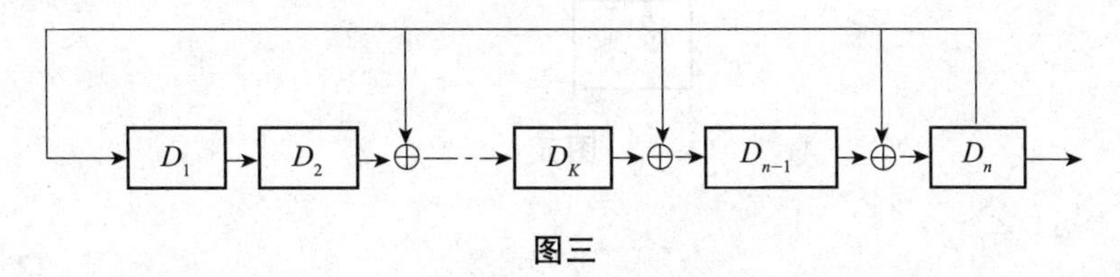

图三

这种电路结构可构成高速码序列发生器，也便于组件化。采用7CS43BJK触发器及7MY24与非门电路组装的511位码发生器最高工作频率可达12兆赫。经一段时间使用，证明工作稳定可靠。

五、发射机[3、4]

发射机主要产生96MHz射频载波，并由地址伪码进行双相相移键控。在具有足够宽的带宽的条件下保证一定的线性要求。发射机的组成如图四所示。

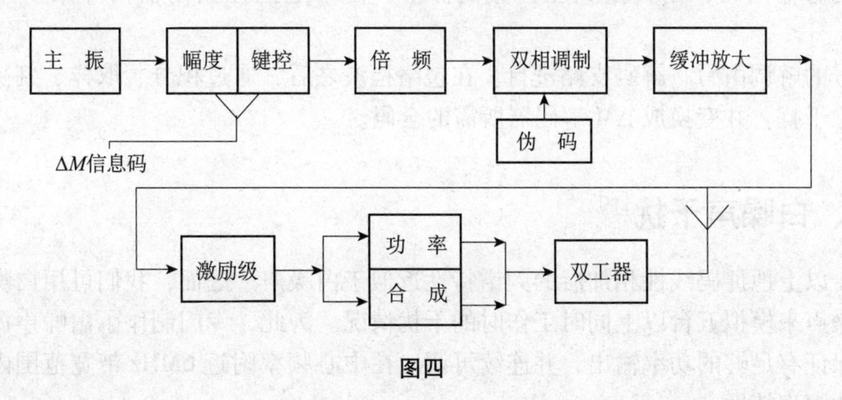

图四

主振由晶体稳频。所产生的连续波信号经缓冲级后，由ΔM信息码进行间控。两个二倍频级工作在丙类，以防止间控泄漏并提高效率。相移键控调制用二极管平衡混频器。调制后的信号在功放及功率合成级放大到脉冲峰值功率达30W。这些放大级都工作在乙类状态，以保证处于线性放大状态，避免相位失真。整机效率大于60%。带宽大于15MHz。

六、接收机

接收机采用一次变频电路及上变频，以减少组合波干扰。组成方框图如图五所示。

试验电路做到带宽6MHz，输出波形和幅度能满足延迟锁定环和解码电路的要求。为了减少多地址信号相互间干扰，要求接收机动态范围要大，线性要好，使其输出信号处于线性叠加状态。

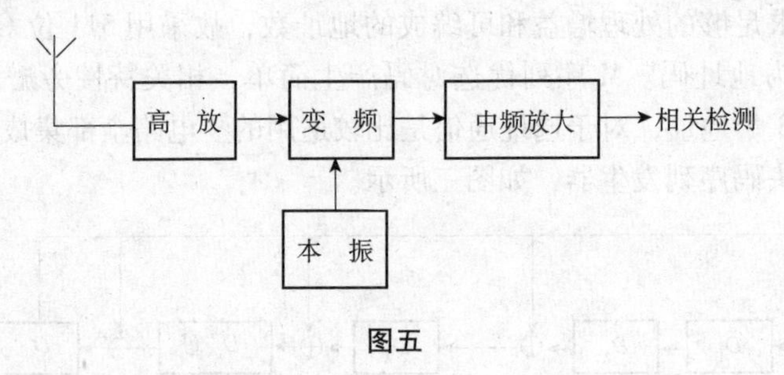

图五

七、相关检测与解扩[5]

在接收端，由接收机输出的中频信号送至延迟锁定环进行相关检测和解扩，同时保证收发两端钟源的同步。

为了简化电路，我们在中频频率上直接进行相关处理，因此要求在几十兆赫上做好乘法器电路和窄带晶体滤波器。对于压控晶体振荡器的压控特性要求有一定的带宽。整个环路要求保证一定环路增益，以减小锁定时间。信号的搜索采用另一路有频差的振荡器产生钟脉冲，使收发两端由于频率差而在相位上自动进行滑动搜索，一旦收发信号同相，解码有输出时，则转换到压控振荡器上，使本地压控振荡器由外来有用信号所锁定。

信号的解调由另一解码支路进行。在包络检波之后，通过积分、取样、判决电路进一步排除干扰，并变换成ΔM解码器所需的全码。

八、白噪声干扰[6]

五台以上地址码线性相加后的频谱特性近似于白噪声。因而，我们可用白噪声源产生的白噪声来模拟五台以上同时工作时的干扰情况。为此，专门制作了白噪声源。该白噪声源保证有足够的功率输出，并连续可调。在中心频率附近6MHz带宽范围内具有近似平坦的频率特性。

将白噪声干扰与有用信号同时加入中频系统相关检测电路，在噪声峰值为有用信号峰值4倍的情况下，试验结果表明，仍能正确选址。也就是说，本系统的抗干扰性能可以基本上保证至少五个台同时工作。

九、呼叫系统[7]

在任意选址通信系统中，许多电台同时工作。主呼用户必须要告诉被呼用户自己的地址号码，被呼用户才能发出应答信号，与主呼用户沟通联系。在方案电路试验中，我们采用半自动呼叫方式，即主呼用户发出呼叫信号时也同时发出自己的地址信号，在被呼用户地址指示灯上显示出来。这样，被呼用户就知道究竟是谁在呼叫他。然后再搬动地址编码键发出主呼用户能收到的地址信号。整个呼叫系统电路采用数字编码和译码，全部集成化，呼叫显示正确。此外，呼叫信号还通过 ΔM 解码在喇叭中可听到相应的音频呼叫信号。使值班人员不必始终在机前监视。目前的呼叫系统电路还有待进一步完善，如尚无“占线”表示等功能。呼叫信号产生方框图见图六，呼叫接收方框图见图七。

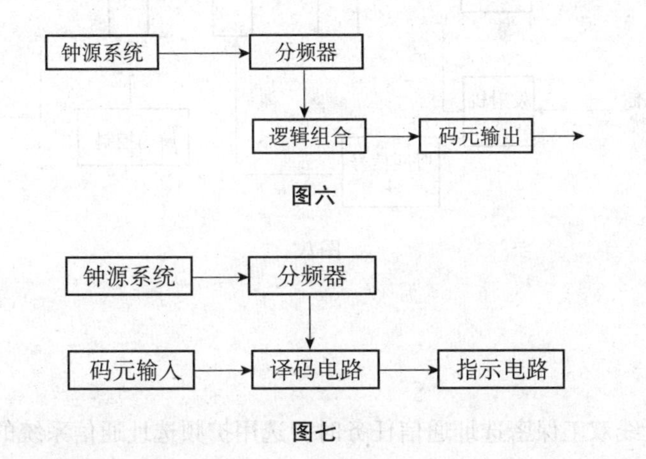

图六

图七

十、方案电路试验结果[8]

方案电路试验的任务在于论证方案、体制的成立，并验证各局部电路的功能。总联试验方框图如图八所示。

总联试验的目的在于验证各种干扰情况下能否正确选址和排除各种干扰，加密效果是否良好，呼叫显示是否正确，整个系统是否能保证正常通信。

图八示出，输入至接收机的信号除两路地址码外，再加一路连续波干扰。并从中频加入呼叫信号和一路白噪声干扰。

总联试验结果表明：在上述多信号输入干扰情况下，对三路地址码可以进行正确选址。三路地址码都是等功率的，即在等功率的情况下可以排除相互干扰。白噪声干扰的幅度大于信号三倍时，也可排除干扰无误码。连续波干扰的幅度大于信号两倍时，也可排除干扰无误码。

五种干扰同时加上时，总的干扰幅度为信号六倍时能做到三个地址正确选址。这相当于 -15dB 信噪比情况下能正确提取信号。

试验初步论证了多台同时工作时，扩频选址通信方案的成立。高频系统信道畅通。加密和解密电路效果良好，能无误码的解码，且不影响音质。

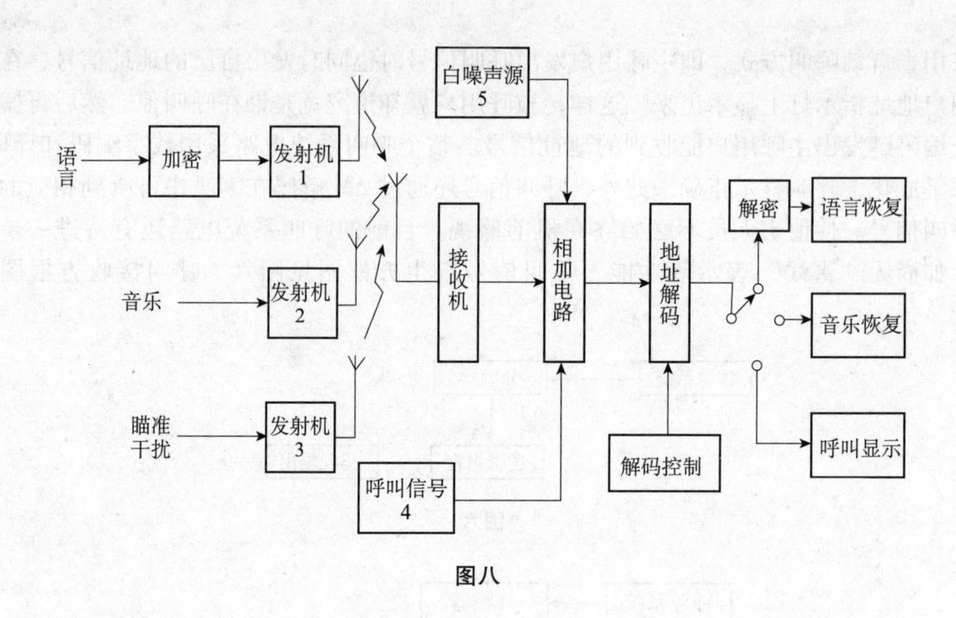

图八

结　论

1. 在解决无线双工保密选址通信任务时，选用扩频选址通信系统的方案是成立的。

2. 各局部电路的功能是可行的。

在我们研制工作中，先后得到北京大学无线电系，四机部十九院，1919 所，1930 所，1907 所，上海交大无线系，南京工学院无线系，710 厂，天津无线电研究所，黑龙江电子研究所等单位有关同志的帮助和支援，在此谨表衷心的感谢。

参考资料

［1］李承恕:《扩频选址通信系统》北方交大专题科技资料 79049，1979. 12

［2］冯锡生、张广川:《511 位 M 序列地址编码电路的研究》，北方交大专题科技资料 79039，1979. 11

［3］李振玉:《扩频选址通信中高频数字调制的研究》北方交大专题科技资料 79045，1979. 12

［4］李振玉:《线性高频宽带功率合成的研制与分析》北方交大校庆 71 周年科学报告会资料，1980. 5

［5］宋士功:《扩频通信延迟锁定技术》北方交大校庆 71 周年科学报告会资料，1980. 5

［6］赵荣黎:《扩频通信系统模拟信道噪声用白噪声发生器》北方交大校庆 71 周年科学报告会资料，1980. 5

［7］王国栋、姚家兴:《扩频选址通信中呼叫系统和电路的研究》北方交大专题科技资料 79038，1979. 11

［8］7402 科研研究报告。（内部报告）1980. 2

论文 4

CLUSTERING IN PACKET RADIO NETWORKS*

Chengshu Li
Department of Electrical Telecommunications Northern Jiaotong University
Beijing, China

ABSTRACT

Packet Radio Networks (PRNET) have developed rapidly during recent years. One basic problem is how to organize a PRNET. In this paper we consider the architectural organization of PRNET as a cluster head set problem. We prove that the optimal cluster head set problem is NP-complete. Several suboptimal cluster head set algorithms are proposed. Computer simulation is given, and the results are discussed.

I. INTRODUCTION

Packet Radio Networking (PRNET) is a technology that extends the original packet switching concepts to broadcast radio networks. It offers a highly efficient way of providing computer network access to mobile terminals and computer communication in the mobile environment. Rapid development has taken place during recent years in this area (Ref. 1). One of the basic problems is the architectural organization of mobile radio networks, which allows the network to organize itself into a reliable network structure and then maintain this structure under changing topology. In some circumstances the connectivities are changed due to movement of nodes, node and link failure, and the addition of new nodes. Therefore, the organization of the PRNET's architecture must account for these changes.

There are several mobile radio networks: Packet Radio (PRNET) (Ref. 1), Advanced

* 本文选自：IEEE ICC'85 proceedings, 1985. sec, 10.5。

Mobile Phone Service (AMPS) (Ref. 2), Battlefield Information Distribution (BID) (Ref. 3), Ptarmigan (Ref. 4), and HF Intratask Force (ITF) network (Ref. 5). Their architectural organizations are different. In (Ref. 5), a distributed linked cluster algorithm was proposed and developed for use in the HF (ITF) network. However, this algorithm made no attempt to minimize the number of cluster required. In this paper we deal with the architectural organiztion of PRNET as a cluster head set problem. It will be proved that the cluster head set problem is NP-comlete. Some suboptimal algorithms are proposed and studied. Simulation examples and computer programs to implement these algorithms are given. We will discuss these problems in the following sections.

II. FORMULATION OF CLUSTER HEAD SET PROBLEM

1. Description of the original cluster head set problem

Our goal is to organize a Packet Radio Network (PRNET). The locations of a set of radio stations are given. We assume all the stations have the same transmission range R. The stations are divided into clusters, as shown in Fig. 1. Some stations are selected as cluster heads. Stations (others than cluster heads and gateways) communicate only with cluster heads. The cluster heads are allowed to communicate with each other either directly or through no more than two gateways, which are stations connecting two cluster heads or connecting a cluster head with the gateway to another cluster head. The cluster heads and gateways construct a connected backbone network.

The cluster heads set problem is: How can we select the stations as cluster heads such that the clusters cover all the stations and the number of the cluster heads is minimum?

2. Mathematical formulation of the cluster head set problem

We can formulate the cluster head set problem as an optimization problem:

Given a connected graph G = (N, E).

Find a minimum subset $u \subseteq N$, such that each node v in subset V = N-U is connected with at least one of the nodes $u \in U$, i. e., $\{u, v\} \in E$.

III. NP-COMPLETENESS OF CLUSTER HEAD SET PROBLEM

A set of verticesin a graph G is said to be dominating set if every vertex not in the set is adjacent to one or more vertices in the set (Ref. 6, 7).

The optimal cluster head set problem is to find the minimum number of cluster heads of a network. It is the same as the minimal dominating set problem:

A minimal dominating set is a dominating set such that no proper subset of it is also a dominating set.

M. R. Garey and D. S. Johnson in (Ref. 8) claimed, that the minimal dominating set problem is NP-complete, but the proof is unpublished.

In this section we prove the following theorem:

Theorem: The cluster head set problem is NP-complete.

Proof: The first part of the proof is to prove that the cluster head set problem is NP. We have the following lemma:

Lemma 1: For a given G = (N, E) the cluster head set algorithm can give a cluster structure network.

Proof: The procedure of a simple cluster head algorithm can be terminated in finite steps.

Lemma 2: The cluster head set algorithm is on O (n^2) algorithm.

Proof: The maximum number of steps to choose CH is n; for every choice of CH, the algorithm needs to examine all n nodes as its ON, requiring n^2 operations in all and another n^2 steps to determine the gateways. So the total number of steps is $n + 2n^2$. The cluster head set algorithm is on O (n^2) algorithm.

Lemma 3: Cluster head set algorithm is a non-deterministic algorithm.

Proof: The structure of clusters depends at every step on choices of cluster heads and gateways. For answering a recognition problem; it is a non-deterministic procedure. So it is a non-deterministic algorithm.

Claim: From the above Lemma, the cluster head set problem can be solved by a non-deterministic algorithm in polynomial time. So it is NP.

The second part of the proof we have to do is to polynomially transform a well known NP-complete problem to the cluster head set problem. In (Ref. 8), it was proven that VERTEX COVER is NP-complete. We use a similar method to transform 3 SAT to the cluster head set problem.

Let $U = \{u_1, u_2, \ldots u_n\}$ and $C = \{c_1, c_2, \ldots c_m\}$ be any instance of 3 SAT. We must construct a graph G = (V, E) and a positive integer $K < |V|$ such that G has a set of cluster heads of size K or less if and only if C is satisfiable.

The construction will be made up of several components. In our case, we will have (1) truth-setting components, (2) satisfaction testing components, and (3) some additional communication edges between the various components.

For each variable $u_j \in U$, there is a truth-setting component $T_i = (v_i, E_j)$, consisting of three vertices and three edges joining them to form a triangle:

$$v_i = \{u_i, \overline{u}_i, u_i^*\}$$

$$E_i = \{\{u_i, \overline{u}_i\}, \{u_i, u_i^*\}, \{\overline{u}_i, u_i^*\}\}$$

For each clause $c_j \in C$, there is a satisfaction testing component $s_j = (v_j', E_j')$, consisting of three vertices and three edges joining them to form a triangle:

$$v_j' = \{a_1[j], a_2[j], a_3[j]\}$$

$E'_j = \{\{a_1[j], a_2[j]\}, \{a_1[j], a_3[j]\}, \{a_2[j], a_3[j]\}\}$

We add another triangle inside this one (as shown in Fig. 2) with the nodes and edges as follows:

$$v''_j = \{a_4[j], a_5[j], a_6[j]\}$$

$$E''_j = \{\{a_4[j], a_5[j]\}, \{a_4[j], a_6[j]\}, \{a_5[j], a_6[j]\}\}$$

The only part of the construction that depends on which literals occur in which clauses is the collection of communication edges. These are best viewed from the vantage point of the satisfaction testing components. For each clauses $c_j \in C$, let the three literals in c_j be denoted by x_j, y_j and z_j. Then the communication edges emanating form S_j are given by:

$$E'''_j = \{\{a_j[j], x_j\}, \{a_2[j], y_j\}, \{a_3[j], z_j\}\}$$

We put one node on each of E'''_j, referred to v''_j. This changes E'''_j to

$$E'''_j = \{\{a_1[j], v'''_{j1}\}, \{v'''_{j1}, x_j\}\}, \{\{a_2[j], v'''_{j2}\}, \{v_{j2}, y_j\}\}, \{\{a_3[j], v'''_{j3}\}, \{v'''_{j3}, z_j\}\}$$

The construction of our instance of cluster heads is completed by setting $k = n + 2m$, and $G = (V, E)$, where

$$V = (\bigcup_{i=1}^{n} v_i) \cup (\bigcup_{j=1}^{n} v'_j) \cup (\bigcup_{j=1}^{n} v''_j) \cup (\bigcup_{j=1}^{n} v'''_j)$$

and

$$E = (\bigcup_{i=1}^{n} E_i) \cup (\bigcup_{j=1}^{m} E'_j) \cup (\bigcup_{j=1}^{m} E''_j) \cup (\bigcup_{j=1}^{m} E'''_j)$$

Fig. 2 shows an example of the graph obtained when $U = \{u_1, u_2, u_3, u_4\}$ and

$$C = \{\{u_1, \overline{u}_3, \overline{u}_4\}, \{\overline{u}_1, u_2, \overline{u}_4\}\}$$

In construction at least one cluster head is needed in each top triangle, otherwise u_i^* will be isolated. If a solution with $K \leqslant n + 2m$ cluster head exists, and some u_i^* is cluster head, then eliminate it if u_i and $\overline{u}_j$ are cluster heads, and move it to u_i otherwise. Thus if a solution with $K \leqslant n + 2m$ exists, one exists with no u_i^* as a cluster head. If a solution with u_i and $\overline{u}_j$ both cluster heads exists, move one of them down to v'''_j; it is still a solution. Thus if a solution exists with $K \leqslant n + 2m$, we also have a solution with u_i or $\overline{u}_i$ but not both as cluster heads.

At least two cluster heads must exist in each pair of lower triangles including the v'''_j nodes connected to those triangles. Thus if a solutiom eith $K \leqslant n + 2m$ exists, it must exactly satisfy $K = n + 2m$. If on above structure some v''_j is a cluster head, then either a_4, a_5 or a_6 must be the other cluster head. Since either u_i or $\overline{u}_i$ above v'''_j is in the cluster head set, we can move the cluster head in v'''_j down to a_1, and move the cluster head in v'''_j out to a_2 or a_3. Thus if a solution exists with $K = n + 2m$, one exists with exactly two of each a_1, a_2, a_3 as cluster heads and exactly one of u_1, u_i as a cluster head.

It is obvious that the construction can be accomplished in polynomial time. All that remains to be shown is that C is satisfiable if and only if G has a set of cluster heads of size $K = n + 2m$ or less。

Suppose that $CH \subseteq V$ is a set of cluster heads for G with $|CH| \leqslant K$. By our previous remarks, CH must contain at least one vertex from each u_i and $\bar{u}_i$ pair, at least two vertices from each v_j'. This gives a total of $n+2m=K$ vertices. Thus we can use the way in which V' intersects each truthsetting component to obtain a truth assignment $t: U \rightarrow \{T, F\}$. We merely set $t(u_i)=T$ if $u_i \in CH$ and $t(u_i)=F$ if $\bar{u}_i \in CH$. To see that this truth assignment satlsfies each of the clauses $e_j \in C$, consider the three nodes of V_j''' for a given clause. Only two of those nodes can be covered by vertices from $V_j''' \cap CH$, so one of them must be covered by a vertex from some V_i that belong to V'. But that implies that the corresponding literal, either u_i or $\bar{u}_i$, from clause c_j is true under the truth assignment t, and hence clause c_j is satisfied by t. Because this holds for every $c_j \in C$, it follows that t is a satisfying truth assignment for C. An example is shown is Fig. 3. If we have a set of cluster heads of Fig. 3, then C is satisfiable.

Conversely, suppose that $t: V \rightarrow \{T, F\}$ is a satisfying truth assignment for C. The corresponding cluster head set V' includes one vertex from each pair of u_i and $\bar{u}_i$, two vertices from each V_j'. The vertex from u_i and $\bar{u}_i$ pair in V' is u_j if $t(u_j)=T$ and is $\bar{u}_i$ if $t(u_i)=F$. This ensures that at least one of three nodes from each set of V_j''' is covered, because t satisfies each clause c_j. Therefore we need only include in CH two of the points from V_j'', and this gives the desired cluster head set. Fig. 4 shows the given truth assignment and its corresponding cluster head set.

Claim: Cluster head set problem is NP-complete.

IV. THE SUBOPTIMAL CLUSTER HEAD SET ALGORITHMS

The optimal cluster head set problem is to find a cluster structure for a given graph G with a minimum number of cluster heads. In the previous section's discussion we have seen that it is difficult to find a fast algorithm which can give the optimal solution of this problem. We now suggest algorithms which may give a suboptimal solution of this problem. The main idea of these algorithms is that every cluster should cover as many stations (nodes) as possible, and that the cluster heads connect to each other through two gateways whenever possible. In this way the network may be constructed with a small number of clusters.

The suboptimal cluster head set algorithm (A):

<u>Input</u>: graphic $G=(N, E)$, and a node number of every node of N;

<u>Output</u>: a set of cluster heads CH, a set of gateways GW, and a set of ordinary nodes ON; the cluster heads and gateways form a backbone network; every ordinary node connects to one of the cluster heads;

<u>begin</u>

CH: $=\emptyset$; GW: $=\emptyset$; ON: $=\emptyset$;

step 1: select an arbitrary node as the first cluster head, remove it from N and put it in set CH;

step 2: put all the connected neighbour nodes of the first cluoter head in set ON, and remove these nodes from N;

step 3: calculate the degrees of three classes of nodes: first class nodes: all nodes in ON; the degree of a node for this algorithm includes only the number of edges going to nodes in N;

second class nodes: all the connected neighbor nodes of ON, referred as the two-hop neighbor nodes; third class nodes: all the connected neighbor nodes of the two hop neighbor nodes, referred as the three-hop neighbor nodes;

step 4: from second and third class nodes choose the node with maximum degree as the second cluster head, remove it from its original set and add it to CH; if there are two or more nodes with the same degree in a class, we choose the node with largest identification number; if there are two nodes with the same degree in two different classes, we choose the node in higher class (the third class is the highest class);

step 5: remove all the neighbor nodes of the second cluster head from N, and add them to set ON;

step 6: if the second cluster head is in the first class, there needn't any gateway; if the second cluster head is in the second class, any node joining the two cluster heads is defined as a gateway; if the second cluster head is in the third class, any two nodes connecting the two cluster heads are defined as gateways; remove gateways from their original sets, and add to GW; while $N \neq \emptyset$ do.

step 7: repeat the procedure from step 3 to step 6.

end

In the above algorithm, we choose the first cluster head arbitrarily. The structure of the network depends upon the initial choice of cluster head.

The other suboptimal cluster head set algorithms (B), (C), (D) will not be given in this paper.

V. COMPUTER PROGRAMS

We wrote computer programs to implement the suboptimal cluster head set algorithms. The topology of a given graph G = (N, E) is shown in Fig. 2. The input of the program is the connectivity matrix of the graph. Fig. 2 also ahows the graph representation of the computed results.

In general, algorithm (A) has the larger possibility of samller number of cluster head.

VI. CONCLUSIONS

1. A Packet Radio Network may be architecturally organized into clusters, leading to a cluster head set problem. One of the basic problem is how to construct the network with muni-

mum number of clusters and adapt for changing topology.

2. Using transformation from 3AST, we proved that the optimal cluster head set problem is NP-complete.

3. Several suboptimal algorithms are proposed to find the suboptimal resolution of cluster structure. The algorithms only need the connectivity matrix of a given network as their input. Every station can use the same algorithm to decide the network structure and adapts to changing topology.

4. The computer simulation programs show that it is easy to determine the role of each station as a cluster head, a ordinary node, or a gateway. It is noted that algorithm (A) is better than the other algorithms.

5. The main results of this paper may be used as a base for further research or practical implementation of PRNET.

ACKNOWLEDGEMENT

I wish to express my sincere gratitude to professor Robert G. Gallager and Professor P. A. Humblet of MIT for valuable discussions and enthusiastic help during this research.

REFERENCES

1. R. E. Kahn, S. A. Gronemeyer, J. Burchfiel, and R. C. Kunzelman, "Advances in Packet Radio Technology", Proc. IEEE, Vol. 66, pp. 1468-1496, Nov. 1978.

2. N. Ehrlich, "The Advanced Mobile Phone Service", IEEE Commun. Magazine, Vol. 17, pp. 9-15, Mar. 1979.

3. A. Nilsson, W. Chon. and C. J. Graff. "A Packet Radio Communication System Architecture in a Mixed Traffic and Dynamic Environment", Proc. Comput. Networking Symp., IEEE CH1586-7180, 1980, pp. 51-66.

4. M. Lawson and S. Smith, "Reconfiguration Techniques of a Mobile Network", Proc. 1980, Int. Zurich Sem. Gigital Commun., Zurich, Switzerland, IEEE SOCH 1521-4 COM, 1980, pp. B10. 1-B10. 5.

5. D. J. Baker and A. Ephremidis, "The Architectural Organization of a Mobile Radio Network Via a Distri buted Algorithm", IEEE Trans. Commun., Vol. COM-29, No. 11, pp. 1694-1701, Nov. 1981.

6. O. Ore, "Theory of Graphs", Vol. XXX VIII, Providence, R. I.: Amer. Math. Soc., 1962.

7. C. Liu, "Introduction to Combinatorial Mathematics", New York: McGraw-Hill, 1968.

8. M. R. Garey, and D. S. Johnson, "Computers and Intractability: A Guide to the Theory of NP-completeness", W. H. Freeman & Co., San Francisco, 1979.

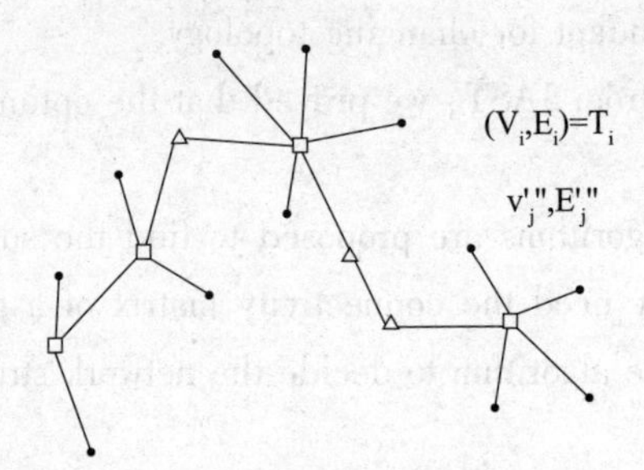

Fig. 1

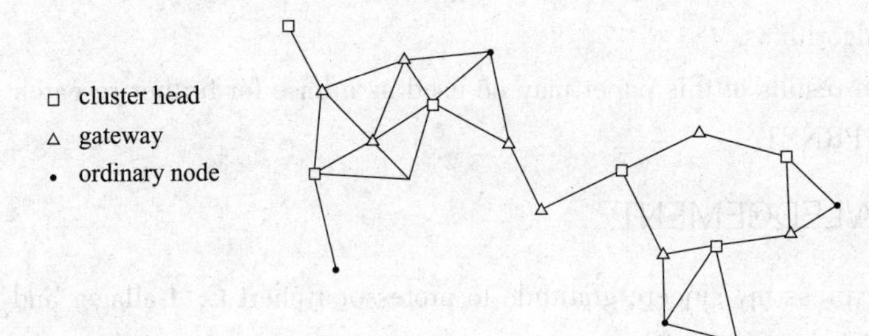

Fig. 2

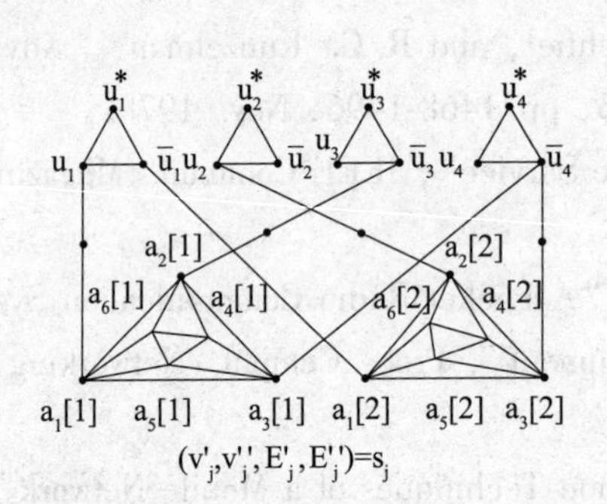

Fig. 3

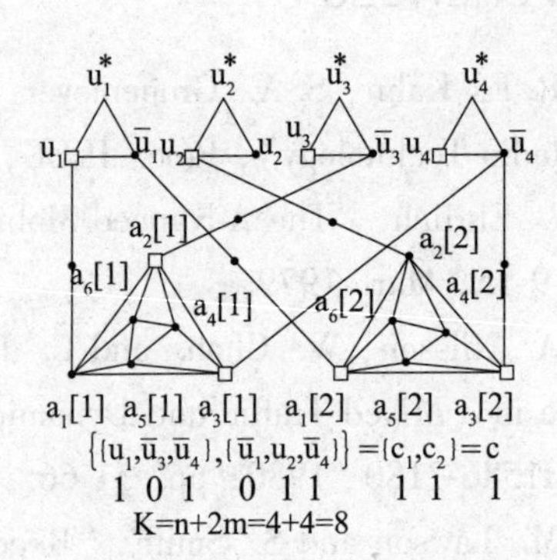

Fig. 4

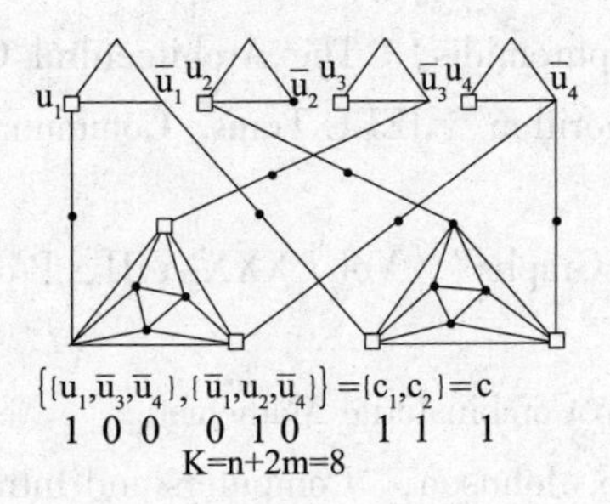

Fig. 5

论文 5

扩频通信技术—原理与应用[①]* （一）

李承恕

（北方交通大学）

一、引　言

扩展频谱通信（简称扩频通信）的基本概念是从 20 世纪 40 年代末期开始逐步形成的[1]。扩频通信具有较强的抗干扰能力和隐蔽性，并能同时实现多址通信、精确的测距和定时，目前已成为反电子对抗中一种十分重要的手段，越来越受到人们的重视。本文简要地介绍扩频通信技术的基本原理和性能特点，以及系统设计中应考虑的几个问题。最后探讨一下其应用前景。

二、扩频通信的基本原理

所谓扩频通信，可简单表述如下[2]：扩频通信技术是一种信息传输方式，其信号所占有的频带宽度远大于所传信息必需的最小带宽；频带的展宽是通过编码及调制的方法来实现的，并与所传信息数据无关；在收端则用相同的扩频码进行相关解调来解扩及恢复所传数据。

按照上述定义，扩频通信包含的主要内容是：①信号频谱被展宽；②采用码序列调制的方式来展宽信号频谱；③在接收端用相关解调来解扩。

下面，我们分别加以叙述。

1. 扩展频谱的基本概念

如果信息持续时间为 T，信息带宽为 $\Delta F \approx 1/T$ 而信号带宽为 W，则信号带宽与信息

---

① 本文于 1985 年 4 月 10 收到。

* 本文选自：中国空间科学技术，1985（4）：30-34 +29。

带宽之比为 $W/\Delta F = WT$。

式中 WT 称为扩展因子。通常的窄带通信，$WT \approx 1$。对于 $WT \approx 100 \sim 1000$ 则称为扩频通信。

2. 扩频通信的理论依据

多少年来，人们总是想法使信号所占频谱尽量的窄以充分利用十分宝贵的频谱资源。为什么要用这样宽频带的信号来传送信息呢？简单的回答就是为了通信的安全可靠。这可以用信息论和抗干扰理论的基本观点来加以说明。

仙农（Shannon）在其信息论中得到如下有关信道容量的有名公式[3]：

$$C = W\log_2\left(1 + \frac{P}{N}\right) \tag{1}$$

这个公式原意是说，在给定信号功率 P 和白噪声功率 N 的情况下，只要采用某种编码系统，我们就能以任意小的误差概率，以接近于 C 的传输信息的速率来传送信息。这个公式暗示出：在保持信息传输速率 C 不变的条件下，我们可以用不同频带宽度 W 和信噪功率比来传输信息。换句话说，带宽 W 和信噪比 P/N 是可以互换的。如果增加频带宽度，就可以在较低的信噪比的情况下用相同的传息率的任意小的误差概率传输信息。甚至信号在被噪声淹没的情况下，只要相应地增加带宽也能保持可靠的通信。这一公式指明了采用扩展频谱信号进行通信的优越性，用扩展频谱的方法以换取信噪比上的好处。

柯捷尔尼可夫（Комелвников）在其潜在抗干扰理论中得到如下关于信息传输差错率的公式：

$$P_{\text{ош}} \approx f\left(\frac{E}{N_0}\right) \tag{2}$$

这个公式指出：差错概率 $P_{\text{ош}}$ 是信号能量 E 与噪声功率谱密度 N_0 之比的函数。设信号频带宽度为 W，信息持续时间为 T，信号功率为 $P = E/T$，噪声功率为 $N = WN_0$，信息带宽为 $\Delta F = 1/T$，则（2）式可化为：

$$P_{\text{ош}} \approx f\left(\frac{P}{N} \cdot TW\right) = f\left(\frac{P}{N} \cdot \frac{W}{\Delta F}\right) \tag{3}$$

从上式可知，差错概率 $P_{\text{ош}}$ 是输入信号与噪声功率比 P/N 和信号带宽与信息带宽比 $W/\Delta F$ 二者乘积的函数。也就是说，对于传输一定带宽 ΔF 的信息来说，信噪比与带宽是可以互换的。它同样指出了用增加带宽的方法可以换取信噪比上的好处。

总之，我们用信息带宽的 100 倍，以至 1000 倍以上的宽带信号来传输信息，就是为了提高通信的抗干扰能力，即在强干扰情况下保证可靠安全的通信，这就是扩展频谱通信的基本思想和理论依据。

3. 直接序列扩频（DS）系统

我们用图 1 所示的直接序列扩频系统的原理图来说明如何实现信号频谱的扩展和抗干扰性能的增加。

上面提到，通常在发端是用码序列对信号的调制来实现频带的展宽的。在收端则用相同的码序列进行相关解调，把接收到的扩频信号解扩，即进行相应的反变换，还原成

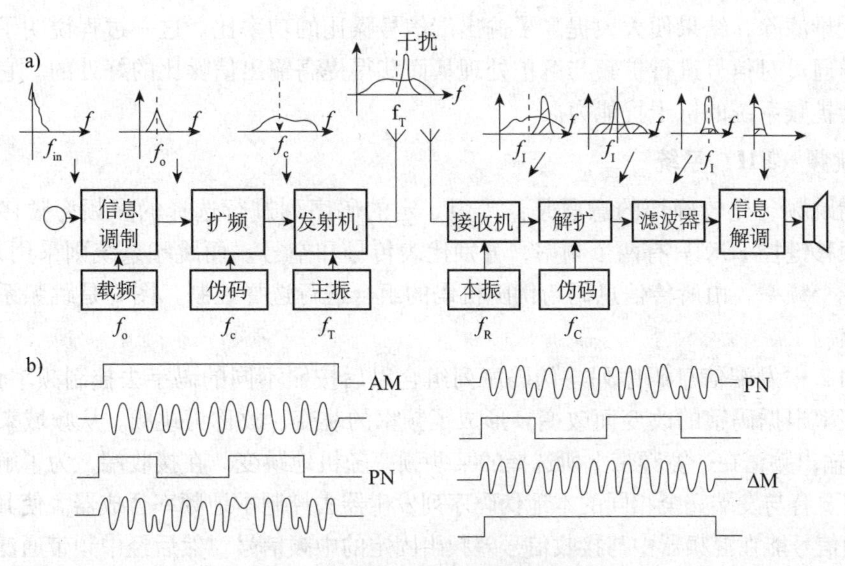

图1　直接序列扩频系统原理图

原始的信息频带。所谓直接序列扩频系统，就是直接用高码钟率的伪随机码序列对信号进行调解，从而获得频谱展宽的系统。同时在接收端，用相同的伪码序列再次进行调制，使扩频信号解扩还原成原始信号频带。

在图1（a）中，假定发送的为一频带限于f_{in}以内的窄带信息。将此信息在信息调制器中先对某一付载频f_0进行调制，例如进行调幅或窄带调频，得到一中心频率为f_0而带宽为$2f_{in}$的信号，即通常的窄带信号。一般的窄带通信系统直接将此信号在发射机中对射频进行调制后由天线辐射出去。但在扩展频谱通信中还需要增加一个扩展频谱的处理过程。常用的一种扩展频谱的方法就是用一高码钟率f_c的伪随数码序列对窄带信号进行二相相移键控调制（图1（b）中发端的波形）。二相相移键控制信号相当于载频抑制的调幅双边带信号。选择$f_c \gg f_0 > f_{in}$。我们得到了带宽为$2f_c$的载频抑制的宽带信号。这一扩展了频谱的信号再送到发射机中去对射频f_T进行调制后由天线辐射出去。

信号在射频通信传输过程中必然受到各种外来信号的干扰，因此，在收端，进入接收机的除有用信号外还存在干扰信号。假定干扰为功率较强的窄带信号。宽带有用信号与干扰同时经变频至中心频率为中频f_1输出。不言而喻，对这一中频宽带信号必须进行解扩处理才能进行信息解调。解扩实际就是扩频的反变换，通常也是用于发送相同的调制器、并用于发端完全相同的伪随机码序列对收到的宽带信号再一次进行二相相移键控。从图1（b）中收端波形可以看出，再一次的相移键控正好把扩频信号恢复成相移键控前的原始信号。从频谱上来看则表现为宽带信号被解扩压缩还原成窄带信号，这一窄带信号经中频窄带滤波器后至信息调解器再恢复成原始信息。但是，对于进入接收机的窄带干扰信号，在收端调制器中同样也受到伪随机码的双相相移键控调制，它反而使窄带干扰变成宽带干扰信号。由于干扰信号频谱的扩展，经过中频窄带通滤波器的作用，只允许通带内的干扰通过，使干扰功率大为减少。由此可见，接收机输入端的信号噪声功率比经过压扩处理，使信号功率集中起来通过滤波器，同时使干扰功率扩散后被滤波器大量滤除，结果便大大提高了输出端信号噪比的功率比。这一过程说明了扩频通信是怎样通过对信号进行扩频与解扩处理从而获得提高输出信噪比的好处的。它具体体现了直接扩频系统的抗干扰能力。

4. 跳频（FH）系统

所谓跳频，比较确切的意思是："用一定的码序列进行选择的多频率频移键控。"简单的频移键控 FSK 只有两个频率，分别代表传号和空号。而跳频系统则采用几十个，甚至上千个频率，由所传信息码与伪随机码的组合进行选择控制。图 2 是跳频系统的原理方框图。

在图 2 中发端信息码序列与伪码序列组合以后按照不同的码字去控制频率合成器，其输出频率根据码字的改变而改变，形成了频率的跳变，故称为跳频。从频域来看（图 2（b））输出频谱在一宽频带上所选择的某些频率随机地跳变。在接收端，为了解调跳频信号，需要有与发端完全相同的本地伪码序列发生器去控制本地频率合成器。使其输出的本地跳频信号能在混频器中与接收信号差频出固定的中频信号。然后经中频带通滤波器至信息解调器解调出信息。从上述作用原理可以看出，跳频系统也占用了比信息带宽得多的频带。从每一瞬间来看，它只是在单一射频载波上通信。但从总体上来看，它所占用的宽频带提供了提高干扰能力的可能性。简单地说，任何外来的窄带干扰信号，只在与有用信号频率相同重合瞬间才起作用。频率跳变以后就不再受干扰了。固差频以后不再是中频了，这样的干扰都被中频窄带滤波器所滤除。可以说，跳频系统是逃避式的抗干扰。

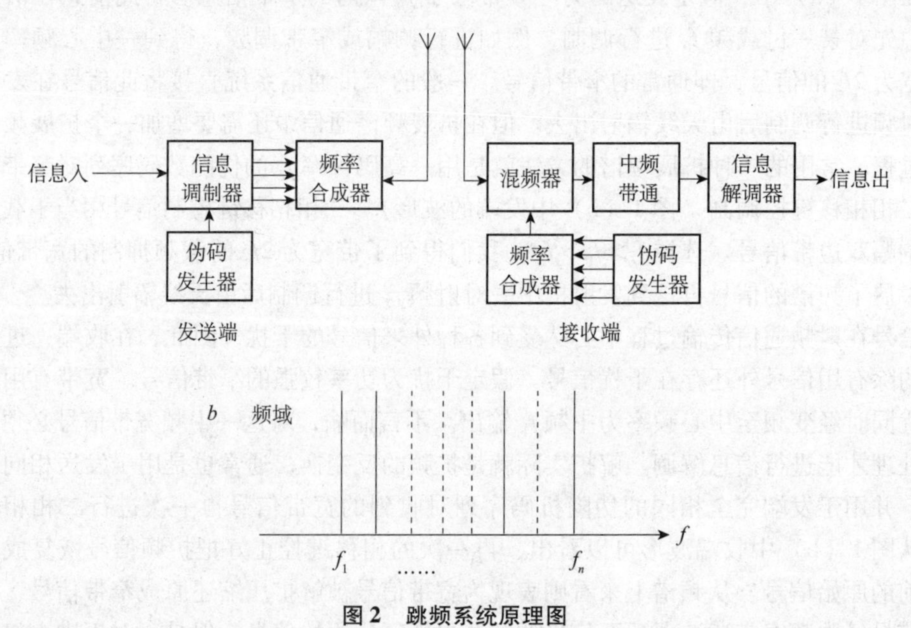

图 2　跳频系统原理图

5. 其他类型的扩频系统

直接序列扩频系统和跳频系统是两种主要的常用的扩频系统。此外尚有线性调频（Chirp）系统，跳时系统（TH）和各种混合系统，如 FH/PS，TH/FH，TH/PS 等。这些系统的原理与性能可参见有关文献[4]。

三、扩频通信的性能特点

由于扩频通信大大扩展了信号的频谱，用伪随数码序列进行扩频调制，以及在接收时采用相关解调技术，它就具有了一系列优良的性能，而为其他通信方式所不及。现分析如下：

1. 抗干扰性强

无论是直接扩频系统，还是跳频系统，其信号频谱的展宽程度，决定该系统的抗干扰强度。一般说来，在接收端输入干扰信号功率为 I，被展宽以后的功率谱密度为 N。信号的频带宽度为 W，则

$$N_0 = I/W \quad \text{瓦/赫}$$

如有用信号功率为 S，所传信息的数据率为 R 比特/秒，则接收到每比特能量为

$$E_b = S/R \quad \text{瓦·秒}$$

对于数字通信系统来说，比特差错率为 E_b/N_0 的函数，因而可得

$$\frac{E_b}{N_0} = \frac{S}{I} \cdot \frac{W}{R}, \quad \frac{I}{S} = \frac{W}{R} \cdot \frac{N_0}{E_b}$$

由上式可见，如果 E_b/N_0 为得到给定比特差错率所需的最小比特能量与噪声谱密度之比，I/S 为最大能忍受的干扰功率与信号功率比。则 W/R 值越大，即扩展频谱越宽，抗干扰能力越强。文献［2，5］指出，对于白高斯噪声干扰、单频及多频信号干扰、其他伪随机调制信号的干扰以及脉冲正弦信号的干扰等情况下，接收端输出信噪比与输入信噪比之比都正比于 W/R。可见 W/R 表示了扩频系统对信号进行了扩频和解扩处理后所得到抗干扰性能的提高。故一般称为处理增益。例如扩展频谱 1000 倍，则输出信噪比可比输入信噪比提高 30 分贝之多。

一般系统的抗干扰容限可用下式表示[4]：

$$\text{抗干扰容限} = G_p - \left[L_{sys} + \left(\frac{S}{N}\right)_{out} \right]$$

式中 G_p 为处理增益的分贝值，L_{sys} 为系统损失，$(S/N)_{out}$ 为输出信噪比。如果系统损失忽略不计，要求输出信噪比为 10dB，则抗干扰容限在上例中可达 20dB。

2. 隐蔽性好

直接扩频系统可在相对于背景信道噪声和热噪声很低的功率电平上进行通信。如果扩频信号的带宽为 W，噪声谱密度为 N_0，则带内平均噪声功率为 $N_{av} = WN_0$。如果接收信号的平均功率为 S_{av}，则可在 $S_{av}/N_{av} \ll 1$ 的情况下进行通信，可将有用信号淹没在噪声里，对于敌方是很难检测出来的，故扩频通信具有低的被截获概率，这在军事通信上十分有用。到目前为止，已发表的文献中尚未见到可以用什么方法来检测出所传的扩频信号。能够做到的只是进行能量的检测，顶多能判断有扩频信号存在。

3. 可以实现码分多址

在［6］中，探讨了许多用户共用一宽频带的问题。这对于信道的利用比分配给每

一用户固定的频带更为有效。在扩频通信中由于存在伪随机序列的扩频调制，充分利用各种不同码型的伪随机码序列之间优良的自相关特性和互相关特性，在接收端利用相关技术进行解调，则在不同用户分配不同码型的情况下可以区分提取有用信号。这样在一宽频带上许多用户可以同时进行通话而不受干扰，当然相对说来，用户通话时间应短些。这种码分多址方式特别有利于组网和解决新用户随时入网问题。

4. 能做精确的定时和测距

如果扩展频谱很宽，意味着所采用的伪随机码钟率很高，则每个伪码码位占用的时间很短。我们把接收的码序列与参数的码序列进行比较，可以精确地确定两伪码序列码之差。这一差值可用来量度或测距。曾经利用地球表面的反射信号进行过地球与月球之间距离的测量。而现在的全球定位系统，也是利用扩频信号这一特点。在导航雷达中扩频技术的运用也很重要。

5. 抗多经干扰

多经干扰在通信中是难于解决的问题之一。我们同样可以利用伪随机码之间的相关特性，在接收端用相关技术，从多经信号中提取和分离出最强的有用信号。也可以将不同延迟到达的信号分离出来后加以合成以取得可靠的信息。这种抗多经干扰能力，也是来源于信号频带展宽的结果。

6. 综合运用性能

由于扩频通信具有上述多种优良的性能，所以可以在一系列中同时实现抗干扰、导航、测距、敌我识别、多址通信等性能。这种可以综合运用的性能对于实际运用十分有利。目前在军事装备中各国都在致力于这种具有综合性能的系统研制，扩频通信技术在其中发挥了特别的作用。

论文 6

扩频通信技术—原理与应用*（二）

李承恕
（北方交通大学）

四、扩频通信系统设计问题

一般说来数字扩频通信系统可归结为图 3 的方框图。整个系统的设计主要根据使用要求的性能指标，选择和确定各个部分的技术指标及合适的部件、电路和器件。有时某些性能指标的要求是相互矛盾的，在不可能完全满足时，只能折中解决。下面按照各部分的特点分别加以叙述。

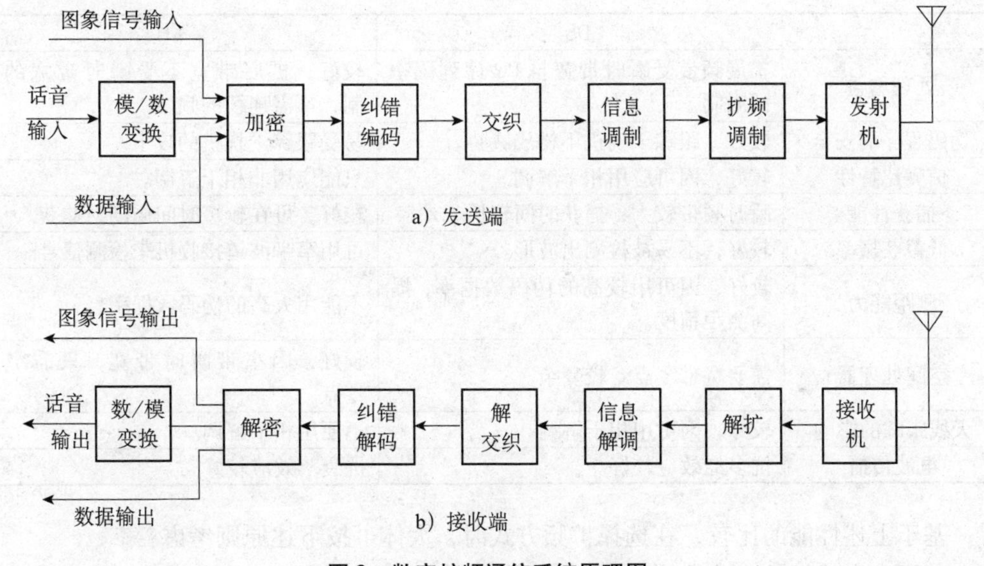

图 3 数字扩频通信系统原理图

* 本文选自：中国空间科学技术，1985（6）：31-37。

1. 系统性能指标的确定

以下一些参数应由使用者提出，或事先选择确定：

①所传信息的类别（话音，数据，图像）及数据率；

②所使用的射频频带（UHF，VHF，微波，光波）及其宽度；

③对系统功能的要求（抗干扰，多址，隐蔽性，定时，测距等）是单一的或综合的；

④信道特点（多径，衰落）；

⑤通信距离；

⑥点对点通信，组网通信。

扩频通信系统主要的性能指标是处理增益和抗干扰容限。前者决定于所容许扩展的射频频带宽度与信息数据率之比。如要求系统传送16Kbps的数据或ΔM话音信息，而容许展宽的射频频带为292MHz，则处理增益可达42dB。此时，如果要求系统输出信噪比至少为10dB，则抗干扰容限可达30dB。它意味着在接收输入端信号低于噪声或干扰30dB时，也能将信号检出，保证正常通信。

2. 扩频方式的选择

现在常用的扩频方式有直接序列扩频（DS）、跳频（FH）及混合系统FH/DS。究竟选用哪一种方式为好，除根据使用要求外，有时需经过细致的分析、论证方能确定。现在已有专文[7]讨论DS与FH的比较。DS与FH的基本区别在于DS是使信号的相位按伪随机方式变化，而FH是使载频按伪随机方式跳变。再者，对DS来说，其瞬时带宽与扩展带宽是相等的，而对FH来说，扩展带宽远大于瞬时带宽。这些基本区别决定了两种扩频方式性能上的不同，现简要列表如下：

	DS	FH
处理增益	扩展频带受瞬时带宽与PN序列码率的限制。	较好，扩展带宽不受瞬时带宽的限制，不需连续的频带。
伪码程序的安全	较好，跟踪干扰机不构成威胁。	易受跟踪干扰机的攻击。
信噪比特性	较好，因可应用相干解调。	只能应用非相干解调。
捕获性能	瞬时频带较大，捕获时间较长。	较好，可在较短时间周期内捕获。
低截获概率	较好，不易被检测出波形。	可用窄带波道接收机来检测信号。
测距能力	较好，因可用较高的伪码数据率，提高测距精度。	不能用太高的伪码数据率。
空间处理器	需要宽带零点，较复杂。	较好，因窄带瞬时带宽，只需窄带零点。
天线跟踪的影响	较好，因可用相干解调。	不便用相干解调。
电波传播	抗多经效应较好。	抗衰落效应较好。

基于上述性能的比较，在选择扩频方式时，大体可按下述原则考虑：

①要求有较好的隐蔽性能，抗多经干扰，多址运用，进行测距及综合运用时，可选择DS。

②需要有较大的展宽频带，捕获时间要短，能与空间处理器相结合，并易于与现有

通信方式（AM 或 FM）兼容，并易于克服“远近效应”时，可选用 FH。

③既要有 DS 的性能，又要有 FH 的性能，并要求覆盖较宽的频带时可选用 DS/FH。

④在实现同步时，DS 与 FH 各有其难点，DS/FH 同时具有二者的难点，故实现起来较复杂和困难。

3. 扩频码的选择

通常都用较高码率的伪码序列对中频、副载频或载频进行调制以扩展频谱。因而，码序列的选择直接影响扩频通信的性能。对码序列的基本要求为具有较好的自相关及互相关特性，较长的周期，并有较多码型以供选择。常用的扩频码序列有：

①最长线性移位寄存器序列（m 序列）

②Gold 码序列

③其他伪随机序列

④具有特定性能的码序列（如互补对码）

在扩频码的选择中，尚有以下一些问题值得考虑：

码长问题：长码较安全，不易被侦破。如可用的码型较多，易构成较多的地址。但长码给同步和解码带来一定困难。短码较易实现同步，但安全保密性能差，且可用的码型也少。

信息码速率与伪码速率相互关系问题：一个信息码的长度等于伪码序列的周期时情况较为简单。在伪码周期长、速率高时，一个信息码元只能包含部分伪码码片。此时，信息码元对伪码序列调制解调方式及对调制后信号的自相关、互相关及部分相关特性的影响需认真加以研究。在用一个很长周期的伪码，截取其一段来作为信息码或地址码时，用计算机来选取符合相关特性要求的码组，也是很繁复的工作。

与同步系统的关系问题：无论是 DS 或 FH 系统，在实现伪码码元同步时都要用到码的相关特性。故扩频码的选择应与同步方式的选择结合在一起考虑。

4. 同步系统

一个相干扩频数字通信系统，接收端与发送端必须实现伪码码元同步、信息码元同步和载频同步。因此，同步系统的设计是至关重要的问题，也是难于解决的问题。

对于载频同步来说，主要是针对相干解调的相位同步而言。采用相干解调可获得信噪比上的增益，但带来系统的复杂性。常见的载频提取和跟踪的方法都可采用，例如用跟踪锁相环来实现载频同步。

实现伪码码元同步则较为复杂。一般都与码序列同步同时解决。因 DS 系统多采用载频抑制的相移键控信号，FH 系统则相当于用的是多频率的频移键控信号。二者都需要首先把信号检测出来，即搜捕信号（粗同步），然后跟踪信号（细同步）。

对于 DS 系统现多用 Costas 环或延迟锁定环路来实现搜捕和跟踪。环路参数的选择主要决定于搜捕时间的要求、跟踪精度和存在干扰情况下的同步性能。这方面已有大量文献发表。此外，采用无源匹配滤波器的方法进行相关检测来获得同步信号可使同步时间大为缩短。但实现起来受到器件的限制。目前声表面波器件及电荷耦合器件做成的可编程延迟线或卷积器作为无源匹配滤波器用时效果较好，但价值昂贵而技术复杂，尚未作为商品自由出售。

对 FH 系统来说，伪码码元同步与码序列同步意味着收发两端频率按照同一规律在跳变。实现同步的方法一种是等待—搜索法。这适用于码周期较短的情况。伪码周期长时，因检测判决时间加长，使搜捕时间也加长。另一种方法是收发两端采用高稳定度的钟源，保证频率稳定度在 10^{-5} 以上，然后用前一滞后门电路来控制增减脉冲以调节两端码元相位之差在一定范围内。此法虽然同步精度上差一些但较为简单易行。

至于信息码的同步，如果其起始码的相位与伪码序列的起始相位有固定的关系，则在实现伪码序列的同步时就一同解决了，在二者起始相位相对说来是随机的情况下，则每次发送信息可加同步头字或定期发送固定的同步码。接收端检测出同步字头或同步码作为信息码开始发送的标志。此时，作为同步码的码序列比较单一，又较短，选择自相关特性较好的短周期的码序列（如巴克码）即可。这实质上属于数字通信中帧同步范围讨论的问题。

正如上面提到过的，同步系统与扩频方式、扩频码、信息调制与解调等都有直接联系。并且它的性能好坏影响整个系统的可靠性和适用性，以及功能和性能指标。因此，可以说，同步系统方案的确定在一定程度上成为系统设计的核心问题。

5. 话音信号处理与加密

当需要传送话音信息时，多采用 16Kbps 数码率的增量调制（ΔM）。如要求高清晰度话音质量时，则可提高数码率到 32kbps 或更高。而为了提高处理增益，或频带展宽受到限制时，则可降低数码率到 9.6kbps 以下。但这需要采取一些特殊的措施或用声码器等较复杂的话音处理方式。选择哪种方案应在总体设计时根据各方面的要求和因素来决定。

数字化后话音信息或数据及图象信号可进行加密处理。这对于安全通信是十分必要的。有关数字信号加密问题已有专文论述[9]，这里就不再多说了。值得一提的是加密和解密也是必须要同步才行。这应与同步系统统一来解决。此外，选择何种加密方式则应根据保密度的要求、工作环境和信号形式来确定。在满足安全期的条件下，不要选择复杂的加密方式。

6. 纠错编码与交织

经过加密的数字信号可再进行纠错编码与交织处理。扩频系统的抗干扰性能因干扰形式不同而异。对 DS 系统，脉冲单频干扰较为有效，而对 FH 系统，部分频带干扰与跟踪干扰危害较大。为了提高抗干扰性能，可对数字信号进行纠错编码，降低其差错概率。编码增益的引入进一步提高了系统的扰干扰能力。为了对抗部分频带干扰引起 FH 系统数据的成片差错，可对编码以后的数据流进行交织处理，使成片差错转化为分散的独立随机差错。在接收端用纠错解码就可减少其差错概率。

DS 及 FH（或 DS/FH）系统常用的纠错码如下：

DS	FH（或 DS/FH）
Golay	BCH
BCH	Reed-Solomon
	Convolutional

编码以后的效果是很显著的[8]。例如对 DS 系统，应用卷积码以后，在脉冲干扰最坏的干扰情况下，可大大提高抗干扰门限。为了得到 $P_b = 10^{-5}$，对未编码系统要求 $R_sS/J = 38dB$，而对于编码系统，只需要 $R_sS/J = 4.4dB$。编码增益达 33.6dB。对于 FH 系统，在最坏的部分频带干扰情况下，在 $P_b = 10^{-5}$时，编码增益也可达 35—40dB。

这里应注意，在使用时应特别小心。在输入信噪比较低的情况下，引入编码以后有可能差错概率反而升高，使系统性能更加恶化。

7. 信息调制与扩频调制

在扩频通信系统中有时信息调制与扩频调制是分不开的。被处理后的数字信号可先与扩频码结合去进行扩频调制。结合方式可简单用模二相加来实现。对于 DS 系统，因可进行相干解调，常用二相或多相相移键控调制以展宽频谱。频谱的宽度决定于扩频码的码率。但对于 FH 系统，由于频率的跳变不能保证相位的连续，常用二元或多元频移键控调制，在收端作非相干解调。其频谱的展宽则靠扩频码对频率合成器在较宽的频带范围内跳变来实现。跳变的范围即频带展宽的宽度。从设计上来看，DS 所用的相移键控调制没有什么特殊的地方。但要求其载频抑制度好及调制波形要对称，否则会引起载频及码元钟频的泄漏，影响系统的性能。在 FH 中，对于展宽频带所用的跳频频率合成器在设计和制作都较困难。要求跳频转换速度高，覆盖频带宽，频谱成分纯等，都需要采取一定措施才能达到预期的性能指标。跳频频率合成器的设计制作是实现 FH 系统的十分关键的问题。

8. 射频系统

扩频收发信机统称射频系统。与一般的收发信机比较，其主要特点为发射和接收宽带信号。在设计射频系统时主要考虑的问题有：实际需要的带宽，接收机的噪声特性，自动增益控制（AGC），动态范围，以及其他一些应特殊考虑的问题。

对发射机来说，中频的选择一般为 70MHz，此时调制信号的带宽不超过 20MHz。700MHz 的中频可用于较高伪码码率及宽带跳频。射频频率由中频变频得到。如果采用倍频时应特别小心。倍频对 DS 信号会引起相差的变化，对 FH，倍频会引起跳频频率间隔的改变。对于末级功率放大器，则要求其有足够的带宽，以允许扩频信号可以顺利通过。对非相干跳频信号来说，最重要的是发射机振幅特性的线性，使发射的每一个频道信号的幅度都相等。信号幅度的变化会引起差错特性变坏，此时相位特性的线性并不十分重要。对 DS 系统来说，虽然保持线性放大肯定有好处，但要求并不十分严格，相位特性的非线性也不致引起大的问题。

射频系统阻抗匹配很重要，特别要注意使电压驻波比（VSWR）达到一定的要求，因为在宽频带运用时它依赖于工作频率的改变。它对扩频系统的影响要比一般系统大得多。

扩频接收机的设计比发射机要复杂。因为除有用宽带信号外，还存在其他干扰信号。DS 系统接收机的线性很重要，限幅会引起 6dB 信噪比的损失。限幅对 FH 系统也会同样引起性能的降低，主要是信号的丢失而不是干扰容限的变化。从接收机前端到相关器要求保持线性，不仅在信号范围内，也包含干扰。AGC 只能部分地解决问题。通常应尽量把相关器靠近前端，使相关器前高电平级尽量少，这样做的结果也降低了对本振信号电平的要求。另外，一般认为接收机前端最好能覆盖整个宽频带，用改变本振频率经混频得到固定的中频信号。但由于干扰信号的存在，这会导致大量的干扰信号落入中频通带内。故一般最好不用宽带放大。一个理想的接收系统应使有用信号得以放大而干扰信号被滤除。故接收机前端应调谐在 DS 伪码钟率的两倍或者等于 FH 信号的带宽内。

9. 多址及组网问题

在扩频系统中可以实现码分多址，这是应用了扩频码序列的正交性或准正交性，同时在接收端用相关检测技术提取有用信号。设计多址系统首先要解决的问题即选择具有优良相关特性的码序列。在 DS 系统就是利用 m 序列或 Gold 序列所具有的二值及三值相关特性。而在 FH 系统中用 RS 码作为跳频码也是利用其准正交性，一般说来我们总是可以选择足够长的周期的码以满足用户数目的要求。但是，目前为止尚未很好从理论上和实践上解决的问题是究竟一个系统可以有多少用户进行同时通话？虽然也有人做过分析，但尚不能作为设计的依据。

组网问题也是复杂的。对于具有转发中心的扩频通信网（例如卫星扩频通信系统）是比较简单的。卫星可以设计成中继转发器，也可以设计成有一定信号处理能力的中继站。至于超过电波传播范围的大型通信网（例如陆军战术通信网），则信息的传播和转发就十分复杂。近年来随着计算机的广泛应用，无线计算机网（Packet Radio Network）引起人们越来越大的兴趣。将扩频通信技术引入无线计算机网，可带来一系列方便之处，现在已成为扩频通信技术一个很重要的应用领域。

五、扩频通信技术的应用实例

扩频通信技术的应用是很广泛的。这里只列举几个在空间通信系统中实例的性能特点[4]，作为前节的论述的一些具体情况的补充：

1. URC-55

①9.6Mbps，DS，QPSK 调制。

②1，2 或 4 路模拟话音或 TTY 信号；一个数据数字信道，75bps 到 4.9kbps；一个 FSK orderwire。

③具有实时起动的长码同步搜捕。

④有定时发送功能。

2. URC-61

①可与 URC-55 兼容。

②9.6Mbps，DS，QPSK 调制。

③一路模拟话或 TTY 信号；一个数字数据信道，75bps 到 4.9kbps。

④一个 FSK orderwire。

⑤长码搜捕加跳频搜捕能力。

⑥可测距。

⑦有定时发送功能。

3. USC-28

①40Mbps，DS，QPSK 调制。

②多个多路用户；总数据率可达 5.0Mbps；有网络控制 orderwire。

③可用软件实现通信及故障定位功能。

④多搜捕模式。

⑤多普勒频移及测距误差补偿。

⑥有定时发送功能。

4. TDRSS（跟踪及数据中继卫星系统）

①3.08Mbps，DS 调制信号。

②扩频信号：

a. 1023 位 Gold 码双相调制；

b. m 序列，码长 256 × 1023 ~ 26188（由 $10^{18}-1$ 码长 262143 截短得到），双相调制。

③用 1023 位 Gold 码作为长码的起始和终了同步码，这可使搜捕时间加快到 88ms。

④长码作测距用，短码传送数据信息。

5. GPS（导航卫星全球定位系统）

①长码（重复周期为一星期），双相调制，1227MHz 信号。

②用一长码，双相调制，1575MHz 信号。

③短码（1023 位 Gold 码）对一正交载波 1575MHz 信号进行双信调制。

④每一卫星用不同 Gold 码序列。

⑤起始搜捕用 1023 位短码，它受 50bps 数据调制，使接收机在长码上同步。

6. JTIDS（联合战术信息分布系统）

①工作频段：960 ~ 1215MHz。

②DS/FH：

在 5MHz 上 DS 进行 MSK 调制，然后在 52 个频率上进行跳频，频率间隔为 3MHz。

③数据率 160 ~ 300kbps。

④话音信道数 2 ~ 10。

⑤用户数：512。

⑥射频功率：200 瓦 ~ 400 瓦。

⑦测距范围 300 英里。

⑧整个 JTIDS 网可处理的数据用户数：96000。

最后，应该说明的是限于篇幅，有关设计中的理论论证及计算均未涉及，实例介绍也很简单。有关问题可在参考文献中查阅。

参考文献

［1］ R. A. Schotltz，The rigins of Spread Spcetrum Communications，IEEE Trans. on Commun.，Vol COM-30，No. 5. PP. 822-854，May 1982.

［2］ R. L. Pichholtz et al，Theory of Spread Spectrum Communications-A Tutorial，IEEE Trans. Commun.，Vol. COM-30，No. 5，pp. 855-884，May，1982.

［3］ C. E. Shannon，A Mathematical Thcory of Communication，BSTJ. Vol 27. pp. 379-423，July 1948. d pp. 623-656，Oct. 1948.

［4］ R. C. Dixon，Spreaed Spectrum Systems，2nd ed. 1984.

［5］ AD 766914.

［6］ J. P. Costas，poisson，shannon，and the Radio Amateur，Proc. IRE，Vol 47，pp. 2058-2068，Dec. 1959.

［7］ M Spellman，A Comparison Between Frequeney Hopping and Direct Spread PN as Antijam Technigues，MILCOM 182，Vol1，14. 4.

［8］ G. C. Clark，Jr et al，Error-Correction Coding for Digital Communications，1981.

［9］王可，数字通信中的密码技术和差错控制技术，中国空间科学技术 1985 第一，二期.

论文 7

无线通信网的组网方式及发展趋势*

李承恕

摘要： 本文扼要地介绍无线通信网的新型组网方式，并进而对当前无线通信网的发展趋势作了探讨。

一、引　言

无线电频率是人类的共同财富。近年来，世界各国对于无线电频率资源的争夺和有关各种新技术的开发不遗余力，取得了长足的进步。当前，人类进入了信息时代，点对点的通信已经满足不了日益增长的各种信息的传播与交换的需要。因而，不受地域、距离和环境条件限制的无线通信网越来越受到人们的重视。本文将着重介绍无线通信网的各种新型组网方式及其发展趋势。

二、无线通信网的新型组网方式

所谓无线通信网，即多个无线电台相互沟通，连接成网，实现信息的传输和交换。在这里不讨论人们熟知的大容量地面微波通信网和空间卫星通信网，仅扼要介绍一些近年来新提出来的和已经开始应用的新型组网方式。

1. 信包地面无线通信网（Packet Radio Networks）[1]~[6]

20 世纪 70 年代初期，随着计算机通信网的出现，人们便试图用无线信道代替有线信道组成无线计算机网（或称无线数据网），以适应各种复杂地形下的通信和移动体之间信息的传输。由于它把信包交换技术推广到多址无线信道领域中来，故称为信包无线通信网。最早的地面信包无线通信网是美国夏威夷大学提出的 ALOHA 系统。它把分布在几个海岛上的计算机与中心计算机连成一个单跳星形网。这种以多个用户随机发送信

* 本论文选自：电信科学，1998（3）：1-9。

包的形式共享一宽带广播无线信道的形式引起了人们的极大兴趣。美国国防部高级研究计划局于1972年开始研制多跳分布式信包无线通信网PRNET。1976年建立的第一个试验性网络采用的是第一代实验型设备（EPR）。1978年又采用第二代具有ECCM性能的改进型设备（UPR）。现已研制出新一代的低造价信包无线设备（Low-Cost PR）样机。迄今已建立三个试验基地，进行日常的运行实验已近十年。信包无线通信网的网结构如图1所示，其基本特点为：

①将信包交换和计算机联网技术应用于无线信道；

②采用分布式控制的网络结构，满足移动通信的需要；

③采用扩频信号多址通信技术，使多个用户共用一宽带广播信道，同时使之具有较强的抗多径干扰及抗人为干扰的能力；

④多址协议可采用Pure ALOHA、Slotted ALOHA、CSMA、BTMA等方式，以实现网络的管理功能；

⑤网中每一节点包含一个收发信机及数字控制单元，以完成网络控制功能，并与本地计算机主机或终端相连接；

⑥射频频率范围的下限为VHF高端，上限为10GHz左右；

⑦可传输数据、数字话音、图像等多种信息，并能同时完成综合服务、定位、定时、敌我识别等多种功能。

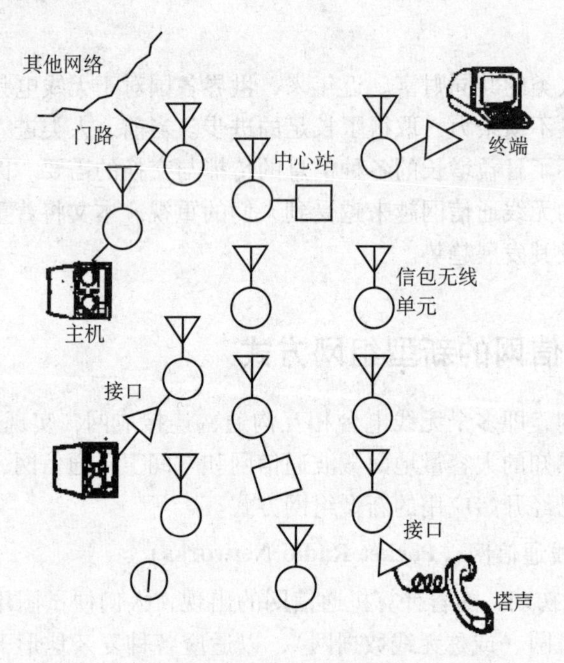

图1　信包无线通信网的结构

这种网络的应用前景十分广阔。美国已将其用于野战通信网（Army Combat Net Radio），是控制MX导弹的通信网；在民用移动通信及业余无线电中也有应用。英、苏等国也都在进行这方面的研究。

2. 信包卫星通信网（Packet Satellite Network）[2][5][6]

在卫星通信中采用信包交换技术可以更有效地利用频带和给用户提供更为广泛的连通性。信包卫星通信网的组成如图 2a）所示。各地面用户由上行频道向卫星转发器发送信包，经转发器接收、放大、变频后，经下行频道转发至各地面站。这种长距离、大容量、多用户的通信网络大大简化了网络的拓扑设计，避免了信包在节点间多次的存储转发。此外，由于下行频道在天线波束覆盖的范围内都能同时收到信号，便于组成会议电话网及多目标的语声、数据、图像等综合业务通信网。信包卫星通信网的基本性能特点是：

①网结构可以是单跳网，也可以是多颗卫星转发器组成的链接网（如图 2b））；

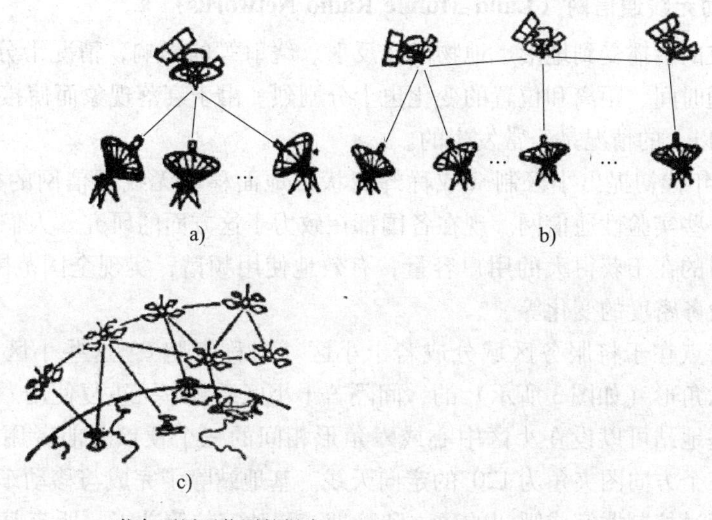

a)信包卫星通信网的组成

b)链接卫星通信网的结构

c)近地轨道多卫星链路网的结构

图 2　信包卫星通信网

②射频频率一般选用 C 波段（6/4GHz）及 Ku 波段（14/11GHz），相应的地球站天线直径为 30m 及 2m；

③数据率为 19.2 kb/s ~ 3Mb/s，BER 为 10^{-8} ~ 10^{-3}；一般采用前向纠错编码及交织技术以减小误码率；

④对于信包交换所采用的信道存取协议，由于双向时延过大，不能采用一般的 CSMA（载波侦听多址协议）。现多采用 PODA（Priority-Oriented Demand Assignment）方式。后者把预约的概念扩大到包括语音和数据等在内的综合业务，并按优先级别分配容量。

⑤网络管理可以采用集中式或分布式控制。

现在已有三个系统在进行实验运行。SATNET 利用 INTELSAT 卫星上的一个 64 kb/s 信道，地球站分布在美国、英国、挪威、西德等地。它提供了最初的对 PODA 和其他协议进行试验的基地。TACNET 是利用 FLTSAT 卫星提供的 19.2 kb/s 信包的舰—舰和舰—岸网络。它也采用 PODA 协议。该系统采用链路加密和纠错技术。另外，在 WESTAR 卫星上利用 3Mb/s 信道，提供多用户信包语音宽带信道实验。

信包卫星通信网与地面无线通信网各有其特点。但是，如采用近地轨道多卫星链路网络（见图 2（c）），则两者的差别不复存在。它是由数十乃至数百颗卫星在天空排成的一个空中通信子网。它采用相控定向天线、单频分时、伪随机时序（Pseudorandom Scheduling）、半双工运行方式，形成一个同步时间—波束—跳变系统。这一方式可以有效地利用卫星功率和减小时延。这种信包卫星通信网以其极强的顽存性而引起人们的重视。

3. 地面移动无线通信网（Land Mobile Radio Networks）[7][8][9]

地面电磁波的传播受到地形、地物以及反射、绕射等的影响，情况十分复杂；信号的幅度与相位随时间、距离和位置的变化也十分剧烈。由于衰落现象而使接收电平低于平均电平 40dB 以上的情况是经常发生的。

20 世纪 70 年代初提出小区制（或称蜂窝状）地面移动无线通信网的概念，到 80 年代初建立了一些实验性通信网。现在各国都在致力于这方面的研究。人们研制小区制移动通信网的目的在于获得大的用户容量，有效地使用频谱，实现全国范围的兼容性，以及自动适应业务密度的变化等。

小区制的特点在于将服务区域分成若干小区（或称细胞），这些小区可以是三角形、正方形或六角形（如图 3 所示）的，间隔若干小区后频率可重复使用。在每一小区设有基地站，基地站可以设在小区中心或六角形相间的三个顶点。前者用无方向性天线，后者则用三个方向图夹角为 120°的定向天线。基地站除了完成与移动车载台之间的收发信外，还通过控制器完成呼叫的建立和管理、移动定位等功能。所有基地是通过有线电路与中心移动电话交换局（MTSO）相连，并受其控制。MTSO 也起路由选择中心的作用。各小区分配一定数量的频道。例如美国 AMPS 系统，其 825 ~ 845MHz 用于移动台到基地站的通信，而 870 ~ 890MHz 用于基地站到移动台的通信。每一频道占 30kHz。信道有两类：建立信道用于收发二元数据信息，建立呼叫，并作为监视移动台的共用信道；语声信道用于用户间的通话或传送突发式数据。当移动台跨越两小区边界

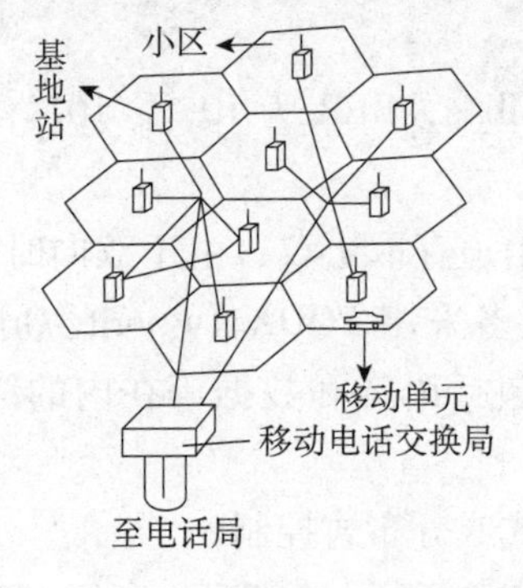

图 3　小区制地面移动通信网的组成

时，MTSO必须重新建立呼叫并选择空闲信道；如无空闲信道，则中断并等待。

每一小区内的信道数决定于用户密度、频率重用距离及可用带宽。其分配方式可以是固定分配给每一小区一定量的信道，也可根据系统的状态和某些参数的优化来动态分配信道。后者需要有高速计算机来处理大量的数据。当然，也可采用混合分配方式，即部分采用固定分配，部分为动态分配。

采用分集技术抗衰落是改进地面移动通信质量的重要措施。常用空间分集或时间分集。空间分集时天线距离在850MHz时相隔不到1米，但对基地站则需几十个波长的距离；在频率分集时，相邻频率间隔应大于相关带宽。此时付出的代价为多占用频谱。采用扩频技术可起到频率分集的作用，而又不使频率利用率下降。分集技术可获得10～20dB的增益。为了节约频带，可采用SSB或12.5kHz窄带调制技术等。

在移动通信中采用扩频技术是在1978年提出来的。它不仅可节省频带，还可抗多径及多用户干扰。采用跳频时能起频率分集作用，并能抗选择性衰落。现在正在研究试验的有FH/DPSK系统及FH/MFSK系统。

现有的小区制系统有美国的AMPS，西德的C系统，日本的第二代移动通信系统，荷兰的MATS-E，以及美国MOTOROLA公司的Dyna T*A*C系统。我国有关部门也计划在北京、上海、广州等大城市建立小区制公用移动通信网。

4. 地面移动卫星通信网（Land Mobile Satellite Networks）[10][11][12]

利用卫星转发信号来实现地面移动体之间的无线通信也引起人们极大的兴趣。例如，在城市郊区和农村，由于人烟稀少，采用小区制移动通信就不经济，而移动卫星通信网就很适用。它比用电缆连接的通信网经济得多，且局间距离可加大。另外，移动卫星通信网不像VHF或UHF频段的移动通信网那样受到地理范围的限制。可以利用它来建立全国范围的双向语声调度服务系统。移动卫星通信也可用于远程搜寻和急救，以及进行气象、地震、生态和森林火灾等的远程监视和管理。利用便携式无线设备可望实现任何遥远地点间的双向语声通信。

地面移动卫星通信网的构成如图4所示。卫星可和不同类型的地球站相链接，工作频率可在800MHz频段或1.5～1.6GHz范围内。除移动站外，基地站起调度中心的作用，还设有门路站和控制站。门路站与公用电话交换网相连；控制站完成对卫星与网络

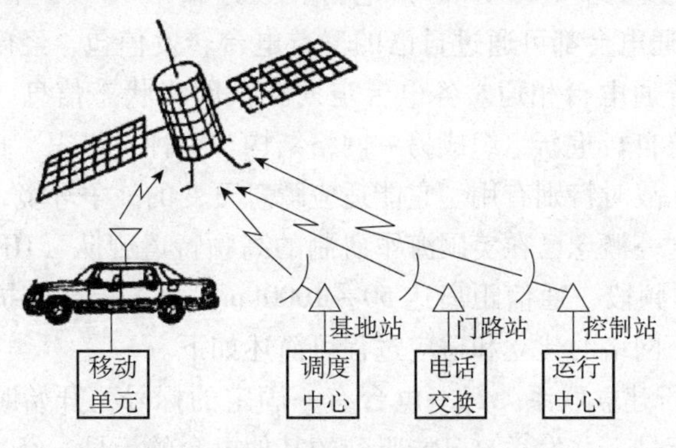

图4 地面移动卫星通信网的构成

的控制。整个网络完成移动台之间、移动台与调度中心、移动台与公用电话网之间的通信，以及卫星与网络间的控制通信。UHF 只用在移动台与卫星之间。SHF（6/4GHz 或 14/12GHz）可用在卫星与基地站、门路站和控制站之间。而 1.5GHz 用在某些移动站与特殊的航空台之间。移动站与固定站之间为单跳。移动站和移动站之间为双跳，即经过基地站中转一次，以解决移动站发射功率小、接收灵敏度低的问题。卫星通信可采用自动分配或动态分配方式。按需分配、多址存取由用户站与运行中心自动完成；运行中心负责信道的分配和记账，以及一般的网络控制。移动站或固定站开始联系时使用信令信道，同时使收发两端站接入该信道。通话完毕后，运行中心记帐，使信道恢复原状。

移动卫星通信系统也可传数据（如传感器数据、位置信息及键盘来的数据等）。运行中心以轮询各站方式接收数据，经处理后转发至各目的站。

卫星应提供足够的功率，并采用高增益天线和大量的点波束。多波束为频率重用创造了条件。在 800MHz 频段一组频率可在覆盖区域内重复使用。

为了节约频带，语声采用幅度压缩的单边带（ACSB）调制技术，每一信道仅需 4～5kHz带宽。为了使移动站同时可在小区内工作，它必须能同时兼容 ACSB 调制和宽带频率调制（WB FM）。

目前，美国 FCC 已建议将 821～825MHz 及 866～870MHz 频段用于移动卫星通信网，已有 12 家公司申请从事有关的研制工作。

5. 自组织无线通信网（Self-organizing Communication Networks）[3][13]—[16]

在现有的移动无线通信网中，如果有用户进网或退网，以及敌方干扰破坏引起某些链路的中断及节点的被摧毁等，这对于网络的规划管理、信息流量的控制、路由的选择等，都是难题。在短波信道中，不同频率传播特性的变化也会使网络结构发生巨大的变化。近来，人们提出了自组织无线通信网的概念与组网技术，它能自行组网、自行管理、自行适应上述各种情况的变化。图 5（a）示出许多电台杂乱无章地分布在区域内，它们将按照统一的规则或约定的程序自行组织成图 5（b）所示的两级，分群链接（Linked Cluster）网整个区域的电台根据通信距离自动分成许多小群（Cluster）。每一小群中有一“群首”（Cluster Head）电台，它与所属范围内的普通电台（Ordinary Node）相连。群首电台通过门路（Ga teway）电台相互连接形成一骨干网（Back bone Network）。任何一个普通电台都可通过自己的群首电台转发信包，经门路电台及另外小群的群首电台与另一普通电台相通。各电台定期交换网络状态信息，并根据变化了的情况，按照一定的协议自行重新组织成另一网络结构。这种自组织、自管理、自适应和再组织的无线通信网在战时特别有用。它能适应瞬息万变的战争环境，保证网络有足够的顽存性和抗毁性。这一概念已在美国海军研制的高频特遣舰队（HF ITF）网进行试验。它工作在 2～30MHz 频段，通信距离达 50～1000km。为了提高其抗干扰能力，采用了扩频通信技术。整个网络的建立和适应过程可简述如下。

① 网中各站自行建立联系。每一电台有一固定的标号，开始时各电台按时分的原则顺序发送自己的标号，并发送自己能听到的其他电台的标号。经过这些状态信息的交换，使各电台最终知道了整个网的连接图。

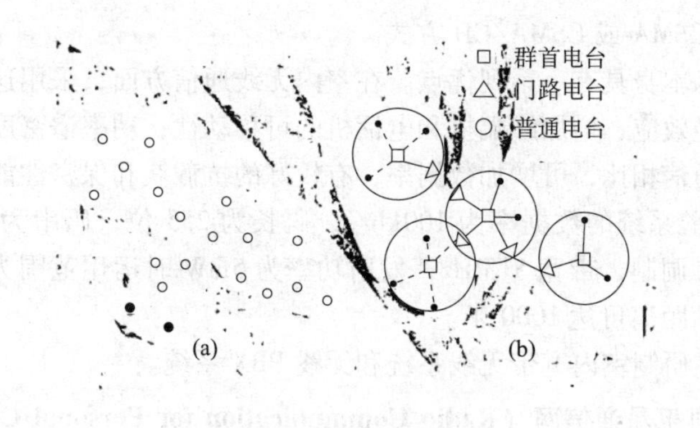

图5　自组织组网的概念

②网中各站自行分群，并选出群首电台。每一电台都具有成为群首电台、门路电台和普通电台的可能性。网络根据一定的优化原则分成许多小群，并选出该小群的群首电台及门路电台。

③定期交换网络状态信息。网络隔一定时间根据变化了的情况重新分群，构成新的网络拓扑结构，重新确定每个台的网络功能。

④整个网络和自适应过程的控制功能均由各电台按照统一的协议由计算机自动实现，不需人的介入。

HF ITF 网的节点数可达 100 个。采用地波传播，数据率可达 10kb/s。扩频信号采用跳频码分多址；信道存取方式采用自适应 TDMA 及随机存取。从 20 世纪 70 年代末期开始，自组织无线通信网的研究工作不断取得了新的进展。现在已建立了一个模拟试验基地，可以展示该系统的功能和进行初步试验，但该网高层硬件及软件方面还有许多工作要做。我国也已开展这一方面的理论研究工作。

6. 无线室内通信网（Wireless Indoor Communication Networks）[17][23][34]

随着办公室自动化业务的开展和微机的大量应用，计算机终端设备在办公室、工厂、商店和仓库内日渐增多。为了避免到处敷设电缆和使终端能任意放置，无线室内通信网的概念也随之出现。目前已经提出的实现无线室内通信网的两种技术是红外辐射通信技术和微波扩频通信技术。采用红外辐射不至于干扰现存的无线设备和相邻办公室内的其他红外设备，且不易被探测。但它不适用于过大的房间，用户数也不及采用无线电射频频率时多。在无线电频率的选择上，UHF 的 300MHz ~ 3GHz 比较合适。测试结果表明，862 ~ 960MHz 频段在室内应用较好。由于设备的移动及信道多径效应引起的衰落，最大接收功率起伏为 20 ~ 30dB。常见的对抗办法是采用增加传输带宽的扩频通信技术，它可减少现存无线电系统的射频干扰，同时在建筑物外也减少其可检测性。

红外通信系统在数据传输方面受到下述三方面的限制：a）多径效应的限制。理论上的传输极限为 260Mb-meter/s，如房间长 10m，则数据率的极限为 26Mb/s。b）环境光线的限制。日光、白炽灯光、荧光都干扰红外通信。c）光辐射二极管渡越时间的限制，极限数据率为 500kb/s。在红外通信中采用两级调制：信息先对载波进行调制，然后再对红外光进行调制。一般采用 FM/AM，也可采用 PSK 或 FSK。在多址技术方面，则采用 ALOHA、CSMA 或 CSMA/CD 方式。

扩频通信技术本身具有一系列优点。在室内无线通信方面，采用这种技术可减少墙壁反射引起的多径效应，增加终端机和电话机的可移动性；功率谱密度低；对现存系统干扰小。与红外通信相比，可增加数据率，有较好的抗截获和保密性能，还可进行码分多址。HP 公司实验系统的数据率为 100kb/s，码长为 255 位，码串为 25.5Mb/s，载频为 1.5GHz，BPSK 调制，带宽 51MHz，发射功率为 5mW 时运用范围为 300 米；功率增至 50mW 时，通信距离可达 1000 米。

目前也有人在研制室内宽带无线系统和无线 PBX 系统。

7. 个人计算机卫星通信网（Radio Communication for Personal Computers）

在过去几年中，已有数以百万计的个人计算机投入使用，其中约有 15% 与其他计算机在进行通信联系。个人计算机网与普通计算机网的不同点在于它要求使用简便，价格便宜，在同一计算机网内有大量个人计算机在工作。目前个人计算机网多通过市话网或构成局部网。今后的发展方向则是采用宽带广播信道，如卫星信道或尚未开发的电视广播频带。

当采用小型地球站的卫星信道时，一般工作在 C 波段（4 ~ 6GHz），天线口径为 1.2 米，发射信号的码率为 1.2kb/s，接收信号的码率为 19.2kb/s。因采用扩频技术，既可抗干扰，又可用码分多址来代替轮询及 CSMA/CD 争用方式。另外，也可工作在 Ku 波段（12 ~ 14GHz）。其网络结构如图 6 所示（为“两跳”方式）。两个小型地球站之间通信的建立需经一个大型中心站转发一次信号。中心站应具有大口径天线、低噪声接收设备。它应完成重新编码、变换频率、选择合适的转发时间及中心维护等其他方面的功能，这样可使大量的小型地球站构造简单、价格便宜。“两跳”结构是个人计算机卫星通信网的关键。Ku 波段的地球站天线口径为 1.2 米，发射数据率为 128kb/s，接收数据率为 512kb/s。现在这种小型地球站的价格只是个人计算机的两倍。另外，对于业余爱好者可用 1200b/s 的 Packet Radio，工作在 VHF，用高速微处理器作为微机与接收机间的接口。

为了实现全球覆盖，可用高斜度、低轨道的卫星。地球站用无方向性天线，易于跟踪。微机的数据信息存放在卫星中，直到接收站看到卫星时再读出数据加以转发。这种

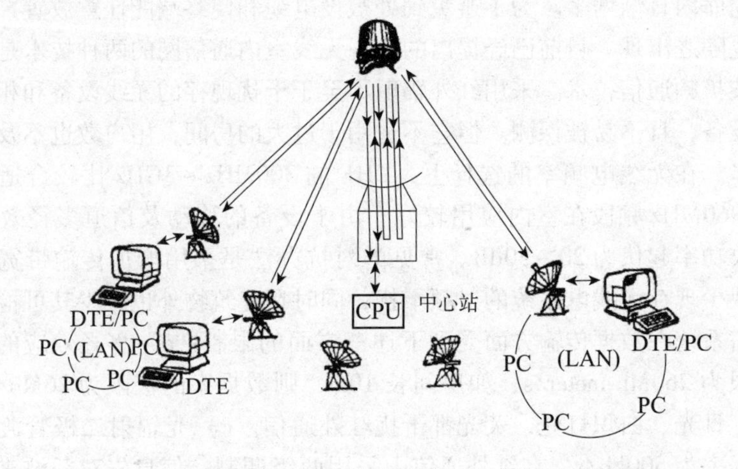

图 6　利用小型地球站卫星信道的个人计算机卫星通信网

存储—转发性能是这种系统与前述两种系统的最大区别。

个人计算机卫星通信网的一个实例为 Boston Community Information Service（BCIS）。它是作为信息分布系统用的。用户可由该网获得报纸新闻、本地消息等服务。

8. 普用便携无线通信网（Universal Digital Portable Communications）[20][21][34]

在当今的高速流动性社会中，人们要求语音和数据通信不受电话线的限制和约束。因此，一种随身携带，可以随时随地进行信息交换的普用便携无线通信系统和网络便成为研究的前沿课题。对这类新系统的基本要求是：①质量和可靠性与有线电话一样；②能在任何地点进行语音和数据通信；③具有使用方便的便携台；④电源供应时间足够长；⑤安全与保密性与有线电话一样；⑥服务收费与有线电话相同；⑦射频辐射危害小；⑧与环境兼容；⑨能满足不同用户的要求和适应技术的进步；⑩能满足现代化用户高度移动性的要求。

普用便携无线通信网结构的基本概念是用低功率的无线数字链路代替目前电话网中最后一段 300 米左右的有线连接，如图 7（a）所示。该网络包含一系列无线电码头（Port），其一端用无线电与室内外各种移动用户联系，另外一端与市话局用有线相连。在一个区域内，无线电码头的频率可重复使用。这一系统的基本特点是：

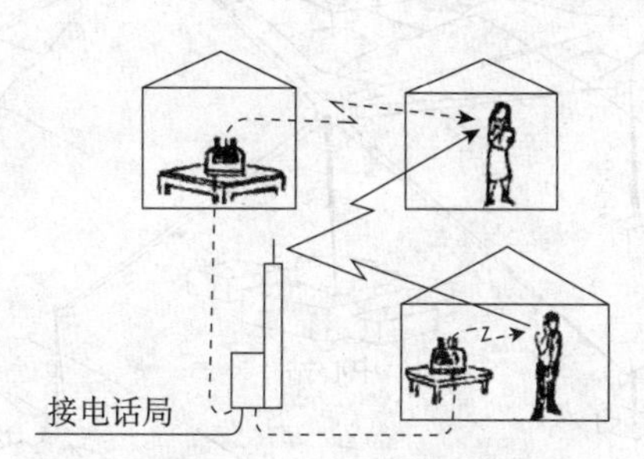

图 7　普用便携无线通信网的基本概念

①采用时分制链路结构。许多便携式手机与数据终端经过无线信道与交换中心相连，无线电码头为输入输出点。信道为用户所共享，采用时分复用、按需分配、多址存取多信道技术。某些固定码率的比特流经过时分复用后由码头发至各用户；各用户至码头则采用 TDMA 方式。无线信道数据率是固定的，但用户可用多个数据块（Block）来传不同码率的数据。它可以提供信包争用信道，也可与 ISDN 兼容。

码头所传数据的最高数据率受多径效应引起的时延扩展的限制。对于 4 电平数字相位或频率调制，最高数据率可达 300～400kb/s。无线信道约 150kHz 或 250kHz 带宽。信道间隔为 150kHz 或 300kHz。一个无线电码头可供 50～100 个便携单元使用。

用户单元虽比无绳电话复杂，为多信道手机或数据终端等。但它不受机座的限制，任何地方只要有无线电码头都能用。

②采用数字加密。

③在居民区，无线电码头的天线高度为 6～9 米（相当于路灯高度），彼此间隔约为 600 米，5mW 便携手机可实现不间断覆盖。

各无线电码头频率的重用如图 7（b）所示。这样可避免同频道干扰并提高频谱的利用率。

在楼内，由于衰耗的增加，天线应由室外移至室内装在天花板上。如多径效应严重，可采用天线分集，分集还可消除手机位置方向随机变动的影响。

9. 一点对多点无线通信网（Point-to-Multipoint Radio Networks）[22][23]

在市郊或广大农村，利用微波的宽频带特性进行高速数据传输，建立一个具有转发交换功能的中心站，这将是解决对电话、传真、计算机数据、可视信号等信息传输所需要的大容量数字通信的一条有效途径。近年来，许多国家厂商都在研制一点对多点无线通信系统。它实质上相当于把卫星“移到”地面上来的多用户无线通信网。其基本结构示意图如图8所示。中心站设置在地势较高的地方或高楼顶上，装有全向辐射波束的天线，负责信息的转发、交换及控制。装有定向天线的各用户分布在其四周，构成星形网。网的覆盖范围直径约数公里至数十公里。各用户站体积小、重量轻，可装设在高楼窗口或房顶上。目前美国、日本、英国、加拿大、匈牙利等国已研制出多种类型的设备。其主要性能特点是：

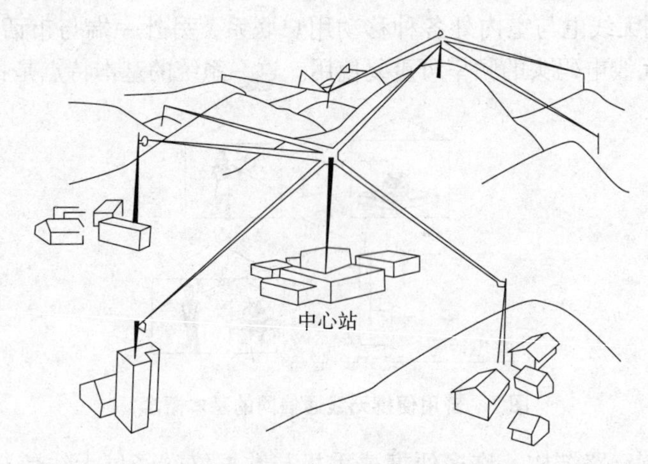

图8　一点对多点无线通信网的组成

①工作频段：1GHz~30GHz；

②数据率：数十 kb/s~数 Mb/s；

③用户数：数个~数十个站；

④在制式上可采用各种时分多址，也可采用扩频多址，或争用信道的 ALOHA 方式，采用 FSK 调制方式；

⑤比特误码率：1×10^{-8}；

⑥输出功率：20~22dBm。

由于这种网络结构简单，随着微波集成电路技术的进展，造价又日益低廉，因而对通信落后地区有较大的实用价值。

10. 通信、指挥、控制及情报系统（Communication，Comand，Control and Intelligence Systems—C^3I）[24][25]

历来军事通信都处于通信技术的前沿。未来战争的格局将是充分利用先进的通信技术使战斗力倍增，争取战争的胜利。C^3I 就是根据战场上敌我双方情况的变化，需要作出快速的反应和自动化地作出正确的决策而提出来的。C^3I 系统的基本概念如图 9 所示。在该系统中，人仍然是决策的中心。由信源经传感器来的遥测信息输入数据库中，经计算机的处理，进而作出决策，然后由执行机构执行。人在其中起管理监督、处理疑难情况、查询及更正数据的作用。在战争中，指挥机关应根据对战场情况的掌握作出决策，下令执行，并随时收集执行结果的反馈信息，以修正或更改决策。这种闭环的信息传输和自动决策过程不仅适用于战争，也适合于高速的、自动化的信息社会的生产和管理过程，如民航的预订机票，医疗中心的自动监护病人，空中交通控制，银行的远程结算，运输系统的规划等等。实现 C^3I 系统需要解决一系列通信中的问题，如系统设计、传感器基本数据的收集、数据的传输、通信网结构与控制、差错控制、数据保密与安全、可靠性与维护等。今后基于空间技术的 C^3I 通信系统的示意图如图 10 所示。它工作在所有频段，是建立在三维空间的十分复杂的无线综合通信网。对于这样的发展势头，我们必须认真对待，迎接挑战。

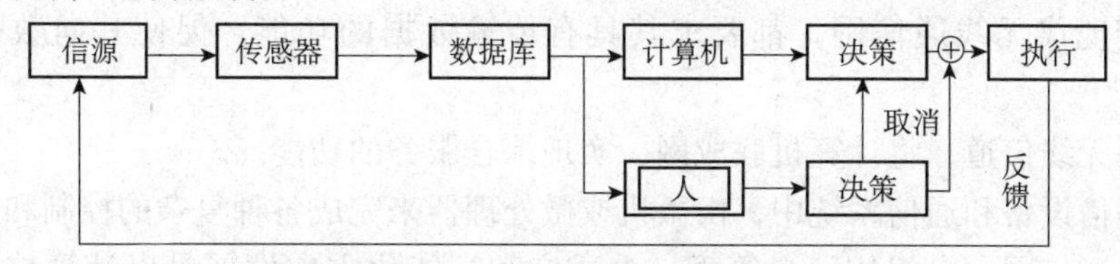

图 9　C^3I 系统的基本概念

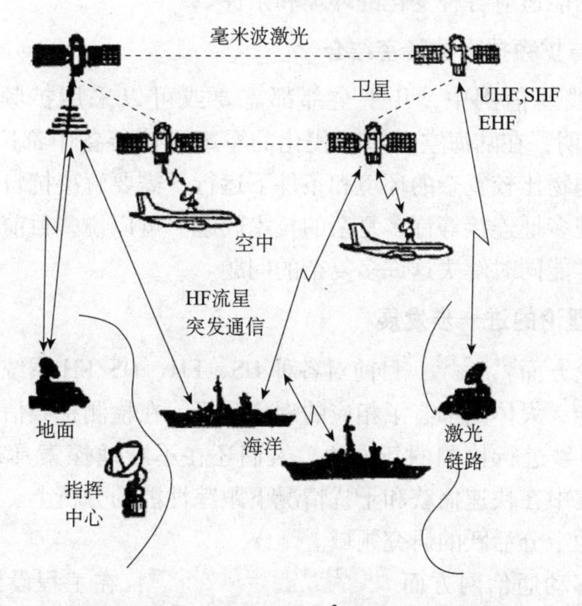

图 10　基于空间技术的 C^3I 通信系统示意图

三、无线通信网的发展趋势

通过上面列举的十种无线通信网，我们不难看出当前无线通信网的特点和发展趋势。

1. 新型无线通信网的特点

①充分利用卫星通信覆盖面广，具有宽频带广播信道的特性。

②多种功能，综合服务，向数字化方向发展。由于计算技术和新型器件的发展，使人们得以用无线实现传送语声、数据、图像等的多种功能和综合业务，并且逐步实现无线通信网的数字化。

③无线通信与有线通信结合，组成复合型网络。特别是由于光纤通信的发展，提供了极宽的频带，因而它与卫星通信的宽频带特性相结合也是一种必然的趋势。

④与信息处理技术相结合，构成各种功能的信息网络。

2. 与计算技术紧密结合

无线通信与计算机的结合，提高了通信网的功能和应用范围，增强了其有效性与可靠性。主要体现在：

①对于现代无线通信网，都要求其具有传输数据的功能，促使其向数字化方向发展。

②利用无线信道，将计算机联成网，实现综合服务的功能。

③在通信设备和通信系统中，由微机或微处理器来完成各种复杂的控制和管理。

④无线通信网向自组织、自管理、自适应和智能化方向发展是以计算技术为基础的，它使无线通信网能适应各种变化的环境和条件。

3. 无线通信网与扩频技术的紧密结合

在所列举的无线通信网中，几乎全部都需要或可以采用扩频通信技术。另外，[25] 的统计资料表明，在陆海空三军现代化的军事通信装备中都广泛应用扩频技术。无线通信多在地形地物比较复杂的环境和条件下运行，需要解决抗自然及人为干扰，抗多径干扰，以及实现多址连接等许多复杂的技术问题。可以说，目前还没有哪一种通信方式像扩频通信那样能同时解决这许多复杂的问题。

4. 无线通信网理论的进一步发展

①扩频通信理论方面[26]~[32]：目前对各种 DS、FH、DS/FH 系统在不同调制及编码情况下的抗干扰性能，大体上都有了相应的理论分析。在检测扩频信号方面，提出了利用相关技术对 FH 信号进行检测的新方法。人们还在不断地探索具有更好性能的码序列。同步问题仍然集中在快速捕获和干扰情况下跟踪性能的分析上。扩频信包多跳无线通信网的理论已成为十分活跃的研究领域。

②无线便携及移动通信网方面[7]~[12],[17]~[21],[33],[34]：在工程设计和系统性能分析上正在研究的课题有多径信道的理论与实验结果分析；适合于便携和移动通信用的调制技术，语声编码技术，频率重用问题，功率的控制及分配问题；以及采用扩频技术后网络的性能分析等。

③通信安全的理论分析方面[35~38]：数据信息安全方面已做了很多的研究，而通信网的安全问题正引起重视，目前仍处于基础性的研究阶段。例如，已经开始对无线通信

网的顽存性及抗毁性的定量评估方法等问题的探讨。其他如分布式自组织、自适应无线移动通信网安全性的定量分析问题也引起人们的兴趣。

四、结束语

无线通信网涉及的问题十分广泛。本文只提供了一些情况和对发展趋势的粗浅看法。如有不妥之处，希读者多批评指正。

参考文献

［1］ R. E. Kahn et al. , "Advances in packet radio technology," Proc. IEEE, Vol. 66, pp. 1468 ~ 1496, Nov. 1978.

［2］ F. Tobagi et al. , "Packet radio and satellite networks," IEEE Commun. Mag. , Nov. 1984.

［3］ D. Behrman and W. C. Fifer, "A low-cost spread-spectrum packet radio," in Proc. MILCOM' 82, paper 10. 4, 1982.

［4］ A. A. Giordano et al. , "A spread-spectrum simulcast MF radio network," IEEE Trans. on Commun. Vol. 30, no. 5, pp. 1057 ~ 1070, May. 1982.

［5］ "Special issue on packet radio networks", Proc. IEEE Vol. 75, no. 1, pp. 1 ~ 176, Jan. 1987.

［6］ I. M. Jacobs et al. , "General purpose packet satellite networks," Proc. IEEE, Vol. 66, pp. 1448 ~ 1467, Nov. 1978.

［7］ "Advanced mobile phone services," Special Issue, BSTJ, Vol, 58, Jan. 1979.

［8］ S. C. Gupta et al. , "Land mobile radio systems—a tutorial exposition," IEEE Commun. Mag. Vol. 23, No. 6, June 1985.

［9］ "Mobile radio communications," Special Issue of IEEE Communication Mag. Vol. 24, No. 2, Feb. 1986.

［10］ A. Hills, "Satellites and mobile phones: planning a marriage," IEEE Spectrum, Vol. 22, no. 8, pp. 62 ~ 67, Aug. 1985.

［11］ G. H. Knouse and P. A. Castruecio, "The concept of an integrated terrestrial/land mobile satellite system," IEEE Trans on Veh Tech. , Vol VT-30, pp. 97 ~ 101, Aug. 1981.

［12］ R. E. Anderson et al. , "Technical feasibility of satellite-aided land mobile radio," IEEE proc. ICC'82. , pp. 7H2. 1-7H2. 5, June, 1982.

［13］ T. G. Robertazzi and P. E. Sarachik, "Self-organizing communication networks," IEEE Commun. Mag. Vol. 24, no. 1, pp. 28 ~ 33, Jan. 1986.

［14］ D. J. Baker and A. Ephremides, "The arohitectural organization of a mobile radio network via a distributed algorithm." IEEE Trans Commun. , Vol. Com-29, pp. 1694 ~ 1701, Nov. 1981.

［15］ C. Li. "Clustering in packct radio networks," IEEE Proc. ICC' 85, pp. 10. 5. 1 ~

10.5.4, 1985.

[16] D. J. Baker et al., "The design and simulation of a mobile radio network with distributed control." IEEE. J. Selected Areas Commun., Vol. SAC-2, pp. 226~237, Jan. 1984.

[17] K. Pahlavan, "Wireless communications for office information networks," IEEE Commun. mag. Vol. 23, No. 6, June. 1985, pp. 19~27.

[18] F. N. Parr and P. E. Green, Jr., "Communications for personal computers," IEEE Commun. Mag. Vol. 23, No. 8, pp. 26~36, Aug. 1985.

[19] "Special issue on communications for personal computers," IEEE JSAC, Vol. SAC-3, Mag. 1985.

[20] D. C. Cox, "Universal portable radio communications." IEEE Trans. on Veh. Tech, Vol. VT-34 No. 3, pp. 117~121, Aug. 1985.

[21] D. C. Cox, "Universal digital portable radio communications," Proc. of IEEE, Vol. 75, No. 4, pp. 436~477, April, 1987.

[22] "Point-to-multipoint radio systems," IEEE Proc, ICC' 85, section: 23, 1985.

[23] "Digital radio systems: point-to-multipoint and line-of-sight," IEEE Proc. ICC' 86, section: 56, 1986.

[24] D. J. Morris, "Introduction to communication comand and control system," 1977.

[25] F. J. Ricci and D. Schutzer. "U. S. military communications——a C^3I force multiplier," 1986.

[26] M. K. Simon, et al. "Spread spectrum communication," Vol. I, II, III, 1985.

[27] R. E. Ziemer and R. L. Peterson, "Digital communications and spread spectrum systems," 1985.

[28] R. Skang and J. F. Hjelmstad, "Spread spectrum in communications," 1985.

[29] D. J. Torrieri, "Principles of military communication systems," 1981.

[30] "Special issue on progress in military communications-I," IEEE JSAC, Vol. SAC-3, No. 5, Sep. 1985.

[31] "Special issue on progress in military communications-II," IEEE JSAC, Vol. SAC-4, No. 2, Mar. 1986.

[32] J. K. Holmes, "Coherent spread spectrum systems," 1982.

[33] "Mobile communications," IEEE Commun mag. Vol. 25, No. 6, June 1987.

[34] "Special issue on portable and mobile communications," IEEE JSAC, Vol, SAC-5, No. 5, June. 1987.

[35] G. Longo, "Secure digital communications," 1984.

[36] E. L. Leiss, "Principles of data security," 1982.

[37] "Network security," IEEE Network, Vol. 1, No. 2, Aprie, 1987.

[38] D. W. Davis, "Security for computer networks," 1984.

[作者简介] 李承恕同志是北方交通大学通信与控制工程系教授、系主任，中国

通信学会常务理事、无线通信委员会主任委员。1953 年毕业于北方交大电信系，1960 年获苏联列宁格勒铁道运输工程学院技术科学副博士学位，1981 ~ 1983 年以访问学者身份赴美麻省理工学院进修。曾在国内外学术会议和刊物上发表学术论文近 30 篇，现从事无线通信、计算机通信方面的教学和科研工作。

论文 8

扩频信包无线综合通信网[①] *

李承恕
（通信与控制工程系）

摘要： 为了适应90年代以至2000年野战通信的需要，应充分采用当前已日趋成熟的先进科学技术：如扩频通信技术、信包无线通信网技术、综合服务数字网技术等。本文提出“扩频信包无线综合通信网”的基本概念和设想，供有关领导决策时参考。

关键词： 扩频通信，信包无线通信网，综合服务数字网。

1. 前　言

随着计算技术和大规模集成电路的广泛应用，在通信与信息科学领域引起了巨大而深刻的变化。各种新技术、新器件、新理论、新设备层出不穷，日新月异。在这种新技术革命的形势面前，展望90年代以至2000年未来战争的格局，不能不使人感到我们重任在肩，面临一场严重的挑战。当前，我们的方针应该是在积极引进世界先进技术，以应急需，为我们消化、吸收、创新创造条件外，还应该以极大的力量进行有关新兴技术的研究和探索。这样，才有可能在2000年以后赶上世界先进水平，彻底改变我国军事通信落后的局面。

本文拟从野战通信的基本要求出发，简述有关扩频通信技术、信包无线通信技术和综合服务的数字网等先进技术的特点。在此基础上提出《扩频信包无线通信网》的基本概念和设想，并建议进行有关专题的研究，以期引起有关部门领导和同志们的关注。

2. 野战通信网的组成和基本性能特点

野战通信是整个军事通信很重要的组成部分，它处于战场前沿阵地，面临十分恶劣

---

① 本文收到日期　1987 - 03 - 12
* 本论文选自：北方交通大学学报，1988（03）：62-68。

的条件和电子战的威胁。自60年代以来，国外已投入很大力量进行研制。80年代初已有部分设备装备部队，并投入现役使用。大家所熟知的有美国的“三军联合战术通信系统（TRI-TAC）”，法国的“里达（RITA）”系统，英国的“松鸡”（PTAR-MIGAN）系统，以及西德的“自动军级干线网”（AUTOKO）等。这些系统各有特点，但其基本组成为以下三大部分：

1. 栅格状的骨干通信网：以节点交换机为中心，由微波接力或卫星通信线路连接的相距数十公里的节点构成覆盖数万平方公里面积的通信网。

2. 星形无线移动通信网：以中心站为核心，以及直径10～20公里范围内若干移动台共同构成的无线移动通信网。中心站可与骨干网节点相连。

3. 分布式的战斗无线电台网：若干手持式或背负式电台构成分布式的通信网。这些电台相互之间可以直通，也可与移动通信网的移动台相连。

对这样一个三级无线通信的基本性能要求是：

①机动性、灵活性

②连通性、互通性

③抗毁性、顽存性

④保密性、隐蔽性

⑤抗干扰性、抗截获性

⑥综合服务性、多功能性

为了满足上述基本性能要求，我们不能不采用下述一些先进技术。

3. 扩频通信的特点[1～5]

自50年代中期发展起来的扩频通信技术（Spread Spectrum Communications），其定义为：扩展频谱是一种传输手段，其信号带宽远大于传输信息所需的最小带宽；频带的展宽是用编码的方法来实现的，它与所传数据无关；在接收端用同步接收的方法解扩并恢复所传数据。

扩频通信的主要特点为：

1）具有很强的抗干扰能力，特别是抗人为干扰；

2）具有低截获概率；

3）多用户随机存取宽带信道及多址性能；

4）高精度测距；

5）精确的定时。

以上这些性能主要决定于频谱展宽的程度，即信号所占频谱相对于信息所占频谱展宽的倍数，它被定义为处理增益，一般可达30dB以上。

时至今日，扩频通信已被广泛应用于陆海空三军的各种频段和各种通信方式中。可以说，扩频通信技术“无所不在”。

下表列出具有代表性的应用[6]

目的和技术	项目型号	军兵种
AJ/LPI Signal Design	Sidelobe Cancellers—FSC-78，79 Narmwband Cancellers for ECCM COMSAT Terminal Applications	Navy
AJ Signal Design	Enhanced JTIDS System Hybrid—UHF Voice	AF
LPI COMSEC，Power Mgmt	Flight-Deck Communications（UHF Secure Voice	Navy
AJ Signal Design	SINCGARS FH	Army
AJ/LPI Directivity，LPI	SNAP—HF/VHF Steerable Null Antenna Processor	Army
AJ Signal Design	COMBO Radio（ARC-128）FH-S1NCGARS and Have Quick Wave Forms	Navy
AJ Signal Design	HFIP（USQ-83，HFPM Mouems，Various）FH	Navy PME-110
AJ Signal Design	JTIDS Hybrid DTMA Voice + Data and Rel Nav	AF/Navy JSPO
AJ Signal Design	Have Quick FH	AF/Navy
LPI Power & Freq Mgmt	MISR（Mobile Intercept Resistant Radio）	Army CECOM
AJ Signal Design	EHF/Navy Transition Package/MILSTAR	AF/Navy SP/PME-106
AJ Signal Design	JRSVC（Seek COMM） Hybrid—DTDMA	NSA/AF

扩频通信技术之所以被广泛地采用，主要由于本身性能及近年来在通信理论、声表面波器件、大规模集成电路和计算技术取得的巨大进展所决定的。目前尚无其他信号形式具有如此多优越的性能。

当然，在应用扩频通信技术时，目前还有一些问题值得我们进一步研究：如何测量其性能？用哪种码序列及其性能如何？能达到多少抗干扰性？在多用户同时通信中任一用户对的性能如何？抗多径干扰能达到什么程度？在搜捕和跟踪中收发之间相对定时精度如何？等等。

总之，在未来野战通信网中只有采用扩频通信技术才能有效而经济地解决前节所述后三项性能要求。

4. 信包无线通信网的特点[7~9]

信包无线通信网（Packet Radio Networks），称为无线计算机通信网及无线数据通信网，是在70年代初期开始随着计算机通信网的应用而发展起来的。它把用有线联接的信包交换技术推广到无线信道中来，最早应用于美国夏威夷大学的ALOHA系统中。后由美国国防部投资进行多跳无线通信网的研究，称为PRNET。迄今为止已建立了三个试验基地：

i）旧金山海湾区，

ii）北加洛林纳州的Ft. Bragg，

iii）在Omaha，Nebraska的空军战术指挥中心Stragic Air Command（SAC）。

信包无线通信网的基本概念即信包交换技术被应用于多存取无线信道，也就是利用无线信道实现计算机联网，构成一个机动灵活的可移动的无线数据通信网。它的基本特点为：

a）采用信包交换技术和计算机联网技术。

b）采用扩频通信技术，使许多用户共用一宽带广播信道，具有较强的抗干扰性能。

c）采用分布式网络结构，满足移动通信的需要。

d）无线信道可采用地面无线信道或卫星信道。

e）除传数据信息外尚可传输数学字话音及图像等信息。

f）同时完成多种功能：综合服务、定位、敌我识别等。

这样一个通信网可以满足大量移动用户在一广阔的地域内实现信息的分布，特别是突发式的通信，如计算机——计算机的通信。

实现这一通信网的技术问题有：

①透明性的要求；

②覆盖区域及其连通性；

③移动性和速度的要求；

④低时延的要求；

⑤网络的运行管理；

⑥网络控制及路由选择；

⑦地址信令；

⑧端对端保密性。

近来，在美国海军短波通信中，即在研制特遣舰队内部高频通信网（HF ITF）时提出了“自组织无线通信网”（Self-Organizing Radio Communictaion Net-works）的概念和技术[10~12]。这一网络结构是以节点群动态结构为特点。它由普通节点（Ordinary node）、群首节点（Cluster head node）、和门道节点（Gateway node）组成。各节点群（Cluster）由群首节点控制，并通过门道节点互连。群首节点与门道节点构成一骨干网。网络各节点按照同一节点群算法（LCA）自行从散漫无章的状态组织起来，并定期交换网络状态信息，根据各种变化了的情况，再重新组织起来，故称“自组织无线通信网”

这一网络采用扩频信令和码分多址技术、纠错编码技术。由于采用了灵活分布网络结构和自组织的原理和技术，它可以定期自行再组织以适应高频信道（HF）传输特性的变化及其他外来因素所引起的网络拓扑的变化和接续的变化。从而提高了整个网络的抗毁性、顽存性和抗干扰能力。

如果把信包无线通信网和上述自组织无线通信网的概念和技术结合起来，基本上可以满足未来战争中对野战通信网前三项性能的要求。

5. 综合服务数字网的特点[13~16]

数字通信技术、程控交换技术促进了综合数字通信网（IDN-Integrated Digi-tal Net-work）的发展。IDN 是使用综合传输与交换，在两个或多个规定点之间提供数字连接，以实现彼此间通信的一组数字节点与数字链路。

综合服务数字通信网（ISDN-Integrated Service Digital Networks）是从电话网 IDN 发展而来的，它可以为用户到用户之间，提供完全数字化的多种范围的服务，包括电话及非话服务，用户通过利用标准多用途用户接口互相沟通。

ISDN 的基本特点是：

①ISDN 的基础是电话 IDN，即传输交换的数字化；

②在一个 ISDN 中，以数字链路实现多种服务；

③需要有标准化的、多用途的用户/网络接口；

④ISDN 功能上是开放式网络，即 ISO—OSI 分层原则；

⑤ISDN 可采用交换接续（电路交换、信包交换，或二者混合交换）及非交换接续；

⑥ISDN 用户网络信令系统已有 CCITT1NO. 7 共道信令系统。

ISDN 1972 年由 CCITT 开始提出，1978 年开始研究，1984 年形成 I 系列建议书。现已有贝尔 5 号 ESS 数字交换机，GTE5 号 EAX，日本 D-70 系统采用 NO. 7 信令，ITT1240 采用完全分布式控制原理。目前国际上正处于大力研究和开发的初创阶段。

以节点交换机为中心的野战通信网应采用 ISDN 的基本功能结构为基础，以实现 C^3I 系统为目标，才能满足综合服务和多功能的要求。如果也能与战略通信网相连接，将会构成一个既完整又完善的国防通信网。

6. 扩频信包无线综合通信网（Spread Spectrum Packet Radio Integrated Service Networks，简称 SSPRISN）

未来的战争是立体空间的战争，在规模和速度上都是空前的。武器装备的先进性和电子战的对抗性都要求我们尽量采用先进技术。可以设想野战通信网应将扩频通信技术、信包无线通信网技术和综合服务通信网技术综合起来构成一个崭新的通信网络系统，其基本点为：

1）整体结构仍是三级网：

①栅格状结点骨干网；

②有中心的无线移动通信网；

③分散的战斗无线电台网。

2）广泛应用各种扩频通信技术，以提高网络的抗干扰、抗截获性能，满足多址、多功能的要求。

3）按照自组织的方式建网，并能自适应信道传播条件和网络拓扑结构的变化，以提高网络的抗毁性和顽存性。

4）采用数字化、信包交换技术和ISDN的组网原则以满足多种服务和多功能的要求。

5）采用多频段（VHF，UHF）及微波和各种方式（地面、接力、散射、卫星等），达到扬长避短，获得总体上的最佳性能。

扩频信包无线综合信网的设想可以说是比较理想的，当然，实现起来困难和问题也会是很多的。

7. 实现野战通信网现代化应研究的课题

如果按照SSPRISN的概念和设想，关键的课题有：

①SAW器件和各种特殊功能的微处理器模块。

②扩频通信抗干扰、抗截获性能的研究。

③扩频信号的检测问题。

④各种扩频通信系统中同步问题。

⑤无线广播信道各种协议性能的研究。

⑥PR节点信息处理机的研制。

⑦PRNET结构和管理控制功能的研究。

⑧自组织网络的理论、协议和实现问题。

⑨ISDN程控数字交换机的研制。

⑩ISDN的信令系统。

⑪ISDN的通信协议。

⑫ISDN网的控制与管理。

⑬整个野战通信网的组织管理控制问题。

⑭整个野战通信网的接口和信令系统。

⑮整个野战通信网的性能分析。

最后，鉴于野战通信现代化问题的复杂性，本文谨提出一些粗浅看法，供同志们参考。

参考文献

[1] R. C. Dixon, Spread Spectrum System. 1984

[2] M. K. Simon. J. K. Omura, R. A. Scholtz and B. K. Levitt. Spread Spectrum Communications, Ⅰ, Ⅱ, Ⅲ, Ⅴ. 1985

[3] F. J. Ricci, D. Schutzer, U. S. Military communications. 1986

[4] R. E. Kahn, S. A. Gronemeger, J. Burehfiel, R. C. Kunzelman. Advances in Packet Radio Technology. Proc. IEEE, 1987; 66 (4) : 1468 ~ 1496

[5] F. A. Tobagi, R. Binder, B. Leiner. Packet Radio and Satellite Networks. IEEE Communication Magazine, 1984; 22 (11): 24 ~ 40

[6] T. G. Robertazzi, P. E. Sarachik. Self-Organizing communication Networks. IEEE Communication Magazine, 1986; 24 (1) : 28 ~ 33

[7] C. Li, Clustering in Packet Radio Networks. IEEE Proc. ICC 85, section 10. 5

[8] Chengshu Li. Clustering in Packet Radio Networks. MIT LIDS-P-1138, Oct. 1983

[9] Special Issue on Integrated Service Digital Networks: Technology and Implementations-Ⅱ. IEEE JSAC 1986, 4 (8)

[10] N. Q. Due. ISDN Protocol Architecture. IEEE Trans. on Com. 1985; 23 (1): 15 ~ 22

论文 9

综论跳频通信的电子对抗与电子反对抗*

李承恕

跳频通信近年来在军事通信中得到极为广泛的应用。在现代化战争条件下，其电子对抗（ECM）及电子反对抗（ECCM）对敌我双方都是生死攸关的问题。知己知彼，百战不殆。本文试图从敌我双方矛盾制约的关系出发，探讨如何提高我方跳频通信抗敌方人为干扰的能力，以及提高我方对敌方跳频通信施放有效干扰的策略。现分以下五方面进行讨论。

1. 跳频通信的基本特点

众所周知，扩展频谱通信特点在于信号带宽远大于所传信息带宽。二者之比则称为扩频处理增益。处理增益越大，抗干扰性能越强。跳频通信的特点也在于它的射频在很宽的频带范围内随机跳变。从 ECM 及 ECCM 的观点看来，以下一些特点是基本的：

• 覆盖的频带很宽。一般说来频率的跳变范围比直接序列扩频所能达到的带宽得多。例如整个短波频段（2MHz-30MHz），或整个超短波频段（30MHz-88MHz），从而具有很高的处理增益。

• 频率的跳变。频率的不断变化使对方难于侦察、截获和施放干扰。因此，从本质上说，它是一种逃避式抗干扰。它的隐蔽性是富于其变动性中的。变得越快，抗干扰性越强。

• 跳变的驻留时间短。频率的驻留时间即传输信息的时间。跳变越高，驻留时间越短，逃避敌方的攻击就越容易。目前已能达到每秒数万跳的速率。

• 跳变的频率数很大。覆盖的频带越宽，可能跳变的频率数就越大。相对说来，每一频率出现的概率就很小，敌方预测就很难。

---

* 本论文选自：通信对抗，1991（3）：11-21。

• 跳频图案的随机控制。如果用很长周期的伪随抗码来控制跳频图案，预测频率的出现就不容易。当用非线性码序列时，掌握其规律就更难。

• 跳频信号与基带不相干。所传的跳频信号与基带信息不存在相干关系。换句话说，探测跳频信号后，也不等于获得了有用信息。

• 能察觉部分频带干扰。能否觉察敌方干扰的存在是十分重要的。一旦察觉后方可采取相应的对抗措施。否则，会在不知不觉中受到更大的损失。对跳频通信来讲，对危害最大的部分频带干扰是很易察觉的。

• 跳频组网，难于分选。多个跳频电台组网通信时，空间信号相互混杂，很难区分。重要的信号可隐蔽在大量的普通信号中不易被发现。

掌握上述特点，对 ECM 和 ECCM 双方都十分重要。在提高抗干扰性和采取最佳的干扰策略上都应充分利用这些特点。

2. 电子对抗与电子反对抗

在现代化的电子战中，敌我双方都处于相互矛盾和相互制约之中。为了保证对战场情报的收集和进行实时有效的指挥和控制，我方必须建立和保持完整良好的通信系统和网络。同时，还要采取一切必要的措施来防止敌方进行任何信息的窃听和对系统的破坏。显然，敌方必然要进行信号的检测和定位以判定我方通信的存在，窃听我方信息，制造假信息进行欺骗，施放干扰以中断我方的正常联系等等。同时，双方在此矛盾斗争中部会采取新的手段和策略，以期进一步制服对方。简而言之，一方采取的电子手段（EM），对方将会采取电子对抗手段（ECM）。一方将进一步采取电子反对抗手段（EC-CM），对方对此也会升级为（ECM）：一方当然不会就此罢休，也将升级为（EGM），…。这种升级的态势反映在（ECM）中的不断增加。这种增加是没有止境的，决定于双方技术水平和经济实力。但在一定时期也会受到时间和代价的限制，暂时停留在某一水平上。

• 在（ECM）一方，考虑的问题是：什么是最好的干扰波形和策略？干扰的效果如何？精确问题是困难的，它们依赖于下述诸多因素：发射功率、距离、频率、系统效率、天线方向图、噪声电平、调制方法、解调方法、差错控制编码、扩频技术、数据格式、同步技术、环境条件、自身干扰电平等等：

一个系统在电子对抗时的脆弱性表现在它的截获性、接近性和敏感性上。

• 作为干扰波形，可供选择的有：噪声调制的 AM 及 FM，窄带和宽带的噪声突发信号，幅度或相移的键控信号，扫频信号，窜改后的语声，载波频率信号，频移键控信号，单边带波形等。

• 对于扩频通信来说，干扰波形主要是：窄带噪声、载波单频、宽带噪声、扫频信号。这些波形既可是连续的，也可是脉冲式的。在方法是可干扰其信息波形或同步功能。在干扰策略上，对跳频通信来说，部分频带干扰和跟踪式干扰是特别有效的。

• 在（ECCM）一方，主要技术是扩频技术（跳频、直接序列、跳时、线性调频、复合式），差错控制编码（分组码、汉明码、8CH 码、RS 码、卷积码、Viterbi 译码），零位天线（LMS 算法，最大 SNR 算法）。此外，采用分集和交织技术对提高跳频通信的抗干扰能力也是十分有效的。

• 可以说到目前为止，没有一种干扰波形对所有的扩频系统是最坏的，也没有一种扩频系统对抗所有的干扰波形是最好的。因此，需要对各种不同的情况进行具体分析。

3. 跳频通信抗干扰性能分析

一般的跳频通信采用 MFSK 与非相干接收，虽具有一定的抗干扰性能，但面对多种形式的人为干扰，就不能不采取相应的抗干扰措施。常见的干扰方式与波形有：

宽带及部分频带噪声干扰，载波单频及多频率干扰，脉冲干扰，任意功率分布的干扰，跟踪式干扰。通常，为了提高抗人为干扰的能力，都应采取分集、编码、交织等相应的措施。目前已进行了大量的跳频通信抗干扰性能的分析。

• 时间分集：在时间上分集传输，相当于重复编码，用来抗部分频带噪声干扰与多频干扰。对部分频带噪声干扰讨论了最佳分集与斗争策略问题。分集对抗多频干扰的有效性增加 35dB，分集对抗独立多频干扰的有效性增加 37. 8dB.

• 纠错编码：FEC 对跳频是必要的。能纠 n 位差错的编码相当于能抗 n 个单频干扰。除了简单的重复码外，尚有更为强有力的分组码、卷积码、级连码。目前对在非平稳、非高斯干扰环境下这些码的有效性已有分析。对于多频及部分频带噪声干扰，分析了 2 元及 N 元卷积码、RS 码，以及级连码（RS 外—卷积内）。编码有时带分集，有时不带分集。此外，对慢衰落均匀与非均匀信道中最坏噪声干扰分布，宽带干扰、部分频带干扰下有无编码与分集进行了大量的分析。

• 在采用相干调制时，对部分频带噪声干扰及部分频带多频干扰，分析了以各种调制方式的抗干扰性能：FH/QPSK、FH/QASK、FH/PN/QPSK 及 QASK、FH/QPR。

• 在采用差分相干调制时对部分频带噪声及多频干扰分析了 FH/MDPSK，FH/DQASK 的干扰性能。

• 在相同坐标｛经 lg（Pb）为纵坐标，以 10lg［（P/J）（W/R）］为横坐标｝可进行以下各种情况抗干扰性能的比较。

宽带噪声：FH/MFSK、FH/DPSK；

部分频带噪声及最坏情况部分频带噪声：FH/MFSK、FH/DPSK；

最坏情况多频干扰：FH/MFSK、FH/DPSK；

FH/MFSK 在编码与非编码时，在最坏情况部分频带干扰的比较；

FH/DPSK 在编码与非编码时，在最坏情况单频干扰的比较（BCH 码、RS 码、卷积码）。

4. 跳频信号的检测及估值

电子战的内容之一为敌方信号的侦察，有时称为电子支持措施（ESM）。其目的在于从时间、空间和频率上搜索敌方的活动，确定信号的类型和提取情报确定发射点的位置，从而决定应采取的行动，如施放干扰等。换句话说，就是回答下述一系列问题：这是什么信号？它从哪里来？它在干什么？它想干什么？我们该怎么办？因此，无论从侦察情报或电子对抗来讲，对跳频信号的检测和频带的估值都是十分重要的。

- 如对被截信号的波形和参数已知，则在白高斯噪声下最佳的检测可由匹配滤波器或理想的相关器来完成。

- 对于被截信号具有随机相位和频率及未知的常数振幅，信号频率为多个可能值之一，信号形式为频率未知的脉冲正强波，则根据多种假设检验，最佳接收机为并联的匹配滤波器组。对于未知信号也可用带通滤波器组来代替，但此时已不最佳。

- 如果把信号当成平稳高斯过程具有均匀功率谱密度，在白高斯噪声下的最佳检测接收机称为能量检测器或辐射计。它对检测扩频信号不需附加其他硬件。对于未知确定性信号的存在，这是一种合理的结构。

- 如果在并联的滤波器组中用一些辐射计来代替，则它构成分信道辐射计。它对于检测窄带 MFSK，HF 信号是有效的。同时，它也可用于同时检测多个信号的存在。对于跳频信号的检测，它需要有近似的信道频率和频率转换时间的知识。

- 采用互相关器可比单个宽带辐射计在理论上改善 1.5 分贝。此外，它还可提供频率估值和定向。互相关器是由两个空间上分开的天线来截获信号。由其输出不同到达时间的信号来计算互相关值。一般可用数字滤波器和 FFT 来实现 DFT，也可用线性调频无变换算法和电荷耦合器来实现。对于互相关也可用模拟方式实现，一种可能是用声—光器件。

- 多信道互相关器为多个互相关器并联，其情况与分信道辐射计相似。

对于跳频带宽的增加，宽带互相关器和宽带辐射计性能都会下降，且它们对跳频频率都不敏感。跳频速率的增加使设计分信道接收机更为困难。对于很高的跳频速率，宁可用宽带接收机而不用分信道接收机。

采用自相关起来实现跳频信号的检测具有设备简单的突出优点。从计算机模拟和初步试验结果来看是一种很有应用前景的检测器。

对于跳频信号频率的估计，有以下一些基本方法：（1）分频道接收机。如采用分频道辐射计，则为近似理想率估计值。（2）声光频谱分析仪。（3）用 DFT 的谱分析。（4）瞬时频率测量接收机。（5）扫描超外差接收机。（6）压缩接收机。

5. 对跳频通信释放有效干扰的策略

对跳频通信的 ECM 不仅限于基带信息，也涉及接收机各部分：（1）接收机前端的动态范围。（2）扩频同步电路的判决。（3）AGC 放大器的动态范围及定时。（4）纠错码纠突发差错的能力。（5）解密处理器的同步与定时。

- ECM 的目的的第二层次是增加差错概率，以降低通信质量。
- 不知敌方接收机的位置，则难于准确确定干扰功率和效果。
- 如果干扰机可用功率小于跳频信道术和信号功率的乘积，则把干扰功率集中在一部分频带上较为有利。

- 跟踪式干扰机的必要步骤是：侦听、处理、施放干扰。它也具有一定的局限性。
- 过大的人为单频干扰实际上可能对通信接收机有利。

6. 结论

综上所述，跳频通信的 ECM 及 ECCM 双方还处在不断斗争、相持不下的状态。也就是说：谁战胜谁的问题尚远未解决。目前尚不能说跳频通信的抗干扰性能已十分优越，不会受到任何干扰的损害，也不能说现有的干扰攻击手段，足以对付任何跳频通信。因此，作者认为：

I. 跳频通信仍应继续发展、加以应用。

II. 对于跳频通信的手段也应多加研究。

III. 将跳频通信的 ECM 及 ECCM 双方面结合起来进行综合研究，将会起到相互促进的作用。

参考文献

[1] M. K. Simon，etal，“Spread Spectrum Communications”，1985

[2] R. E. Ziemer and R. L. Peterson，“Digital Communications and spread”，Spectrum Systems，1985

[3] R. H. Pettit，“ECM and ECCM Techniques for Digital Communication System”，1982

[4] D. J. Torrieri，“Principles of Military Communication Systems”，1981

[5] D. J. Torrieri，“Principles of Secure Communication Systems”，1985

[6] R. Skang and J. F. Hjelmstad，“Spread Spectrum in Communications”，1988

论文 10

数字移动通信发展现状*

李承恕
（北方交通大学通控系）

摘要： 数字蜂房公用陆地移动通信系统已在世界范围内引起广泛重视，20 世纪 90 年代将付诸实际应用。本文就其基本原理、体制标准、技术特点和典型产品等目前发展情况做一简要介绍。

The State-of-the-Art of Digital Cellular Public Land Mobile Telecommunication Systems Developments

Li Chengshu
（North Jiaotong University，Beijing）

Abstract：The digital cellular public land mobile telecommunication systems are now developing very rapidly in all of the world. In this paper，we introduce the basic principles，system standards，specifications and typical products of these systems.

一、数字移动通信系统的基本原理[1]

数字蜂房公用陆地移动通信系统（DCPLMTS）简称数字移动通信系统（DMTS）的研究工作开始于 80 年代初，经过近 10 年的努力已取得了很大的进展。西欧各国研究的 GSM 泛欧系统将于 1991 年投放市场。北美系统也接近完成。日本系统的设计已进入高级阶段。这些系统的设计都是面对国际通用。有的厂家已介绍其产品，如西德 SIEMENS 公司的 D900 型，法国 ALCATEL 公司的 ECR900 型，荷兰 ERICSSON 公司的 CME20 型。各国已开始了对未来市场的竞争。CCIR 鉴于未来公用陆地移动通信系统（FPLMTS）的研究工作尚未完成，其研究组提出目前各个系统性能标准的研究报告，以期将来在 DCPLMTS 的基础上加以完善形成 FPLMTS，作为新一代陆地公用移动通信系

* 本论文选自：通信学报，1991（01）：3-13。

统的国际标准。

1. 发展 DMTS 总的目的和要求

● 系统频谱有效利用率高，在有限的频谱资源能容纳比模拟蜂房陆地移动通信系统（PL MTS）更多的用户。

● 用户能获得更大范围的服务，包括话音与非话服务，并能与公用固定通信网（公用交换电话网 PSTN、ISDN、公用数据网 PDN）兼容。

● 为移动用户提供自动漫游、确定位置和更换地址等服务功能。

● 用户可根据其需要选用不同种类的移动台，包括车载的、便携的或手持的电台，并都具有话音及非话音接口。

● 应有高质量的服务，且价格低廉。

● 采用数字处理及 VLSI 技术，以达到移动设备造价低、重量轻、体积小和耗电少。

2. 引入数字技术的领域和效果

在现有的 PLMTS 中引入数字技术的领域有以下 6 个方面：

（1）数字射频调制/解调

采用数字射频调制/解调能有效地利用频谱和工作在较低的载/噪比（C/I）情况下。使 DMTS 可以调节蜂房范围的大小以适应局部业务量的变化。同时可用 VLSI 电路，以改善频率重用图案和蜂房内扇形的划分，进一步增加系统的有效性。

（2）时分多址（TDMA）

TDMA 能改善系统的信令、工作和造价。移动站和基地站的交换系统在控制信令时不会干扰话音和数据的传输，这有利于引入新的网络功能和服务种类。移动站能临时转移到新的时隙或无线信包上去，以便检测邻区的信号电平。TDMA 便于进行过区切换操作，以保证服务的连续性和在衰落条件下系统的移动性。利用基地站和移动站信号强度信息，以及移动站控制器的合适算法，还可进一步通过信道动态分配及功率控制等措施提高频谱利用率。TDMA 也可增加系统的灵活性，对不同的话音及非话服务分配不同数目的时隙。TDMA 便于引入数字数据和信令服务，以及数字话音插空技术（DSI），进一步增加容量。

（3）数字话音编码

低于 16kb/s 的先进的数字话音编码可增加系统的有效性。如采用半个码率，还具有增加容量的潜在能力。话音数字编码后，可应用强有力的差错控制与检测技术，不仅能改进话音质量，并使其能在低 C/I 比下满意地工作。

（4）信道编码和数字信号处理

差错控制可使系统工作在低 C/I 比及高噪声的无线环境。数字信号处理技术便于进行自适应信道均衡、分集、跳频、交织等技术，以改进系统在信号衰落环境下的工作。两种技术的应用增加了系统频谱利用率。

（5）数字控制及数据信道

数字控制及数据信道是新系统灵活性和引入新服务的关键。数字数据信道可以高速传输数据至移动站。数字控制信道能提供更好的网络服务，如信息服务及话音和数据同时通信。数字控制信道也有利于在 PLMTS 中引入 ISDN 服务。

（6）保密和认证

话音编码和数字控制信道的结合可提供有效的保密和认证。前者由数字保密算法提供，数字信道提供正常的密钥分配。通过控制信道及其他系统资源，提供用户正确的认证。认证还保证了用户在广大的地理区域内和网间漫游。

但是，上述数字技术的引入也是要付出一定代价的，主要有：

（1）TDMA、交织及低码率数字话音编码带来了明显的迟延。在数字移动系统接入 PS TN/ISDN 时，必须要用回声抑制。

（2）在色散无线信道中数字系统必须要有定时同步。在射频信号具有宽的频带时更为需要。

（3）TDMA 要求较高的峰值/平均功率比。这对于电池寿命及可能的辐射效应影响应予考虑。

3. DMTS 可增加容量、服务种类和提高质量

DMTS 能提供类似 ISDN 的服务，但所需的数据率较低（一般低于 16kb/s）。

- 高达 9.6kb/s 的同步及非同步的信包数据率。
- 低于 16kb/s 的特定数据率的数字能力。一般不能用 MODEM 接入话音通道。
- 电话及传真服务，以及 Vidotex、Teletex 等其他增补的服务。

4. 网络结构和功能分配

图 1 为 DMTS 基本系统结构，包括主要的功能部件。通信协议按照 OSI 模型的 7 层结构。移动交换中心（MSCs）之间及与 ISDN，PSTN，及 PDN 之间的接口按 CCITT 的建议。

（1）移动站（MS）：为移动用户设备，它可以是车载的、便携的或手持的。用户与设备二者是完全独立的：所有与用户有关的信息都储存在“用户卡”上，它可与任何移动站联用，如与出租汽车上或临时租用的汽车上的电台联用。移动站有其自己的身份信息，如国际移动站设备身份号（IMEI），也存储在“用户卡”上。这样可以防止被盗用及未批准的设备使用情况的发生。

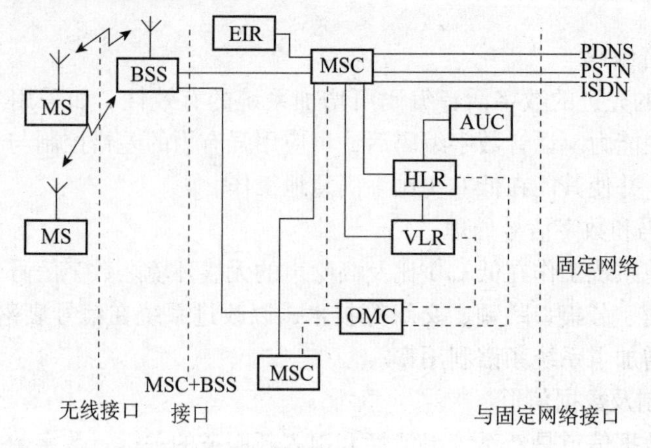

图 1

（2）基地站系统（BSS）：它连接系统的固定部分与无线部分。可以有多个 MS 通过空中接口与 BSS 相连。BSS 通过与移动服务交换中心（MSC）接口转接任一无线信道与 PCM 信道相连。反之亦可。BSS 包含两部分：基地发送接收站（BTS）及基地站控制器（BSC），分别提供信息的传输和控制功能。

（3）移动服务交换中心（MSC）：它是网络的核心部分。它对移动用户及在固定网络（PSTN，ISDN，PDN）用户提供呼叫的交换功能。这需要有相应的接口和信令。MSCs 处理用户呼叫所需的数据取之于三个数据库，即住地位置登记器（HLR）、访问者位置登记器（VLR）及认证中心（AUC）。MSC 将根据用户当前位置和状态信息更新数据库。MSCs 给用户提供送信者服务、远程服务和类似 ISDN 提供的增补服务。

（4）住地位置登记器（HLR）：它存储与移动用户有关的数据。所有移动用户都在这一数据库中存储其有关的数据（静态数据）。HLR 向 MSC 提供关于 MSC 区域的信息，即移动站确切位置（动态数据）。从而使输入的呼叫能及时送到被叫用户。

（5）访问者位置登记器（VLR）：它存储所有进入覆盖区的移动用户的信息，允许 MSC 去建立输入及输出呼叫。可把它看成动态用户数据库，与有关的 HLR 交换可观数量的数据。存储在 VLR 的数据将“跟随”用户进入其他 VLR 区域。

（6）认证中心（AUC）：它存储任何需要的信息用来保护经过空中接口的通信，并对抗欺骗。它认证用户并对传输信息加密。认证信息及密钥都存储在 AUC 的数据库中，以防止未授权者来窃取。

（7）设备身份登记器（EIR）：移动站的 IMEI 存储在 EIR 中，用来检验非授权的设备（如被偷的移动站）。

（8）运行及维护中心（OMC）：它基本具有与其他网络相同的运行及维护功能，特别是对无线部分。所有网络部件均与此中心相连。

（9）接口：所有网络部件都用共道信令系统 NO.7（CCS7）链路相连，用信息转移部分（MTP）及信令连接控制部分（SCCP）功能。此外，还用一些应用部分，包括：

- 无线子系统应用部分（RSSAP），用在 MSC-BSS 接口，它包含无线子系统移动应用部分（RSS MAP）及直接转移应用部分（DTAP）。
- 移动应用部分（MAP），用在 MSCs 之间及 MSC 与 HLR 及 HLR 与 VLR 之间的接口。
- ISDN 用户部分（ISUP），用在 MSCs 之间，及 MSCs 与 ISDN 之间的接口。

二、数字移动通信系统现有体制标准

目前尚无统一的国际体制标准。西欧、北美和日本在发展 DMTS 中分别提出了各自的标准，其基本性能示于表 1 中，以便比较。虽然它们的目的和要求是一致的，但着眼点也有少许区别和面对不同的约束条件。现分别简述如下。

1. 泛欧 GSM 系统

GSM 系统由欧洲 16 个国家共同制定。其系统功能结构与图 1 相同。各部分功能已如上述。现说明一些技术性能。

(1) 频带：移动站发射频率：890 ~ 915MHz，基地站发射频率：935 ~ 960MHz

(2) 双工间隔：45MHz。

(3) 载频距离：200kHz，至少 18dB 邻道选择性，第二邻道距离：400kHz，至少 50dB 邻道选择性，第三邻道距离至少 58dB 选择性。跳频是一种可供选择的性能。

(4) 辐射类别：271KF7W 为按照天线规则 RQ4，即 GMSK (0.3) 调制率为 270.83kb/s 每载波，采用 TDMA 方式，分 8 个基本物理信道。

(5) 最大基地站有效辐射功率：500W/每载波，或 500/8 = 62.5W/每物理信道。使上下行路径损失平衡。

(6) 移动站发射机输出功率：可分 2，5，8 直到 20W 峰值功率/每载波。

(7) 蜂房结构和载波重用：

在郊区用大蜂房（基地—移动相距可达 35km）。

在市区用小蜂房（直径为 1km）。

在市中心高业务密度区，可用定向天线扇形结构。

共信道保护比为 C/I = 9dB，可按 9 个蜂房分群图重用。

(8) 时隙及 TDMA 分帧：在 0.577ms 的时隙中发射 1 个突发，它包含 148bits，对应 114 个编码 bits。8 个时隙构成一个 TDMA 帧，共 8 个基本物理信道。1 个物理信道对应一些业务信道和控制信道。规定了两个多帧结构：其一为 26TDMA 帧 (120ms) 的业务信道及其附属的控制信道。另一为 51TDMA 帧的其他控制信道 (236ms)。

(9) 业务信道：

①全码率和半码率业务信道：前者为 22.8kb/s，后者为 11.4kb/s。一个载波提供 8 个全码率或 16 个半码率的业务信道。

②话音业务信道：话音编码采用“规则脉冲激励并具有长期预测的线性预测编码”(RPE-LTP)。每帧 20ms，包含 260bits，其净 bit 率为 13kb/s。纠错采用 1/2 码率的卷积编码及交织，有选择地保护话音帧中最重要的 bits (70% 比特)。同时也包含检错及插空技术，使由于话音帧未能正确接收引起的质量降低达到最低程度。

③数据业务信道：透明及非透明的数据服务可达 9.6kb/s。也可支持无约束条件的送信者服务的净比特率为 12kb/s。

④非连续传输：所有业务信道都能非连续传输，即无信息传输时发射机不发射。传话音时由话音激活检测器来控制。如与跳频相结合可增加系统容量和延长电池寿命。

表 1　三种体制标准比较

性能	GSM	北美	日本
发射频带 (MHz)			
基地站	935 ~ 960	869 ~ 894	810 ~ 830 (1.5GHz 待定)
移动站	890 ~ 915	824 ~ 849	940 ~ 960 (1.5GHz 待定)
双工频率间隔 (MHz)	45	45	130　48 (1.5GHz)
射频载波距离 (kHz)	200	30	25 50 交织

续表

性能	GSM	北美	日本
射频双信道总数	124	832	待定
最大基地站有效发射功率（W）			
峰值射频载波	300	300	待定
业务信道平均值	37.5	100	
正常移动站发射功率（W）	20～2.5	9～3	
峰值——平均值	8～1.0 5～0.625 2～0.25	4.8～1.6 1.8～0.6 待定	待定
蜂房半径（km）			
——最小	0.5	0.5	0.5
——最大	35（可达120）	20	20
多址方式	TDMA	TDMA	TDMA
业务信道/射频载波			
—初期	8	3	3
—设计容量	16	6	6
调制	GMSK（BT = 0.3）	π/4 差分编码 QPSK（滚降 =0.25）	π/4 差分编码 QPSK（滚降 =0.5）
传输率（kb/s）	270.833	48.6	37～42
业务信道结构			
全率话音编译码器			
—比特率（kb/s）	13.0	8	6.5～9.6
—差错保护	9.8kb/s FEC + 语声处理	5kb/s FEC	3kb/s FEC
—编码算法	RPE-LTP	CELP	待定
数据			
—初期净码率（kb/s）	可达9.6	2.4，4.8，9.6	1.2，2.4，4.8
—其他码率（kb/s）	可达12	待定	8以上
信道编码	1/2码率卷积码加交织及纠错	1/2码率卷积码	待定
控制信道结构			
公共控制信道	有（3）	与AMPS共用	有
辅助控制信道	8F及S	快及慢	快及慢
广播控制信道	有（3）	有	有
延迟扩展均衡能力（μs）	20	60	待定
切换			
移动辅助	有	有	有
与模拟系统兼容	无	数字与AMPS之间	无
国际漫游功能	有 >16国家	有	有
同一区域多系统工作设计能力	有	有	有

(10) 控制信道：

①广播信道：它又分为频率校正、同步及广播控制信道。

②公共控制信道：它又分为寻呼、随机存取及存取允许信道。

(11) 运行性能：

①蜂房选择：在空闲状态移动站停留在一个能可靠地解码下行数据，并同时也有高可靠率进行上行通信的蜂房。完成蜂房选择的条件是根据路径损失准则。如这些准则不能满足，或移动站对分组解码失败，或不能存取上行链路，则移动站开始重新选择。

②位置更新（漫游)：移动站估计收到的信号，在需要时起动位置更新程序。漫游可在 MSCs 之间或国家之间进行。

③通信协议：按 OSI 模型分层。网络层又分为三个子层：呼叫控制，移动管理及无线资源管理。链路层是基于 Lap D 协议并用于控制信道。

④呼叫建立：

A）始于移动站呼叫的建立：程序开始在随机存取信道建立射频资源。然后在移动管理子层完成认证。确认加密和分配以后，在呼叫控制子层呼叫的建立方被认可。

B）终于移动站呼叫的建立：在网络寻呼完后按上述程序进行。

⑤切换：当移动站从一个蜂房进入另一蜂房时，为了保持呼叫的继续进行需要切换。或为了网络管理的需要，如消除拥挤，由网络指令切换。切换可以从一个蜂房的一个信道到另一蜂房的另一信道，或同一蜂房的不同信道之间进行。网络对无线链路的控制提供切换策略决定切换决策，它是基于移动站和基地站对每一蜂房各种参数测量结果的报告做出的。确切的切换策略是网络操作人员决定的。在移动站切换程序的实现是由其监视下行链路信号电平和质量在其服务蜂房和周围的蜂房。在基地站这一程序的实现是由其监视该蜂房服务的每一个移动站来的上行链路的信号电平和质量。

这些无线电链路的测量也用来进行射频功率控制。

⑥无线电链路的失效：无线电链路失效准则的确定是为了保证呼叫不能由于无线覆盖的丢失或不可接受的干扰而失效。无线链路失效的后果是重新建立呼叫或解除呼叫的进行。在移动站确定链路失效的准则是基于下行链路慢辅助控制信道解码信息的成功率。

⑦基地站与 MSC 间信令：与 ISDN 分层方法相似。

⑧ISDN，PDN 与 PSTN 接口：按照 CCITT 的建议。

⑨编号方案：按照 CCITT 的建议。

⑩MSCs 之间的信令：按照 CCS7 信令系统。

2. 北美系统（NACS）

(1) 目的：北美数字蜂房公用陆地移动通信系统（NACS）是为了满足对数字话音和数据服务容量不断增长的需求而设计的。

制定的标准既应适合新系统的要求，又要能与现存的 AMPS 系统相兼容。规定的射频载波间隔与 AMPS 相同，故两种类型的设备可并存于同一 RF 环境中。

(2) 过渡策略：由于射频信号兼容，对于在现存的 PLMTS 中引入数字服务和增加的业务容量系统提供了平稳过渡的途径。数字标准能并入现存的网络中，从而允许有数字和模拟两种业务。用户具有双模终端就可接受模拟和数字两种服务。由于数字和模拟两种业务共享同一频带和控制信道，双模终端能经济地共享许多射频和控制部件。下面的特性只涉及数字部分。

（3）容量的增长：NACS 用了线性调制技术和低码率的话音编码可获得高的频谱利用率。这一组合能使 30kHz RF 带宽具有 3 个业务信道。将来如采用半码率可达 6 个业务信道。线性调制技术也允许比模拟系统在较低的 C/I 比下工作。采用改进后的频率重用图案，蜂房分成扇形及规划技术容量还会进一步增加。这些技术综合起来可以大大增加业务容量。例如总带宽为 25MHz，数字和模拟系统都采用相同的业务/信令信道比，则 TDMA 系统在 6 业务信道/每射频信道时，蜂房重用图案为 3，每蜂房 3 个扇形，业务信道数可达 2370 个，每一蜂房 746Erlang，比 FDMA 系统在 1 业务信道/每射频信道时，（蜂房重用图案为 7，每蜂房 3 个扇形时，业务信道数为 395，每蜂房 Erlang 为 37）增长因子为 21.3。这一改善情况是相当可观的。

（4）RF 接口要求：调制采用 π/4 差分编码 QPSK。

（5）蜂房半径：0.5 ~ 20km，也可采用定向天线，蜂房分成 3 个或 6 个扇形。

（6）信道编码：1/2 码率卷积码，两层差错保护，CRC 保护最重要的话音 bits。

（7）时隙及 TDMA 帧：时隙安排按发—收—空闲的顺序。空闲时隙可用来测量和监视信道。

（8）业务信道结构：

话音：全速话音 Codec 为 13kb/s 用于编码和 FEC。在基地站也可支持不同的话音 Codec 及不同的码率。

数据：提供 2.4，4.8，9.6kb/s 的数据服务，也将确定更高的码率。

（9）控制信道结构：

公共控制信道：数字和模拟移动站共享。快慢控制信道：每一用户每一信道专用。

（10）切换：已确定系统内及系统间的切换，数字和模拟信道间也可切换。移动辅助切换按基地站要求进行。

（11）系统结构：

网络信道协议参考模型按 OSI 模型设计。系统功能块之间的接口按 CCITT 建议。

（12）系统间蜂房联网：可系统间切换、系统间自动漫游以及系统间数据传输。

3. 日本系统（JDCS）

（1）概况：日本数字蜂房公用陆地移动通信系统（JDCS）提供多种服务和容纳大量的用户。该系统工作在 800/900MHz 及 1.5GHz 频带，支持数据、传真及 ISDN 服务。RF 载波间隔与现存的模拟标准相同，为 25kHz，以实现有效的频带利用。

（2）RF 接口要求：25kHz 交织信道间隔，或 50kHz 信道间隔。调制为 π/4 差分编码 QPSK（滚降因子 0.5）。存取方式：TDMA，全码率时为 3 时隙/25kHz，半码率时为 6 时隙/25kHz。传输比特率为 37 ~ 42kb/s。

（3）蜂房结构与载波重用：蜂房半径：0.5 ~ 20km，扇形蜂房结构时用定向天线。

（4）业务信道：

话音：支持全码率及半码率话音 Codec。全码率话音 Codec 为 6.5～9.6kb/s，在试验中，9.6～12kb/s 分配给话音编码和 FEC。

数据及其他服务：数据服务为 1.2，2.4，4.8kb/s。也可传真及 ISDN 子码率（8kb/s）。

（5）控制信道：

分为广播控制信道。用于广播的控制信道。公共控制信道。用于信令的控制信道，如寻呼。辅助控制信道。分慢的极快的。

（6）蜂房选择：在空闲模式，移动站从服务的蜂房及周围的蜂房监视下行链路信号电平。

（7）切换：系统内及系统间的切换及移动辅助切换。后者按基地站要求进行。

（8）漫游：移动站估计接收到的信号及编码，当需要时起动位置更新程序。漫游可在系统间及 MSC 间进行。

（9）系统结构：网络通信协议参考模型按 OSI 模型设计。系统功能块之间的接口按 CCITT 规定设计。

（10）联网：ISDN 及 PSTN 接口按 CCITT 建议。编号计划也是按 CCITT 建议。

三、数字移动通信系统的新技术特点[2,3,4]

各国在研制数字移动通信的过程中都尽量采用先进技术成果，成为高技术密集的产品。当前通信网发展的主要趋势是 ISDN 及智能网（IN）。前者引入了新的存取结构、端-端数字交换及传输。后者引入了新的网络控制结构。此外，微电子技术的发展使大量器件集成化，减小了设备的体积、重量和降低了造价。这些就是 DMTS 的新技术特点。

1. 采用智能网络原理

一般所谓智能网（IN）是指具有智能的电话网或 ISDN。它是由程控交换机节点、7号信令网及服务控制计算机构成的电话网。其基本特点是将交换功能与服务功能分开，将网络智能分配到若干服务控制点（SCP）的计算机中，而由软件实现对网络的智能控制，以便灵活、经济和快速引入更多、更复杂的服务功能。所以智能网的原理很适合于数字移动通信系统，因为它需要各种复杂智能化的交换与传输服务功能。

智能网的基本组成部分为服务交换点（SSP）、CCS7 网及服务控制点（SCP）。此外尚有信令系统维护管理系统（SMAS），进行对 CCS7 网的管理，以及对 SCP 进行管理的服务管理系统（SMS）。SSP 是一种软件功能，置入程控交换机中即构成一个点。SCP 是由通用计算机构成的数据库，存储各种控制数据。SCPs 及 SSPs 由 CCS7 网来联接。智能网的工作原理在下面结合具体 DMTS 加以说明。

图 2 示出 GSM 系统的结构和接口。其中无线电功能由基地站系统（BSS）完成。它包括基地收发站（BTS），为移动站的空中接口，以及基地站控制器（BSC），完成无线

控制。交换与网络功能由交换子系统完成，它包括 MSC、HLR、VLR、AC 及 EIR，完成信道管理、与其他网络联网、呼叫控制、信令及移动管理。后者包含位置登记/更新和切换。DMTS 的功能区分和接口结构均按照上述 IN 原理。MSCs 对应于 IN 中的 SSP，而 HLR、VLR、AC 及 EIR 则对应于 IN 中的 SCP。各部分的功能前已述及。

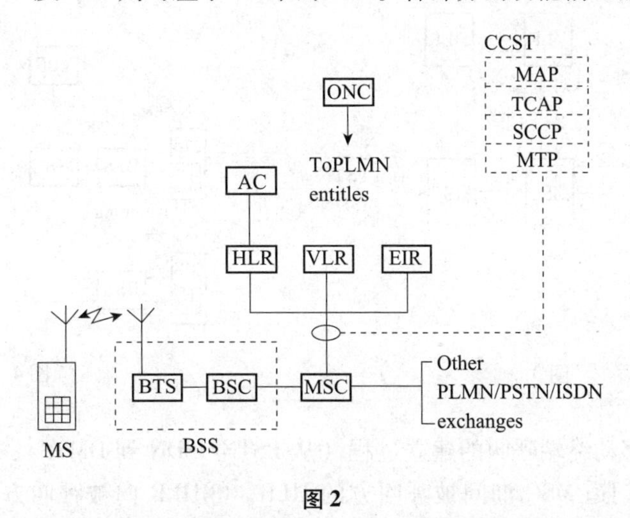

图 2

交换子系统各部分的连接均采用 CCS7 接口，主要功能如下：

- MSC—VLR：位置登记/更新，输入和输出呼叫的建立，认证，安全功能管理及 ISDN 增补服务。
- MSC—HLR/AC：从其获得移动用户位置的路由信息。作为门道的 MSC，则完成 DMTS 与其他公用网呼叫的转接点作用。
- VLR—HLR/AC：一个用户从一个区域移到另一区域时的联系。
- MSC—MSC：不同 MSCs 蜂房之间呼叫的切换。
- MSC—EIR：询问设备身份号。

这些接口协议的结构也是按照 IN 接口的规定。移动应用部分（MAP）已确定采用下述 CCS7 的基本功能：

- 消息转移部（MTP）。
- 信令连接控制部分（SCCP）。
- 转移能力应用部分（TCAP）。

MAP 提供应用服务元素（ASE）。每一元素代表两个网络部件之间的一个或一组程序。在多数情况下一个程序包含一个简单的问答序列。在较为复杂的情况，则由一串问答序列构成一个对话。较重要的 MAP 程序及其主要功能为：

- 位置登记/更新。
- 在呼叫建立时从 VLR 及 HLR 取回和更正用户参数。
- 处理增补服务。
- 过区切换（同一基地站无线信道间，同一 MSC 各基地站之间，以及在 MSCs 之间的第一次及其后呼叫的切换）。

• 付费数据转账。

• 用户认证。

下面用两个例子（图3及图4）来说明移动服务SSPs与SCPs之间的相互作用。

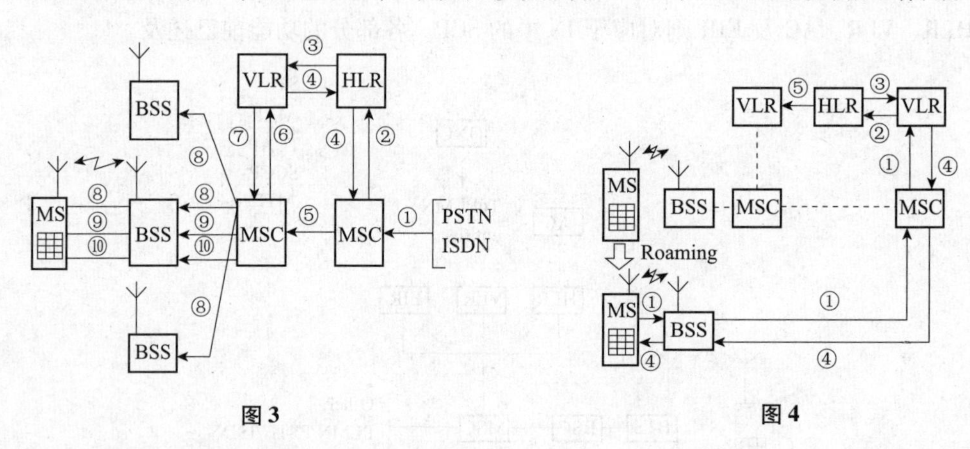

图3　　　　图4

图3表示对移动终端呼叫的建立过程（从PSTN/ISDN到DMTS）：①外来呼叫由门道MSC接收。②门道MSC询问被呼叫方的HLR。③HLR向被呼叫方目前所在区域的VLR发出请求。④基于移动站的漫游号码，它从VLR经HLR至门道MSC。⑤门道MSC将呼叫请求转发到漫游用户目前所在区域的MSC。⑥这一MSC向其VLR申请建立呼叫。⑦并从VLR获得建立呼叫的数据。⑧当移动站所在的确切位置不知时，向所有BSS发出寻呼广播。⑨移动站做出反应。⑩现在的BSS被定位，进行认证和加密，然后建立起对移动站的呼叫。

图4表示位置更新序列：一用户进入属于另一MSC的基地站时①基于经常观测传输质量和基地站的身份，移动站检测其变化，从而发出更新请求，经过BS及MSC到新的VLR。②这一VLR发出位置更新信息至用户HLR，给出自己的身份及移动用户的身份。③数据被送到新的VLR作为反应。④移动站也收到应答。⑤最后，HLR请求前一VLR删除过时的信息。

2. 与ISDN相结合

在DMTS中广泛采用ISDN方法，并与公用ISDN发生密切的关系。这体现在以下几个方面：

（1）在前述体制标准中明确规定DMTS要有最大的灵活性提供与ISDN一致的服务，并易于增加。

（2）MSC能提供ISDN用户交换功能，因而必须有相应的物理接口和信令。

（3）采用ISDN的CCS7系统作为DMTS网络部件的连接。

（4）MSC除了与移动有关系的功能外，其他交换功能与正规的ISDN交换一致，故可直接采用ISDN交换设备。

（5）DMTS与ISDN的功能和设备直接综合在一起。具体地说，MSC/VLR成为ISDN交换机的一部分，或ISDN交换机具有MSC/VLR功能。从而与有关移动的部分

（HLR/AU 及 BTS/BSC）相分离。成为 ISDN/PSTN 电话网的一部分。这意味着在通常 ISDN 交换机的存储和处理功能中要增加与移动有关的功能。

3. 部件的高度集成化

DMTS 为了解决在快变化衰落多径传输以及多种干扰源存在的环境下为用户提供新的性能和服务，必须在系统各部分采用编码方法和数据处理等先进的信号处理技术。另外，手持终端在功率、体积和复杂的信号处理技术也要求有很高水平的集成电路。

DMTS 的手持便携收发设备一般包含以下三个部分：

（1）发送通道：话音信号经过话音发送编码器电路抽样、编码和压缩，以及另外的 VLSI 器件形成 13kb/s 的数据流。信道编码器用 CRC、卷积编码和交织来保护数据流。还可加上射频部分的跳频以保证最好的传输可靠性。数据流最后以突发模式送到 RF 部分，经 GMSK 调制以获得最佳的输出带宽。此后，上变频至 890 ~ 915MHz，并具有自适应功率控制（最大 2W）。再经混频器、中频级、滤波器至 900MHz RF 前端。

（2）接收通道：接收机包括 AGC、滤波器、混频器、模数转换器。信号中同相及正交抽样分量经解调器集成电路（IC）除去信号在传输媒介中因多普勒效应、多径衰落引起的干扰。利用接收数据中的训练序列进行信道均衡，在解调器 IC 输出中重建二元信号。13kb/s 的数据流由信道解码器恢复。数据由解码器变换成话音频带信号后被送至耳机中去。

（3）控制部分：由复杂的有限状态机来完成发送接收通道的控制功能，它能处理协议、天线发射和接收参数、数字信号处理、中断行为控制和人-机联系等。

上述电路中集成化的情况如下：

①900MHz 前端 IC：前端 IC 为射频部分的心脏。所有的有源射频块均集成在此片上，大约有 300 个高频晶体管。它完成上下变频。专用前端 IC 由双极性技术来实现，载频为 13GHz、基极阻抗 100Ω。关键元件为 Cascode 输入放大器和正交解调器及其 90° 相移。

②调制器 IC：它在数字信号处理部分和模拟射频电路之间进行信号变换，并送出 GMSK 调制信号。接收部分包含：一个联结 anti-aliasing 滤波器及一信道滤波器，模数变换器，及一数字输出级。发射部分包含：数字接口，数字 GSMK 信号发生器及数模调制变换器，低通滤波器及输出缓冲器。调制器 IC 采用 CMOS 技术。8 个用户信道只需要两个调制器 IC。

③解调器 IC：它提供与基地站的同步，抵消多径衰落、强干扰和多普勒效应对信号的影响。解调数字化的 GMSK 的 I 及 Q 分量信号，对各种 GSM 突发格式解码，并处理自动 DC 偏移校正及信号强度和频偏的测量。解调器 IC 作为信道均衡位于通信信道接收末端。它也可用于基地站，此时每一用户信道需要一个解调器 IC。

④信道编解码器功能：在发射方向，它接受话音、数据及信令信包，并输出突发式编码 bits 至调制器。接收方向与此相反。全双工工作。信道编解码器与卷积编解码共同执行 bits 的重新排序及分块交织。在发射方向，信道编解码器也与 TDMA 突发产生共同工作。突发中部包含训练序列，使远程解调器用以估计信道响应。在中部原因是可设计

整个时隙的信道脉冲响应。编解码器能加密数据，由控制单元提供加密序列。用于基地站时每一用户信道一个编解码器。

⑤话音发送编码 IC：它将话音变换成 13kb/s 的信号，包含模-数及数-模变换、带通滤波器及数字话音发送编码。这些功能需两块片子，即 GSM Codec 及以 DSP 为基础的发送编码 IC。数-模及模-数变换器是用 Δ-Σ 调制技术。用 1MHz 代替 8kHz 12 bits。

⑥控制部分：监督管理人机接口、数据处理和射频部分。它应知道各子系统状态，并提供所需的控制信号。它用 16bit 微控制器及专用控制逻辑，处理有关钟、动作指令、加密计算、地址解码等。

制作所有的集成片子，每一用户大约集成了多于 1 百万个晶体管，并基于先进的 future-safe CMOS 及双极性技术。

四、典型产品简介

目前尚无正式的产品投放市场。但国际上各大公司正大力宣传其产品的性能，其中以欧洲 GSM 体制为多。看到的资料介绍有西德 SIEMENS 公司的 D900 型及法国 Alcatel 公司的 ECR900 型。后者为与西德 AEG 及荷兰 Nokia 公司共同研制的产品。此外 Ericsson 公司也将推出 CME 20 型 DMTS。上述产品皆符合 GSM 标准。北美及日本尚无具体产品情况介绍。

结束语

数字移动通信系统的发展正高速地进行，大有取代模拟移动通信系统之势。我国面临新技术和市场竞争的严重挑战。我们应大力开展这方面的研究工作，以适应客观形势的变化。本文仅较具体地介绍一些现状。其他有关情况可参阅[5]。

最后，本文写作过程中得到陈霞生同志的热情支持，提供了重要的参考资料，谨表深切的谢意。

参考文献

[1] CCIR Study Groups Document 8/564-E, 6 Nov. 1989.

[2] H. Auspurg, "Mobile Telephone: an ideal IN Application", telecom report, V. 12 N. 5 Sep. /Oct. 1989, pp. 152-155.

[3] Electrical Communication, V. 63, N. 4, 1989.

[4] 裘祖聿："智能网"，电信科学，1989，NO. 6. pp. 40-46.

[5] 朱云龙："数字移动通信综述"，电信科学，1990，NO. 5，pp. 1-7.

论文 11

信息理论与通信技术的最新进展*

——ISITA'90、GLOBECOM'90 综述

李承恕

摘要：本文简要介绍 1990 年国际信息理论及其应用会议（ISITA'90）、1990 年 IEEE 全球通信会议（GLOBECOM'90）关于仙农信息论、检测与估值理论、差错控制编码、调制与编码、数字信号处理、移动通信、卫星通信与微波通信、扩频通信、光通信、B-ISDN 及 ATM、通信网、神经网络等方面的最新进展情况。

1990 年 11 月 27 日至 30 日在美国夏威夷召开了国际信息理论及其应用会议（ISITA'90）。出席会议的各国学者约 400 人，发表论文近 300 篇，分 72 个分组进行了学术交流。1990 年 12 月 2 日至 5 日在美国圣迭戈召开了 IEEE 全球通信会议（GLOBECOM'90）。会议的主题是："通信——连接着未来"。来自 36 个国家和地区的学者约 2000 人参加了会议。会议上发表论文近 400 篇，分 74 个分组进行了学术交流。同时，会议还举办了 3 个专题讲座、5 个研讨会和展览会等学术活动。这两个会议内容丰富，集中地反映了国际上信息理论和通信技术的最新进展。现将两个会议的主要内容分 12 个方面综述如下。

一、仙农信息论

在 ISITA 上有两个特邀报告和 3 个分组是关于仙农信息论的。G. D. Foreny，Jr. 在"接近带限信道的信道容量"的特邀报告中论述了由于近年来编码调制技术的进展，在带限高斯噪声信道中，人们可以获得更大的编码增益、成形增益（shaping gian），再加上信道均衡，实际系统越来越接近仙农定理确定的信道容量的极限。J. L. Massey 在"密码学与信息论：方便的结合"的特邀报告中提出以信息论的观点来研究密码学，论述了相对保密的概念，发展了仙农完全安全的概念。这两个报告引起了与会者极大的兴趣。

* 本论文选自：通信学报，1991（01）：3-13。

关于离散无记忆信道，众所周知，采用反馈并不能增加容量。瑞典联邦技术学院提出了新的离散无记忆信道的定义，区分概率依赖性与因果依赖性的概念，引入“方向信息”（directed information）以取代“相互信息”（mutual information）。它对存在反馈的信道更为有用，并能简单证明反馈不能增加容量的事实。日本 Yamaguchi 大学提出了离散非白高斯信道采用反馈能增加容量的充分和必要条件。日本 Gunma 大学提出一种新的计算离散无记忆信道容量的牛顿算法。由于引入了连续技术，保证了该算法的收敛性与有效性。在多用户信息论方面，美国东北大学讨论了相关信息源与随机多址信道的匹配问题。应用信息源的相关性及两步编码方法，比独立信源，以及比信源编码与信道编码分开能获得更好的结果。

二、检测与估值理论

加拿大 Queen's 大学将 Wald 序列概率比检验推广到非稳态情况，其观察抽样值是独立的，但不是相同的分布。此时，Wald 下限对非稳态仍然有效。所得结论可应用于雷达信号处理与扩频通信中。意大利拿波里大学讨论了非高斯噪声中环形稳态信号的检测及在球对称噪声中 M 元相位未知及幅度未知信号的检测问题。日本三菱公司建议一种快速时变衰落信道的自适应最大似然序列估值器，它由信道脉冲响应估值器和 Viterbi 最大似然检测器组合而成，对快速时变多径衰落信道有最好的跟踪性能。澳大利亚国立大学提出最大后验决策反馈检测。加拿大 McMaster 大学提出一种估价似然比检测器性能的新方法。会议发表有关论文共 22 篇。

三、差错控制编码

有关的论文共 30 篇。新加坡国立大学提出在非平稳广播信道一点对多点通信中的两种复合 ARQ 方式，在卫星广播链路上应用可获得较好的性能。西安电子科技大学提出一种自适应 ARQ 方式。日本 Nagoya 理工学院讨论了三维环形码及高维环形码，可纠多重突发差错。美国 Codex 公司的论文指出所有格状码（trellis codes）在无限维欧氏序列空间中都是晶体结构，都是几何均匀码。美国麻省大学讨论了一类新的具有有限比特差错数目的字节差错控制码。美国夏威夷大学研究了一类最佳非二元线性不等差错保护码，可构造出大量有效短码。加拿大维多利亚大学用 VLSI 门阵列实现了可编程的 RS 编解码器系列片，采用的是低功率、1.5μm、2 层金属 HCMOS 工艺。美国摩托罗拉公司用 DSP 56001 实现有效的 Viterbi 译码。日本 Kobe 大学提出了用结构数据库对 BCH 码进行逐步软判决译码的新概念，其性能接近于相关译码。日本大阪大学探讨了某些 BCH 码篱笆图结构，指出具有相对简单的篱笆图结构的码可用 Viterbi 算法来译码。美国 GE 公司研究了在非相干信道中级连码的译码，其内码为重复码，外码为任意线性码。北方交大分析了分组共集码（coset codes）在 ML 译码和 CCD 译码时的差错性能。日本、大坂大学研究了缩短码不可检差错概率，导出了二元对称信道汉明缩短码的不可检差错概率的上限。南朝鲜（韩国）Konkuk 大学讨论了能有效纠正信道差错的级连编码，它能在 320bit 中纠正 80 bit 随机差错和 32bit 的突发差错，并有 10dB 的编码增益。

四、调制与编码

会议发表有关论文 41 篇。关于分组编码调制（BCM），我国台湾学者提出将其与 TCM 相结合的系统方法，其性能与多维 TCM 相似。从 TCM 的距离增益和 BCM 的密度增益的组合中可获得较高的总的编码增益。提出了构造最佳 BCM 码的方法和算法。意大利 Torino 工学院得出了采取逐级解调时差错概率的上限。日本大阪大学也提出了多电平分组调制码的多级解码，并分析其差错概率。美国 AT & T Bell 实验室提出一种采用缩短 RS 码的带宽有效的 BCM，可用于数字移动通信中。关于 TCM，美国 Notre Dame 大学提出可用于卷积码和格状码的 M-算法与序列译码的复合译码法。得出了卷积与格状码为内码，RS 码为外码的级连码符号差错率的上限。美国 Texas A&M 大学研究了采用多电平码来设计衰落信道 PSK 信号的编码。南朝鲜（韩国）Konkuk 大学研究了应用延迟决策反馈序列估值（DDFSE）对 TCM 的检测算法。日本 Nagono 国立技术学院探讨了 TCM 信号集的选择对差错概率性能的影响，并建议一种有较好性能的系统。加拿大渥太华大学研究了非理想信道 PSK 信号格状编码的最佳非相干序列检测接收机。德国 DLR 研究了频率选择性衰落信道下的 TCM 及高速低复杂性解码的 TCM 性能。加拿大 Queen's 大学研究了存在码间干扰（ISI）信道下编码调制的格状译码，以及陆地移动卫星信道下的 TCM。他们还研究了均匀格状码的信号映射规则与非线性编码。美国 Texas A&M 大学提出一种新的非等概信号星座选择法，可获得较高的成形增益。美国 COMSAT 实验室开发了一种与 B-ISDN 兼容的 MODEM/CODEC。美国 Bellcore 提出一种并行决策反馈估值（PDFE）的 Viterbi 接收机，可进行 TCM 解码和消除严重的码间干扰。

五、数字信号处理

有关论文共 59 篇，涉及数字滤波器、语声编码、图形识别、图像处理等问题。美国 MITRE 公司分析了 LMS 自适应滤波器的概率密度函数。摩托罗拉公司应用其生产的 DSP56001 数字信号处理器实现了在低信噪比环境下弱信号的实时检测，采用的是格形结构，可用于声纳、雷达及生物医学等方面。乔治亚理工学院提出解决分布式信号处理同步问题的模型，保证了多处理器分布计算的正确性。日本庆应大学及 Kanazawa 技术学院研究了三维数字滤波器的构造和设计方法问题。关于抗多径衰落均衡器的研究，日本东京科学大学提出了抽头延迟线选择算法，可以改进收敛性能。日本 Kyoto 大学分析了 Viterbi 均衡器的性能。日本三菱公司分析了 Kalman 均衡器用于数字移动通信系统的性能。

在语声编码方面，低码率编码仍然是注意的中心问题。美国 Sandia 国立实验室用格状搜索自适应预测编码器在 16kb/s 及 9. 6kb/s 分别达到极好与很好的音质。美国华盛顿州立大学用格状编码矢量量化与码激励 LPC 相结合做到 4. 8，6. 4，8kb/s 低比特率语声编码。日本 Saitama 大学用自组织神经网络在 30ms 帧长时（比特率为 334b/s）达到很低码率的编码。西安电子科技大学对线谱对（LSP）的统计特性进行了分析，提出一种高效算法，用于计算 LSP 参数时可大大节约 TMS 32020 数字信号处理器的计算时间。日本三菱公司报道了用数字信号处理器单片实现新的 CCITT 建议的通用 ADPCM 编解码器。德国 Hanover 大学开发了声频编码，拟建议作为 ISO 标准。法国国家通信研究中心研制的 64kb/s 高质量语声编码可应用于 ISDN。日本日立公司探讨了用于 ATM 网络分组语声可变比特率的嵌入 ADPCM 编码方法。美国 AT & T 贝尔实验室提出一种低时延高音质的 16kb/s 语声编码器 LD-CELP，其时延小于 2ms，并建议作为 CCITT 16kb/s 语声编码标准。

在图形识别方面，分别有论文讨论手写朝鲜文字、阿拉伯文字及支票钱数的识别方法及专家系统。日本东京科学大学研究了说话人认证问题。

六、移动通信

数字移动通信、移动卫星通信、室内无线通信、个人通信的发展方兴未艾。会议共发表论文 40 篇。美国 Northern Telecom 探讨了蜂房移动通信从模拟向数字过渡的问题，以及无线通信与组网技术的发展趋势，提出了智能无线电网络的概念。美国 Bellcore 研究了 TDMA 普通数字便携无线通信系统数据服务与传输问题。意大利 ITALTEL 探讨了数字移动分集接收技术的进展。荷兰 Canterbury 大学讨论了宽带数字蜂房无线通信最小均方误差（MMSE）分集组合问题。美国 Toledo 大学用直接仿真研究了 SFH-GMSK 陆地移动电话系统的频谱效率。加拿大 Careton 大学将自适应决策反馈均衡器与分集合成器组合起来，前者可使码间干扰最小，后者能大大改善快衰落条件下的性能。加拿大 Queen's 大学提出用高效级数来计算瑞利随机变量和的分布函数。日本通信研究所建议一种应用格状编码 16QAM 6 路 TDMA 的陆地移动通信系统。它能提供语声、传真和 ISDN 等多种业务。语声信道为 8kb/s，载波间隔为 25kHz。此外，还采用引导符号插入法以进行衰落估值，以及空间分集、符号交织及两个载波跳频等技术。计算机模拟表明，其 BER 性能及频谱效率优于 $\pi/4$-QPSK 系统。日本 NTT 公司研制了用于数字移动通信的线性功率放大器，以及有 150k 个门构成的高编码增益 ICM VLSI。它用了两个单片 $8\times11mm^2$ 及 $14\times14mm^2$，可完成格状编码 16，32，64，128，256 QAM。美国 Rntgers 大学提出并分析了用于未来微小区系统的预约多址协议，适用于信包化语声和数据的综合传输。日本 NEC 公司建议一种数字式中频解调技术，将中频变换成逻辑电平，然后进行鉴相，以完成数字操作，可避免其他解调技术的缺点。

关于移动卫星通信，日本 NTT 公司用工程试验卫星 V（ETS-V）进行的实验表明它适用于城市近郊及农村。计划于 1993 年用 ETS-VI 进行多波束移动卫星通信系统的实验。论文中还介绍了实验的结果及主要控制技术，以及多波束陆地移动卫星通信系统的结构与概念。欧洲空间研究与技术中心分析了准同步码分多址（QS-CDMA）在移动卫星通信中的性能。

关于室内无线通信，英国处于领先地位。美国 Raytheon 公司提出室内无线通信的三种统计模型。英国电信研究实验室为了数字式欧洲无绳通信（DECT）标准进行了

1.76GHz 的传播测试。英国 Leeds 大学研究了 DECT 无线信道的特性。英国 Roke Manor 研究所构造了 DECT 系统的计算机模型。

关于移动通信网方面，美国 Bellcore 提出了一种用于 TDMA 便携无线通信中每个无线电码头（port）的自组织频率分配方法。此分配算法确定其发射频率，可很快达到稳定，并改善频率重用和业务量的调配。美国乔治·华盛顿大学研究了双模数字蜂房网络信道分配策略。美国 Illinois 大学估算了采用快跳频扩频技术（FFH/MFSK）的微小区移动通信系统频谱效率问题。德国 Aachen 技术大学对城市人口稠密区移动信包无线网中车-车的通信问题进行了模拟研究。意大利 Gcnoa 大学则对信色无线网中车对基地站的结构和协议设计问题进行了研究。

七、卫星通信与微波通信

当前卫星通信的发展受到了 C 波段频带的拥挤的限制，军事通信上的抗干扰也需要更高频率。因此，人们致力于为下一代卫星通信开发更高的频段（Ku，Ka，EHF）。采用更高的频率带来的好处有：减小硬件的体积和重量，减小天线尺寸，可采用点波束及扫描天线系统，应用扩频信号等。但 10GHz 以上频带的传播特性受到地球大气层、云、雾、雨、露等因素的影响。美国斯坦福通信公司报道了 10GHz 以上传播实验的结果。德国邮电通信研究所、意大利 FUB、美国、加拿大等国都报道了各自利用欧州空间局发射的 OLYMPUS 卫星的信标频率进行的关于 12、20、30GHz 传播实验情况、测试设备及实验结果。他们做了大量的为开发 10GHz 以上频段信道特性方面的准备工作。关于卫星通信的信号处理和传输技术方面，新加坡南洋技术学院的研究表明对常限非线性卫星信道，Ungerboeck 的 TCM 及 Viterbi 的 Pragmatic 码都具有优良的性能。意大利、美国、法国共同研究了欧洲码分多址陆地移动卫星系统的性能、实现和网络管理技术等问题。日本三菱公司采用数字相关器和卷积编码/Viterbi 译码相结合的 MODEM，在低 C/N 条件下可获得快速搜捕和低 BER 的性能、可应用于低比特率的 DS-SSMA 移动卫星通信系统中。美国 Santa Barbara 加州大学提出了卫星通信网的排序算法，能有效地利用卫星频带。美国麻省大学探讨了星上存储基带交换的 TDMA 及卫星链路互联系统，提出卫星分群模型，并分析其性能。日本 NTT 公司研究了卫星移动通信中软判决 Viterbi 译码与分集组合问题。美国 Rockwell 国际科学中心分析了干扰对分时隙 ALOHA 跳频 CDMA 控制原则的影响问题。欧洲空间局对星上交换通过小地球站进行窄带及宽带 ISDN 互连的实验研究表明，其作为未来系统的发展不会有技术风险。美国 NASA Lewis 研究中心进行了有关先进跟踪与数据中继卫星（ATDRS）主要技术的研究。

在微波通信方面，数字微波仍然是主要发展方向。日本 NTT 公司第一次实现了工作在 4、5、6GHz 频段的 256QAM 能传 400Mb/s 的微波中继系统。德国邮电 TELECOM 对数字微波角分集进行了实验研究，表明它能大大改善传播性能。美国 AT&T Bell 实验室也进行了角分集与空间分集的实验研究。英国 British Telecom 进行了 140Mb/s，16OAM 交叉极化的试验。AT&T Bell 实验室介绍了他们短距离专用频带数字微波应用方面的问题。德国西门子公司介绍了多电平 QAM 数字微波共信道运行时采用交叉极化对消器性能优化问题，它采用全数字信号处理及自适应均衡器，从而可获得最大的频带利用率。美国北卡罗来纳州立大学及清华大学分别提出了模拟数字通信系统和 MQAM 系统的新的技术和方法。美国 MITER 公司提出多赖斯（multirician）衰落模型，一般的瑞利分布及赖斯分布都为其特殊情况。

八、扩频通信

目前扩频通信走向商用问题引起人们的广泛注意。美国的 L. B. Milstein，D. L. Schilling 以及 R. L. Pickholtz 三位知名教授提出了“蜂房扩频无线电网络信号重叠的考虑”的论文。文中提出在蜂房移动通信系统、个人通信网及数字汽车电话中应用扩频码分多址技术可以达到频率重用的目的。由于 DS 波形具有很低的功率谱密度，对现有的窄带无线用户产生的干扰很小，因而实现码分多址蜂房网络不需要另外的频带，可有效地利用频率资源。

在 DS 扩频通信方面，电子科技大学提出应用自适应格形滤波器抑制多频干扰。南朝鲜 Pohang 科技学院分析了在脉冲干扰下量化阶距的优化问题。奥地利维也纳技术大学的论文分析了相干数字 DS 扩频接收机的性能。他们也对非相干数字 DS 扩频接收机自适应干扰抵消进行了分析。日本三菱公司提出采用归零信号可改善 DS 扩频通信抗多径干扰的性能，并提出一种采用增量调制型的数字匹配滤波器的新的检测器方案，它具有软判决的性能。

在跳频通信方面，美国依利诺依大学从理论上分析了在跳频系统中采用分组码时应用删除-插入技术可以增加编码增益。文中对部分频带及宽带高斯噪声干扰条件下由贝叶斯决策理论导出的删除受干扰符号的方法，可使差错概率减少几个数量级。日本 Tokushima 大学研制了具有取样保持鉴相器的锁相环和存储 IC 的快跳频频率合成器。其跳频速率可达到参考频率。美国亚利桑那州立大学分析了 BFSK/FFH 扩频多址通信系统在多径慢衰落信道分集接收性能。日本庆应大学建议一种应用于 FFH/SS 的外差型自相关器。它可提供抗窄带干扰能力和随机多址能力，应用于移动通信、个人通信、无绳电话和机器人通信等只需简易接收机的场合。美国 GE 公司分析了所提出的 FHSS 系统抗跟踪式部分频带干扰新方法的性能。

在扩频信包无线通信网方面，北方交通大学提出一种新的信道存取协议，可以增加系统的吞吐量。香港工学院研究了多跳网扩频码的分配问题，将其归结为图论中的着色问题，找到一种有效分配码的算法。日本横滨大学分析了多跳快跳频系统在选择性衰落信道下的性能。关于声表面波器件在扩频通信中的应用，北方交通大学提出采用 SAW 卷积器的新的码搜捕方法。日本 Maruyasu 工业公司研制一种 SAW 匹配滤波器扩频接收机。日本 Saitama 大学提出在电力线扩频通信系统中采用神经网络检测系统，可获得较好的性能。

九、光通信

有关论文共 36 篇。美国 AT&T Bell 实验室研制数字调谐的光频率合成器，可在激光器 1THz 调谐范围内任意选取每一频率，其分辨率为 20MHz，并能从一参考频率冷起动。美国 Rutgers 大学对 ASK 及 FSK 相干光通信系统的性能进行了分析。意大利 ALCA TEL FACE 研究中心介绍了他们研制的一种超带宽相干光多路传输系统的 LAN。美国 AT&T Bell 实验室研制了一种能消除相干检测光波系统的色散的部分间隔模拟抽头延迟线均衡器。美国普渡大学分析了一种 MSK 外差/同步接收机性能。关于光放大器，日本 NTT 基础研究实验室提出了一种行波半导体激光放大器。美国 Bellcore 论述了波长可调半导体激光器的现状。它适用于多路相干光通信及多波长包交换网络。英国 BTRL 论述了目前光放大器的进展情况。关于光交换，瑞典 Ericsson Telecom 论述了光交换阵列的现状与前景。日本 NTT 公司报道了一种实验性 8 线光空分交换系统，可用于 ATM、B-ISDN 的用户网。他们还介绍了全光 Kerr 交换技术及其应用情况，可应用于光频线性调频（chirp）、光路由交换及全部光逻辑运算。关于光用户系统，日本 NTT 传输系统实验室提出一种虚子容器（virtual sub-container）多路方法，采用基于同步数字分级（SDH）的同步传输模式（STM）技术。法国国家电信研究中心研究了基于 ATM 单元（cell）无源光纤网络（PON）结构的传输系统，可应用于 B-ISDN。美国 Bellcore 分析了三种不同的 FTTC（fiber-to-the-curb）系统，可对 96 个用户服务，同时也讨论了宽带 FTTH（fiber-to-the-home）系统的实现问题。美国 AT&T Bell 实验室提出一种“曼哈顿大街光纤分布式数据接口（FDDI）结构”的单环令牌 LAN。它能增加吞吐量，具有自恢复能力。关于波分复用（WDM），美国 AT&T Bell 实验室综述了其目前的研究情况。日本 NTT 公司传输系统实验室介绍应用光的频分多路（OFDM）宽带信息分布网络，它可增加传输容量。并论证了具有 100 个信道的 OFDM 宽带分布式通信系统是可以实现的。美国 AT&T Bell 实验室介绍了其研制的单片可调光有源滤波器及接收机。日本 NTT 公司传输系统实验室研究了 CPFSK 传输系统中色散及极化扩散对传输极限的影响。美国 Bellcore 比较了分布式反馈激光器通信系统 10Gb/s 的调制性能，其中包括 ASK、FSK 及 DPSK。美国 Bell 通信研究所探讨了声光调谐滤波器在 WDM 网中波长选择电路及包交换中的应用。关于光纤网络，IBM 公司分析了 FDDI 的吞吐量及延迟性能。德国 Paderborn 大学提出一种新的低水平光纤令牌网的流控策略。英国 BTRL 报道了其实验性无源光纤网络，采用波分复用技术，可传输电话及宽带服务至商务及居民用户。美国 Bellcore 分析了光纤码分多址系统的性能。美国哥伦比亚大学提出并论证了一种新的线性光波网络。采用网格状拓扑结构，直径达数千公里。他们还分析了多跳光波网络性能，它是一种局部通信系统，采用 WDM 及存储转发和热土豆（hot patato）路由选择。

十、B-ISDN 及 ATM

共发表论文 50 篇。

B-ISDN 的结构与协议方面。美国 Rutgers 大学提出多播包交换（multicast packet switching）的排队策略，例如用在光的波分交换（optical wavelength division switching）。美国 AT&T Bell 实验室提出一种递推计算法，对连续比特率的宽带网络 ATM 交换业务量做了排队分析。美国 Bell 北方研究所介绍其开发的一种试验台，可以展示多媒介服务 ATM 能力，并测量其性能，它有助于人们更多地了解 ATM 网络的设计问题。意大利米兰工学院对一种输入排队 ATM 交换带有内部加速与有限输出排队系统进行了性能评估。美国 AT&T Bell 实验室提出一种新的 B-ISDN 基于分布式源控制的拥挤控制体制，这种控制策略也能与 ATM 兼容。美国哥伦比亚大学研究 B-ISDN 中共享带宽分配问题。关于宽带网络结构与标准方面，日本 NEC 公司提出一种通用系统结构，具有高度灵活性，其交换网络、信号网络、通信网络的设计都可用同一结构。日本 NTT 通信交换实验室提出异步传输模式环（ATMR），应用于 LANs，MANs，及 B-ISDN，它提供了在环形拓扑结构网上的分布式 ATM。实验样机表明其 ATMR 的协议和结构是可行的。日本三菱公司建议了一种支持 B-ISDN 中无连接数据业务的结构。美国 AT & T Bell 实验室介绍了 CCITT 定义的 B-ISDN 的用户-网络接口标准的进展情况。美国南方 Bell 公司分析了 B-ISDN 数据业务应用 ATM 技术时差错检测与控制的选择问题。关于宽带业务与系统结构。Bellcore 提出 H-Bus 功能描述，它是一宽带用户住房网络（customer premises network-CPN），它实际是将 SONET BATM 的标准格式用于 CPN 中。比利时 ALCATEL Bell 电话研究中心建议一种新的方法，在 ATM 中将服务智能从网络移到终端。这样不仅能显示 ATM 的功能，也能满足复杂控制服务的要求。英国 BTRL 介绍了采用 ATM 技术及 PON 的 B-ISDN 分布系统。美国 Bell 通信研究所建议一种能向商业用户提供可视会议服务的结构。加拿大渥太华大学探讨了办公室条件下实时多媒介应用（例如多媒介数据库系统、多媒介邮件、多媒介会议、VEX、VOX 以及图像浏览等）。美国 Bellcore 分析了多媒介应用的趋势与支持它的网络模型和能力。关于宽带交换技术。日本日立公司报道了研制的实验性光 ATM 交换系统。美国 Bellcore 报导了研制的很大容量 ATM 交换系统的物理设计问题，它能提供 5～10 万用户的宽带交换服务。日本 NTT 公司介绍了用于 ATM 系统的一种多目标存储交换 LSI 的设计，采用的是 0.8μm BiCMOS 工艺。其容量达 256 个 155Mb/s 线，而硬件减少至早期实验系统的 1/10。关于 ATM 业务量控制，德国西门子公司讨论了 ATM 网络的优先权机制。意大利 ITALTEL SIT 介绍了一种具有优先权的 ATM 网络带宽的分配程序。美国 NEC 研究公司分析了 ATM 网中可视信包丢失控制问题，这对可视业务拥挤控制的设计极有帮助。英国 BTRL 分析了连接接受控制策略。美国南加州大学把 ATM 网络中单元的路由选择问题归结为一优化问题，即 ATM 网的优化最小最大路由选择问题，其目的为使最大单元丢失概率极小。日本 NEC 公司提出了一种 ATM 网络突发业务控制策略。关于 ATM 业务性能，日本日立公司讨论了具有共享缓冲器和存储器 ATM 交换的性能。美国 Bellcore 进行了在突发业务情况下具有输入及输出缓冲器的 ATM 交换性能的模拟研究。加拿大 INRS 用分级方法进行了 ATM 系统性能分析。美国 IBM 公司研究了具有输入及输出排队的包交换最佳缓冲器分配策略。德国 FOKUS 研究了 ATM 网络中延迟限制与进入控制问题。美国 Bellcore 对 ATM 多路器应用优先权排序进行了模拟与性能评估。

十一、通信网

有关的文章共92篇，分14个分组进行交流。现仅就少数几个方面做点介绍。

关于通信网的管理与控制方面。Irvine加州大学综述了ATM网的业务量问题。日本夏普公司提出一种简单有效的ATM网允许进入控制方法。美国麻省大学比较了三种包交换网络路由算法的性能。美国南加州大学提出了虚电路网络同时进行路由选择与流控的三种算法。美国GTE公司提出一种并行算法，进行实时分散业务管理、存取控制与路径选择。加拿大北方Bell探讨了个人通信业务（Personal Communciation Service）的概念与实现问题。日本NTT公司探讨了光纤环路操作、管理与维护系统的概念。法国ENST论述了通向智能综合网络管理问题。

关于人工智能的应用及智能网络（IN），日本富士通公司研制了专用网的智能网服务机。美国AT&T Bell实验室探讨了网络性能优化的专家系统及长途通信中的专家维护系统。关于先进的智能网络服务概念，美国Bellcore介绍了将于1993年实现的先进的智能网络的观点及服务结构。北方Bell研究所讨论了应用No.7信令及ISDN的智能网的路由选择。美国Ameritech Services论述了智能网络的语声服务概念。

关于通信网安全性与可靠性方面，美国Bellcore比较了重新构造和常规方法设计顽存网络的设计策略。美国Rockwell公司探讨了过渡到将来的容错网络问题。日本NEC公司探讨了经济的空闲信道分配的自恢复（self-healing）网络。美国Bell通信研究所讨论了一类自恢复环路结构在SONET中的应用及相应的控制方法。加拿大Alberta通信研究中心研究了长途网络自恢复网络协议。日本NTT公司建议用虚路由策略加强网络的可靠性。美国南加州大学探讨了网络及分布系统可靠性测量及其近似估值问题。美国AT&T Bell实验室提出用模拟分集编码提供透明的自恢复通信网。

十二、神经网络

会议共发表有关论文25篇。美国斯坦福大学研究了神经网络电路的复杂性问题、神经网络的深度（并行计算时间）和广度（门电路的数目）之间的折中选择问题。西安电子科技大学论证了神经网络的广义收敛定理。日本Saitama大学提出一种新型的神经网络，其选择性的学习采用一类非监督的学习方法。它识别手写的汉字率达80%。美国南加州大学建议用最小汉明距离作为提示去训练神经网络可减小求解空间并加速学习过程。日本Ibaraki大学进行了用神经网络矢量量化去求解大规模的旅行商一类组合优化问题。澳大利亚国立大学用人工神经网络方法进行自适应非线性估值去研究非线性动力学系统。

关于神经网络在通信及数字信号处理方面的应用也取得了多方面的进展。美国HNC公司实现了用神经网络作为纠错分组码及卷积码的译码器。利用神经网络在电子对抗环境下的训练过程，使其适应于有外来干扰的情况，并能增加编码增益。这对军事上和民用上都很有价值。美国Rensselaer工学院用神经网络去抗窄带人为干扰，在PN

扩频系统中应用。它用的是反向传播感知元模型的神经网络在存在外来窄带干扰和加性白噪声情况下检测宽带信号。这种非线性神经网络在抗干扰能力、比特差错率上优于LMS自适应滤波器。在收敛速度和整体性能上也比LMS Widrow-Hoff滤波器为好。美国新泽西理工学院用神经网络模型去构造卫星通信网的结构。它具有自组织的功能，也可进行链路信道的分配、业务量的控制和路由选择，以达到网络有效的优化。西安交通大学建议用神经网络与模糊逻辑进行图像的分割。北方交大研究了在二元分组码解码中神经网络能量函数的局部极大问题。

本文仅简要地介绍了两次会议反映出的在信息理论及通信技术各学科和技术领域的发展动向和具有代表性的研究进展。限于本人的水平，以及时间、篇幅的限制，难免挂一漏万，顾此失彼。有兴趣深入了解的同志，请查阅会议的论文集。

【作者简介】 李承恕，北方交通大学通信与控制工程系教授。

论文 12

自组织自适应综合通信侦察电子对抗系统*

李承恕
（北方交通大学）

摘要：本文提出“自组织自适应通信侦察电子对抗系统”，或简称“合成电子战系统”的设想，初步探讨其基本概念、系统结构、功能要求，以及发展该系统的若干问题。

关键词：合成电子战系统，通信系统，侦察系统，电子对抗

引　言

在现代化战争条件下，电子对抗（EOM）及电子反对抗（ECCM）这一对矛盾对敌我双方都是生死攸关的问题。通信系统、侦察系统和电子对抗系统对任何一方都是必不可少的。它们之间既有相互矛盾、相互制约的一面，同时又有相辅相成的一面。长期以来，它们的发展都是独立进行的。但在实际运用当中，由于各种原因，它们之间会产生矛盾与冲突。如果不很好地协调处理，将会导致相互影响而不能发挥应有的作用，甚至会造成不良的后果。本文的目的在于探讨如何发挥通信、侦察、电子对抗的综合优势，以适应未来战争的需要。在当前科技水平和工业生产能力高度发达的条件下，已有可能从技术上解决这一问题。因此，本文提出“自组织自适应综合通信侦察电子对抗系统”，或简称“合成电子战系统”的设想。下面，我们将从敌我双方矛盾斗争的基本态势出发，探讨其基本概念、系统结构、功能要求以及发展该系统的若干问题。

1　敌我双方通信、侦察、电子对抗的基本态势

（1）为了进行有效的作战指挥和联络，我方将采取必要的电子手段（EM）。敌方

* 本论文选自：无线电工程，1991（06）：1-4 +12。

为了破坏我方的通信与指挥将会采取电子对抗手段（ECM）。为了保证通信的可靠进行，我方将进一步采取电子反对抗手段（ECCM）。敌方也会对此升级为（EC^3M），我方当然也不会罢休，也将升级为（EC^4M）……。这种逐步升级的态势如图1所示，反映在（EC^nM）中n的不断增加。这种增加是没有止境的，决定于双方的技术水平和经济实力。但在一定的时期，也会受到时间和代价的限制，暂时停留在某一水平上。

（2）敌我双方在通信、侦察和对抗三方面的情况如图2所示。我方进行通信时敌方要进行对抗。反之亦然，双方都需要侦察对方的情况。但在我方通信时，不便于对敌方进行对抗。在对敌方对抗时，又不便于侦察，这种独立作战的方式很容易引起矛盾和冲突。人为的协调有时也很困难。解决的办法只有将三者结合起来形成一个整体，构成包括通信、侦察、对抗在内的合成电子战系统，如图3所示。这种格局正如单一兵种发展成合成集团军那样，形成多兵种协同作战，统一指挥，发挥综合优势。从而避免不必要的矛盾和冲突，起到克敌制胜的目的。

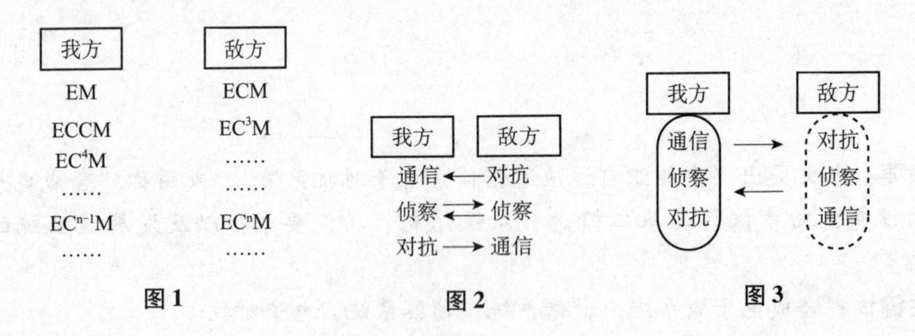

图1　　图2　　图3

（3）这个合成电子系统不能只是通信、侦察、对抗三者的简单的拼凑，而应是有机地结合。战场形势千变万化，各种复杂的局面都会突然出现，靠人为干预有时也是难于应付的。因而，这种合成电子战系统只能是自组织、自适应、综合通信、侦察、电子对抗的系统。该系统应具有自行应变的能力。它能自行选择适当的时机组织通信。一旦敌方有干扰时，立即进行电子反对抗。一旦发现敌方在通信时，可进行侦察，或转入电子对抗。一切都自行根据需要和客观情况的变化而定。总之，它是自组织、自适应地完成通信、侦察和电子对抗任务。

2　自组织自适应综合通信侦察电子对抗系统

（1）所谓自组织自适应综合通信侦察电子对抗系统，或简称合成电子战系统，即具有自行组织、自行管理、自行运行、自行适应功能的，综合完成通信、侦察、电子对抗任务的一体化的系统。这一基本概念和定义是基于目前高科技水平和客观需要而提出和形成的。在世界范围内不仅已经有了先进的通信系统、侦察系统和电子对抗系统，且其自动化、智能化的水平也在不断提高。例如各种类型的C^8I系统、智能网络、自组织信包无线通信网、ISDN、神经元网络等新技术的发展已为构成合成电子战系统提供了技术基础。近十几年来国际上几次现代化的战争实例也充分说明研制这种系统是十分必要的，也是完全可能的。

（2）作为独立的通信、侦察和电子对抗系统都是在一定的时域（t）、频域（f）和空域（s）中分别进行工作和运行的，如图 4 所示。如果在这些域内三者之间有交叉或重叠，则容易产生矛盾和冲突。我们可以把 t、f、s 作为坐标参数构成多维矢量空间如图 5 所示。如果三者在多维矢量空间中不交叉或不重叠，则不会发生矛盾和冲突。这种情况体现了合成电子战系统对时间、频率、空间等资源的综合利用。

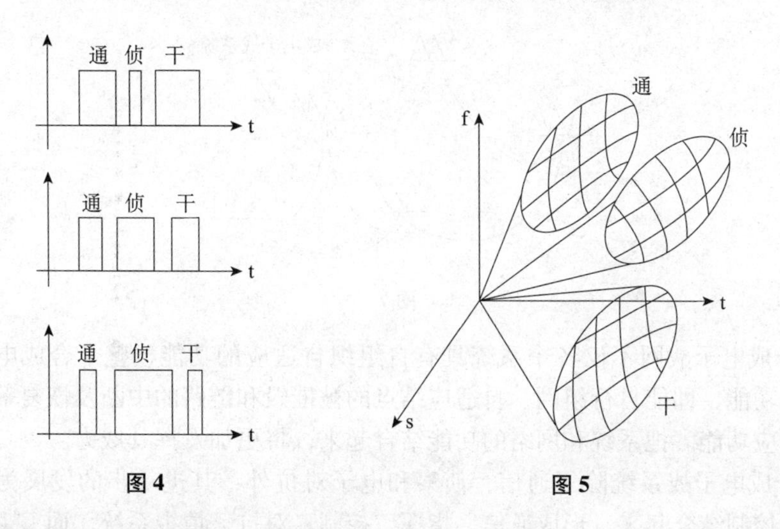

图 4 **图 5**

（3）敌我双方在进行通信，侦察和电子对抗的情况不是一成不变的。因此，合成电子战系统应具有自组织、自适应的功能。也就是说，在多维空间中三者所占据的体积和位置将随着客观情况的变化而变化。它不仅避免了己方的矛盾冲突，又能及时应付敌方攻击策略的变化。这正是三位一体所带来的好处。

根据上述合成电子战系统的性能特点，其结构框图示于图 6 中。主体部分虽可分为通信、侦察、电子对抗等子系统，但它们是一个有机的整体。对客观情况变化时的探测和判断由支援子系统完成。控制子系统则完成自组织、自适应的功能。

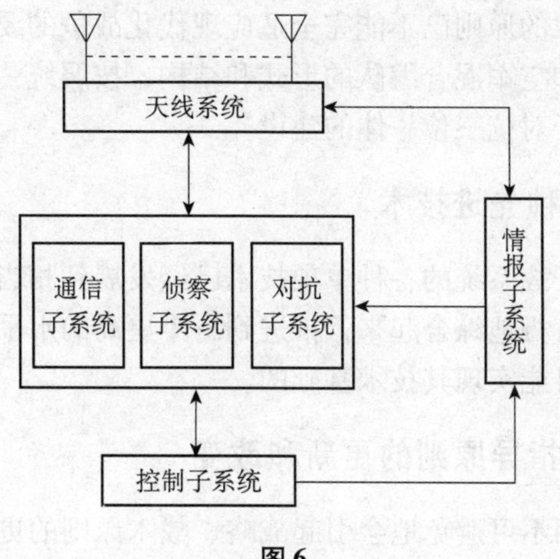

图 6

3 自组织自适应综合通信侦察电子对抗网

（1）点对点的通信已经满足不了现代化战争的要求。单个合成电子战系统是远远不够的。实际上必须把许多合成电子战系统连接成网，如图7所示。它相当于把地域通信网中各个结点换成合成电子战系统。

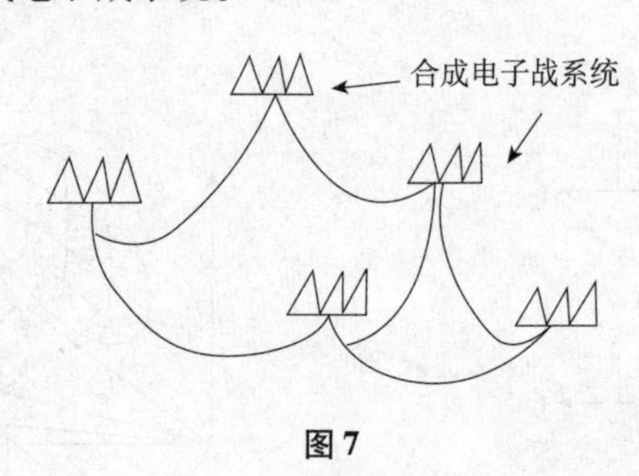

图7

（2）合成电子战网不仅各个系统具有自组织自适应的功能，整个合成电子战网还应具有网络功能，即能自行组网、自适应结点的被摧毁和链路的中断及恢复等网络的自组织、自适应功能。把系统和网络的功能结合起来，将更加发挥其威力。

（3）合成电子战系统除了通信、侦察和电子对抗外，其进一步的发展为与武器系统的指挥和控制结合起来，形成通信、指挥、控制、对抗、情报系统。而 C^4I（Communications、Command、Control、Countermeasures、Intelligence）合成电子战系统。鉴于此问题的复杂性，我们将在另一文中加以讨论。

4 发展合成电子战系统的若干问题

4.1 指导思想的转变

单一兵种和独立作战的原则已不能完全适应现代化战争的要求。理应参照海军特遣舰队、野战合成集团军和空军混合编队的形式和结构，按照统一指挥和协同作战的原则来进行通信、侦察、电子对抗三位一体的建设。

4.2 综合利用各种先进技术

应该说有关合成电子战系统的各种单项技术已经发展到相当高的水平。现在的问题是如何把这些技术统一有机地综合起来，推进到一个更高的水平。因而，关于合成电子战系统的设想是完全有可能实现其技术基础的。

4.3 战略、战术指导原则的更新和改变

新技术的发展和应用不可避免地会引起战略、战术原则的更新和改变。可以预见合成电子战系统的出现，定会导致合成电子战部队的出现。但它决不意味着再不需要单独

的通信、侦察、电子对抗等军兵种了。未来的情况可能是：分久必合、有分有合、扬长避短、克敌制胜。

5　结束语

合成电子战系统的概念是简单而容易理解的。但实现起来却是复杂而困难的。它应属于高科技领域。为了实现国防现代化，确保国家的安全，特建议有关领导部门及早组织力量安排这一系统的预研工作，早有准备，则在未来反侵略战争中才会立于不败之地。

参考文献

［1］［美］D. 柯蒂斯．施莱赫：电子战导论，解放军出版社，1988 年。

［2］R. H. Pettit. ECM and ECCM Techinques for Digital Communications. 1982.

［3］D. J. Torrieri，Principles of Military Communication Systems. 1981.

［4］D. J. Torrieri. 《Principles of Secure Communication Systems》，1985。

［5］F. J. Ricct. 《U. S. Military Communications》，1986.

［6］李承恕：“扩频信包无线综合通信网”，北方交通大学学报。NO. 3，1988。

［7］李承恕：“无线通信网的组网方式及发展趋势”，《电信科学》，NO. 3，1988。

［8］李承恕：“关于无线安全通信问题”，《全国安全通信、无线新技术学术会议论文集》，1987，12。

［9］李承恕：“自组织无线通信网的原理与应用”．北方交大科技资抖，1989，11。

［10］李承恕：“综论跳频通信的电子对抗与电子反对抗【提纲】”，全国第二届现代军事通信学术会议论文集，1990，9。

论文 13

综论直接序列扩频通信的电子对抗与反对抗*

李承恕

扩展频谱通信自 80 年代以来已在军事通信中得到极为广泛的应用。在现代化战争条件下，其电子对抗（ECM）及电子反对抗（ECCM）对敌我双方都是生死攸关的问题。知己知彼，百战不殆，本文试图从敌我双方矛盾制约的关系出发，探讨如何提高我方直接序列扩频通信抗敌方人为干扰的能力，以及提高我方对敌方直接序列扩频通信进行截获，并施放有效干扰的策略。有关跳频通信的电子对抗与电子反对抗的问题已有讨论[1]。现分以下五方面加以探讨。

1. 直接序列扩频通信的基本特点

众所周知，扩展频谱通信的特点在于信号带宽远大于所传信息带宽。二者之比称为扩频处理增益。处理增益越大，抗干扰性能越强。它的射频在很宽的频带范围内扩展，从电子对抗及电子反对抗的观点看来，以下一些特点是基本的：

扩频信号具有很宽的频谱。由于频谱的扩展是通过采用很窄的脉冲序列（伪随机码）进行调制而获得的，一个信息单元时间内容纳的窄脉冲数（伪码时除数）越多，扩展的频谱越宽。一般可扩展频谱 1000 倍以上，可获得 30 分贝以上的处理增益。

通常在接收端采用相关检测或匹配滤波器进行扩频信号的解扩。因而必须知道发端所采用的伪码序列才能进行解扩。

收发两端采用数字信号进行调制与解调、编码与解码、扩频与解扩，故收发系统在时间上必须有严格的同步。同步系统既是关键的技术，也是易受攻击的薄弱环节，一般采用伪随机（伪噪声）码序列进行调制以扩展频谱。伪码具有近似于噪声这种随机信号的二值理想的自相关特性。伪码的选择十分重要，它影响扩频通信各方面的性能。

---

* 本论文选自：第三届全国现代军事通信会议论文集，1992 年。

信号频谱的扩展，使其具有很低的功率谱密度。一般频谱扩展越宽，功率谱密度越低。信号可以淹没在噪声中，便于隐蔽，不易发现。此外，对其他信号的干扰也小。解扩时，对扩展了的有用信号起到了压缩频谱的作用。但是，解扩的机理对其他干扰信号则起着扩展频谱的作用，这是直接序列扩频能够提高输出信噪比的基本原理。同时，也是分析对不同种类干扰信号的抗干扰性能分析的出发点。

采用不同的伪码序列，分配给不同的用户，则许多用户可共用一宽频带。扩频组网，不仅提高了频带利用率，敌方不易分选。关键在于选择具有优良互相关持性的伪码序列集，使多用户之间的干扰最小。

扩频通信具有远近效应。在接收机内，同类型的扩频信号存在大信号吃小信号的现象，即近地的强信号抑制远方的弱信号。只有在输入端等功率的条件下，才能在不同伪码序列的信号中检测出有用信号。

掌握上述特点，对 ECM 和 ECCM 双方都十分重要。在提高抗干扰能力和采取最佳干扰策略时都应充分利用这些特点。

2. 电子对抗与电子反对抗

在现代化的电子战中，敌我双方都处于相互矛盾和相互制约之中。为了保证对战场情报的收集和进行实时有效的指挥和控制，我方必须建立和保持完整良好的通信系统和网络。同时，还要采取一切必要的措施来防止敌方进行任何信息的窃听和对系统的破坏。显然，敌方必然要进行信号的检测和定位以判定我方通信的存在，窃听我方信息，制造假信息进行欺骗，施放干扰以中断我方正常联系等等。双方在此矛盾斗争中都会采取新的手段和策略，以期进一步制服对方。简而言之，一方采取电子手段（EM），对方将会采取电子对抗手段（ECM）。一方将进一步采取电子反对抗手段（ECCM），对方对此也会升级为（EC^2M）。一方当然不会就此罢休，也升级为（EC^4M），……这种升级的态势反映在（BC^nM）中 n 的不断增加。这种增加是没有止境的，决定于双方的技术水平和经济实力。但是，在一定时期，也会受到时间和代价的限制，暂时停留在某一水平上。

1. 在 ECM 一方考虑的问题是：什么是最好的干扰波形和策略？干扰的效果如何精确回答这些问题是困难的，它仍依赖于下述诸多因素：发射功率、距离、频率、系统效率、天线方向图、噪声电平、调制方法、解调方法、差错控制编码、扩频技术、数据格式、同步技术、系统失真、环境条件、自身干扰电平等。一般说来，应根据具体情况进行具体分析，针对具体对象选择最佳的干扰波形和策略，以期达到最佳效果。一个系统在电子对抗时的脆弱性表现在它的截获性（Interceptibility）、接近性（Accessibility）和敏感性（Susceptibility）上。

作为干扰波形，可供选择的有：噪声调制的 AM 及 FM 信号，窄带和宽带的噪声突发信号，幅度或相移的键控信号，扫频信号，篡改后的语音，载波频率信号，频移键控信号，单边带波形等。

作为干扰策略，可供选择的有：部分频带干扰，脉冲式干扰，跟踪式干扰，干扰信息源、干扰同步系统等。

对于扩频通信来说，干扰波形主要有：窄带噪声、宽带噪声、载波单频、部分频带多频、扫频信号。这些波形既可是连续的，也可是脉冲式的。在干扰策略上，对跳频道信来说，部分频带干扰和跟踪式干扰是特别有效的。

2. 在 ECCM 一方，主要技术是扩频技术（直接序列、跳频、跳时、线性调频，复合式），差错控制技术（分组码、汉明码、BCH 码、RS 码、卷积码、Viterbi 译码），零位天线（LMS 算法、最大 SNR 算法）。此外，采用分集、交织和编码技术对提高跳频通信和抗干扰能力也是十分有效的。大量的研究表明，到目前为止，没有一种干扰波形对所有的扩频系统是最坏的，也没有一种扩频系统对抗所有的干扰波形是最好的。因此，需要对各种不同的情况进行具体分析。

3. 直接序列扩频通信抗干扰性能分析

扩展频谱通信的抗干扰性主要来源于在收端有用信号的能量在频谱上被集中，而干扰信号能量在频谱上被扩散。从而通过窄带滤波器把大部分干扰滤除，提高了输出信噪比。以此基本的物理概念来分析各种干扰信号下系统的抗干扰性，一般以干扰信号引起的比特差错概率 P_b 来表征.

DS/BPSK 系统对宽带噪声干扰，由于频带的展宽，同样的干扰能量，干扰功率谱密度大为降低，其比特差错概率 P_b 为比特能量 E_b 与干扰功率谱密度之比的函数，可用下式表示：

$$P_b = Q\left(\sqrt{\frac{2E_b}{N_j}}\right)$$

其中 Q（·）为高斯概率积分函数。E_b/N_j 可等于（P/j）（w/R），即信噪比与带宽比的乘积. 显然，只要有足够的处理增益，DS 系统对宽带噪声干扰是有很好的抗干扰能力的。部分频带噪声干扰是把能量集中在一部分频带进行干扰，可引起较严重的差错。分析表明，抗干扰性能降低略 3db，脉冲噪声干扰是用很少一部分时间。很高的脉冲噪声峰值功率进行干扰，DS 系统对这种干扰的抗干扰性能随 E_b/N_j 的大小而变。对于最坏的情况，其 P_b 与 E_b/N_j 的关系曲线可由负指数关系变化成负反比线性关系。在 E_b/N_j 在 0—50db 范围内变化时，其 P_b 为 10^{-1}——10^{-6} 范围变化。

• 单音干扰，即单频载波干扰。这种干扰易于产生，也很常见，但对 DS 系统，可将其扩频成宽带噪声处理。在处理增益不够时，也可采用陷波滤波器加以抑制，可大大增加其抗干扰性能。

• 多音干扰，即在多个射频进行干扰。这种情况类似于部分频带噪声干扰. 在处理增益不足以对付时，可同时采用梳状滤波器或自适应横向滤波器进一步提高 DS 系统的抗干扰能力。

• 除了对上述五种人为干扰，DS 系统具有相应的抗干扰能力外，它还有很强的抗多径干扰的能力和抗同类型干扰信号的能力。前者是可应 DS 扩频通信于多径衰落信道的原因，后者是实现扩频码分多址通信的依据。本文将不作进一步讨论。

目前对 DS 系统抗干扰性能已有大量的系统的分析，提高抗干扰性能的基本途径即提高处理增益，即增大扩展频谱宽度。但它受到一定的限制。另外，也可同时采取其他一些相应的措施，如前向纠错、交织、自适应滤波技术等。

4. 直接序列扩频信号的检测与估值

DS 扩频信号的功率谱密度很低，通常可以淹没在噪声中，一般很难发现，在电子战中，一方面需要对敌方信号进行侦察、提取情报；另一方面还需要从时间、空间和频率上搜索敌方信号的活动，确定发射点的位置等，从而决定采取的行动，如施放干扰等。对于 DS 信号有必要首先发现其存在，然后估计其参数。但到目前为止，对于 DS 信号的检测和估值，仍然是尚未圆满解决的难题之一。

• 在噪声中检测 DS 信号的存在的行之有效的方法为采用辐射计或称能量检测器。利用随机噪声均值为 0 的特点，对收到的信号进行平方、积分、门限比较判决，即可判定在噪声有否其他信号存在。当然，这是在对 DS 信号无任何先验知识的条件下进行的。此外，也可采取对接收到的信号在频谱上加平均。利用噪声和 DS 信号功率谱密度之差，多次累加以后可以明显判定有无 DS 信号存在，此即采用数字信号处理的方法来检测扩频信号，但此法实现起来需要有一定的处理时间，且敌方信号不是周期性的重复时，也不易检测出来。

在噪声中检测出 DS 信号存在的基础上，才能谈及 DS 信号参数的估值问题，当然，我们希望知道 DS 信号的带宽，伪码的重复频率和周期，伪码的码型结构等．把这些参数估值出来比判定其存在又要困难一些。有人提出，利用 DS 信号的相关特性，对收到的信号取一段一段的抽样进行相关运算，以确定伪码的周期，并进而求出其码序列的结构，这在概念上是可行的，但需要实验结果的验证。如果敌方的伪码经常改变，则又增加了参数估值的难度。

总之，DS 信号的检测和估值，无论从理论上和实践上都是需我们继续努力去进行研究解决的问题。

5. 对直接序列扩频通信施放有效干扰的策略

在上述对 DS 扩频通信抗干扰性能的分析中，也给我们提供了施放有效干扰的策略。简言之，抗干扰性能最差的波形，即干扰效果最好的波形。跳频通信的薄弱环节，自然成为被干扰攻击的重点。

原则上我们应尽量掌握敌方 DS 信号的各种参数，采用与之相似或近似的波形进行干扰最为有效。这是一种理想的情况。正如上节所述，对 DS 信号进行检测和估值就很难做得很圆满，因此，目前还很难实现这种理想的电子对抗。

在没有先验知识的条件下，采用部分频带噪声干扰或脉冲噪声干扰是较为有效的。因为把干扰信号的能量相对集中是比较容易实现的。在效果上，产生的 P_b 与 E_b/H_j 成负反比线性关系，比起宽带噪声来，有 3db 的好处。

利用DS扩频通信的“远—近”效应，采用大功率的干扰信号也是有效的，但其条件为同类型的DS扩频信号。这在战场具体环境下实现起来也有一定难度。

同步系统是扩频通信的关键部件，破坏敌方通信的同步是十分有效的方法。但是，必须使干扰信号达到同步的部位才行，换句话说，应使敌方接收机同步锁定在干扰信号上。要做到这一点的先决条件仍然是必须有敌方DS信号的有关参数。

6. 结论

综上所述，DS扩频通信的ECM和ECCM双方还处在不断斗争、相持不下的状态，因此，我们应该继续开展研究，特别是应把ECM与ECCM两方面结合起来研究，将会起到相互促进和完善的作用。

参考文献

[1] 李承恕，“综论跳频通信和电子对抗与电子反对抗”，全国第二届现代军事通信学术会议论文集，pp. 166-169；《通信对抗》，1991，N. 3. pp. 11-21

论文 14

数字通信发展中的若干问题*

李承恕

摘要：本文扼要论述数字通信发展的几个基本问题：主要优点与发展基础，发展概况，主要技术，发展的局限性与发展趋势等。

1 数字通信的主要优点与发展基础

数字通信已广泛应用于各个频段和各种通信方式中，成为当今通信发展的一种必然趋势。所谓数字通信即用数字信号传送信息进行通信，也可以说通信的数字化。数字通信的主要优点在于：（1）用数字信号传送信息易于再生，可减小传输中的失真；（2）易于用脉冲数字电路来实现，设备可做到体积小、重量轻；（3）可以引入计算技术，应用微处理器及单片微机，发挥各种数字信号处理及智能化控制功能；（4）数字信号易于加密；（5）便于采用纠错编码和扩频技术，提高抗干扰能力。

数字通信之所以取得迅速的发展不是偶然的现象，有其理论上、技术上和客观需求上的基础：（1）从 PCM 理论分析开始，人们早就认识到数字通信在理论上比模拟通信具有一系列优点。除上述各点外，在频带和功率的有效利用方面也更为有利；（2）计算技术和微电子学的进展为通信的数字化提供了坚实的技术基础；（3）人们在社会生活中对多种功能综合服务的需要是数字通信发展的强大动力。

2 数字通信的发展概况

目前数字通信在短波通信、移动通信、微波通信、卫星通信以及光纤通信中都得到了广泛的应用。现简要分述其发展近况。

---

* 本论文选自：电信科学，1992（04）：1-7。

2.1 数字短波通信

由于人们认识到未来战争中的星球大战使通信卫星易于被击毁，短波通信经过被冷落一段时间后又出现了“复苏”现象，重新引起各方面的重视。近年来除了对衰落多径信道的研究外，短波通信数据传输的研究更是注意的焦点。为了克服严重的码间干扰，采用了一系列自适应技术，包括：自适应实时选频；自适应信道均衡、自适应干扰对消，以及由它们组合而成的自适应通信系统。此外尚有功率自适应、速率自适应、天线调谐自适应和自组织自适应通信网等。目前多音并行体制的调制解调器已广为应用，正大力进行单音串行体制调制解调器的研制。此外，在短波数字通信中采用扩频跳频技术，自适应接收和瞬时快速通信技术等的研究都在进行中。

2.2 数字移动通信

当前各国都在大力开展新一代数字式移动通信系统的研制。欧洲各国已研制出 8 种新的系统，采用宽带或窄带 TDMA 制式。在此基础上已共同制定了泛欧 GSM 系统标准。各大公司都在大力进行设备研制，1991 年已投放市场，付诸应用。北美也制定了数字蜂房公用陆地移动通信系统（NACS）标准，可与目前大量应用的模拟移动通信系统兼容，称为双模体制，也计划于近期完成研制工作。日本也正大力制定自己的体制标准。不难看出，数字化是目前国际上移动通信的主要发展方向。实现移动通信数字化带来的好处是：能适应各种数字业务传输的需要，提高频带利用率，提高系统的抗干扰能力，有利于实现 ISDN，便于设备小型化和降低造价。数字移动通信的新技术特点是：采用了智能网络的原理，与 ISDN 相结合，以及部件的高度集成化。这些特点使数字移动通信系统成为高技术密集的产品。更引人注目的是在数字化和微型化的基础上，CCIR 提出了“未来公众陆地移动电信系统（FPLMTS）”，欧洲提出了“个人通信”，美国提出了利用低轨道卫星实现个人卫星移动通信的“铱”系统。这些均属于第三代移动通信系统，它有希望实现人类在任何时间地点与世界上任何人都可自由通信的美好理想。

2.3 数字微波通信

随着数字技术的发展，数字微波已成为发展的主流，各国已有 20 多年的历史。大容量数字微波的发展遭遇到数字短波通信同样的技术难题，即微波在地面传播也存在多径效应和衰落现象。数字微波也需要采用一整套自适应技术来抗多径衰落引起的码间干扰。目前各国都致力于第三代设备的研制，其技术特点为：采用 256QAM 或 1024QAM 调制、自适应均衡、有效的分集接收合成技术等先进的自适应抗多径衰落技术措施，采用双重极化等频率重用技术，并开辟 10GHz 以上新的频段，以及新的电路和工艺。

2.4 数字卫星通信

早期的时分多址卫星系统就是数字式的。从体制上看，目前已有单路单载波（SCPC）的 SPADE 系统，时分多路频分多址系统，时分多址数字卫星通信系统。近年来甚小口径终端（VSAT）数据卫星通信系统取得了很大的进展和广泛的应用。大量的个人计算机通过卫星通信连接成卫星数据网，其造价低廉、安装容易、使用灵活，受到广大用户的欢迎。目前已有美国 VSI 公司的 TDM/SCPC 系统，美国赤道公司的 TDM/CDMA 系统，美国 Hyghes 公司的 PES 系统和日本 NEC 公司的 NEXTAR 系统，它们均属于 TDM/TDMA 系统。近来，根据用户要求，各大公司又推出了以传话音为主的系统，如 Hyghes 公司的 TES 系统，SPAR 公司的 TSAT 系统等。我国已引进 VSAT 技术，并在一些部门建立了 VSAT 通信网。我国卫星通信的发展也将以数字卫星通信为主。

2.5　数字光纤通信

光纤通信具有频带极宽、通信容量极大、传输损耗小、保密性好不易被窃听，以及能抗电磁干扰、且体积小重量轻等一系列优点，已在国内外得到极大发展和应用。目前单模光纤可用频带为 20000GHz，在 1.3μm 的损耗为 0.5dB/km，在 1.55μm 的损耗为 0.3dB/km，接近理论上的极限。光纤通信系统除传送图像及监控信号外都采用数字信号。光纤通信的宽频带特性，为实现宽带 ISDN 创造了十分有利的条件。当前的主要矛盾是应大力研制和开发数字通信终端及交换设备，以便与光纤传输系统相连接，否则将阻碍光纤通信的应用和发展。此外，人们还正在开发 1.7Gb/s（2400 路）和 2.4Gb/s（30720 路）的高速系统。

3　数字通信发展的主要技术

各个频段、各种用途的数字通信虽然千差万别，但归纳起来，采用现代通信技术构成的典型的数字通信系统如附图所示。

图中不带阴影部分是基本的，即数字信号形成、调制与解调、同步系统、收发信机和信道。阴影部分则属于信号的处理和变换部分，其中包括：信源编码与解码、加密与解密、信道编码与解码、多路分解与合成、扩频与解扩、多址技术等。现把各部分的技术简述如下。

3.1　数字信号形成

数字信号形成主要用来把源信息，如文字或模拟信息变换成适应数字系统处理和传输的数字符号。技术上包含字母编码、抽样、量化、脉冲编码调制。变换以后则形成基带或低通信号。字母编码是把文字信息（如英文字母）用二元比特流来表示，常用的有 ASCII 码和 EBCDIC 码，从而变成数字格式。然后再变换成多元的数字符号和相应的多元波形，以利于基带传输。对于模拟信息（如语声），则先按照抽样定理抽样，抽样频率至少为信号上限频率的两倍。量化则是把模拟信号无限多可能的连续值用有限多可能的离散值来代替。这些有限的离散值通过脉冲编码调制变换成各种类型的 PCM 波形。选用哪一种波形决定于是否包含直流分量、定时信号的提取、差错检测和所需带宽等因素的考虑。对于噪声干扰下基带信号的传输，在接收端可用最大似然接收机、匹配滤波器或相关检测器进行信号检测。如果传输通带不能满足奈奎斯特定理的要求，则会出现信号波形的流散，产生码间串扰。对数字通信经常研究的问题之一即如何消除码间串扰。一般可采用脉冲整形以减少所需带宽，也可采用横向滤波器或各种自适应均衡技术。

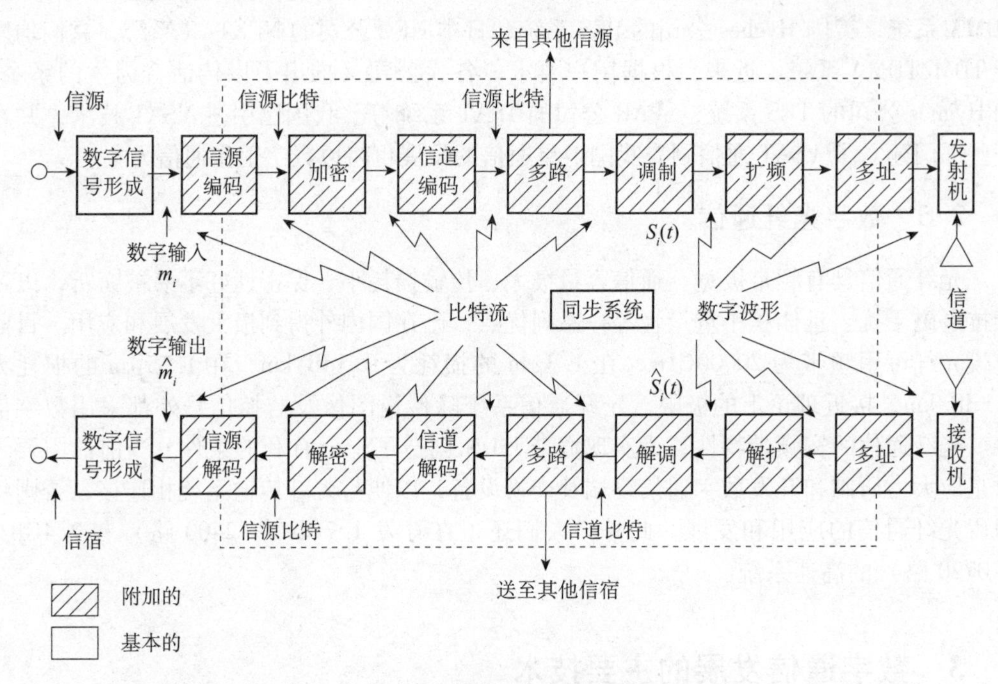

附图　典型的数字通信系统

3.2　信源编码与解码

信源编解码的目的在于把所形成的数字信号在一定比特率下增加其信噪比，或者在一定信噪比下减少比特率。换句话说，即尽量减少信源的多余度，用最少的比特来传送信息。信源编码的基本方法有三类。一类是匹配编码，它是根据信源中各元素的出现概率不同，分别给予不同长短的代码，使代码长度与概率分布相匹配，代码的平均长度比较短，数码也就少了。例如 Huffman 编码则属于这一类。另一类是变换编码，它是把信源从一种信号空间变换成另一种信号空间，然后对变换后的信号进行编码。例如预测变换，即把预测将发生的信号值与真实信号的误差信号进行编码。如果预测比较准确，预测误差越小，编成的代码就越少，达到了压缩数码的目的。增量调制即属于这一类。第三类为识别编码，它是对信源先进行识别，视其是什么文字或什么声音，然后把每种文字和声音编成不同的代码。发端向收端只发送代码，收端则根据代码恢复成标准的文字或声音。显然，这种方法可极大地压缩数码率。但因已失去了原来的文字或声音的特征，不同人写的字或不同人发的声都恢复成同一个样了。声码器即属于这一类。目前信源编码中的语声编码受到人们极大的关注，同时也取得了很大的进展。例如，采用 AD-PCM 数码率为 32kb/s，加上数字话音插空技术，可比普通的 PCM 64kb/s 数码率时的容量增大 4 ~5 倍。这对卫星通信及数字移动通信等有限频带的利用是十分重要的。对模拟语声信号，除常见的差分脉码调制（DPCM)、增量调制（ΔM)、分组编码（矢量量化编码、变换编码、子带编码）、分析/合成编码（声码器、线性预测编码）外，近年来低码率编码技术的进展更引人注目，例如自适应差分脉码调制（ADPCM）、多脉冲激励线性预测编码（MP-LPC）、码激励预测编码（CELP）等，数码率可下降到4～8kb/s，且可保证一定的话音质量。此外，对音乐、广播、电视、图像等信源编码的研究各国也在大力进行中。

3.3　加密与解密

为了保证数字信号与所传信息的安全，一般应采取加密措施。数字信号比起模拟信号来易于加密，且效果也好。这是数字通信突出的优点之一。仙农曾论证了绝对保密（perfect secrecy）的条件是：一次一密，且密钥的长度不小于明文的长度。这样的加密方法在实际应用上有很大困难，特别是对多目标用户，密钥分配就难于解决。70年代以来，由于社会上的需求日增，密码学有了很大的发展。可以说，美国国家标准局（NBS）颁布的数据加密标准（DES）和Diffie，Hellman提出的公钥体制（public key）是其发展的两个里程碑。DES属于块（block）加密，它将明文先分组，然后与密钥用代换及转换的方法“充分搅拌”。由于多次搅拌，虽然密钥较短，密码分析者也不易将其破译。经NBS三次审查，决定可以用到1992年。公开密钥体制的特点是加密密钥与解密密钥不同，加密密钥可以公开，解密密钥则加以隐蔽，知道了加密密钥也难于推出解密密钥，对密文不易破译。公钥体制是建立在一类难解的、求逆困难的数字问题上的。现已提出多种算法：Hellman和Diffie提出的算法基于离散对数求逆问题；Rivest，Shamir，Adleman提出的RSA体制是利用大素数难于进行因式分解；Merkle和Hellman的算法建立在背包问题基础上。目前，有报道对背包体制已可破译，因而有效的还是RSA体制。数据通信网的加密解密问题，如数字签名、认证、密钥的管理以及分配等问题正引起人们越来越大的注意。

3.4　信道编码与解码

数字信号在信道传输时，由于噪声、衰落以及人为干扰等，将会引起差错。仙农曾证明：如果信源的速率低于信道容量，可采用编码和解码的方法，以任意小的差错概率在有噪声的信道上传输信息。数十年来提出了许多编解码的方法，以减小比特差错概率或者减小所需的比特能量与干扰功率谱密度之比。编解码带来的好处是以带宽的增加为代价的。采用大规模集成电路可实现运算量大、体积小、重量轻的编解码器，从而可获得8dB的性能改善。信道编码的一类基本方法是波形编码，或称为信号设计，它把原来的波形变换成新的较好的波形，以改善其检测性能。编码过程主要是使被编码信号具有更好的距离特性（即信号之间的差别性更大）。属于这类的编码有双极性波形、正交波形、多元波形、双正交波形等。另一类基本方法是结构化序列，在信息码外引入一定代数结构的冗余码，用以检出或纠正所发生的差错。这类编码方法可获得与波形编码相似的差错概率，但所需带宽较小。在这一大类编码方法中，又可分为分组码和卷积码。线性分组码中一个子类是循环码，它可用反馈移位寄存器来实现，易于检错和纠错，是一种很有效的编解码方法。目前分组码中著名的有汉明码、格雷码、BCH码、RS码等。

卷积码的主要特点是有记忆特性，所编成的代码不仅是当前输入的信息码的函数，而且与以前输入的信息码有关。卷积码的译码算法有多种：序列译码、门限译码、Viterbi 最大似然译码，以及反馈译码等。为了纠正成片突发差错，采用交织的方法将其转变为随机差错。可以分组交织或卷积交织。此外，采用 Viterbi 译码的卷积码为内码，以 RS 码为外码的级连码，可以达到仅离仙农极限 4dB。

3.5 多路及多址技术

在一个多用户系统中，为了充分利用通信资源和增加总的数据库的吞吐量，可以采用多路或多址技术。二者都是对多用户合理有效地分配通信资源。但前者是用户要求固定分配或慢变化地分享通信资源，后者则为远程或动态变化地共享资源，以满足每一用户的需要。基本的方法有频分、时分、码分、空分和极化波分。所有这些方式的共同点在于各用户信号间互不干扰，在接收端易于区分，它们都是利用信号间互不重叠，在频域、时域、空域中的正交性或准正交性。其中频分和时分是经典的，码分则是利用在时域或频域及其二者的组合编码的准正交性。空分和极化波分，则是在不同空域中频率的重用和在同一空域中不同极化波的重用。在实际系统中，又多为这些多路和多址技术的组合，如 TDM/TDMA，FDM/FDMA 等。随着卫星通信网、信包无线通信网、局域计算机通信网的应用和发展，又出现了名目繁多的随机存取多址技术，如 ALOHA 及其各种变形，轮询技术，以及 SPADE，CSMA/CD，Token-Ring 等，它们多适用于突发信息传输的系统。这些多址技术又称为各种算法和协议，它们的性能主要表现在系统传输信息的吞吐量和时延上。目前各种不同通信方式和网络所采用的多址技术的研究仍方兴未艾。在理论和实用上都是数字通信中十分重要的研究领域。总的原则还是针对不同情况采用不同的多路/多址方式及其各种组合，以达到最佳的资源共享。

3.6 调制与解调

数字式的调制技术可分为相移键控（PSK）、频移键控（FSK）、幅度键控（ASK）、连续相位调制（CPM），以及它们的各种组合。对这些调制信号，在接收端可以进行相干解调或非相干解调。前者需要知道载波的相位才能检测，后者则不需要。对高斯噪声下信号的检测，一般用相关器接收机或抽样匹配滤波器。各种不同的调制方式具有不同的检测性能。标志各种调制方式的性能指标为比特差错概率 P_B，它是比特能量与噪声功率谱密度之比（E_b/N_o）dB 的函数。理想的比特差错概率特性为仙农极限，即 E_b/N_o 低于 -1.6dB 时，对于任何信息速率都不可能进行无差错的通信。例如对 BPSK 调制，比特差错概率为 10^{-5} 时需要 E_b/N_o 为 9.6dB。通过编码方法需要改善 11.2dB 才能达到理想的极限。近年来对带限信道调制的研究取得了很大的进展。在大容量数字通信系统中，采用多电平正交幅度调制 QAM，不增加带宽可提高数码率。目前 64QAM 已能达到（6bit/s）/Hz。

调制与编码过去一直是分别加以研究的，前者实际上相当于波形编码。在分别优化的基础上，将二者统一考虑，使之互相匹配，以达到组合优化。自网格状编码（Trellis Code）提出以来，这方面的研究进展很大。现已证明，在不增加带宽的条件下，利用增加符号集的多余度，增加信号之间的最小距离，在有加性白高斯噪声下，可得净编码增益3～6dB。应用Trellis编码QAM在2.4kHz通带内传19.2kb/s的MODEM，频带利用率达8bit/s/Hz。

3.7　扩展频谱技术

扩频通信的发展是与数字通信紧密相关的。扩频通信技术是一种信息传输方式，其信号所占有的频带远大于所传信息必须的最小带宽；频带的展宽是通过编码及调制的方法来实现的，并与所传信息数据无关；在收端则用相同的扩频码进行相关解调来解扩及恢复所传数据。按照信息论的理论，信号频带的增加，可在较低信噪比的情况下用相同的传息率以任意小的差错概率来传输信息。换句话说，带宽和信噪比是可以互换的。人们在传送信息时用了远大于信息带宽的代价，换来了一系列好处：①提高了抗干扰能力，信号频谱展得越宽，抗干扰性能越强；②由于展宽了频谱扩频信号具有低的功率谱密度，且有近似于噪声的性能，故不易为敌方所发现与截获，从而具有良好的隐蔽性与抗截获性；③利用扩频码优良的相关性能，可以实现码分多址（CDMA），在一宽频带上许多电台同时工作而互不干扰；④优良的相关性能还可用来分离不同路径传来的信号，用于抗多径干扰；⑤此外，还可用于比较两个码序列码元之差来精确测距和定时，其精度决定于伪码码元的宽度。总之，应用扩展频谱技术可以同时解决数字通信中诸多困难问题。常用的扩频方式有直接序列扩频（DS）和跳频（FH），以及跳时（TH）、线性调频（chirp）以及各种混合系统，如FH/DS，TH/DS，TH/FH等。实现扩频通信的关键技术问题有：扩频码的产生和选择，同步系统，即扩频码的搜捕和跟踪，应用于扩频通信中的前向纠错、交织和分集技术，加密，以及宽带信道机的研制，语声信息编码的扩频调制等。鉴于扩频通信具有一系列优点，目前已广泛应用于军事和民用数字通信中。在军事通信方面，扩频通信已用于海、陆、空三军多种通信装备中，不仅用于战略通信，也可用于战术通信，而且在所有频段上都可应用，并可同时用于导航、定位、定时、雷达、敌我识别、隐蔽通信等领域。在民用通信方面，已用于卫星通信、移动通信、信包无线通信网、电力线路通信等领域。

3.8　同步系统

同步问题是数字通信技术核心问题之一。它包括比特同步、符号同步、帧同步、载波同步、网同步等。可以说，没有同步就没有数字通信。实现接收端对发送端的同步方法，一般可用锁相环。在载波抑制时可用Costas环。符号同步可用开环的非线性滤波同步器，或用闭环的提前/迟后数据同步器。帧同步时发端产生帧标志符或同步码字，在收端用其判断一帧的始终。一个好的同步码字应具有自相关旁瓣要小的优良性能。例如巴克码序列则是一个较好的同步码字序列。在TDMA系统中，网络同步不仅要由中心站决定全网定时，同时由于各分站的位置和距离不同，还需要以其确定各分站至中心站及相互之间收发信号的定时同步问题。

除了上述8个主要技术问题外，尚有数字通信收发信机及数字信号在多径衰落信道传输的分析等问题，限于篇幅，这里不再赘述。

4 数字通信发展的局限性与发展趋势

数字通信的发展是一种必然趋势，但也有一定的局限性。其根源在于人们对数字通信系统的要求很多，实际上又很难全面达到。有些要求是相互矛盾的，有些要求还受到客观规律的限制与约束。人们希望数字通信系统有最大的传输比特率 R、最小的比特差错概率 P_b、系统所需带宽 W 最小、发射功率小或比特能量与噪声功率谱密度之比 Eb/No 最小等。对数字通信网则要求有最多的用户能最可靠地进行通信，即具有最大的抗干扰能力和最小的传输时延。当然，用户还希望系统不复杂、传输性能好、价格又低廉。这些要求之间的矛盾及受到的制约可归纳如下：

(1) 最大的 R 与最小的 P_b 是和最小的 W 与最小的 Eb/No 的要求相矛盾的。

(2) 传输速率受到奈奎斯特定理最小带宽要求的限制。典型的传输速率为 1 符号/秒/Hz。

(3) 仙农容量定理给出的 Eb/No 的极限值为 -1.6dB。现有编码方法尚未到此极限。

(4) 对多用户通信网，增加吞吐量与降低传输时延的要求难于同时满足。

(5) 数字通信的发展受到一个国家工业技术水平和元器件工艺水平等客观条件的制约。

综观数字通信在各个频段的应用和主要技术的进展，不容置疑，随着微电子技术、计算技术在数字通信中广泛的应用，数字通信的发展趋势是：小型化（集成化）、智能化、网络化，并在此基础上实现综合化。前三者易于理解，且正在逐步实现。

这里只强调一下综合化问题，它有三方面的含义：

(1) 数字通信技术的组合优化与整体综合优化

调制与编码的结合带来的好处启发人们去寻求其他技术的结合和优化。目前已开始研究的有信源编码与信道编码的结合、纠错与加密相结合、均衡与分集相结合等。此外，也在考虑数字通信系统整体优化问题。

(2) 数字通信的综合服务

通信的数字化与传输媒介的拓宽，给语声、数据、传真、图像的综合服务提供了实现的基础。窄带 ISDN 的研究与实施，异步传输模式（ATM）的实现，促进了宽带 ISDN 的发展。数字通信将在更为广泛的传输交换领域内进一步满足人们多种综合服务的需要。

(3) 多媒介的无线数字移动综合通信网

数字式蜂房移动通信、卫星移动通信、无绳电话和寻呼无线通信、建筑物内无线通信等在数字通信基础上的结合，将构成三维空间广阔的无线通信网。FPLMTS、个人通信网（PCN）、“铱”系统等概念和实施方案，使人们有可能在世界上任何时间和地点都能与其他任何人通信。它展现了数字通信应用的广阔天地。我们有理由相信，人们不受约束的自由通信的美好理想在不远的将来一定能够实现。

参考文献

［1］全国数字通信学术会议论文集，1990 年。

［2］中国通信学会成立十周年纪念论文集，1990。

［3］首届短波自适应通信技术研讨会论文集，1990。

［4］Proceedings of IEEE GLOBECOM'90。

［5］proceedings of IEEE ICC'90.

［6］proceedings of ISITA’90.

［7］《移动通信专辑》，通信学报，1991，No. 1。

［8］《光纤通信专辑》，电信科学，1990，No. 4。

［9］B. sklar，Digital Communications，1988.

［10］J. G. Proakis，Digital Communications，1989.

［11］K. Feher，Advanced Digital Communications，1987.

［12］张宏基，信源编码，人民邮电出版社，1980。

［13］［美］林舒等著，王育民、梁传甲译，差错控制编码，人民邮电出版社，1983。

［作者简介］李承恕，北方交通大学教授，从事通信学科的教学与科研工作，现任中国通信学会无线专业委员会主任委员。

论文 15

国家信息基础结构*

——信息高速公路

李承恕

（北方交通大学现代通信研究所　北京 100044）

摘要： 简述了信息高速公路的基本概念，简要地探讨了有关信息高速公路的几个基本问题。

关键词　信息高速公路　通信网

自美国克林顿政府提出建设“信息高速公路”的构想以来，在世界范围内引起了强烈的反响。美国政府于 1993 年 9 月制定了“国家信息基础结构：行动计划”的重要文件，并向国会提出再增加 20 亿美元作为高速信息网络的建设费用，以确保在 1997 年正式建成信息高速公路。总的投资将达数千亿美元。欧共体各国正拟定赶超美国信息高速公路的计划，日本拟投资 9500 万美元，按“新高度信息电信服务计划案”建立一个高速数据网络。新加坡也打算用 12.5 亿美元建立“国家信息基础设施”。在这样的情况下，全球高科技发展又面临一次新的挑战。下面我们简要地探讨有关信息高速公路的几个基本问题。

1　信息高速公路的基本概念

我们应该首先弄清楚信息高速公路的基本概念与定义，以及对它的评价和它所可能产生的影响。所谓信息高速公路就是一条很宽的信息通道，可以大量地、并行地、高速地传输信息。但信息高速公路只是一个形象化的基本概念，它实质上是一个非常宏伟壮丽的系统工程。信息高速公路的正式名称应该是国家信息基础结构，简称 NII。在美国发表的政府报告中对 NII 是有明确的定义的：“国家信息基础结构是一个能给用户随时提供大量信息的、由通信网络、计算机、数据库以及日用电子产品组成的完备（Seam-

* 本论文选自：电信科学，1994，06：51-56。

less）网络。”并且，“NII 能使所有美国人享用信息，并在任何时间和地点，通过声音、数据、图像或影像相互传递信息”。不仅如此，NII 还有更为广泛的含义：

• NII 包含了广泛和不断扩展的设备种类：电话、传真机、计算机、交换机、光盘、卫星、光纤、电视机、摄像机、打印机……等等。

• NII 信息源的内容也很广泛：电视节目、科学或商业数据库、图像、图书馆档案，以及政府机构、实验室、出版社、演播室每天产生的大量信息。

• NII 应具有大量的应用系统和软件，可供用户使用、处理、组织和整理由 NII 提供的信息。

• NII 应具有网络标准和传输编码，可供网络互联和兼容，并提供个人隐私、传输信息的保密，以及网络的安全性和可靠性。

• NII 还包含参与开发 NII 潜力的人们：主要是民间企业中产生信息、开发应用服务系统的供应商、经营者和服务提供者。

上述五种成分构成了国家信息基础结构的整体。可见 NII 的含义超出了只是硬件设备的概念。

不言而喻，实现信息高速公路是一场技术革命。这场革命将改变人们的生活、工作和相互交往的方式。可以说：NII 将对人类社会发展进程产生深远的不可估量的影响。

2　信息高速公路提供的服务及其作用

美国政府提出信息高速公路计划不是没有理由的。在其政府报告中做了如下一些设想：

• 无论你是在什么时候走到哪里，你都能面对家人交谈，可以看到最新的球队比赛的录像，可以浏览图书馆中最新的书刊，可以了解到市场上最新的价格。

• 所有的学生都可以学到全国最好的学校的教师的课程，不受时间和地点的限制。

• 无论你生活在什么地方，可以通过信息高速公路到你的办公室“上班”。

• 你在家里便可享用全国的医疗和保健服务。例如，可以用遥控医疗进行专家会诊，农村居民可获得城市水平的医疗。

• 小制造商可以进行世界范围的商品交易活动。

• 无论何时在舒适的家中可看到最新的电影和电视节目，看到世界上最新的新闻。

• 在家里即可向银行存款和向商店购物。

• 你可以及时获得社区和政府的信息。

• 各政府、企业及其他单位可用电子方式交换信息，减少文书工作，提高效率、改善服务。

但是，这些也只是一些激动人心的社会生活的变化。在全球市场和全球竞争的时代，产生、处理、管理和使用信息的技术对一个国家来说具有战略价值。NII 给国家带来的潜在利益是巨大的。

NII 计划的实现和应用将带来什么好处呢？美国政府的估计有以下六个方面：

①产生巨大的经济利益。NII 计划本身就将在一系列工业部门中每年创造多达 3000

亿美元新的销售额。预计到2007年国内生产总值增加到1940亿美元，国民生产总值增加到3210亿美元，生产率增加20%～40%。这些数字是非常可观的。此外，还可促进新技术和新产品的发展，例如功能强大的掌上计算机。此外，还可促进地方经济的发展和电子商业的发展，大大缩短产品的设计、制造和销售的周期等等。

②促进全民医疗保健事业的发展。电子系统的应用可以节省保健费用高达1000亿美元。遥控医疗系统、统一电子申报系统、个人健康信息系统等将极大地改善全民的健康状态。

③公民信息网络为公众提供多种多样的服务。NII的好处远远超过经济增长。利用NII可建立"电子公所（Electronic Commons）"。例如社区信息存取网络可为公众提供种类繁多的信息服务，包括社区活动日程、就业服务、教学及医疗服务等。NII可使政府和公众间信息自由流动，并起到传播政府信息的巨大作用，使信息为全民所有。

④促进科学研究的发展。NII将使科学家提高工作效率，解决过去所不能解决的一些重大课题。它将通过利用越来越多的计算机资源、遥控使用先进的科学仪器、使用世界范围内的各种数据库、共享文献资料、促进科学家间的交流和协作等。

⑤促进教育事业的发展。从长远的观点看问题，教育是国家兴衰的基础。NII可用来作为计算机为基础的教育，其成本—效益十分显著，可减少40%的时间和30%的费用，还可多学30%课程。NII将改变教师教课和学生学习的方式，推行学生、教师和专家之间协作式教学，在可以联机的"数字式图书馆"中获取各种信息，并可在不离开教室的情况下进行对博物馆、科学展览会等"虚拟的"现场参观，等等。

⑥提高政府的工作效能。利用NII可实现"电子化政府"，例如，建立电子方式提供政府福利的全国系统、政府信息公告和服务系统、国家执法/公安网络、政府部门的电子邮件系统，将大大提高政府工作效率和减少行政费用开支，并彻底改变政府机械的工作方式，实现一个高效、节俭的为全民服务的政府。

为此，美国政府将引导和推动NII计划，并促进民间企业大量投资建设。据估计总费用将高达数千亿美元。这一雄心勃勃的计划已开始实施，并为此制定了政府行动计划，从而确定了政府行动的原则和目标，成立了相应的政府及民间机构。总之，行动已经开始了。

3 信息高速公路的技术基础

美国政府报告并未涉及在技术上如何实现高速公路问题。那么NII在技术上有没有实现的可能性？还有些什么问题？从通信的角度来看，NII计划提出的目标和功能，在技术上应该说是可行的，并已具备了实现的技术基础。综观现代通信技术的发展趋势，以下10个通信新技术领域，可以作为实现NII的基本技术。

①光纤通信

自进入20世纪90年代以来，光纤通信进一步发展仍然是增大容量、增长距离和增加功能。

提高光纤传输的速度，也就增大了传输的容量。现在正在大力研究超高速光纤通信系统。除 2.4Gb/s 系统即将投入商用外，5Gb/s、10Gb/s 甚至 100Gb/s 的系统也正在研究。在增大容量方面，除副载波调制外，还可进一步采用光波复用技术。在增长传输距离方面，一种措施是采用 1.55μm 零色散波长光纤，另一种措施是采用掺铒光纤放大器。传输试验表明，无中继放大，传输距离可达 160km。在海底光缆传输试验中，无再生中继可传 9000km。除上述几种方法和措施外，采用相干光通信技术、光弧子传输和新型光电子器件等，都可使容量增大和距离延长。为了适应 B-ISDN 的发展，将采用异步转移模式（ATM）的交换技术，现已开始了光交换方法及光交换机的研究。

②宽带综合业务数字网（B-ISDN）及智能网（IN）

在信息社会，人们对通信的要求已不满足点对点的通信，而要求多点之间可以进行信息传输和交换。随着光纤通信技术、超大规模集成电路、ATM、图像压缩技术的发展，使 B-ISDN 有了实现的可能。B-ISDN 的实现将使人们获得更多、更广泛和更灵活的信息服务，从而促进人类社会生产力的进一步发展和生活更加丰富多彩。它将利用光纤和多媒体终端以及快速分组交换向人们综合提供话音、图像、高速数据、高保真伴音、电视、高清晰度电视等服务。

在通信网的发展中，智能网的出现和发展将大大增加网络的功能，同时多方面地向用户及时提供各种新的服务。智能网的应用和发展不仅使目前电话网面目一新，而且在未来的数字移动通信、个人通信和全球通信中都是必要的技术基础。

③ATM 与光交换机

ATM 的基本特征是信息的传输、复用和交换都以信元（cell）为基本单位。这种方式，既适合于高速交换，又适应于各种不同速率的要求。目前 ATM 已被 CCITT 确定为 B-ISDN 的交换方式，各国都在大力研究，并已开通实验系统。

光纤通信超大容量和超高速信息传输的发展，要求交换技术作相应的革命性的变革。用光直接进行交换可以避免光—电、电—光变换带来的种种麻烦。光交换技术和光交换机研究内容主要是光交换元件、光调制器、复用方式、光耦合器件、光逻辑部件和光连接部件等。目前的进展已为实现 ATM 的光交换打下初步基础。有希望在将来实现从终端到传输、交换的全光系统。

④增值服务

电信增值服务，即是在现有电信网络设备和服务的基础上通过某种技术手段使原有的电信服务得到增强。例如在公共电话网上通过技术措施连接一个信息数据库，存入各种信息，则用户可以通过电话拨号进行信息检索，获得诸如气象、交通、物价、商品等各种有用信息，使电话服务的价值得到增加。其中电话网的公众增值服务有注册传真服务、书信传真。用户电报网的公众增值服务有：自动储发、代收转送、信息检索、纵横传讯、用户电报全球邮递等。分组数据网的公众增值服务有：国际文件转发业务、国际电子邮件服务，以及一些其他公用数据库或信息业务。这方面的应用十分广泛。例如：公众医疗信息、通告信息服务、本地金融信息、电子邮件（E-mail）、可视图文、科学文献数据库、电子数据互换（EDI）等。

⑤多媒体通信

所谓多媒体服务，即是一个呼叫过程中提供多种信息类型的服务。例如仅用一次呼叫建立就可以进行声音、图像、电文和数据的通信。多种信息媒体的存在，使得多种媒体的通信变得日益重要，在多媒体通信中有以下几方面的问题需要进行研究：首先是多媒体终端的处理技术，它包括图像处理技术、语音处理技术、图形处理技术、媒体同步和多路复用技术。其次是多媒体信息传输和交换技术。第三，多媒体通信的组网技术。多媒体服务是一种极为复杂的网络技术。

⑥卫星通信

卫星通信仍在继续不断地取得新的进展。在通信体制上向数字通信方向发展。正从FDMA过渡到TDMA和CDMA。此外，中速数据（IDR）和国际商业业务（IBS）的数字业务也在开展。目前，卫星通信在以下一些方面更为人们所关注。

VSAT的发展从80年代开始的VSAT技术至90年代中期已进入第四代。它将成为超小孔径卫星站（USAT），并将向ISDN及个人通信网PCN方向发展。

移动卫星通信是当前研究的特点　在其高速发展中，有两种方案可以考虑。其一是同步轨道卫星（GSO），例如海事卫星系统（INMARSAT）。其二，是低轨道卫星移动通信系统（LEO）。例如美国的铱（IRIDIUM）系统，卫星系统通信将逐步向未来的全球个人通信方向发展。

卫星网络在个人通信（UPT/PCN）中的应用　CCITT在制定未来公用陆地移动通信系统（FPLMTS）的建议中，考虑了卫星网络在通用个人通信/个人通信网（UPT/PCN）中的应用问题，并制定了相应的无线接口建议。目前各国学者纷纷提出不同的方案，采用卫星移动通信来实现个人通信服务（PCS）或个人通信系统（PCS）。

⑦移动通信

蜂房移动通信正在从模拟向数字方向过渡。国外已有三种体制在平行发展，即欧洲的GSM、美国的数模兼容和日本制定的标准。目前GSM已有正式产品，正在一些国家开通使用。美国和日本正在大力开发和进行实际组网应用。另外一个更为值得注意的动向是采用码分多址（CDMA）技术。理论分析表明，采用码分多址技术可增加容量10～20倍，在解决扩容方面是很可观的。当前在美国发展CDMA移动通信的呼声很高，关于制式标准问题，已通过了Qualcomm公司的建议，形成IS—95标准。

在移动通信中，集群移动通信、无绳电话、无线寻呼、室内无线PABX等，都在不同程度上继续发展其功能和技术，并获得更为广泛的应用。

⑧无线数据通信

迄今为止，无线通信还是局限于话音通信，而无线数据的传输越来越受到人们的重视。其最大的优点仍然是便携性和移动性。实现无线数据传输有两种方案，即直接调制技术和采用蜂房移动通信网技术。目前随着笔记本式微机及便携式微机的应用，无线数据通信将有一个较大的发展，特别是在商用信息数据的交换上。

⑨个人通信

所谓个人通信，即无论任何人在任何时候和任何地方都能和世界上其他任何人进行通信。换句话说，即通信到个人而不是到电话机。人们将会用便携的、轻便小巧的手持机，以个人电话号进行呼叫和被呼，进行低速数据、传真、语声、图像等通信，不受任何时间和地点的限制。个人通信可以说是人类长期以来美好的理想和愿望。

目前各国都在致力于研究各种方案和途径，各种关键技术问题。已经提出了20多种实现个人通信的方案和途径。

⑩全球通信网

全球通信网意味着世界上所有的通信网将形成一个统一的整体。实现全球通信网，主要有三方面的问题：越洋洲际通信通道，全球通信网的规划与控制，全球智能化联网。

从技术进步和国际形势的发展来看，在21世纪，全球通信网的建立是一种必然的趋势。

展望21世纪，通信的发展从技术的角度看仍然是朝着数字化、宽带化、高速化、综合化、智能化、个人化和全球化的方向发展。

如果我们仔细地对照一下上述这些现代通信新技术的特点与达到的水平和NII确定的基本功能和目标，不难看出，对实现NII，它们都是必不可少的。正是因为有了这许多通信新技术的发展作基础，才促使人们提出NII这样宏伟壮丽的设想，也就是技术的发展已经达到能够解决NII提出的任务的时候了。因此，实现NII已不是空想。也正因为如此，NII才能吸引世界各国纷纷投入这一场高科技的竞争中来。但是，这些通信新技术仅仅是实现NII的技术基础。要真正全面实现设想中的NII，还有一段很长的路要走。可以预言，在最近两三年内，人们将会提出许多不同的方案和途径来实现人类信息社会最美好的前景。

4 我国如何建设信息高速公路

面对世界范围建设NII的热潮和高科技发展竞争的挑战，我们该怎么办呢？笔者的基本看法是：

①首先，对于我国要不要有NII？我国要不要建设NII的问题。我认为，从技术发展的必然趋势来看，我们迟早是要有的，也迟早是要建设NII的。因为任何新兴的技术的发展是不以人们的意志为转移的。到时候世界各国都有了NII，你也不得不去建设NII。

②我国正处在进一步改革开放的形势下。形势的要求，不发展NII也是不行的。大门是关不住的，外国有的好东西，总是要闯进来的。何况，我们自己也总会有人想方设法去弄进来呢！

③我国的实际情况是经济实力不强、技术还相对落后。因此，一定要充分利用别国的成果，把别人的成熟的东西拿来用，不要事事从头搞起。如果同时起步，肯定是竞争不过技术先进的国家的。

④但是，绝不能观望和等待。应积极投入研究和开发，努力跟上形势的发展。在科学技术的发展中，有时进展的速度是超过人们的预计的。

基于上述基本看法，现提出如下建议：

①我们应密切注视形势的发展。当前要认真地学习研究NII。不要无动于衷，也不要一知半解。

②从事技术工作的人员要认真探讨实现 NII 计划的方案、途径和关键技术。应提出实现中国的 NII 的具体方案和计划。

③应建立国家级的机构来规划、引导、推动、组织我国 NII 的建设。同时制定合适的政策和法规来吸引更多的民间企业的参与。

④做好收集信息情报和加强宣传报道工作，促进领导的重视与增进人们对 NII 的了解。大家齐心协力，实现宏伟壮丽的 NII 工程就有了希望。

论文 16

个人通信与全球通信网*

李承恕

北京北方交通大学现代通信研究所（100044）

摘要：简单介绍个人通信与全球通信网的发展现状以及实现个人通信的方案和途径，并对我国发展全球个人通信网提出了具体的看法和意见。

关键词：通信　个人通信　全球通信网

前　言

我国地大物博、人口众多，又面临加速全面改革开放的大好形势，通信网的建设至关重要。在探讨我国通信网发展战略和措施的时候，一定要考虑到形势的需要和通信新技术发展的趋势。个人通信将实现人类长期以来美好的理想和愿望：将来会有一天，无论如何人在任何时候和任何地方，都能自由地与世界上其他任何人进行通信。全球通信网将使全世界各个国家保持在政治、经济、文化上更为紧密与广泛的联系，促进人类社会的发展与进步。当前个人通信正在蓬勃兴起，全球通信网也在逐步形成。我们应抓住时机，认真对待这两方面的发展建设问题。

一、个人通信

1. 个人通信（Personal Communications）

个人通信至今尚无严格的定义。CCIR 于 1986 年制定第一代移动通信国际标准时提出了以个人全球通信为目标的“未来公众陆地移动通信系统”FPLMTS。个人通信的基本概念初步形成。1989 年英国政府发放许可证建立双向，个人通信网（PCN），首次出现了个人通信的名称。从此，在世界范围内掀起了研究开发个人通信的热潮。在美国开始时称为“个人通信服务”（PCS），该如何实现通信到个人的服务，它需采取各种不同的手段和途径．在概念上更为广泛。近来，有的学者认为称“个人通信系统”（PCS）

* 本论文选自：电子技术应用，1994，01：20-22 +40。

为好。但是，人们对个人通信的含义和应具备的功能、特点的理解基本上是一致的。简而言之，个人通信就是任何人随时随地可用便携的、轻便小巧的手持机与世界各地进行通信。PCN 或 PCS 还能提供各种非话服务，如低速数据、电传、传真、图像等。个人通信是以个人电话号进行呼叫或被呼，真正实现通信到个人而不是像现在这样通信到电话机。当然，要求电池使用寿命长、造价低：手持体积小、重量轻、能放在衬衫口袋里，是必须满足的。

2. 发展个人通信的技术基础

实现上述个人通信的基本功能和要求并非易事。但目前通信技术的发展已具备了基本条件，也就是说实现个人通信已不是人们达不到的幻想，而是指日可待的现实。应该说，发展个人通信已具备了坚实的技术基础，如城市自动电话网（PSTN）、城市间长途干线通信网、国际或洲际电缆、光纤、卫星通信，以及新近发展起来的蜂房移动通信、无绳电话、无线寻呼、室内无线通信、无线 PABX、卫星移动通信、多媒体通信等。其中有些已具备了个人通信的初步功能，有些可为实现个人通信提供先进的技术。在实现个人通信中，除了技术政策、频率分配、法规、标准、市场需求等问题外，在技术上，目前人们正致力于研究各种方案和途径、各种关键技术问题，并大力进行有关的现场试验，取得了必要的实测数据，从而一步一步地向最终目标前进。

3. 实现个人通信的各种方案和途径

（1）未来公众陆地移动通信系统（FPLMTS）

CCIR 主要进行标准化研究，现已提出初步建议。总的要求是为移动用户在全球范围内提供高质量的电话和非话服务，能与 PSTN、PDN、ISDN 网互联。还可与卫星移动网相连，实现国内和国际漫游。有关标准的制定工作，现仍在进行中。

（2）全能移动通信系统（UMTS）

此系统为欧洲各国在 PACE 计划内进行的研究，其服务与技术要求与 FPLMTS 一致。这一方案的基本指导思想为在欧洲 GSM 和 DECT 标准的基础上，将蜂房移动通信与无绳电话加以改进，相互靠拢以实现个人通信的各种功能。对用户而言，只要变换开关即可在二者范围内进行通信。

（3）通用个人通信（UPT）

CCITT 提出的 UPT 概念，与有线个人通信相联系，具有智能网（IN）特性，例如呼叫传送与转移、个人电话号、数据库存取、信用卡呼叫、800 号服务等。

（4）个人通信网（PCN）

英国政府于 1989 年发放许可证建立双向 PCN，要求采用 GSM 与 DECT 标准。欧洲电信标准局称其为数字蜂房系统 DCS1800。所用频率为（1710 ~ 1785）MHz 及（1805 ~ 1880）MHz。基地站能与 PSTN/ISDN 相连。手持机峰值功率等级为 1000 及 250mW，可在国内漫游。

（5）光或无线 LANS 与移动交换中心互连的系统方案，为 R Steele 所建议。

（6）全能数字便携无线通信系统（UDPRC）

美国 Bellcore 的 D. C. COX 建议的一种方案。系统结构是在室内天花板上装设天线，或在居民区街道上每隔（500～600）m架设高度为（6～9）m的天线，通过无线电码头（Port）与市话网相连。用户携带小功率（5mW）的手持机即可在任何地方进行通信。

（7）WINLAB建议的系统

美国Rutgers大学无线信息网络实验室（WINLAB）提出的方案是在结构上采用蜂房信包交换方式，将所有基地站连到城区网（MAN）上，并与PSTN、B-ISDN通过各种接口与系统各个单元连接。在传输技术上采用信包预约多址协议（PRMA）。

（8）先进的个人通信系统（APCS）

该系统是日本NTT提出的一种个人通信方案。系统结构的基本原则是：将有线与无线系统结合、个人通信服务应基于PSTN服务，能与不同网络互通。系统内部分成智能层、传输层和存取层，采用微小区。

（9）扩频码分多址个人通信网（SS-CDMA-PCN）

美国Millicom/PCN America公司建议采用DS扩频技术的CDMA制式。选用（1850～1900）MHz频段。用户连接至微小区，可有50个用户同时工作，发射功率为1mW。现已进行多次现场试验。

（10）同步码分多址系统（S-CDMA）

美国CYLINK公司建议的一种方案，每一微小区采用一个载波频率，形成以基地台为中心，并与其他移动台构成星形网。所有基地台均同步。所有微小区均用正交扩频码字。工作频段为（902～928）MHz。

（11）20/30GHz个人存取卫星系统（PASS）

美国JPL建议的一种方案，工作频段为20/30GHz。卫星与个人终端之间用多波束。频率重用通过点波束进行。用户天线可放在手持机上或载在帽子上，为电子可控天线。

（12）“铱”系统（IRIDUM）

美国Motolola公司申请研制并经营的一种“全球数字移动个人通信”卫星系统。采用许多低地球轨道卫星在7个极地轨道上运行，每个轨道面有11颗，总计77颗卫星，与铱外层电子数相等，故称为“铱”系统。该系统运用数字蜂房原理及点波束技术，工作频段为（1610～1626.5）MHz。

（13）前苏联COSCON系统

前苏联提出的一个全球空间通信系统，称为COSCON。它共有32颗低轨道卫星，分成4个轨道平面，每个平面8颗卫星。工作频段上行为（319.8～320）MHz，下行为（290～291.2）MHz。还有L频段，上行为（1656.5～1660.5）MHz。下行为（1555～1559）MHz。

（14）海事卫星（INMARSAT）通信系统

国际海事卫星组织经营的INMARSAT系统开始是为舰船通信服务的。90年代以来采用数字技术，提出4种新系统。可提供陆地、海上、空中移动通信服务。Inmarsat-M为一种低造价轻型终端，可放在手提包内、提供语音及数据服务，Inmarsat-C体积小、造价低，只提供各种数据服务。计划到21世纪提供口袋型卫星电话（Poesat）。

（15）澳大利亚MOBILSAT系统

此为澳大利亚建造的卫星移动通信系统。因波束只针对澳洲大陆，故可用增高益卫星天线，使地面终端体积小、价格低。它工作在L频段，主要特点是具有“移动ISDN”功能。

（16）北美卫星移动通信系统（MSAT）

此系统为美、加两国共同开发，计划各发射一颗卫星，互为备用，能覆盖整个北美大陆。移动终端用L频段，卫星与固定站用Ku频段。移动端与移动站经过跳由地面链路站中继进行通信。MSAT采用多波束天线，并与导航系统协同工作。

（17）40/50GHz毫米波个人卫星通信系统

日本空间研究公司（SCR）与NEC工程公司提出的一种方案，工作频段上行为（50.5~51.4）GHz，下行为（39.5~40.5）GHz。可提供1万个频道。由于毫米波天线尺寸小、增益高可使设备体积小、费用低。如采用多波束频率重用、多轨道及多颗卫星。则可为2千万名以上用户服务。

（18）SBTRI建议的方案

美国西南贝尔技术资源公司（SBTRI）建议的方案的基本思想为把现有各种通信服务方式和网络（PSTN、ISDN、Cellular、Data NTWK、PBX、LEC、PAGING等）同一个PCS服务控制系统（CSC）连接并管理起来。从而形成一个统一的网络。CSC采用智能网（IN）的原理和技术。用户可随时随地将其作为一个统一网的整体。并能获得所选择的服务。

（19）Locstar系统

美国Geostar公司提出的方案，采用扩频码分多址技术，可进行双向信息传输。卫星到移动台的数据流为1200b/s，移动台至卫星的数据率为15.625kb/s，二者均用1/2码率的差积编码。上行频率为L波段，下行频率为Ku波段。将来拟用两个以上的卫星进行定位。

（20）全球星（Globalstar）系统

该系统是美国Qualcomm公司提出的方案。采用48频低轨道卫星，可与地面公用及专用网相连。在技术上也采用扩频码分多址，可提供语声、数据、传真等通信服务，也可提供无线电定位、语声邮件，无线寻呼及应急服务。

4. WARC’92关于频率分配的决定

国际电信联盟（ITU）的WARC’92已经决定分配（1.7~2.69）GHz频带发展FPLMTS。所谓FPLMTS指的是那些能够提供广泛的服务（语音及非话），包括个人通信，并在区域或国际上漫游…。分配给陆地PCS的频段为（1855~2015）MHz及（2110~2200）MHz。对能提供PCS型的低地球轨道（LEO）卫星，工作在低于1GHz时频段为（149.5~150.5）MHz、（312~315）MHz及（387~390）MHz。对于工作在高于1GHz的LEO，则上行为（1610~1625.5）MHz，下行（2483.5~2520）MHz。

当前世界各国都十分重视PCS的发展。据估计，十年内PCS的产值将达500亿美元，可为1亿五千万人提供服务。至于西欧、北美等各国发展的具体情况，限于篇幅，不再一一介绍了。

二、全球通信网

通信技术的发展为实现全球通信网正在克服距离、时间、造价和语言上的障碍。40年前第一条跨越大西洋的电话电缆的建成是全球通信的开始。在过去十年全球通信发生了革命性的变革。引起变革的核心技术是微电子、光电子和软件。实现全球通信主要有三方面的问题：越洋洲际通信通道，通信网的规划、管理和控制，通讯智能化连网。

1. 越洋洲际通信通道

首先要克服距离上的障碍，才能实现全球通信联网。现有的手段为越洋电缆、海底光缆和卫星通信。

（1）越洋电缆

1956 年建成第一条跨越大西洋传输电缆 TAT-1。1959 年又建成 TAT-2。后来采用时分语声插空技术（TAST）使容量增加一倍。1976 年建成同轴电缆，并改进中继器，建成 TAT-6，可通数百路模拟电路。1983 年建成 TAT-7 可通 4000 路。今后随着光缆的应用，越洋电缆将停止发展。

（2）卫星通信

1962 年 AT&T 发射的第一颗通信实验卫星 Telstar 是卫星通信的开始。1966 年发射晨鸟（Early Bird）只通 120 的路电话。其后发射国际通信卫星。现在全世界有 120 多颗通信卫星。大多数都能传数万路电话，如 Intelsat Ⅳ就有 120.000 路电话及数个电视频道。

（3）海底光缆

基于光纤传输技术的光缆，使世界各地更为接近。采用单模的海底光缆 TAT-8 为一条大西洋单模光缆，可通 40.000 路电话。现在各国正致力于发展放大器及超长无中继器光纤。Bell Lab 已进行了两根 5GB/s、11000km 长的单根光纤的实验。

2. 全球通信网的规划与控制

系统容量的增加使造价下降，进而促进全球通信网业务量的增加，年增长率达（15 ~ 20)%。如再考虑今后 10 ~15 年的发展，规划问题十分繁杂。作为一个线性规划问题来处理，就有 5 个变数及 1 万 5 千条约束条件，现在发展的算法可在 1 分钟内解 50 万个变数的问题。全球通信网的网络管理和控制亦如此。如传输层、链路层、网络层的功能和故障恢复能力，实时路由选择，以及增加网络有效性和坚韧性等问题都是十分繁杂的。只有很好地解决这些问题，才有可能实现全球通信网。

3. 全球智能化联网

实现全球通信网，必须有全球智能化的联网（GIN）。它包括分布式交换结构、本地交换、长距离国际门路交换，以及采用国际共道信令 CCITTNO. 7 为基本交换服务提供智能化性能。智能网原理的应用可以增强网络功能和服务。特别是数字化后，可提供用户呼叫选择、800 号服务、免费电话、国际直拨（IDDD）、多媒体通信、可视会议、个人电话号、数据传输等。并可根据用户的需要增加交换和数据库及网络功能，从而增加各种新的服务。

综上所述，全球通信网的形成和发展，除了各国及国际间有关政治、军事、经济文化等因素外，在技术上也面临巨大的挑战。但从技术进步和国际形势的发展来看，全球通信网的建立是一种必然的趋势。

三、全球个人通信网

上面分别介绍了有关个人通信和全球通信网的一些情况。把二者结合起来，就是全球个人通信网。他们之间的关系是：没有全球通信网基础，是不可能实现个人通信的；不实现通信到个人，全球通信网也不能发挥应有的作用。因此，二者是一个问题的两个侧面，都是为了实现人类长期以来所希望的无所不在的通信的美好愿望。笔者认为发展全球个人通信网的途径应是：

- 个人通信是各种先进技术的结合；
- 个人通信是各种通信网络的互连；
- 个人通信是有线与无线的结合；
- 个人通信在国内的基础是市话网和长途通信网；
- 个人通信在国际间的基础是卫星通信和海底光缆；
- 实现通信到个人的基础是各种无线移动通信的接入技术；
- 建设好国内通信网作为全球通信网的基础；
- 参与国际合作发展卫星通信与海底光缆通信；
- 积极发展智能化的网络管理和控制技术；
- 积极发展微电子、光电子、软件技术。

四、结束语

20 世纪 90 年代是“通信的十年”。“无线革命”的高潮已经到来。我们通信工作者在通信网的建设问题上要立足当前、展望未来，应该抓住机遇、迎接挑战，为 21 世纪我国全球个人通信网的发展做出贡献。

（收稿日期：1993-10-11）

论文 17

信息社会的自由王国*

——"信息高速公路"初探

李承恕

北方交通大学现代通信研究所（100044）

摘要： 初步探讨了什么是信息高速公路、为什么要建设信息高速公路、怎样实现信息高速公路等基本问题。

关键词： 通信　信息高速公路

自美国克林顿政府提出建设"信息高速公路"的构想以来，在世界范围内引起了强烈的反响。美国政府于1993年9月制定了"国家信息基础结构：行动计划"的重要文件，并向国会提出再增加20亿美元作为高速信息网络的建设费用，以确保在1997年正式建成"信息高速公路"。总的投资将达数千亿美元。欧共体各国正拟定赶超美国信息高速公路的计划。日本拟投资9500万美元，按"新高度信息电信服务计划案"建立一个高速数据网络。新加坡也打算用12.5亿美元建立"国家信息基础设施"。在这样的情况下，全球高科技发展又面临一次新的挑战。

一、什么是"信息高速公路"

高速公路可让许多车辆同时并行地高速通行。那么，"信息高速公路"自然就是一条很宽的信息通道，可以大量地、并行地、高速地传输信息。高速公路可以联成网，信息高速公路也就能构成大容量、高速的信息传输网络。"信息高速公路"的正式名称应该是："国家信息基础结构"（National Information Infrastructure），简称NII。在美国发表的政府报告中对NII是有明确的定义的："国家信息基础结构是一个能给用户随时提供大量信息的、由通信网络、计算机、数据库以及日用电子产品组成的完备（Seamless）网络。"并且，"NII能使所有美国人享用信息，并在任何时间和地点，通过声音、数

* 本文选自：电子技术应用，1994（8）：24-25。

据、图像或影像相互传递信息。”不仅如此，NII 还有更为广泛的意义：

• NII 包含了广泛和不断扩展的设备种类：电话、传真机、计算机、交换机、光盘、卫星、光纤、电视机、摄像机、打印机……等。

• NII 信息源的内容也很广泛：电视节目、科学或商业数据库、图像、图书馆档案，以及政府机构、实验室、出版社、演播室每天产生的大量信息。

• NII 应具有大量的应用系统和软件，可供用户使用、处理、组织和整理由 NII 提供的信息。

• NII 应具有网格标准和传输编码，可供网络互联和兼容，并提供个人隐私、传输信息的保密，以及网络的安全性和可靠性。

• NII 还包含参与开发 NII 潜力的人们：主要是民间企业中产生信息、开发应用服务系统的供应商、经营者和服务提供者。

上述五种成分构成了国家信息基础结构的整体。可见 NII 的含义超出了只是硬件设备的概念。

我们通信工作者，对“个人通信”是比较熟悉的，即人们可能随时随地与世界上任何人进行通信。这是一个多少年来人们梦寐以求的理想境界。现在提出的 NII 在概念上、基本要求上和实现的规模上比个人通信系统/服务（PCS）范围更为广泛，内容更为丰富。我们不妨用以下一些语言来描述：“国家信息基础结构使人们可以随时随地自由而廉价地取得所需要的多种多样的社会信息服务。”

不言而喻，实现“信息高速公路”，或建成“国家信息基础结构”是一场革命。这场革命将永远改变人们的生活、工作和相互交往的方式。对人类社会在政治、经济、思想、生活方式、思维方法等各个方面的发展进程将产生深远的、不可估量的影响。

二、为什么要建设“信息高速公路”

美国政府提出“信息高速公路”计划在其政府报告中做了如下一些设想：

• 无论你是在什么时候走到哪里，你都能看到家人的影像并和你的家人交谈；你可以看到最新的球队比赛的录像；你可以浏览图书馆中最新的书刊；你可以了解到市场上最新的价格。

• 所有的学生都可以学到全国最好的学校的教师的课程，不受时间和地点的限制。

• 无论你生活在什么地方，可以通过“信息高速公路”到你的办公室上班。

• 你在家里便可享用全国的医疗和保健服务。例如，可以用遥控医疗进行专家会诊，农村居民可获得城市水平的医疗。

• 小制造商可以进行世界范围的商品交易活动。

• 无论何时可在舒适的家中看到最新的电影和电视节目，看到世界上最新的新闻。

• 在家里即可向银行存款和向商店购物。

• 你可以及时获得社区和政府的信息。

• 各政府、企业及其他单位可用电子方式交换信息，减少文书工作，提高效率、改善服务。

如此等等。全球市场和全球竞争的时代，产生、处理、管理和使用信息的技术对一个国家来说具有战略价值。NII 给国家带来的潜在利益是巨大的。

NII 计划的实现和应用将带来什么好处呢？美国政府的估计有以下六个方面：

1. 产生巨大的经济利益。NII 计划本身就将在一系列工业部门中每年创造多达 3000 亿美元新的销售额。预计到 2007 年国内生产总值增加到 1940 亿美元，国民生产总值增加到 3210 亿美元，生产率增加 20% 至 40%。这些数字是非常可观的。仅就发展个人通信服务（PCS）来说，在今后 10～15 年间将增加 30 万个就业机会。此外，还可促进新技术和新产品的发展，例如功能强大的掌上计算机。此外，还可促进地方经济的发展和电子商业的发展，大大缩短产品的设计、制造和销售的周期等。

2. 促进全民医疗保健事业的发展。电子系统的应用可以节省保健费用高达 1000 亿美元。遥控医疗系统、统一电子申报系统、个人健康信息系统、计算机化病历等将极大地改善全民的健康状态。

3. 公民信息网络为公众提供多种多样的服务。NII 的好处远远超过经济增长。利用 NII 可建立“电子公所”（Electronic Commons）。例如社区信息存取网络可为公众提供种类繁多的信息服务，包括社区活动日程、就业服务、教学及医疗服务等。NII 可使政府和公众间信息自由流动，并起到传播政府信息的巨大作用，使信息为全民所有。

4. 促进科学研究的发展。NII 将使科学家提高工作效率，解决过去所不能解决的一些重大课题。它将通过利用越来越多的计算机资源、遥控使用先进的科学仪器、使用世界范围内的各种数据库、共享文献资料、促进科学家间的交流和协作等。这样既节约了时间，又提高了效率，缩短了取得成果的周期。

5. 促进教育事业的发展。从长远的观点看问题，教育是国家兴衰的基础。NII 可用来作为计算机为基础的教育，其成本——效益十分显著，可减少 40% 的时间和 30% 的费用，还可多学 30% 课程。NII 将改变教师教课和学生学习的方式，推行学生、教师和专家之间协作式教学，在可以联机的“数字式图书馆”中获取各种信息，并可在不离开教室的情况下进行对博物馆、科学展览会等“虚拟的”现场参观。

6. 提高政府的工作效能。利用 NII 可实现“电子化 政府”，既能改进政府服务的质量，还能节省费用。例如，建立电子方式提供政府福利的全国系统、政府信息公告和服务系统、国家执法/公安网络、政府部门的电子邮件系统，将大大提高政府工作效率和减步行政费用开支，并彻底改变政府机械的工作方式，实现一个高效、节俭为全民服务的政府。

为了达到上述目的，美国政府将引导和推动 NII 计划，并促进民间企业大量投资建设。据估计总费用将高达数千亿美元，以确保在 1997 年正式建成。这一雄心勃勃的计划已开始实施。并为此制定了政府行动计划，从而确定了政府行动的原则和目标，成立了相应的政府及民间机构。

三、怎样实现“信息高速公路”

美国政府报告并未涉及在技术上如何实现高速公路问题。那么 NII 在技术上有没有实现的可能性？还有些什么问题？迄今为止，尚未见发表有关 NII 的技术方案和具体如何实现的资料。我们仅从通信的角度来看，NII 计划提出的目标和功能，在技术上应该说是可行的，并已具备了实现的技术基础。综观现代通信技术的发展趋势，以下 10 个通信方面新技术领域，可以作为实现 NII 的基础技术：

1. 光纤通信，2. 宽带综合业务数字网（B-ISDN）及智能网（IN），3. ATM 与光交换机，4. 增值服务，5. 多媒体通信，6. 卫星通信，7. 移动通信，8. 无线数据通信，9. 个人通信，10. 全球通信网。

如果我们仔细地对照一下上述这些现代通信新技术的特点与达到的水平和 NII 确定的基本功能和目标，不难看出，对实现 NII，它们都是必不可少的。正是因为有了这许多通信新技术的发展作基础，才促使人们提出 NII 这样宏伟壮丽的设想，也就是技术的发展已经达到能够解决 NII 提出的任务的时候了。因此，实现 NII 已不是空想。也正因为如此，NII 才能吸引世界各国纷纷投入这一场高科技的竞争中来。但是，这些通信新技术是实现 NII 的技术基础，也仅仅是技术基础。要真正全面实现设想中的 NII，还有一段很长的路要走。可以预言，在最近两三年内，人们将会提出许多不同的方案和途径来实现人类信息社会最美好的前景。

（收稿日期：1994-03-31）

论文 18

扩频通信在民用通信中的应用*

李承恕　姜为民

进入20世纪90年代以来，扩频通信在军事通信的应用中取得巨大成就的基础上，又开始向民用通信领域发展。其来势之猛，也是人们所未料及的。主要有三方面的原因：其一是随着国际形势的变化，各国军事预算压缩，军品订货锐减，因此原来从事军用扩频通信的研究发展部门与工业企业都纷纷转入民用方面的开发，以寻找出路；其二是“无线革命”的兴起，数字蜂房移动通信、个人通信、无绳电话、室内无线通信等新兴通信方式，要求采用能节约频带的技术，故解决频带拥挤问题，使人们考虑到扩频通信可与现有各种通信并存，是一种提高频带利用率的有效途径；其三是市场需求的推动，有人说，过去的80年代是“计算机的十年”，而90年代是“通信的十年”。采用新的通信技术不仅为了占有国内外市场，也是一个具有战略意义的高技术制高点。下面对扩频通信在民用通信的应用和发展前景作一简要介绍。

一、数字蜂房移动通信

各国模拟蜂房移动通信已有很大发展，但仍然满足不了需求。解决移动通信的容量问题成为当务之急。采用扩频码分多址技术是一种十分有效的途径。现有的模拟蜂房移动通信都采用频分多址（FDMA），工作在800MHz频段，只有12.5M带宽。为了减少频率重用中的干扰，通常分成7个频率小区。每一个小区能占用频带12.5MHz/7 = 1.8MHz。如果每个用户信道为30kHz，则每小区可容纳的用户数为1.8MHz/30kHz = 60，除去信令等信道外，实际的用户数只有55个。采用数字式的时分多址（TDMA），容量可以大为改善。为了保证一定的语声质量，目前可用4800bit/s的语声编码，及QPSK数字调制，则30kHz信道可容纳30kHz/4.8K = 6个用户，即容量可增加6倍。这是一个很可观的数字。如果降低对语声质量的要求，进一步降低编码率，采用2400bit/s，则可增加容量12倍。这是目前各国大力发展数字移动通信的根本原因。

---

* 本文选自：自动化博览，1994（03）：28-29。

采用扩频码分多址技术（CDMA），还会使通信容量有更大幅度的增加。由于每个用户被分配一个伪随机码，因而相邻小区可共用一个频带。扣除相邻小区的干扰，大约可增加容量2倍多。如果数字化以后应用语声插空技术（DSI），又可增加容量3倍。另外在一个小区中采用3个120°的定向天线，还可增加容量3倍。总计可增加容量近20倍。这是一个很惊人的数字。可见，应用扩频码分多址技术有巨大的增加容量的潜力。这正是许多知名学者倡导采用扩频码分多址技术的主要原因。归纳起来，扩频码分多址技术应用于移动通信的优点有：

1. 人们谈话时激活周期只有35%，由于共用一射频频带可减少相互干扰65%，而增加容量2倍。

2. 由于各小区都用一个频率，可节省设备空间，安装也简单。

3. 可能增加的容量：设m为每小区的信道数，则$m_{CDMA}=4m_{TDMA}=20m_{FM}$。

4. 小区之间过境不需转换频率的“硬切换”，只需变换码型的“软切换”。

5. CDMA不需时分多址（TDMA）那样的时间保护间隔。可节省时间比特。

6. 宽带信号衰落较小，城区比郊区更明显。

7. CDMA不需频率管理与动态频率分配。

8. 可与目前窄带FM信号的频带相重叠。

9. 扩频码分宽带通信系统是噪声受限的系统。用户数的增加只引起系统性能的逐步变坏是一种“软容量”系统。

10. CDMA一般采用相关器。在数据率为10kbit/s时亦可不用均衡器。

11. 对于微小区和楼内无线通信，CDMA是比较合适的通信方式。

二、个人通信网

自1990年英国政府发放了三个许可证去经营个人通信网（PCN）以来，世界各国著名的公司和集团纷纷投入开发PCN的洪流。PCN基本上是无线的，可以接入市话有线网，为现有本地网的另一种无线的选择，而与蜂房移动通信系统、无线寻呼系统以及移动电话系统相竞争。英国的PCN采用TDMA，希望系统的价格较现有的蜂房移动系统便宜。在美国有的集团和公司也开始进行DS-CDMA PCN系统的开发。因所选频段为1850~1990MHz，正是分配给微波通信所用的频段，但实际上微波通信使用不多。目前主要进行现场测试，看其是否能与现存系统共用此频段。现在建议的网络为“微小区”结构，每微小区容量为同时有50个用户在运行，每一用户的发射功率仅1mW，对现存的微波用户不应产生可觉察的干扰。1991年4月在美国休斯敦和奥尔兰多进行的测试表明：宽带CDMA网络可以和现有微波系统共存。当50个PCN用户在直径为1200英尺的单个小区内，不用陷波滤波器和话音激活的情况下对微波用户没有明显的干扰，微波用户运行正常。CDMA系统的用户在移动台功率为10μW或更小时，能保持很好的通话质量不受微波信号的影响。同时测试还获得了该频段在市区、郊区、农村和楼内电波传播的衰落情况，确认采用扩频码分体制确有许多优越性。

三、烟火匪情等报警及公安隐蔽通信

扩频通信，或者其他无线通信用于烟火匪情等报警系统有一定的优点。由于扩频通信所需功率甚小，可由电池长期供电，把各处传感器探测到的意外情况发向中心处理站。

扩频通信还有一个很有特色的地方，就是具有很低的被截获概率，说得通俗点，就是有时用专门的测量仪器也很难判定一台扩频发信机是否在发信。因此这一点对政府的一些部门，如公安部门、国家安全部门、政法部门等的隐蔽传输信息很有帮助。打一个简单的比喻，如果说现在用一个调频手持机把频率调到适当的地方就能听到公安部门的通信的话，则使用扩频体制之后，装上一车的侦听设备也不一定能听到什么。

四、体育竞赛通信与证券交易所通信

体育竞赛时，足球队、棒球队等内部教练与队员，或队员与队员之间的通信，如果采用扩频通信，则不会被对手所窃听。

过去证券交易所中交换信息是打手势。为了增加通信的容量，DS CDMA 可被采用。如果用 2 400bit/s 的语声编码，1/2 码率的 FEC，处理增益为 40dB，所需带宽为 48MHz，最大的用户数可达 7 500 人，当然其保密性是很强的。

五、数字立体声广播与业余无线电通信

FM 立体声广播工作在 88 ~ 108MHz，带宽为 200kHz，如果采用扩频技术，则不但可以达到激光音响的效果，还可使频道数增加十倍。

业余无线电爱好者是第一位民用扩频通信的用户。业余无线电频段在 HF，1 ~ 30MHz，由天波传播、通信由于衰落极不稳定，采用跳频扩频通信，则具有良好的抗衰落能力。

现在，无线通信革命正在兴起，而无线扩频通信正以其低功耗、高容量、抗干扰、隐蔽性好等特点找到它的用武之地。

论文 *19*

迅速崛起的无线数据通信网*

李承恕　北方交通大学教授，博士生导师，现代通信研究所所长。中国通信学会常务理事，无线通信委员会主任委员，《通信学报》常务编委。IEEE 北京分部通信分会副主席。曾在苏联、美国留学，获博士学位。主要从事无线电通信、计算机通信、移动通信、个人通信、扩频通信等领域的教学和科研工作。

随着各种各样计算机的广泛应用，以及应用范围和场合的不断扩大，各种信息传播与交换的日益增长促使了计算机通信网的发展和应用。计算机通信网，简而言之，就是多个计算机由通信线路连接成网。早期计算机通信网发展的目的在于大型计算机之间资源共享，充分发挥大型数据库的作用和高速的计算能力，提高计算机的使用效率。限于通信技术的发展水平，所采用的通信线路多为有线通信。今天大家所熟悉的广域网、城域网、局域网就是在此基础上不断发展和完善起来的。

自 20 世纪 80 年代以来，计算机越来越小型化，再加上无线通信中的数字通信、移动通信、卫星通信等先进技术的迅猛发展，无线计算机通信网也日益受到人们的重视。多个计算机用无线通信信道相互连接起来，就构成了无线计算机通信网。由于计算机通信网主要是传播和交换各种数据，因而人们也称之为无线数据通信网。但无线数据通信网的含义更为广泛，它不再限于计算机的数据，也可传播和交换其他各种各样的数据。下面我们简要地介绍有关无线数据通信网的几个基本问题。

一、无线数据通信网的特点

顾名思义，无线数据通信网就是用无线信道传输数据的通信网。它的基本特点就包含在以下三个方面：

---

* 本论文选自：中国经济和信息化，1994（11）：31-33。

1. 采用无线信道

在人们活动的空间里，可以说电磁波的传播无所不在。计算机之间，或者用户之间的通信联系采用无线电波将不受“有线”的限制和约束。因而具有更大的移动性，并扩大了通信范围，增强了灵活性。但是，用无线信道传输数据，也有其不利的一面，即电磁波传播的条件较为恶劣，需要解决一系列技术上的难题。例如电波传播地形地物引起的反射、折射、绕射、散射等形成的多径干扰和信号电平的衰落。在数字通信中的误码和码间干扰，就是一个十分复杂而难于克服的问题。比起有线通信来，用无线来传数据，必须采用一系列更为先进的通信技术。

2. 传输的是数据信号

通常话音信号是连续的模拟信号，而数据信号是离散的数字信号。在传输数据时对信道误码率的要求比传输话音时要高得多。虽然在话音信号数字化以后，采用的技术大体相同，都是数字通信系统。但应用的纠错编码、交织、分集、数字调制等技术要求达到的指标更为严格。当然，数字通信系统本身，可采用集成电路等小型元器件，从而可以做到体积小、重量轻、造价低。这也是传输数据有利的一面。

3. 多点构成的无线通信网络

点对点的无线通信系统相对说来比较简单，而无线通信网络就要复杂得多。对于无线数据通信网，我们需要建立一整套特殊的、不同于有线计算机网的规程、协议和算法，来协调各结点之间的通信。特别是要解决各结点之间在同时发射无线电波信号时产生的相互干扰的矛盾和问题。这就是所谓的无线通信网的多址方式和无线接入技术。另外，如果考虑到各结点在移动和运动状态下运行，以及要求在有人为干扰条件下保持可靠的通信时，还应采取一些新型的组网方式和技术。

二、无线数据通信网的类型

现有的无线数据通信网种类繁多，在频率上覆盖了整个电磁波谱，在空间上达到了人类活动的所有场所。下面介绍常用的几种类型。

1. 信包无线通信网

70 年代初期，随着计算机通信网的出现，人们试图用无线信道组成无线计算机网，以适应各种复杂地形下的通信和移动体之间的信息传输。由于它把信包交换技术推广到多址无线信道中来，故称为信包无线通信网（Packet Radio Networks），也叫作分组无线网。最早的信包无线通信网是美国夏威夷大学的 ALOHA 系统，它把分布在几个岛上的计算机与中心计算机连成一个单跳星形网。这种以多个用户随机发送信包的形式共享一宽带广播无线信道的多址方式，引起了人们的极大兴趣。其后，美国国防部在 1972 年开始投资进行研制多跳分布式信包无线网 PRNET。到 1978 年连续研制了第一代实验设备 EPR 及第二代具有电子反对抗能力的改进型设备 UPR。现已研制出新一代的低造价信包无线设备 Low-Cost PR 样机。它的基本特点为：（1）将信包交换技术和计算机联网技术应用于无线信道；（2）采用分布式网络结构，满足移动通信的需要；（3）采用扩频通信技术，使许多用户共用一宽带广播信道，具有较强的抗多径干扰及抗人为干扰的能力；（4）多址协议采用纯 ALOHA、分时片 ALOHA、CSMA、BTMA 等方式，以实现网络的管理功能；（5）网中每一节点包含一个收发信机及数字控制单元，以完成网络控制功能，并与本地计算机或终端相连接；（6）射频频率范围下限为 VHF 高端，上限为 10GHz；（7）可传播数据、数字话音、图像等多种信息，并可同时完成综合服务、定时、定位、敌我识别等功能。这种网络的应用前景十分广阔，美国已用于陆军战斗网无线电系统及控制 MX 导弹的通信网；在民用移动通信及业余无线电网中也有应用。

近年来在美国海军短波通信中，研制了一种高频特遣舰队内部通信网（HFITF），提出了“自组织无线通信网”概念和技术。该网是以节点群动态结构为特点，由普通节点、群首节点和门道节点组成。网络各节点按同一节点群算法自行从散漫无章的状态组织起来。节点间定期交换网络状态信息，根据变化了的情况，再重新组织起来，故称为“自组织无线通信网”。这一网络采用扩频信号和码分多址技术、纠错编码技术等，使整个网络具有很高的抗毁性、顽存性和抗干扰性。

除军用通信外，在民用业余无线电通信网中也有很大的发展。业余信包无线电网（APR）的节点结构简单，它利用现有的民用电台加上一个终端节点控制器（TNC）构成。APR 采用 CCITT 的 AX. 25 协议，传输低速数据。

信包无线通信网还可构成世界范围的信包无线网 WPRN。它由符合 AX. 25 协议的 TNC 进行组网。至 80 年代末已有 40000 个节点。它可适用于 HF、VHF、UHF 频段。此外，除地面无线信道外，还可采用卫星信道构成世界业余信包卫星通信网。目前美国、英国、日本等都已建立这种网络。

2. 甚小口径天线地球站卫星通信网

世界上数以万计的个人计算机投入使用，日益要求相互联网，采用甚小口径天线终端的卫星通信网就应运而生。它是由工作在 C 波段（4～6GHz）或 Ku 波段（11～14GHz）的小型地球站联网而成。由于其天线口径尺寸很小，约为 0. 3～2. 4 米，设备结构简单，体积小，故有时称为小卫星数据站（VSAT）。VSAT 主要由卫星转发器、具有大口径天线的中心站和众多的具有小口径天线的小站组成。卫星转发器在 C 或 Ku 波段起到转发无线电信号的作用。中心站天线一般口径尺寸在 3. 5～11m 之间，它一方面将收到的小站信号放大变频后再经卫星转发器广播出去，另一方面对全网进行控制和管理。小站设备主要由室外单元和室内单元组成。其射频单元与天线设置在室外，故称室外单元。它要能适应室外恶劣的工作环境，一般输出功率为 5～20W。室内单元包含中频部分及基带信号处理部分，并由接口与计算机相连接。VSAT 一般以传数据为主，由中心站至小站的数据率为 56～512Kb/s，由小站至中心站的数据率为 9. 6～128Kb/s。VSAT 的组网方式大多数是星状网，即一个主站和众多的小站组成。由于主站一旦失效可引起全网瘫痪，通常主站应有备份。VSAT 也可组成网状网。但由于无中心站进行信号的放大与转发，小站之间只能直接完成通信，小站天线较大，在 C 波段，直径可达 4～5m。任一站设置网控设备即成为网控中心。这种结构的优点是非网控中心小站发生故障不会影响全网的工作。当然也可采用星状网与网状网构成的混合型网络结构。在多址方式上目前采用的有 TDM/SCPC、TDM/SSMA 和 TDM/MFTDMA 等，都各有其特点。

VSAT 系统由于造价低，建网快，组网灵活，安装及维修方便受到广大用户欢迎。在我国由 20 世纪 80 年代中期至今已有 40 多个系统，几千个小站，其应用领域已涉及金融、证券、新闻机构、能源交通、水文气象、旅游及军事等部门。

3. 无线局域网

计算机局域网通常是由电缆或双绞线将多个计算机或终端连接成网。近年来由于微机大量应用于办公室自动化，为了摆脱安装连接线的约束，采用无线信道连成无线局域网（WLAN），越来越受到人们的重视。它的应用环境一般为半径几十米至一公里的范围，或高层建筑的一层楼以及大的车间或厂房等场所。与有线局域网相比较，WLAN 有以下一些特点。首先，无线电波在不同的频段上传播的特性不同。在 VHF 及 UHF 频段，数据传输率一般小于 1Mb/s，只有 200Kb/s 左右。其次，为了抗大楼内外电波传播引起的多径衰落，可采用扩频技术。直接序列扩频还能与现有通信系统兼容，不需另外分配频率。工作频段多选在 900MHz，1.8GHz 及 2.4GHz 频段。在多址方式上，如果采用扩频，则可及时实现码分多址（CDMA），此时所传送的数据率还可提高。对于无线局域网，目前国际上正在制定统一的标准。在产品方面，加拿大、美国的一些大公司纷纷推出集成度很高的产品。例如美国摩托罗拉公司的无线局域网工作频率为 18.8 ~ 19.2GHz，传输速率为 80 ~ 100Mb/s，传输距离为 40 英尺。美国 AT&T 公司的无线局域网工作频率为 2.4GHz，采用 DS 扩频技术，传输速率为 2Mb/s，传输距离室内为 180m，室外 30Km（应采用定向天线）。从发展前景来看，无线局域网市场很可观。有人预测到 1995 年，无线局域网将占世界局域网市场的 1 ~ 6%。我国有的院所已开展了这方面的研制工作。但样机在性能指标上比国外产品尚有很大的差距。

4. 移动数据通信网

移动数据通信网（Moible Data Communiection Network）的应用将使“移动办公室”逐步成为现实。特别是膝上计算机和笔记本式计算机的出现更加速了这一进程。

第一种方法是采用射频调制解调器将便携式计算机传来的“0”“1”信号对无线载波进行调制。调制方式可以是 PSK 或 FSK。在调制前应对数据流进行平滑滤波。在接收时，经限幅、抽样、判决，最后解调成基带信号，经滤波恢复成发射的信息。它在原理上与有线通信中的调制解调器并无多大区别，但必须克服在电波传播过程中引起的多径干扰和衰落现象。从技术角度讲所遇到的技术难点是解决在拥挤的射频环境中的各种干扰。并且射频调制器必须做得足够小巧和轻便。一种手持的射频调制解调器所传数据率可达 9.6Kb/s，它直接与 VHF FM 收发信机相连。

第二种方法也是利用调制解调器在模拟蜂窝移动通信中实现数据传输。这种蜂窝调制解调器可直接接通带有调制解调器的计算机或终端，也可和其他蜂窝数据接收机互联。在有线用户呼叫移动用户时与传统的有线调制解调器呼叫很相似，并经过移动电话交换局和基站与移动后的蜂窝调制解调器相通。但从移动用户呼叫有线用户过程中，由于原来设计的信道机是传送模拟话音的，故对数据信号产生的非线性等不利影响。另外，对蜂窝移动通信网中的越区切换，半秒以上的切换时间可能导致载波丢失和调制解调器停止工作。这一问题可以采用数据在切换时推迟发射来解决。此外，还应认真解决无线瑞利衰落信道引起的数据突发差错问题。但上述这些问题目前都已基本得到解决。

第三种方法就是在数字蜂窝移动通信中除传数字话音外也传数据。由于设计的是数字通信系统，传送以数字信号为特点和数据是不成问题的。当前数字蜂窝移动通信系统已有产品问世，并已开始在世界各国投入运营。今后，由数字蜂窝移动通信系统来实现移动数据通信网就成为轻而易举的事情了。

三、无线数据通信网的应用

对于大范围、有成百上千个用户需要进行数据的传输和交换时，可采用信包无线网。它的提出和发展，开始应用在军事通信上，例如陆地野战通信网。自组织无线通信网则更是根据海年的实战要求研制的。对于需要全球性的数据通信网，则信包卫星通信网将发挥重要的作用。而目前业余信包无线网和 WPRN 也已实现全球性的联网。

在一个国家内的广大地区，特别是边远和人口稀少的地区需要进行数据传输和交换时，VSAT 系统是最为合适。在我国已经建立众多 VSAT 网就是应金融、证券、新闻、交通、能源、水文、气象、旅游、军事等企业团体的需要而形成的专用无线数据通信网，它可为各单位和部门提供多种形式的服务，如广播及分配数据业务、采集和监控数据业务、交互型数据业务和可移动型数据业务等。在我国，VSAT 有着十分广阔的市场应用前景。

对于城区和省区范围内的数据传输需求，一般可由移动数据通信网来满足。用户对象包括旅行找销员、房地产经纪人、货运员，以及海防队、警察局等紧急任务工作人员。它可提供实时、移动、远程数据的存取和处理。目前在国外，已建立有公共移动数据网，供社会各界使用。

无线局域网的发展和应用越来越受到人们的重视。它可广泛应用于机关、学校、工厂、街区、图书馆、股票交易市场、大型商场和购物中心等场所。它可大大提高工作效率和促进生产的发展，其市场需求和应用前景是十分可观的。

四、无线数据通信网的前景

综上所述，无线数据网的现状可以说仍处在发展的初级阶段，总的发展趋势和前景是：综合化、个人化、全球化和高速化。

过去无线通信以话音为主情况正在被数据/话音兼容逐步取代。并将逐步发展成话音、数据、图像综合在一起的多媒体通信系统。

无线数据通信网将逐步与个人通信相结合，也就是它将无所不在。人们可在任何时候和任何地方获得话音和数据服务。

无线数据网将在全球范围内连网，并将趋向无线与有线数据网的结合，为人们提供多种多样的数据服务。目前的 InterNet 国际计算机联网就是一例。未来的“信息高速公路”更有其灿烂的前景。

我国是一个发展中国家，也是一个经济高速发展的国家。无线数据通信网的研制和应用可以说刚刚起步。随着通信技术和计算机技术的发展，以及社会上的需求和市场的推动，可以预计无线数据通信网将有一个更大规模的和更高速度的发展。

论文 20

建设“信息高速铁路”初探①*

李承恕

（北方交通大学北京）

自美国克林顿政府提出建设“信息高速公路”的构想以来，在世界范围内引起了强烈的反响。美国政府于 1993 年 9 月制定了“国家信息基础结构：行动计划”的重要文件，并向国会提出再增加 20 亿美元作为高速信息网络的建设费用，以确保在 1997 年正式建成“信息高速公路”。总的投资将达数千亿美元。欧共体各国正拟定赶超美国信息高速公路的计划。日本拟投资 9500 万美元，按“新高度信息电信服务计划案”建立一个高速数据网络。新加坡也打算用 12. 5 亿美元建立“国家信息基础设施”。在这样的情况下，全球高科技发展又面临一次新的挑战。在我国，建设信息高速公路的问题也引起了广泛的关注。国家科委、中科院、邮电部、电子部、各省市及新闻单位等都有所行动。有的组织了专家学者进行研讨，提出发展战略和对策。在报刊上也开始广泛的宣传介绍。铁路运输作为国家的重要的经济命脉，其信息系统和通信网络是国家信息网络的重要组成部分。在考虑如何建设我国信息高速公路的时候，如何建设铁路高速信息网络的问题也自然而然地提到了议事日程上来。本文提出了“信息高速铁路”的基本概念，并初步探讨如何在我国建设信息高速铁路，以及无线通信与信息高速铁路的关系等问题。希望能引起更多同志的关注，并参与这一问题的研讨。

1 “信息高速公路”基本概念

1.1 什么是“信息高速公路”

我们应该首先弄清楚“信息高速公路”的基本概念与定义，以及对它的评价和它所可能产生的影响。所谓“信息高速公路”，可以说是一个通俗的解释，让大多数人都

① 本文于 1995 年 1 月 6 日收到。李承恕 教授 北方交通大学现代通信研究所 邮码：100044

* 本文选自：铁道学报，1995（02）：83-87。

能理解的概念。大家都清楚：高速公路就是一条很宽的大马路，可让许多车辆同时并行地高速通行。那么，“信息高速公路”自然就是一条很宽的信息通道，可以大量地、并行地、高速地传输信息。高速公路可以联成网，信息高速公路也就能构成大容量、高速的信息传输网络。但“信息高速公路”只是一个形象化的基本概念，它实质上是一个非常宏伟壮丽的系统工程。“信息高速公路”的正式名称应该是：“国家信息基础结构”(National Information Infrastrutture)，简称NII。在美国发表的政府报告中对NII是有明确的定义的：“国家信息基础结构是一个能给用户随时提供大量信息的、由通信网络、计算机、数据库以及电子产品组成的完备（Seamless）网络。”并且，“NII能使所有美国人享有信息，并在任何时间和地点，通过声音、数据、图像或影象相互传递信息。”不仅如此，NII还有更为广泛的含义：

- NII包含了广泛和不断扩展的设备种类：电话、传真机、计算机、交换机、光盘、卫星、光纤、电视机、摄像机、打印机……等。
- NII信息源的内容也很广泛：电视节目、科学或商业数据库、图像、图书馆档案，以及政府机构、实验室、出版社、演播室每天产生的大量信息。
- NII应具有大量的应用系统和软件，可供用户使用、处理、组织和整理由NII提供的信息。
- NII应具有网络标准和传输编码，可供网络互联和兼容，并提供个人隐私、传输信息的保密，以及网络的安全性和可靠性。
- NII还包含参与开发NII潜力的人们：主要是民间企业中产生信息、开发应用服务系统的供应商、经营者和服务提供者。

上述五种成分构成了国家信息基础结构的整体。可见NII的含义超出了只是硬件设备的概念。

通信工作者，对“个人通信”是比较熟悉的，即人们可以随时随地与世界上任何人进行通信。这是一个多少年来人们梦寐以求的理想境界。现在提出的NII在概念上、基本要求上和实现的规模上比个人通信系统/服务（PCS），范围更为广泛，内容更为丰富。我们不妨用以下一些语言来描述：“国家信息基础结构使人们可以随时随地自由而廉价地取得所需要的多种多样的社会信息服务。”换句话说，实现了NII，“人类将进入信息社会的自由王国。”或者说：“人类将进入自由的信息王国”。这些话的意思是一样的：NII是信息社会非常理想的境界。这里，我们用了“自由王国”一词，因为大家都理解：人类社会将从必然王国进入自由王国，在哲学的概念上，指的是一种“飞跃”。

不言而喻，实现“信息高速公路”，或建成“国家信息基础结构”是一场革命。所谓革命，当然指的是技术革命，即技术上发展到了产生飞跃，或有所突破和有巨大变革的时候。这场革命将永远改变人们的生活、工作和相互交往的方式。NII这一宏伟壮丽的工程，就其产生的后果和影响来说，将超过诸如阿波罗登月计划、发展原子弹、氢弹和洲际导弹计划。这些计划除了直接的军事目的外，无外乎是开始了人类征服宇宙空间的壮举，开扩了和平利用原子能的前景，以及实现了今天的卫星通信和转播电视等。但它们对整个人类社会的每个人来说，在政治、经济、思想、生活方式、思维方法等各个方面的影响远不如NII计划来得广泛而深刻。可以说，NII将对人类社会发展进程产生深远的不可估量的影响。

1.2　为什么要建设“信息高速公路”

美国政府提出“信息高速公路”计划不是没有理由的。在其政府报告中作了如下一些设想：

- 无论你是在什么时候走到哪里，你都能看到并和你的家人交谈；你可以看到最新的球队比赛录像；你可以浏览图书馆中最新的书刊；你可以了解到市场上最新的价格。
- 所有学生都可以学到全国最好学校教师的课程，不受时间和地点的限制。
- 无论你生活在什么地方，可以通过“信息高速公路”到你的办公室上班。
- 你在家里便可享用全国的医疗和保健服务。例如，可以用遥控医疗进行专家会诊，农村居民可获得城市水平的医疗。
- 小制造商可以进行世界范围的商品交易活动。
- 无论何时在舒适的家中看到最新的电影和电视节目，看到世界上最新的新闻。
- 在家里即可向银行存款和向商店购物。
- 你可以及时获得社区和政府的信息。
- 各政府、企业及其他单位可用电子方式交换信息，减少文书工作，提高效率、改善服务。

如此等等。这不是一幅令人神往的信息社会的自由王国的场景吗？但是，这些也只是一些激动人心的社会生活的变化。在全球市场竞争的时代，产生、处理、管理和使用信息的技术对一个国家来说具有战略价值。NII 给国家带来的潜在利益是巨大的。它将使美国公司在全球经济竞争中获胜，为美国人民创造良好的就业机会，给国家带来经济增长、改变美国人民的生活，改善地理环境和经济地位的种种限制，向所有美国人提供公平的施展其才能、实现其抱负的机会等。因此，美国的命运是同 NII 联系在一起的。这些就是美国政府提出 NII 计划的理由。

NII 计划的实现和应用将带来什么好处呢？美国政府的估计有以下六个方面：

（1）产生巨大的经济利益。NII 计划本身就将在一系列工业部门中每年创造多达 3000 亿美元新的销售额。预计到 2007 年国内生产总值增加到 1940 亿美元，国民生产总值增加到 3210 亿美元，生产率增加 20% 至 40%。这些数字是非常可观的。仅就发展个人通信服务（PCS）来说，在今后 10 ~ 15 年间将增加 30 万个就业机会。此外，还可促进新技术和新产品的发展，例如掌握功能强大的计算机。此外，还可促进地方经济的发展和电子商业的发展，大大缩短产品的设计、制造和销售的周期等。

（2）促进全民医疗保健事业的发展。电子系统的应用可以节省保健费用高达 1000 亿美元。遥控医疗系统、统一电子申报系统、个人健康信息系统、计算机化病历等将极大地改善全民的健康状态。

（3）公民信息网络为公众提供多种多样的服务。NII 的好处远远超过经济增长。利用 NII 可建立“电子公所”（Electronic Commons）。例如社区信息存取网络可为公众提供种类繁多的信息服务，包括社区活动日程、就业服务、教学及医疗服务等。NII 可使政府和公众间信息自由流动，并起到传播政府信息的巨大作用，使信息为全民所有。

（4）促进科学研究的发展。NII 将使科学家提供工作效率，解决过去所不能解决的一些重大课题。它将通过利用越来越多的计算机资源、遥控使用先进的科学仪器、使用世界范围内的各种数据库、共享文献资料、促进科学家间的交流和协作等。这样既节约了时间，又提高了效率，缩短了取得成果的周期。

（5）促进教育事业的发展。从长远的观点看问题，教育是国家兴衰的基础。NII 可用来作为计算机为基础的教育，其成本—效益十分显著，可减少 40% 的时间和 30% 的费用，还可多学 30% 课程。NII 将改变教师教课和学生学习的方式，推行学生、教师和专家之间协作式教学，在可以联机的“数字式图书馆”中获取各种信息，并可在不离开教室的情况下进行对博物馆、科学展览会等“虚拟的”现场参观等。

（6）提高政府的工作效能。利用 NII 可实现“电子化政府”，既能改进政府服务的质量，还能节省费用。例如，建立电子方式提供政府福利的全国系统、政府信息公告和服务系统、国家执法/公安网络、政府部门的电子邮件系统，将大大提高政府工作效率和减少行政费用开支，并彻底改变政府机构的工作方式，实现一个高效、节俭的为全民服务的政府。

为了达到上述目的，美国政府将引导和推动 NII 计划，并促进民间企业大量投资建设。据估计总费用将高达数千亿美元，以期确保在 1997 年正式建成。这一雄心勃勃的计划已开始实施，并为此制订了政府行动计划，从而确定了政府行动的原则和目标，成立了相应的政府及民间机构。总之，行动已经开始了。

2 “信息高速铁路”——“铁路信息基础结构（RII）”的基本概念

既然信息高速公路的基本含义是国家信息基础结构，那么，信息高速铁路的基本概念就是代表“铁路信息基础结构（RII）”。在这里，我们应从两方面来理解这一基本概念。一方面铁路信息基础结构是国家信息基础结构的必不可少的组成部分，是部分和全体之间的关系。另一方面，同为信息基础结构，在组成上应基本相同，且又必须具有铁路的特点和它相对独立的特性。否则就没有必要再取这样一个名称：“信息高速铁路”了。

信息高速铁路的基本组成和特性可以概括如下：

- RII 包含铁路上各种信息技术的设施和设备：光纤通信网、卫星通信网、数据通信网、计算机、传真机、电视机、电话机……
- RII 信息源有：调度指挥信息，旅客和货物运输信息，客站、货场、集装箱、事故现场等图像信息，会议电视信息……
- RII 应具有铁路运营管理中大量的应用系统和软件。
- RII 应具有与 NII 一致的网络标准和传输编码，保证网络之间的互联和兼容。特别是应具有保证铁路运输安全性的措施和设备。
- RII 应包含从事其工作的开发者、经营者和服务者，以及作为服务对象的旅客等。

以上五种成分构成了 RII 的整体，可见 RII 已超出了高速通信网的概念。我们可以这样说：“铁路信息基础结构使人们可以随时随地自由而廉价地取得所需的多种多样的铁路信息服务”。不言而喻，实现“信息高速铁路”就像人们乘坐真正的高速铁路，可以安全高速地达到目的地那样，人们可以自由地运用铁路有关的信息设施，从中获得所需要的服务，进入铁路信息的自由王国。从技术上讲，这是一次重大的突破，一场革命。它将极大地改变人们运行、管理和获得铁路运输服务的方式，其影响是十分深远的。

信息高速铁路将带来什么好处呢？简而言之，有如下几个方面：

• 产生巨大的经济效益。由于运输效率的提高，促进了生产总值的增加，创造出更多的财富。

• 有效地保证行车安全。及时可靠的信息传输，会大大提高运输的安全性，以及缩短事故的反应和处理时间等。

• 旅客获得多样性服务。在乘车过程中旅客可以获得办公、开会、与家人联系、休息、娱乐、医疗等项目的服务。

• 促进铁路新技术发展。信息高速铁路将给铁路提供采用多种先进控制、运行、服务方面新技术的信息平台。

• 提高运营与管理水平。将会出现全面和更高水平的运营和管理方式，促进铁路运输的高速发展。

上述五个方面，也就是为什么要建设信息高速铁路的理由。

3　如何建设我国的信息高速铁路

信息高速铁路是国家信息基础结构宏伟壮丽系统工程的一部分。当然建设信息高速铁路也应与建设国家信息高速公路同步进行。此外，尚应做好如下几个方面的工作：

• 探讨如何实现 RII 计划的方案、途径和关键技术。除参照 NII 的基本方案外，还要注意铁路的特点。

• 建立国家或部级机构来规划、引导、推动和组织我国 RII 的建设。

• 制定合适的政策和法规来吸引企业等投入资金来建设 RII。

• 加强目前通信技术设施的建设：光纤通信网、高速数据网、B-ISDN、ATM 技术、智能网技术、多媒体技术、卫星通信网、增值服务、移动通信、无线数据网、个人通信网等。

• 加速技术和管理人才的培养，以及广为宣传什么是信息高速铁路。

总之，从现在开始，就要立即开始行动。因为，机不可失，时不我待。

4　无线通信与信息高速铁路

高速铁路中，列车是运行的主体。无线通信在实现运行物体信息的传输中是十分重要的。无线通信必然是今后信息高速铁路的重要组成部分。可以预见，以下几方面的技术将有很大的发展：

• 移动通信：包括列车无线通信、站场无线通信、地区移动通信。将来会形成统一的无线通信网。

• 卫星通信：除了部、局、分局间的固定卫星通信网外，移动卫星通信的发展更值得重视。它有覆盖面广、使用灵活、造价低等特点。

• 无线多媒体通信：除用无线传输语声、数据外，还要能传图像等宽带信号，实现多媒体的无线通信。

• 个人能信：信息高速铁路从本质上说是更为广义的个人通信。不仅任何人在任何时候和任何地方都可与任何人进行通信，还要能实现各种信息服务。因此，首先应实现个人通信，并求其进一步的发展。

• 全国及全球通信网：信息高速铁路必须和国家信息高速公路和全球通信网相联系，因为国际旅客和货物运输要求能提供国际性的各种信息服务。全国和全球性的联网对 RII 来说也是一个基本的要求。

展望 21 世纪，人类将进入信息社会的自由王国。建设信息高速铁路对我们来说，既是机遇，也是挑战。我们无线通信工作者的光荣职责就是努力去克服困难，建设铁路信息基础结构（RII）——信息高速铁路！

（责任编辑　姚家兴）

论文 21

移动通信、个人通信与全球信息高速公路*

李承恕

（北方交通大学　北京 100044）

摘要： 本文扼要探讨了移动通信发展现状，个人通信发展趋势和信息高速公路发展展望，并指出数字移动通信、个人通信和全球信息高速公路是当前及今后 10 年无线通信发展的主流。

关键词　移动通信　个人通信　信息高速公路

1　前　言

20 世纪 90 年代是通信的十年，也是无线通信以前所未有的速度和规模大发展的年代。世界各国都是如此，而中国的发展更为突出。在未来的十年，即“九五”期间和进入 21 世纪初，无线通信发展的主流是移动通信、个人通信和全球信息高速公路。说得具体一点，就是：

（1）第一代模拟移动通信正在被第二代数字移动通信所取代。

（2）数字移动通信将逐步发展到第三代——个人通信。

（3）个人通信是信息高速公路（国家信息基础设施，NII）的重要组成部分，而信息高速公路已跨入全球信息高速公路（全球信息基础设施，GII）的发展阶段。

下面我们扼要地探讨一下三方面的问题：移动通信发展现状，个人通信发展趋势，以及信息高速公路发展展望。

* 本论文选自：电信科学，1996，01：30-36。

2 移动通信发展现状

自20世纪90年代以来，移动通信的发展日新月异、目不暇接。这里仅介绍一些数字蜂房移动通信、数字无绳电话、无线数据通信及移动卫星通信的发展现状。

2.1 数字蜂房移动通信

自20世纪70年代开始应用的第一代蜂房移动通信——模拟蜂房移动通信正在被第二代数字蜂房移动通信所取代。第一代模拟制主要采用FM语声调制，信令采用FSK。用户共享频谱采用FDMA。采用数字系统使基站能支持更多的用户，提高频带利用率，在人口稠密区能更经济地为用户提供服务。数字化后，可采用DTMA或CDMA技术，它带来的明显好处是多用户可共享基站的射频硬件设备。此外，数字蜂房移动通信还有其他一些优点。现在欧洲、北美、日本分别制定了4种TDMA和CDMA标准。

2.1.1 泛欧GSM DCS1800标准

欧洲各国为了解决模拟蜂房移动通信多制式不能在各国之间漫游，于20世纪80年代初开始了全球移动通信系统（GSM）的研制。经过10年的努力，于1993年有产品进入市场。到1994年底欧洲有用户200万，有26个国家应用GSM体制。此外，世界上尚有其他26个国家也采用其产品。我国近两年在华南、华东、京津、东北等地区也在大量应用，并引进了几家大公司的生产线。GSM系统原订在900MHz频段，采用TDMA技术。1989年英国政府发放许可证建立个人通信网（CPN），在1800MHz频段分配150MHz带宽，规定采用GSM标准。此系统现称数字蜂房系统1800（即DCS1800）。它相当于将GSM推广到新的频段。英、德已开始了DCS1800的运营。GSM目前尚在扩展其功能，包括群呼及按键通话，使之可用于专用通信网。有报道说正在研究GSM应用于高速铁路通信中。我国在八五攻关计划中也开展了有关GSM系统的研制，但达到实用尚有相当大的距离。

2.1.2 北美IS-54标准

美国电子工业协会（EIA）和电信工业协会（TIA）共同制定的数字蜂房移动通信标准称为IS-54。它也是采用DTMA制式15-54为双制式，即可用于数字也可用于原有的模拟AMPS系统，原来采用AMPS控制信道的性能。但在IS-136中引入数字控制信道（DCC），48.6kbit/s modem。它可提供点—点的短信息、广播信息、群信息、专用分群、分层小区结构、时片寻呼及“睡眠”工作模式等。网络信令协议，可支持网间切换、漫游及分发基于网络的特性和服务。在美国采用数字式蜂房移动通信的用户正在大量增加。

2.1.3 日本的个人数字蜂房（PDC）标准

日本邮政省于1989年开始制定数字蜂房移动通信空中接口标准。1991年定名为个人数字蜂房（PDC）系统。此系统也是基于DTMA制式。目前在日本PDC有用户25万。

2.1.4 北美 IS—95 标准

美国 EIA/TIAIS—95 标准是基于码分多址（CDMA）技术，并采用扩频信号。基本的用户信道率为 9.6kbit/s。然后用扩频码 1.2288Mchip/s 进行展宽（展宽因子为 128）。IS—95CDMA 的优点是：提高容量，不用进行小区频率规划，灵活适应不同的传输码率。另外变码率语声编码、功率控制、减小衰落及 FEC 均使所需的发射功率减小 IS—95 也与 IS-41 信令协议兼容，也设计成双模制式：可同时工作于 CDMA 模式或 AMPS 模式。IS—95 系统可望今年在洛杉矶及加州地区加以应用。

2.2 数字无绳电话

第一代模拟无绳电话自 1984 年开始应用迄今已 10 年，取得了很大的成功。在美国，工作在 46/49MHz 的无绳电话有 6000 万用户，每年出售 1500 万台。但近年各国也在大力进行第二代数字无绳电话系统的研制。

2.2.1 CT2/CA1

第二代无绳电话的特点在于数字传输格式和时分双工（TDD）。CT2 语声数字化采用 32kbit/s ADPCM（CCITTG.721）。应用 TDD 的好处是昂贵的双工滤波器被开关所代替。发射和接收天线均可分集，频带分配较为灵活。Telepoint 网用无绳基站提供无线付费电话服务。但它不支持呼入，而需要借助于寻呼。英国已不用 CT2。香港有 15 万用户。在东南亚，如新加坡、泰国、马来西亚等地也有应用。我国内地有的城市也应用 CT2。加拿大对 CT2 作了些改进，称为 $CT2^+$，工作在 944 ~ 948MHz，它能提供一些移动性管理功能。它在 40 个载波中取出 5 个作为信令信道。每一载波提供 12 个共道信令信道（CSC），采用 TDMA，这些信道支持位置登记、位置更新和寻呼。从而使 Telepoint 用户可以接受呼叫。

2.2.2 数字欧洲无绳电信（DECT）系统

DECT 被设计成具有灵活的接口，为人口稠密的微小区提供价廉的通信服务。该标准是为了应用于室内无绳电话、Telepoint、无线 PBx，以及无线本地环路（RLL）。它可支持语声、数据传输的承载信道，以及越区切换、信道登记和寻呼。从功能上看它更接近蜂房移动通信系统，而不是传统的无绳电话。DECT 也采用 TDMA 及 TDD。EDCT 基本采用 OSI 参考模型。DECT 在欧洲已开始商用，1994 年估计为 10 万台。在近期。DECT 为低造价，基于微小区系统的基础。

2.2.3 日本个人手机系统（PHS）

日本邮政省于 1989 年 1 月开始开发下一代便携电话系统，于是提出了基于数字无绳电话和数字网络的 PHS 系统的概念。它不仅能用于办公室和家庭，也能用在公共接入系统。PHS 也是基于 TDMA 和 TDD 制式。PHS 采用全动态信道分配，即根据场强的测试自动选择信道。PHS 也可支持越区切换。在前向链路提供发射分集。基站的接收分集用在反向链路。PHS 的数据传输能力：支持三类传真（4.2kbit/s 及 7.8kbit/s）及全双工 modem 传输（2.4 ~ 9.6kbit/s）通过语声 codec。新的标准将能支持 32 ~ 64kbit/s 数据。

分别直接接入1~2个承载信道。PHS在家庭和办公室的应用已经推广，而公众的应用将在今年开始。预计1998年用户将达550万，到2010年为3900万。PHS也希望能用于RLL。

2.2.4 WACS及PACS

美国Bellcore开发出无线接入通信系统（WACS）的空中接口。该接口是为了向本地交换载体（LEC）提供无线连接，同时也为低速便携及小小区系统的应用。基站只有鞋盒大小，可安装在电话杆上，相距约600m。WACS空中接口与数字无绳接口相似，仅两点不同：采用FDD而不用TDD，以及致力于优化链路预算和频率重用。WACS的应用包括RLL、便携公众服务及无线PBX。

当给PCS分配2GHz频段时，WACS与PHS结合产生一个工业标准建议，即个人接入通信服务（PACS）。PACS试图作为低层空中接口（对新的2GHz频段）。它保持了WACS的许多特性。

2.2.5 北美ISM频段数字无绳系统

在北美，ISM频段有：902MHz~928MHz、2400MHz~2483.5MHz、以及5752MHz~5850MHz。在ISM频段可以不需许可证，无绳电话便可应用DS或FH扩频信号，但发射功率不能大于1W。现在数字无绳电话已在902MHz~928MHz频段采用DS或FH扩频信号。这里不存在标准问题。因而厂家有充分自由采用新技术。唯一问题是环境干扰不易估计。

2.3 无线数据通信

无线数据通信系统一般采用信包交换而不是电路交换。在美国广域信息系统采用许可证频谱，对用户提供小区服务。无线局域网则用ISM频段为用户提供高速数据通信，只在小范围内为专用。

2.3.1 广域数据服务

先进的无线数据信息服务（ARDIS）及RAM移动数据（RMD）为其网络提供无线信包数据信息服务，用800/900MHz附近的指定的移动无线（SMR）频率。二者在美国应用于90%城市办公用户，总计约52000用户。ARDIS为200个城区服务。数据率为4.8kbit/s~19.2kbit/s。RMD在其Mobitex网提供服务，覆盖216个城区。每区有10~30双工信道可用。数据率为8kbit/s。

蜂房数字信包数据（CDPD）不需要特别的网络，而用现存的模拟蜂房网。CDPD在其空闲时传信包数据，码率为19.2kbit/s。它在运行时对AMPS系统是透明的。

通用信包无线服务（GPRS）标准是用于GSM系统中提供信包数据服务。可采用两种方法：①指定特殊的GSM信道进行信包传输。②利用GSM业务信道快速建立时的任何射频信道。要求信包差错率为10^{-4}，延时小于1s。对与PSPDN及Internet联网给予了特别的关注。

在美国，无线数据服务也用ISM频段。近来出现的Ricochet无线信包数据系统，采用微小区结构，在电线杆上装设廉价基站。用户用连接在桌上及笔记本计算机的无线modem接入网络。

2.3.2　无线局域网

无线局域网是用来传高速数据，一般大于 1Mbit/s，用在楼内环境中。通常是在架设有线有困难或需要一定移动性时采用。在 ISM 频段已有一系列产品问世，例如 Free Port 及 Wave LAN。前者提供无线以太网（IEEE 802.3）主机，运行在 2400MHz ~ 2483.5MHz 及 5725MHz ~ 5850MHz 频段，采用 DS 扩频信号。后者在 902MHz ~ 928MHz 频段提供用户—用户通信。而在其他国家则用 2.4GHz ~ 2.48GHz 频段。现在已在 40 个国家内应用。它也采用 DS 扩频及 CSMA/CD 协议。

关于标准问题，在美国为 IEEE 802.11，而在欧洲则为 HIPERLAN。二者有许多相似之处，都可传 1Mb/s 以上的数据。它也可工作在点—点和一点对多点及广播服务等模式。由于采用信包交换，它也能支持 TDBS。能节省电池，也可工作在“睡眠”模式。

在日本制定了两个无线局域网的标准。其一为中速 256kbit/s ~ 2Mbit/s，采用扩频在 2.4MHz ISM 频段。另一为高数据率（大于 10Mbit/s），采用 QAM、QPSK 或 4FSK 调制，工作在 18GHz。

2.4　全球移动卫星通信

在地面移动通信及有线通信覆盖有困难或实际上不可能达到的地区，移动卫星通信（MSS）可以弥补，并可完成全球覆盖。ITU 对 MSS 也已分配了频率。现已提出许多种 MSS 以提供语声及数据服务，并可与 PSTN 相连。MSS 按卫星轨道的高低可分成四类，即赤道卫星（GEOS），36000km；低轨卫星（LEOS），1000km；中轨卫星（MEOS），10000km，以及大椭圆轨道卫星（HEOS）。现有的 MSS 可分类如下：

GEOS：INMARSAT-M，MSAT，ACTS，MOBILESAT，NSTA；LEOS：IRIDIUM，Globalstar，Teledesie；MEOS：Odyssey；HEOS：ELMSAT。

在实现 PCS/PCN 中将以中低轨道卫星通信为主。

3　个人通信发展趋势

3.1　个人通信的概念与定义

时至今日尚无公认的个人通信的定义。但在基本概念上确有共同点，即“个人通信的含意是任何人在任何时候和任何地方都可以和其他任何人进行通信”。“个人通信这一名称首先出现在英国的“个人通信网”（PCN）中。而在美国则称为“个人通信服务”（PCS）或“个人通信系统”（PCS）。FCC 对个人通信服务的定义是这样的：“个人通信服务是一类移动或无线通信服务，它能向个人或办公提供多种服务，这些服务也可被综合在各种相竞争的网中……，个人通信服务主要是满足人们在移动中的通信需求”。从而可以说，“个人通信系统”就是“能提供个人通信服务的系统”。在国内，也许因为说起来简明扼要，无论对“个人通信网”、“个人通信服务”和“个人通信系统”都称之为“个人通信”。因之，对个人通信既可理解为 PCN，也可理解为具有两种含意的PCS。

3.2 第三代移动通信的目标和技术基础

鉴于第二代移动通信尚有许多不尽人意的地方，而通信技术的进步又有可能满足人们对移动通信不断提出的各种要求。因而人们提出第三代移动通信应达到的目标概要如下：

- 将居住区、办公室及蜂房移动通信服务综合在一个用户设备的单一系统中；
- 话音质量要求达到目前有线电话的水平；
- 将服务的提供与网络的运行分开；
- 用户具有唯一的编号，它独立于网络或服务的提供者；
- 提供服务的容量和能力要超过现有人口的50%；
- 无缝隙的全球无线电覆盖；
- 无线承载服务达144kbit/s，要求进一步达到2Mbit/s；
- 无线资源的灵活性应允许在频带内的竞争；
- 高度有效地利用频谱；
- 直接与卫星接入；
- 采用新的全球频带；
- 服务和终端价格低廉。

不言而喻，第三代移动通信的技术基础即现存和正在开发的各种通信技术。它必然是针对上述目标，充分利用已有的各种先进的通信技术，包括有线的和无线的以及各种通信网络的互联，包括陆地的和空中的，以实现个人通信提出的各种服务。当然，简单的综合是不够的，还需要人们克服各种技术上的难题，有所进步和发展，才能达到理想的境地。

3.3 实现个人通信的建议和方案

各国学者和公司已经提出实现个人通信的建议和方案。虽然看起来五花八门，但可简单地归纳为五大类，30余种如下：

(1) 早期建议的方案

- 个人通信网（PCN），英国1989年提出；
- R. Steele教授提出的建议（英国，1990）；
- 通用数字便携无线通信系统（UDPRC），美国D. COX提出。

(2) 第三代移动通信标准

- 通用个人电信系统（UPT）；
- 未来公众陆地移动电信系统（FPLMTS）；
- 通用移动电信系统（UMTS）。

(3) 各种蜂房、无绳和有线市话网的结合

- 美国西南贝尔公司的建议；
- GSM900/DCS（1800）（DCS1900）；

- GSM/IS—95；
- （　）MUTS→m/MUMTS→full UMTS；
- APCS（日本 NTT）。

（4）基于城域网（MAN）的 PCS 及 SS-CDMA 系统

- WINLAB 的建议；
- SS-CDMA-PCN（Millcom/PCN America Co.）；
- QCS（800/1800）（Qualcomm Co.）；
- S-CDMA（Cylink Co.）；
- B-CDMA（Inter Digital）；
- SFH TDMA/CDMA。

（5）移动卫星通信实现 PCS

已建议了如下 13 种系统：MSAT，INMARSAT-M，LEOSAT，ORBCOMM，STAR-NET，VITASAT，ARIES，ELLIPSO，GLOBALSTAR，IRIDIUM，ODYSSEY，COSCON，MOBILSAT。

除了上述建议的方案外，估计今后还会不断有新的建议和方案提出。但无论何种建议和方案，都需要经过实践的检验才能证明其可行性，并为人们所接受和加以应用。

3.4　个人通信的发展趋势

目前在世界范围内各地区个人通信的发展趋势是不一样的：

欧洲的长期目标是实现 UMTS。它将把蜂房、无绳、无线本地环路、无线局域网、专用移动通信、寻呼等统一起来，目前大力进行基于 TDMA 的 ATDMA 计划和基于 CDMA 的 CODIT 计划的研究，为欧洲 RACE 计划的一部分。

美国采取了不同的途径。FCC 公开拍卖 PCS 所用的频率。竞争胜利者可自由地确定系统结构和空中接口，只要满足个人通信服务的要求即可。目前尚不确定 PCS 标准。通过实践才来最终选定标准。采用这种竞争机制，一方面可促进个人通信的大发展。同时联邦政府已收入 70 亿美元，最终可获 100 亿美元。

日本已建立新的标准委员会和相应的工作组，推动 FPLMTS 的研究工作。对先进的 TDMA 技术和 CDMA 技术均在研究并积极投入 ITU-R 的标准化活动。

我国关于个人通信的研究已在国家 863 高科技计划和八五攻关中有所安排，但尚无突破性的进展。目前急需加大投入和集中各方面的力量来进行。应该说这是建立我国移动通信产业和改变市场被国外产品占领局面的战略决策。

在进入 21 世纪后，个人通信将进一步发展，成为国家信息基础结构（NII）的重要组成部分。

4　信息高速公路发展展望

自美国克林顿政府提出建设国家信息基础结构（NII）——信息高速公路以来，世界各国纷纷响应，形成全球性的热潮。时至今日，不仅高潮未落，以美国为首的西方七国集团又掀起了建设全球信息基础结构（GII）——全球信息高速公路的新的浪潮。真是一波未平，一波又起。建设信息高速公路问题又进入到一个新的阶段。以下几方面的情况很值得我们重视：

4.1　美国政府努力推进 NII 计划的实施，并大力促进全球信息高速公路的形成。1994 年 9 月美国信息基础结构领导组（IITF）发表了 NII 进展报告，列举出根据“NII 行动计划”提出的 9 项原则（目标）并采取的 33 项实施举措：

（1）促进民间投资（3 项）；

（2）扩展“通信服务”概念，使人们以能承受的价格获得信息资源（3 项）；

（3）促进革新与新应用（3 项）；

（4）促进 NII 的无缝、双向、以用户为中心的运营（4 项）；

（5）确保信息安全性及通信网的可靠性（4 项）；

（6）改善无线频谱的管理（2 项）；

（7）保护知识产权（2 项）；

（8）与各级（州等）政府及外国的协调（6 项）；

（9）提供政府信息，改善政府供应（5 项）。

4.2　西方七国集团 1995 年 2 月下旬在布鲁塞尔举行部长级会议，讨论信息社会问题。各国决心合作，建立并促进全球信息社会的发展。大会通过以下 8 项基本原则：

- 促进积极竞争；
- 鼓励私营部门投资；
- 确定行动准则框架；
- 保证大众进入信息社会网络；
- 保障提供与进入网络的普遍性；
- 加强公民机会均等的原则；
- 促进文化、语言等的多样化；
- 承认世界范围内合作的必要性，并给予欠发达国家特别的关注。

会议期间全球 200 家公司举办了信息技术大型展览会，显示当今信息技术发展的最新成果。这一情况表明世界各国政府和企业都在积极参与 GII 的建设。

4.3　七国集团确定了 11 项指导性计划，以显示信息高速公路给人们带来的好处，并分工进行协调。

（1）教育与训练

在七国建立全球计算机网，为语言教师交换训练资料（法、德）。

（2）电子图书馆

建立电子参考图书馆，包含文字、图画、影像、声音和视像，为广大公众所利用（日本、法国）。

（3）电子博物馆与画廊

推动同样的多媒体网络，展示世界文化资源（意大利、法国）。

（4）环境和自然资源

增加电子环境数据库之间的连接（美国）。

（5）全球应急管理

连接国家管理自然灾害的信息系统（加拿大）。

（6）全球保健应用

显示计算机网络方法有助于为主要的健康问题进行的斗争（法、德、意）。

（7）政府在线服务

推动政府在其事务中应用电子邮件及其他在线服务技术（英、加）。

（8）中小规模商业的全球市场

推动计算机网络系统有助于中小商业与全球性商业联系（欧洲联盟、日本、美国）。

（9）海事信息系统

推动通信网络使之改善海上安全与环境保护（欧洲联盟与加拿大）。

（10）全球清单

建立一个关于主要计划（项目）的信息多媒体清单。这些计划（项目）推动信息社会的发展（欧洲联盟与日本）。

（11）全球宽带网络的合作

推动洲际合作，目的在于发展高速电信网络（加、德、日、英）。

4.4 Internet 的应用，初步显示 GII 的优越性和其发展的必然趋势。鉴于以下一些情况，有的专家认为：Internet 是 NII 的雏型或好的样板。

• Internet 是一个互联网、网际网或网络的网络。Internet 是指目前正在运行的特定的网络，可称为“国际互联网”或“英特网”，而不是泛指多网互联。它是一种具有自由形态的网络的集合体，拥有多种多样的信息资源供用户利用，用户也可加入资源，或普及自己的软件。英特网没有统一管理用户并控制信息流的主机。

计算机之间通过路由器及通信线路互连，它可以分成基层网、地区网和主干网结构。

• 目前估计 Internet 大约有 400 万台计算机，3000 万用户，每 10min 便平均连接上一个网。现有 154 个国家利用它通电子邮件。1994 年用户达 4000 万，预测今后数年可达数亿之多。由此可见 Internet 规模之庞大。

• 1993 年 2 月美国政府发表 NII 技术政策就是利用 Internet 多点传送（Multicast），进行图像和声音的即时传播。政府并公布了总统及副总统的电子邮件地址。许多政府机构向服务区装入公开数据，并向公众提供访问服务。

• 在 Internet 上展开了有关 NII 的一系列试验：

Commerce Net 计划试验实现了“分散公司”“远程公司”“远地教育”“远程程序”等，可说是 NII 的地区版。

CATV 交互式服务试验，有可能在 Internet 上实现视像点播（VOD）。

联网商业服务试验，如 PizzaNet 实现订货取货系统的试销快餐。

大英百科全书访问服务试验，即大英百科全书的 Internet 版。

• 各大计算机公司，如 Apple，IBM，Microsoft，Novell 等均纷纷推出运行 Internet 的产品。

综上所述，Internet 在功能上和目标上是和 GII 的构想：“任何人、任何数据都可在任何时间、任何地点自由地进行交流“相一致的。虽然 Internet 目前尚有一些不足之处，但它广泛应用的成功，已经显示出 GII 的优越性和其发展的必然趋势。

5　结束语

纵观当前无线通信的现状，移动通信的全面数字化已毋庸置疑。在 2000 年前后，个人通信的实现将初见分晓。进入 21 世纪，人类将生活在信息社会。在今后 10 年，移动通信、个人通信、全球信息高速公路将是无线通信发展的主流。认清和把握前进方向，对我们通信工作者至关重要。让我们共同努力创造更加美好的明天。

参考文献

[1] Proceedings of the IEEE, Sept 1994, 82 (9)

[2] IEEE Communications Magazing, Jan 1995, 32 (1)

[3] IEEE Personal Communications 1994 (1 ~4), 1995 (1 ~3)

[作者简介] 李承恕，北方交通大学通信与控制工程系教授，博士生导师，现代通信研究所所长。中国通信学会会士、常务理事、无线通信委员会主任委员、《通信学报》常务编委。IEEE 北京分部通信分会副主席。1956 年 ~1960 年曾留学苏联，获副博士学位。1981 年 ~1983 年作为访问学者在美国麻省理工学院研究进修。出版的论著有《扩展频谱通信》及《数字移动通信》，发表了学术论文百余篇。

Mobile, Personal Communications and Global Information Superhighway

Li Chengshu

(Northern Jiaotong University, Beijing 100044)

Abstract　This paper presents the state of the art of mobile communications, the development trend of personal communications and the perspective of information superhighway. It is point out that digital mobile, personal communications and global information superhighway are the main stream at present and in the future decade.

Key words　mobile communications, personal communications, information superhighway.

(收稿日期：1995-11-06)

120Th 1896 - 2016

论文 22

个人通信发展展望*

李承恕

北方交通大学

人类长期以来就有一个美好的理想和愿望：将来会有一天，无论任何人在任何时候和任何地方，都能和世界上其他任何人自由地进行任何形式的通信。个人通信就是为实现这一崇高的目的而被提出来的。自进入 20 世纪 90 年代以来，在世界范围内掀起了研究开发个人通信的热潮。本文简要地介绍有关个人通信的一些基本问题和今后的展望。

一、个人通信的概念与定义

1986 年，CCIR 为了制定第三代移动通信国际标准，提出了以个人全球通信为目标的“未来公众陆地移动通信系统”（FPLMTS），个人通信的基本概念初步形成。1989 年英国政府发放许可证建立双向“个人通信网”（PCN），首次出现了个人通信的名称。时至今日尚无公认的个人通信的定义，但在基本概念上确有共同点，即个人通信的含义是“任何人在任何时间和任何地方都可以和其他任何人进行任何形式的通信”。在英国和欧洲，一般称为“个人通信网”。而在美国则称为“个人通信服务”（PCS）或“个人通信系统”（PCS）。前者强调了广义的服务概念，不论具体设备如何；后者强调实际应用的系统。前者用得相当普遍，而后者则为某些专家的建议。FCC 对个人通信服务的定义是这样的：“个人通信服务是一类移动或无线通信服务，它能向个人或办公提供多种服务，这些服务也可被综合在各种相竞争的网中……，个人通信服务主要是满足人们在移动中的通信需求”。这一定义强调了无线移动通信，强调了多种服务，强调了多种通信网的综合，强调了移动中的通信需求。从而可以说“个人通信系统”就是“能提供个人通信服务的系统”。在国内，也许因为说起来简明扼要，无论对“个人通信网”、“个人通信服务”和“个人通信系统”都称之为“个人通信”。因之，对个人通信既可理解为 PCN，也可理解为具有两种含义的 PCS。

* 本论文选自：中国计算机用户，1996，05：5-7。

二、个人通信的目标

有人称个人通信为第三代移动通信。不言而喻，它应比当前正在逐步广泛应用的第二代移动通信具有更多的功能和采用更为先进的技术，以满足人们在进入21世纪后对通信的要求。这一点，从下述三个国际组织在制定标准时提出的要求可以看出：

1. CCIR 对 FPLMTS 提出的目标是：

- 对移动网要求提供与固定网相同质量的服务。
- 同时对移动用户和固定用户提供服务。
- 能够进行国际漫游。
- 地面通信与卫星通信综合应用。
- 第一阶段提供2Mb/S的传输速率，第二阶段则提供2Mb/S以上的传输速率。
- 基于ISO制定的OSI接口。
- 能与ISDN终端匹配。
- 能实现全球兼容。
- 达到固定网32Kb/s ADPCM同等的话音质量。

2. 欧洲联盟在RACE计划中对“全能移动电信系统”（UMTS）提出的目标是：

- 将居住区、办公室及蜂窝移动通信服务综合在一个用户设备的单一系统中。
- 话音质量要求达到目前有线电话的水平。
- 将服务的提供与网络的运行分开。
- 用户具有唯一的编号，它独立于网络或服务的提供者。
- 提供服务的容量和能力要超过现有人口的50%。
- 无缝隙的全球无线电覆盖。
- 无线承载服务达144Kb/s，要求进一步达到2Mb/s。
- 无线资源的灵活性应允许在频带内的竞争。
- 高度有效地利用频谱。
- 直接与卫星接入。
- 采用新的全球频带。
- 服务和终端价格低廉。

3. CCITT 提出的“通用个人电信系统”（UPT）的目标是：

UPT允许在个人移动的情况下获取电信服务。它能使一个UPT使用者享用一组由使用者规定的预订服务，并利用一个对网络透明的UPT个人号码，跨越多个网络，在任何地理位置的任何一个固定的或移动的终端上发出或接收呼叫。它只受终端和网络能力以及网络经营者所加的限定所限制。

在上述目标中强调了“个人移动性”与“终端移动性”的区别和分离，即使用者利用唯一的个人号码，可以在任何地点的任何一个终端上，无论其为固定的或移动的，发出或接收呼叫，并且可以在跨越多种电信网的情况下实现个人通信。

三个国际组织提出的个人通信的目标虽然看起来不尽相同，但基本的出发点和要求是一致的，即使人们能更为自由地进行通信，不受时间、地点和各种条件的限制。达到这些目标，当然不是一件容易的事情，但目前通信技术的发展，也具备了实现的可能性，即具备了实现个人通信的技术基础。具体地说来，下面这些现代通信技术就是今后实现个人通信的基础：蜂窝移动通信、无绳电话、无线寻呼、移动数据通信、移动卫星通信、光纤通信、智能网技术、宽带业务数字通信网技术、异步传输模式技术、扩频通信技术、码分多址技术等等。

三、实现个人通信的方案与途径

个人通信发展的美好前景吸引了世界各国专家学者纷纷提出各种实现的方案和途径，到目前为止，见到的至少有30余种之多。下面举几种典型的例子供参考。

1. 早期提出的方案：英国的个人通信网（PCN）。英国政府在发放许可证时要求采用GSM及DECT标准。欧洲电信标准局称其为DCS1800，因所用频率为1710~1785MHz及1805~1880MHz。基地站能与市话网PSTN/ISDN相连。手持机峰值功率等级为1000及250mW，可以在国内实现漫游。另一方案为美国价Bellcore所建议，称为“通用数字便携无线通信系统”（UDPRC）。它的系统结构是在室内天花板上装设天线，或在居民区街道上每隔500~600m架设高度为6~8m的天线，通过无线电码头（Port）与市话网相连。用户携带小功率（5mW）的手持机即可在任何地方进行通信。

2. 国际组织提出的三个标准实现的基本思想如下：

FPLMTS由地面部分和空中卫星通信部分构成。地面部分类似目前的数字蜂窝移动通信系统，由基地站、移动台、手持台、移动服务交换中心、专用交换机、寻呼台等构成。卫星通信部分则由移动地球站、个人地球站、基地站、卫星寻呼机、本地交换机等地面设备及卫星转发器构成。这两部分互连形成一个完整的个人通信网，使其能实现国内及国际漫游。

UMTS实现的基本思想为在欧洲GSM和DECT标准的基础上，将蜂窝移动通信与无绳电话加以改进，相互靠拢以实现个人通信的各种功能。对用户而言，使用双模双频终端，只要变换开关，即可在二者范围内进行通信。

UPT实现的途径为基于智能网（IN）的原理，采用唯一的个人号码在所要求的服务范围内可与各种不同的有线的和无线的、固定的和移动的网络接入，从而实现全球范围的个人移动性。

上述标准都在加紧制定中。

3. 扩展频谱码分多址技术原来主要用于军事目的。因其具有一系列优良性能，近年来已逐步应用于民用移动通信中。一些公司建议将其应用在个人通信中。最早是美国Milicom/PCN America公司建议采用DS扩频技术的码分多址（CDMA）制式。工作在1850~1900MHz频段。用户连接至微小区，可有50个用户同时工作，发射功率为1mW，并已进行过多次实验。美国Qualcomm公司建议的系统称为QCS800/1800无线通信系统，也是采用扩频码分多址技术，可工作在800或1800MHz频段。射频带宽为

1.25MHz，可传语音、数据和传真信号。采用微小区、过区软切换及分布式无线等技术，现已被确定为美国IS—95标准。另外还有美国Cylink公司建议的同步码分多址系统（S-CDMA）和美国Inter Digital公司的宽带码分多址系统（B-CDMA）等。

4. 卫星通信覆盖面大，对于边远及人口稀少地区有其独特的优点。许多经营卫星通信的公司都声称用其能实现个人通信。目前提出的方案有十几种之多，可分为采用赤道同步卫星的系统和采用中低轨道卫星的系统。

基于赤道同步卫星的系统有美、加两国共同开发的北美卫星移动通信系统（MSAT）。采用两颗卫星，互为备用，覆盖整个北美大陆。移动终端用L频段，卫星与国家站用Kn频段。移动站与移动站经两跳由地面链路站中继进行通信。MSAT采用多波束天线，并与导航系统协同工作。

工作频率在1GHz以上的中低轨道卫星通信称为大低轨道（Big LEO）系统。例如美国Motorola公司研制的一种“全球数字移动个人通信卫星系统”，称为“铱”系统。采用66颗卫星在6个极地轨道面上运行，每个轨道面有11颗卫星。工作频段为1610～1626.5MHz，采用数字蜂窝原理及点波束技术。全球星系统（GLOBAL STAR）系统是美国Qualcomm公司提出的方案。该系统采用48颗低轨道卫星，分成8个轨道平面，每个平面6颗卫星，采用扩频CDMA技术。

5. 采用多种网络系统互连也是实现个人通信的一种有效途径。日本NTT提出的一种方案是将有线与无线系统结合，个人通信服务应基于PSTN服务，且能与不同网络互通。系统内部分成智能层、传输层和存取层，采用微小区。美国Rntgers大学提出的方案是在结构上采用蜂窝信包交换方式，将所有基地站连到城区网（MAN）上，并与PSTN、B-ISDN通过各种接口与系统各单元连接。在传输技术上采用信包预约多址协议（PRMA）。美国SBTRI公司建议方案为把各种通信服务方式和网络（PSTN、ISDN、Cellular、Data NTWK、PBX、LEC、PAGNIG）等同一个PCS服务控制系统（CSC）连接并管理起来，从而形成一个统一的网络。CSC采用智能网（IN）的原理和技术。

以上所列举的这些个人通信的系统和方案各有特点。但其是否能称为个人通信，可根据前两节所述的基本概念和定义及达到的目标要求来判断。另外，能否实现和何者最佳的问题也要在今后的实践中才能得出结论。

四、个人通信发展趋势

目前在世界范围内各地区个人通信发展的趋势是不一样的：

在欧洲，其长期目标是实现UMTS。它将把蜂窝、无绳、无线本地环路、无线局域网、专用移动通信、寻呼等统一起来。基本概念是对任何地方都提供同样的服务类型，所受到的限制仅仅是可应用的数据率依赖于位置、环境和系统的负载。在范围上为多经营者系统，具有混合小区结构和多媒体能力。这些要求是难于达到的，它们涉及无线接口和协议结构。GSM和DCS1800的发展尽量向UMTS靠拢。无线本地环路服务到家庭和办公室，以及公众交换网具有本地交换机（PBX）的功能，则无绳电话可能被取代，只要服务费用合理。一个主要未解决的问题为或许只能提供64Kb/s而不是2Mb/s的数据率。频谱利用率和价格相对低端也是问题。DECT 的发展可能超过现在应用于无绳电话、PBX 和电信点（Telepoint）的领域。采用更为先进的无线系统、均衡器和转发器可扩大其范围。DECT 可以支持低造价、大市场的密集的人口地区，而不用大范围覆盖的蜂窝系统。动态信道分配及高度灵活地提供新的服务，用合并信道提供更高的数据率（200Kb/s）是另外的优点。正在研究用 DECT 的空中接口与 GSM 结构相连接。欧洲在 RACE 计划范围内正进行的先进的 TDMA（ATDMA）和码分试验床（CODIT）以更为革命的方法走向 UMIS。二者分别采用 TDMA 和 CDMA 多址技术。它们都在探索更高的数据率，其目标为 64.128Kb/s，以及突发率达 2Mb/s。在 CODIT 中可能具有多媒体能力，即并行传输语音和 FAX，或同时获得数据库的数据。这两个计划一方面尽量发挥其本身的优势，同时也在想法具有竞争对手的优点。例如在 CDMA 中引入频率切换，而在 TDMA 中引入软质量下降。总之，在欧洲，主要是开发 GSM 和 DECT 的潜力，以及进一步使两种标准互联。另外一些标准也都制定完毕，例如无线局域网的 HIPERLAN 及专用移动通信的 TETRA。同时 UMTS 的定义和特征也试图得到 ETSI 认可及受到 RACE 的支持。

美国采取了不同的途径。它采用了自由市场竞争的方法。FCC 在 2GHz 频率附近分配给 PCS 140MHz 带宽的频谱。其中一部分供给主要商业区（MATs），另一部分供给基本商业区（BTAs）。前者相当于州，后者相当于县市。在美国共有 51 个 MATs 和 492 个 BTAs。除其中 20MHz 外，都需要有许可证才能应用。FCC 通过拍卖 PCS 频率来推动 PCS 的发展。拍卖中获胜者可自由选择任何空中接口和系统结构，只要符合 FCC 制定的一系列要求，如发射功率的电平等。因此，这里不存在任何事先规定的 2GHz PCS 的标准。它可以使 TIA、T1 委员会及 JTC 等去考核各方面提出来的建议的标准。JTC 已经认识到 PCS 标准应分成两类："高层"支持宏小区及高速移动性，"低层"对低功率和低复杂性是优化的。二者对应的是"数字蜂窝"和"数字无绳"。JTC 已经筛选出 7 种可能的标准。其中 5 种为现有空中接口的改进型：低层有 PACS 及 DECT，高层有基于 GSM、IS-54 和 IS—95 的建议方案。另外两个为基于 TDMA/CDMA 的方法和宽带 CDMA（W-CDMA）。此外，TIA 开始发展一种基于非许可证 PCS 频带的无线用户屋内设备（WUPE）的标准。从上述情况可以看出，美国通过 FCC 拍卖 PCS 频率这种竞争机制，一方面可促进个人通信的大发展。同时联邦政府又增加收入 70 亿美元，最终可获得 100 亿美元。

日本已建立新的标准委员会和相应的工作组，推动对 FPLMTS 的研究工作。对 ATDMA 和 CDMA 技术均在研究，也在进行电波传播和接入的有关试验，积极投入 ITU-R 的标准化活动。

我国关于个人通信的研究已在国家 863 高科技计划和"八五"攻关中有所安排，但尚无突破性的进展。目前急需加大投入和集中各方面的力量来进行个人通信的研究开发。应该说这是建立我国移动通信产业和改变市场被国外产品占领局面的重要战略决策。

展望未来，在进入 21 世纪后，个人通信将进一步发展成为国家信息基础结构（NII）的重要组成部分，它将拥有更加美好的未来。

论文 23

CDMA，PCS（3GM）与 NII/GII*

李承恕①

摘要：本文试图对当前移动通信发展中的几个热点问题联系起来探讨其发展趋势。首先是 CDMA 的优势与问题何在。文中指出，CDMA 的优势在容量，而问题在于它是功率和干扰受限系统。其次是 N-CDMA 在第二代和二代半移动通信中的应用前景，预计 1997 年底将见分晓。W-CDMA 将在第三代移动通信，即个人通信，例如 IMT- 2000 和 UMTS 中成为优选方案之一。在未来的信息高速公路（NII/GII）中 B-CDMA 将是解决无线接入的关键技术。最后，作者建议应大力发展个人通信来建立我国移动通信产业。

一、CDMA 的优势与问题

在第三代移动通信中选用何种制式问题，是选用 CDMA，还是选用 TDMA，至今仍是国内外争论不休的问题。如果弄清楚了 CDMA 的优势何在和存在的问题两个方面，回答这个问题就比较心中有底了。同时 CDMA 的应用前景也决定于这两方面的情况。

1. CDMA 的优势在容量

在数字移动通信中采用 CDMA 是美国 Qualcomm 公司一些学者提出来的。为了满足 FCC 提出的新一代移动通信应比模拟移动通信在容量上有较大的优势的要求，经过理论分析表明，CDMA 系统要比模拟系统在容量上大 10 ~20 倍。他们提出了 Q - CDMA 的建议，后来成为现在的 IS—95 标准。当然，采用扩频通信技术的 Q-CDMA 还有其他许多优点，但主要的还在容量上有明显的优势。W. C. Y. Lee 分析的结果是：

$$m_{CDMA} = 20 \times m_{FM} = 4 \times m_{TDMA}$$

简言之：CDMA 容量（m_{CDMA}）是模拟 FM 制容量（m_{FM}）的 20 倍，也是 TDMA 容

---

① 李承恕　北方交通大学现代通信研究所

* 本论文选自：移动通信，1997（06）：9-12。

量（m_{TDMA}）的4倍。这是一个有巨大吸引力的结论。A. J. Viterbi也用爱尔兰容量进行了分析，结果是：（1）按干扰受限分析CDMA比FDMA和TDMA在容量大一个数量级。（2）CDMA因软切换增加覆盖2~2.5倍，从而增加容量2倍。（3）CDMA与FDMA及TDMA爱尔兰容量比为5~6倍。（4）采用三扇区容量大3倍。总而言之，容量的增加是有一定的理论根据的，即使实际容量只增加1倍也是一个惊人的数字，其他制式在容量的增加上很难达到这种程度。因此，可以说CDMA的主要优势在容量。

2. CDMA的问题在于其功率与干扰受限

CDMA是基于扩频通信技术，同时，数字移动通信又是一个多用户系统。许多用户在频带和同一个时间内进行通信，各用户发射功率的大小和对其他用户产生的多址干扰就成了制约系统容量和其他性能的关键因素。在扩频通信中要求到达某一接收机的多用户信号功率相等才能正确的解扩和解调出有用信号，否则就会出现大信号抑制小信号和“远—近”效应。同时本小区和其他小区用户的信号，对有用信号来说也是外来的干扰，影响通信质量和容量。发射功率越大，对其他用户产生的干扰越大。鉴于这两方面的原因，扩频CDMA多用户通信系统必须采用精确的功率控制，包括开环功率控制与闭环功率控制，以达到一方面满足等功率接收的要求，同时减少多用户干扰，保证通信质量和增加容量。因此，在CDMA移动通信系统中应采取一系列技术措施来进行严格的功率控制和减少多址干扰。这在技术上实现起来是相当复杂和有一定难度的。与之相比，在TDMA和FDMA系统中，由于信号在频域和时域正交分割，可以大大减小功率上和干扰上的限制。可以说，CDMA的成败，在一定程度上决定于在技术上能否妥善解决它在功率和干扰上所受到的限制。

3. 容量的需求将推动CDMA应用的发展

一种新技术的应用，固然一方面看本身的先进性和实用性。但更重要的还决定于社会的需求，即市场的需要。数字移动通信的发展就是为了解决模拟移动通信在容量上满足不了用户的需求，频带利用率低的问题。现在已经逐步应用推广的基于TDMA的GSM、DAMPS和PDC等系统，在容量上缓和了某些大城市的需求。但在我国及世界上其他一些国家也出现了更大的需求，也就是在有限的频带资源条件下这类TDMA系统容量的增加也不敷供应时，运营商就不能不考虑采用容量更大的系统。只要CDMA系统能较好地克服在功率和干扰上受到的限制，同时试验或试用系统证明其容量比TDMA还大许多，那么，不容怀疑CDMA系统将是各国运营商采用的候选系统。可以预见，在不久的将来，一旦TDMA系统满足不了市场需求时，CDMA系统的应用将有大的发展，这是不以人们意志为转移的。

二、N-CDMA与2GM/2.5GM

1. Qualcomm的N-CDMA：IS—95标准

第一个商用CDMA蜂窝系统是美国Qualcomm公司的Q-CDMA。为了与模拟系统兼容，它的载波间隔为1.25MHz，故称为窄带CDMA（N-CD-MA）。信道速率为

1.2288kbps。由于扩展的频带较窄，其前向和反向信道的扩频增益分别为 18dB 和 24dB。射频的工作频段为 869～894MHz（前向链路），824～849MHz（反向链路），语声编码为 QCELP 可变速率声码器，数据速率为 9.6、4.8、2.4、1.2kbps，调制方式采用 π/4-QPSK。为了抗多径干扰，采用了 RAKE 接收、交织技术和无线分集。Q-CDMA 具有较严格的功率控制，因为 1～2dB 的功率误差将影响系统容量 20%～30%。前向信道由基站采用前向功率控制，使移动台达到可靠的通信为止。反向信道既有开环控制，又有闭环控制，前者用于降低移动台发射功率，后者为基站根据接收信号的信噪比去控制调整移动台发射功率。Q-CDMA 具有越区软切换的功能和软容量的性能，即容量的增加仅影响系统的通话质量，而不至于使整个系统拥塞而停止运转。现在 Q-CDMA 已被 FCC 接受为 IS—95 标准，这是 N-CDMA 在第二代移动通信（2GM）中的应用实例。

2. CDMA 与 PCS：TAG1～TAG7

所谓二代半移动通信，指的是美国个人通信系统（PCS），它能提供个人通信服务（PCS）。FCC 分配给 PCS 的频段为 1850～1990MHz，共 140MHz。其中除 20MHz 频段不需许可证外，其余 120MHz 均采用拍卖的方式由各大公司购买运营。至今已全部售完，政府收入超过 100 亿美元。FCC 未制定统一的 PCS 标准，采用市场推动和选择的办法，最后确定标准。目前已对提出的建议进行了筛选，保留了 7 种可供选择的方案。其中有基于现有的数字移动 GSM 和 IS-54 标准两种，有基于无绳电话 DECT 和 PACS 的两种，它们都是采用 TDMA 和 FDMA。采用 CDMA 的有三种：其一为基于 N-CDMA IS—95 标准的 TAG-2，射频带宽为 1.25MHz 或 2.5 MHz，容量为 AMPS 的 10～16 倍。其二为基于混合公式（CDMA/TDMA/FDMA）的 TAG-1，射频带宽为 5MHz，容量为 AMPS 的 16 倍。其三为基于宽带 CDMA（W-CDMA）的 TAG-7，其射频带宽可为 5、10、15MHz，容量也是 AMPS 的 16 倍。在购买许可证的 18 家公司中有 7 家已决定采用 CDMA 方式，覆盖的地区容量达 50%～60%。而决定采用基于 GSM 的 PCS1900 的仅占 20% 左右。其余部分地区待定。由此可见，在二代半的 PCS 中 CDMA 已取得明显的发展优势。

3. 1997 年底将见分晓

关于 CDMA 与 TDMA 移动通信系统理论上的争论和市场竞争已进行多年。由于 GSM 系统在世界范围内的广泛应用，Q-CDMA 系统在美国、韩国和我国的 4 个城市商用试验系统的运用，结论将逐步明朗化。核心的问题仍然是在保证一定的通话质量的前提下，用最少的投资，取得最大的容量。初步试验表明，在通话质量和基站数目较少方面，CDMA 已占明显的优势。最终的判断标准是 CDMA 在大容量用户运行的条件下能否达到预期的较大的容量。目前香港已有 10 万用户，韩国有 100 万用户，几乎覆盖全国。我国的 4 个城市也在试运行，估计到今年年底，即可初见分晓。

三、W-CDMA 与 PCS（3GM）

第三代移动通信（3GM）也称为个人通信，或个人通信系统（PCS），也即能满足个人通信服务的系统。不言而喻，它应比目前正在逐步广泛应用的第二代数字移动通信具有更多的功能和采用更为先进的技术，以满足人们在进入 21 世纪后对通信的要求。现在具有代表性的为 ITU 提出并正在制定标准的“国际移动电信系统 2000”（IMT-2000）和欧洲联盟在 RACE 计划中提出的“通用移动电信系统”（UMTS）。宽带 CDMA（W-CDMA）将成为第三代移动通信的优选方案之一。

1 . IMT-2000（FPLMTS）

IMT-2000 即原来 CCIR 在 20 世纪 80 年代中期提出的以个人全球通信为目标的“未来公众陆地移动通信系统”（FPLMTS）。对它提出的目标是：移动网能提供与固定网相同质量的服务；能进行国际漫游；地面通信与卫星通信综合运用；第一阶段提供 2Mbps 的传输速率，第二阶段提供 2Mb/s 以上的速率；采用基于 ISO 制定的 OSI 接口；能与 ISDN 终端匹配；能实现全球兼容；达到固定网 32kb/s ADPCM 同等的话音质量。为了实现上述目标，1992 年 WARC 大会确定分配给 FPLMTS 的频率为：1885～2025MHz，其中 1980～2010MHz 和 2170～2200MHz 为卫星部分频率，共计 230MHz 带宽。关于标准的建议将在 1997 年底完成，现已完成近 20 个，包括基本概念和目标、术语、业务框架、网络结构、无线接口、管理框架等。

2. UMTS

欧盟各国 RACE 在计划中对 UMTS 提出的目标是：将蜂窝移动通信各种服务结合在单一的用户设备中；话音质量达到有线电话的水平；提供服务与网络运行分开；用户具有唯一的编号，并独立于网络或服务的提供者；提供服务的容量和能力要超过现有人口的 50%；无缝隙的全球无线覆盖；无线承载业务达 144kb/s，要求进一步达到 2Mb/s；高度有效的利用频谱；无线资源的灵活性应允许在频带内的竞争；能直接与卫星接入；采用新的全球频带；服务和终端价格低廉。欧洲各国在发展 3GM 中已做了大量的工作，例如 RACE 在计划范围内正进行先进 TDMA（ATDMA）的研究和试验，也建立了 CDMA 的试验床（CODIT）。这两个计划一方面尽量发挥本身的优势，同时也在想法具有竞争对手的优点，例如在 CDMA 中引入频率切换，而在 ATDMA 中引入软质量下降等技术。同时，也在致力开发 GSM 和 DECT 的潜力，使两种标准能相互接近而互联。

3. W-CDMA 将为优选方案之一

针对 N -CDMA 某些方面的不足，目前已提出多种宽带 CDMA（W-CDMA）方案以满足 3GM 的要求。为什么要发展 W-CDMA？主要的原因有：它能提供高速率的数据传输；能够实现多媒体的业务流；能在多层小区结构中进行多径分离；能提供更大的容量；具有更好的质量。现将提出的两种建议简介如下：

• CODIT 的建议采用多种频带，即 1. 25/5/20MHz，PN 码片速率为 1. 023/5. 115/20. 46Mb/s，处理增益可变；采用长码，周期为 $2^{41}-1$；调制方式前向信道为 QPSK/BPSK，反向信道信道为 QpSK/OQPSK；信道编码；语音为卷积码，数据为级连码；语音编码为可变码速率 CELP。

• NTT DoCoMo 的建议也是采用多频带：1. 25/5/10/20MHz；PN 码片速率为 1. 024/4. 096/8. 192/16. 384；处理增益可变；采用长码，周期为 $2^{33}-1$；调制方式，前向为 QPSK/BPSK，反向为 QPSK/OQPSK；信道编码；语音为卷积码，数据为级连码；语音编码为可变码速率 CS-ACELP（ADPCM）。

从上述数据可以看出，W-CDMA 可以满足 3GM 的基本要求。现在各国都在积极开展研究，力争所提建议能成为 IMT-2000 的标准。W-CD-MA 将是未来 3GM 的优选方案之一。

四、B-CDMA 与 NII/GII

信息高速公路是国家信息基础结构（NII）和全球信息基础结构（GII）的一种通俗说法。在人们进入 21 世纪后它将为人们提供无所不在的各种信息服务，从而极大地改变人们工作、生活、学习和娱乐的方式。当信息高速公路建成以后，人们将进入信息社会的自由王国。宽带、高速通信网是信息高速公路的基础。而宽带、高速无线移动接入系统则是其不可缺少的组成部分。很显然，只有通过无线移动接入系统，大量的移动用户才能出入高速公路。为了实现 NII/GII，人们正在研究各种可行的方案。其中广带 CDMA（B-CDMA）受到人们的关注。现以两个建议的具体系统来说明 B-CDMA 的特征及其相关的关键技术。

1. B-CDMA 的特点

信息高速公路要求有很宽的马路（宽频带）以提供高速汽车（高速率数据）行驶（传输）。建议的具体实例如下：

- D. L. Schlling 建议的 B-CDMA 地面移动通信系统：采用频带为 1850 ~ 1990MHz；PN 码片速率为 24Mchip/s；频带宽度为 48MHz；语音编码为 32kb/s；处增增益为 750（29dB）；每小区用户可达 2000；容量为：80Er1. /MHz，3000Er1. /km^2，600Er1. /km^2—MHz。
- RACE 欧洲计划中建议的“移动广带系统”（MBS）：采用频带为 40/60GHz；带宽高达 155Mb/s，工作环境包括室内及室外；终端移动性：便携、可搬动、车载；个人移动性采用智慧卡，支持 UPT 的要求；能与 B-ISDN 网相连。
- 美国 Teledesic 公司建议的卫星 Calling 系统：它由 840 颗高度为 700km LEO 的卫星构成，共 21 个近极轨式圆形轨道，每个轨道平面上有 40 颗卫星，加上 10% 的在轨备份卫星，共 924 颗卫星。可实现全球覆盖，平均时延 80ms；可提供全数字双向交换业务，可传输话音、数据、图像、交互式多媒体等各种宽带业务，终端连接速率为 16kb/s ~ 2Mb/s，1 Gbps 线路高容量枢纽，终端速率高达 15Mbps ~ 1. 2Gbps；网路采用分布式控制结构，星际链路使用每颗星连接邻近的 8 颗卫星。采用与 ATM 类似的快速分组交换技术；每颗卫星具有 64 个扫描波速，每一波速有 9 个网孔，每一卫星可覆盖 576 个网孔，每一网孔可支持 1440 条 16kbps 话音信道，从而每颗卫星具有支持 829440 条话路的巨大容量；终端采用 20/30GHz 的 Ka 波段，星际链路采用 60GHz 频段，传输速率为 1. 2Gbps；多址方式采用组合多址，每个网孔分配 1 个时隙，每个时隙内上行链路采用 FDMA，下行链路采用异步时分多址（ATDMA）

2. B-CDMA 与无线多媒体、无线 ATM、B-ISDN

在 B-CDMA 实现移动通信系统时，要解决一系列关键技术问题，主要有用无线信道

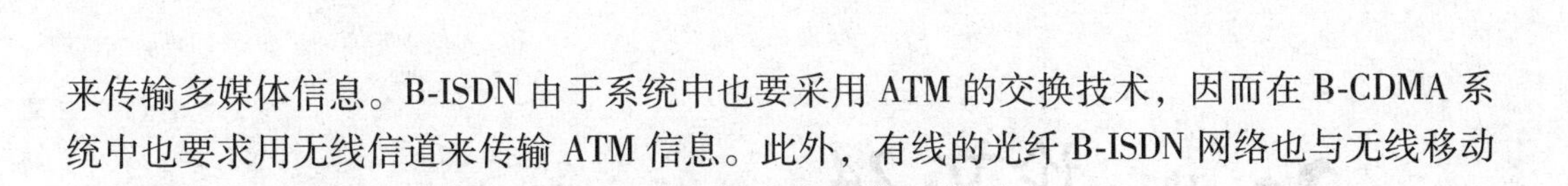

来传输多媒体信息。B-ISDN 由于系统中也要采用 ATM 的交换技术，因而在 B-CDMA 系统中也要求用无线信道来传输 ATM 信息。此外，有线的光纤 B-ISDN 网络也与无线移动的 B-CDMA 系统互连互通，构成无缝隙的全球宽带通信网。

3. B-CDMA 是解决 NII/GII 无线接入的优选技术

NII/GII 无线接入应采用无线移动多媒体通信系统。B-CDMA 和无线 ATM 是实现无线移动多媒体的优选技术。无疑，在未来的 NII/GII 中 B-CDMA 技术将占据十分重要的位置。

五、发展个人通信，建立我国移动通信产业

我国移动通信自进入 90 年代以来，已远远超出人们的估计的高速度发展，但目前市场上所用的移动通信产品基本上是外国制造的，这一情况已经引起各方面人士的极大的关注。大家都在探讨如何建立我国自己的移动通信产业问题，下面提一点个人的粗浅看法：

1. 经营市场与产业市场

在市场经济条件下应把经营市场与产业市场严格划分，不能混为一谈。目前移动通信市场的繁荣和高速发展只能说是经营市场的大好形势，而生产移动通信产品的市场，即产业市场却使人堪忧，因为时至今日尚无我国自行生产的产品来占领经营市场，换句话说，就是我国自己的通信产业尚未建立起来。归根到底，只有建立我国自己的移动通信产业，才能最终占领经营市场。表面上今天的移动通信市场是我国自己在经营，但没有自己国家的产品，从配制上说，经营市场仍然是外国人的。

2. 建立产业需要 5 ~ 10 年时间

我国生产通信产品的历史和经验表明，一个产品从开始研制到批量生产和稳定地供应市场需要 5 ~ 10 年周期，国外生产 GSM 和 Q-CDMA 系统的历史也证明了这一点，我们不能企图在一两年的短时间内开发出全新的通信系统和产品，即使是引进国外一些过时的技术，也有一个消化和实践的过程，因此，我们必须下定决心，以卧薪尝胆的精神，争取在 2005 年前后真正建立我国自己的移动通信产业。

3. 超前创新才有立足之地

建立产业是十分复杂的系统工程，涉及多方面的条件和问题，其中采取何种技术路线和政策也是至关重要的。如果我们一味模仿人家今天市场上已有的产品，则永远只能跟在别人后面，不断受到外国新产品、新技术的冲击。只有走超前和创新的道路才有可能真正建立起我国自己的移动通信产业。根据前面几个热点问题的论述，作者建议我们应大力发展第三代移动通信，即发展个人通信来建立我国移动通信产业。

论文 24

面向 21 世纪的移动通信*

——个人通信

李承恕

（北方交通大学）

摘要： 简要探讨个人通信与第三代移动通信的关系和移动通信的发展趋势，并对第三代移动通信国际标准的建议现状作了介绍。建议应大力发展个人通信来建立我国移动通信产业。

关键词： 移动通信　个人通信　第三代　国际标准　建议

1　个人通信与第三代移动通信

人们对个人通信的共识是："任何人在任何时候和任何地方都可以和其他任何人进行通信。"具体说来，个人通信的主要特性和应达到的要求是：

（1）能适应多种环境：应能综合现有的公众电话交换网（PSTN）、综合服务数字网（ISDN）、无绳系统、地面移动通信系统、卫星通信系统和无线 PBX，并能提供无缝隙的通信。

（2）能提供高质量的多媒体服务：对用户能提供高质量的话音、可变速率的数据、活动视频和高分辨率的图像等多种服务。

（3）多种用户类型：能对不同环境中的用户提供服务，例如不同的服务时延要求和不同的差错性能等。

（4）全球漫游能力：用户不再限于一个地点和一个网络，而能在整个系统和全球漫游，且在不同速率的运动状态中也能获得质量有保证的服务。

（5）单一个人电信号（PTN）：用户用单一的个人电信号码无论在任何地方和任何通信机进行通信。PTN 是个人移动性的基础。

---

* 本论文选自：电子科技导报，1998（01）：6-9。

（6）大容量：应使每一个成年人可能使用。因而市场的潜在容量需求十分巨大。

（7）通用手持机：单一小型手持机能接入系统的可加以应用的服务。

（8）保证服务安全：要能防止非法接入、窃听等威胁，并具有先进的身份认证功能。

早在 1986 年国际电联（ITU）便开始了全球个人电信系统的研究，并在 1992 年的 WARE 决定在 2 GHz 频段划出 230 MHz 带宽供全球发展 IMT-2000 之用。IMT-2000 原称未来陆地移动通信系统（FPLMTS），现称国际移动电信系统-2000。其含义一为面向 2000 年，另一为 2 GHz 频段。ITU 正在制定标准，并将作为第三代移动通信的国际标准而面市，对 IMT-2000 的原则要求是：

（Ⅰ）能在任何地方和任何时候进行通信。

（Ⅱ）扩大的服务范围：能支持多媒体服务、能接入 Internet，会议电视、可变码率的数据高达 2 Mb/s。

（Ⅲ）统一的无缝隙的结构：能把现存的寻呼、无绳、蜂房、移动卫星等通信系统综合在统一的系统中，并提供多种服务。

（Ⅳ）综合移动和固定网络。

（Ⅴ）缩短发展中国家与发达国家在电信上的差距。

（Ⅵ）宽带转移：为了提供有效的服务，应利用宽带转移技术，如 ATM。

（Ⅶ）自适应，可再编程的终端：对纠错及增加新性能时能用软件更新的办法实现。移动终端从一个系统到另一系统时可用再编程实现。

对比上述两方面的要求和目标，可见个人通信与第三代移动通信基本上是一致的。可以认为第三代移动通信与个人通信是一回事，也可以把第三代移动通信看成是理想的个人通信的第一阶段。

2　CDMA 与移动通信的发展趋势

第一代移动通信，如 AMPS、TACS 等制式系统是以模拟信号的调制为其特征的，即 FM 制。第二代移动通信，则以采用数字信号的调制为其特征。所以前者被称为模拟移动通信，后者称为数字移动通信。在多址方式上，数字移动通信中有采用时分多址（TDMA）的，如 GSM 系统；也有采用码分多址（CDMA）的 Q-CDMA 系统。GSM 最先是作为泛欧数字移动通信的标准而开发研究的。由于技术较成熟，已在世界各地推广，我国也已大量应用。Q-CDMA 系统提出较晚，但采用扩频通信技术，具有一系列优点，现已受到越来越多的人的重视。香港、韩国已开始较大规模的应用，我国也在北京、上海、广州、西安等城市建立了商用试验网。TDMA 与 CDMA 两种制式何者为佳的争论由来已久，对第二代移动通信中尚待作出最后的结论。而目前又面临第三代移通信标准的制定，TDMA 和 CDMA 选用哪一种制式继续成为国内外争论的热点问题。笔者认为，弄清楚了 CDMA 的优势何在和存在的问题两个方面，则回答此问题就心中有数了。同时 CDMA 的应用前景也决定于这两方面的情况。

CDMA 的优势在容量，而其问题在功率和干扰受限。在数字移动通信中采用 CDMA 是美国 Qualcomm 公司一些学者提出来的。采用扩频技术的 Q-CDMA 系统成为 IS—95 标准。Q-CDMA 具有许多优点，但主要的还是在容量上有明显的优势。著名学者 W. C. Y. Lee 的结论是：CDMA 容量是模拟 FM 制容量的 20 倍，也是 TDMA 容量的 4 倍。A. J. Veterbi 用爱尔兰容量进行分析结果也是 10 ~ 20 倍。其他制式在容量的增加上很难达到这种程度。即使实际容量只增加 10 倍也是一个惊人的数字。因此，可以说 CDMA 的主要优势在容量。数字移动通信是一个多用户系统。CDMA 是基于扩频通信，许多用户在同一频带和同一时间内进行通信。各用户发射功率的大小和对其他用户产生的多址干扰就成了制约系统容量和其他性能的关键因素。扩频通信要求到达基频的多用户信号功率相等才能正确地解扩和解调制有用信号，否则就会出现大信号抑制小信号的“远—近”效应。同时本小区和其他小区用户的信号，对有用信号来说也是外来干扰。因此，在 CDMA 移动通信系统中应采取一系列技术措施来进行严格的功率控制和减少多址干扰。因此，CDMA 是一干扰受限的系统。可以说 CDMA 的成败，在一定程度上决定于在技术上能否妥善解决它在功率和干扰上所受到的限制。

容量的需求将推动 CDMA 应用的发展。在有限的频带资源条件下，TDMA 系统的容量增加不敷供应时，运营商就不得不考虑采用容量更大的系统。只要 CDMA 系统能较好地克服在功率和干扰上受到的限制，预见在不久的将来，一旦 TDMA 系统满足不了市场需求时，CDMA 的应用将有大的发展。关于 CDMA 与 TDMA 移动通信系统理论上的争论和市场竞争已进行多年。由于 GSM 系统在世界范围的广泛应用，Q-CDMA 系统在美国、香港、韩国和我国 4 个城市商用试验系统的运用，结论将逐步明朗化。初步试验表明，在通话质量和基站数目较少方面 CDMA 已占明显的优势，在容量上，CDMA 系统已超过模拟系统 10 倍。估计到 1997 年底，将可得到初步结论。

3　第三代移动通信建议现状

由于 ITU-R 规定关于第三代移动通信无线传输技术（RTT）建议将于 1998 年 7 月停止接收，目前世界各国都在积极行动，提出各种建议，都力争能成为将来的国际标准。现将有关动向简介如下：

1. ITU 在 1992 年 WARC 大会上明确分配给 IMT-2000 的频率为 1885 ~ 2025MHz，其中 1980 ~ 2010MHz 和 2170 ~ 2200MHz 为卫星通信部分频率，共计 230MHz 带宽。关于标准的建议将在 1997 年底完成，现已完成近 20 个，包括基本概念和目标、术语、业务框架、无线接口、管理框架等。

2. 欧盟各国早在 RACE 计划中对 UMTS 系统提出的目标与 IMT-2000 基本相似。欧洲各国在发展第三代移动通信中已做了大量的工作。例如已进行了先进 TDMA（ATD-MA）的研究和试验，也建立了 CDMA 的试验床（CDDIT）。同时也在致力于开发 GSM 和 DECT 的潜力，使两种标准能相互接近而互联。

3. 针对窄带 CDMA 某些方面的不足，目前已提出多种宽带 CDMA（W-CDMA）方案。以满足第三代移动通信的要求。W-CDMA 的优势有：它能提供高速率的数据传输；能够实验多媒体的业务流；能在多层小区结构中进行多径分离；能提供较大的容量；具有更好的质量。现已提出的多种建议性能指标如下：

（1）CODIT 的建议采用多种频带，即 1.25/5/20MHz，PN 码片速率为 1.023/5.115/20.46Mb/s，处理增益可变；采用长码，周期为 241- 1；调制方式前向信道为 QPSK/BPSK，反向信道为 QPSK/OQPSK；信道编码：语声为卷积码，数据为级连码；语声编码为可变码速率 CELP。

（2）NTT DoCoMo 提出的建议为相干多码率宽带 CDMA。多频带 DS-CDMA 采用 1.25/5/10/20MHz 带宽。小区之间为异步运行。扩频码片速率为 1.024/4.096/8.192/16.384，多码率业务高达 2Mb/s。扩频码信道比为长码 × 短码。短码采用树形结构正交多码率码，长码采用伪随机码。调制为基于导频码的相干 QPSK，信道编码为卷积码（R = 1/3，K = 7）及 RS 级连码（R = 9/10）。分集采用 RAKE 接收加天线分集。功率控制采用基于 SIR 的快速控制。交织帧长为 10ms。此建议受到日本富士、松下及 NEC 等公司的支持。

（3）美国 4 家大公司 Lucent、Motorola、Notel、Qualcomm 提出了 Wideband cdmaOne 的建议。它受到 HNS、Nokia、Samsung、HiT achi 等公司的支持。建议采用多载波/DS-CDMA，射频信道带宽为 1.25/5/10/20，PN 码片率为 1.2288/3.6864/7.3728/14.7456。用户比特率为 9.6kb/s ~ 2Mb/s。帧长为 20ms。扩频调制为 QPSK，解调为连续导频符号辅助的相干检波。功率控制采用开环及快速闭环控制，上下链路均如此。在基站分集采用 RAKE 接收及天线分集。扩频码为 I/Q 短 PN 码及长 PN 码。正交码为 Walsh 码。信道编码卷积码（K = 9，R = 1/4，1/3），对高速数据也考虑用 Turbo 码，语声编码采用 EVRC。多载波的目的在于将 5MHz 分为三个 1.25MHz 带宽的信道，以便与 IS—95 后向兼容，可以共存或重叠。基站同步则基于 GPS。

（4）欧洲的建议由 Nokia、Ericsson、NEC、Panasonic、Fujitsu、Siemens 提出。建议采用 DS-CDMA。射频信道带宽为 4.4 ~ 5/8.8 ~10/17.6 ~ 20。PN 码片率为 4.096/8.192/16.384。用户比特率为 8kb/s ~ 2Mb/s。帧长为 10ms。调制方式，下行链路为 QPSK 数据调制及扩频调制，上行链路为双信道 QPSK。解调为时分多路导频符号辅助相干检收。功率控制为上行为开环及快速闭环控制，下行为快速闭环控制。分集采用 RAKE 接收及天线分集。扩频码采用短码 + 长码，扩展 Gold 码及扩展的非常大的 Set Kasami 码。正交为 Walsh 码。信道编码采用卷积码（K = 9，R = 1/2 ~ 1/3）。对数据外码为 RS 码。语声编码为可变码率的 CELP。无后向兼容，采用了新的频谱。基站采用异步，如在时分双工（TDD）模式则采用基站同步。

（5）韩国 ETRI 提出的建议是采用同步 CDMA，即小区之间和小区内前向链路均采用同步。射频载波间隔为 1.25/5/20MHz，PN 码片率为 0.9216/3.6864/14.7456Mbps，频分双工（FDD），帧长 10ms，扩频码为 I/Q 短码及长码。正交码为 Walsh 码，扩频调制上下链路均为 QPSK。信道编码：语声为卷积码（K = 9，R = 1/3），数据为卷积码（K = 9，R = 1/3）及 RS 码。语声编码为可变 CS-ACELP（8/4/1.6kbps。功率控制：反向链路为闭环（1.6kHz） + 开环；前向链路为基于 FER 的快速闭环控制。分集：反向链路为路径分集 + 天线分集；后向链路为路径分集（具有分布式天线）。用户码率达 2Mbps，可支持语声、图像及信包数据的多媒体服务。小区结构为多层结构。

从上述第三代移动通信 RTT 建议可看出：

（1）这些建议都是基于W-CDMA。

（2）美国几家公司的建议强调了与IS—95，即M-CDMA的后向兼容问题，这对运营商和生产厂家都是有利的，并使之能从第二代向第三代平滑过渡。

（3）欧洲和日本的建议有许多共同之处，可以说是大同小异。

（4）未来第三代移动通信的国际标准有三种可能性：①产生一个统一的国际标准，这是大家所希望的。②达不成协议时也可能出现三个或两个标准，但都是基于W-CDMA。③也许出现一些完全不同的标准。解决的办法只好采用多频段多模手机。但对用户是不利的。

（5）对我国来说，当务之急是研究和确定我国的建议标准，并最终采用公认的国际标准。

4 发展个人通信，建立我国移动通信产业

据统计，我国移动通信用户已超过1000万户。预计到2000年，还会翻一番或两番。自20世纪90年代以来我国移动通信高速发展。但目前市场上的移动通信产品都是外国制造的。如何改变这一局面，建立我国移动通信产业已成为举国上下都十分关注的问题。个人的粗浅看法是：应大力发展个人通信（即第三代移动通信）来建立我国移动通信产业。理由如下：

1. 在市场经济条件下应把经营市场与产业市场严格划分开来，不能混为一谈

目前移动通信市场的繁荣和高速发展只能说是经营市场的大好形势，而移动通信产业市场却使人堪忧。表面上今天的移动通信市场是我国自己在经营，但没有自己国家的产品，从本质上说，经营市场仍然是外国人的。

2. 建立产业需要5～10年时间

历史经验表明，通信产品从开始研制到批量生产和稳定地供应市场需要5～10年周期。国外生产GSM和Q-CDMA系统的历史也证明了这一点。我们不能企图在一两年的短时间内开发出全新的通信系统和产品。即使是引进国外一些过时的技术，也有一个消化和实践的过程。因此，我们必须下定决心，以卧薪尝胆的精神，争取在2005年前后真正建立我国自己的移动通信产业。

3. 超前创新才有立足之地

建立产业是十分复杂的系统工程，涉及多方面的条件和问题。其中采取何种路线和政策也是至关重要的。如果我们一味模仿人家今天已有的产品，则永远只能跟在别人后面，不断受到外国新产品、新技术的冲击。只有走超前和创新的道路才可能真正建立起我国自己的移动通信产业。作者建议我国应大力发展个人通信来建立我国移动通信产业。

4. 抓住机遇，知难而进

俗话说：机不可失，时不再来。当前正是发展个人通信的大好时机。各国大公司目前都忙于第二代产品的完善和推广应用。对第三代产品只是进行方案论证和初步试验。

这给了创新的机会和引入自己知识产权的余地。韩国采取跳跃式的战略决策，置 GSM 系统于不顾，直接开发 Q-CDMA 系统，虽然冒了一定风险，但今天客观发展的事实说明他们的作法是有道理的。这一经验很值得我们借鉴。只有知难而进，克服资金不足、缺乏大规模集成电路的工业基础，以及没有必要的技术储备等困难，才能建立起我国自己的移动通信产业。

5. 采取正确的路线和政策

发展个人通信，建立第三代移动通信产业首先要依靠国家行为（必须有一定的投资强度才能创造研究开发和生产条件）。智力投资也是必不可少的。团结起来，目标一致，努力奋斗，建立我国移动通信产业是指日可待和大有希望的。

注：李承恕，教授，中国电子学会通信学分会委员。本刊编委。

本文于 1997 年 12 月收到。

论文 25

当前我国移动通信发展中的几个问题*

李承恕
（北方交通大学）

当前，我国移动通信正持续高速地发展。据公布的统计表明，我国移动通信用户总数迄今已达 1671.8 万部，名列世界第三。预计到 2000 年，我国移动电话将达 3800 万部，而到 2010 年，用户数将达到 2 亿部。全球移动通信的发展亦如此，到 2000 年将为 2.5 亿部，而到 2010 年全球移动电话将达到 13 亿部。面对如此巨大的市场前景，我国第二代移动通信的发展将如何考虑呢？另外，第三代移动通信标准的建议也成为目前全世界关注的热点问题。本文仅就这两方面的问题作一些探讨。最后，将再次强调，要大力发展第三代移动通信，建立我国移动通信产业。

1　适当控制商用 GSM 网的扩大与发展

近几年来第二代数字移动通信在我国以出人意料的高速度在发展。到 1998 年 5 月 1 日，GSM 网的全国用户总数突破 1 千万大关，达 1018.2 万户。中国电信仅用了 3 年的时间，就建成了世界上最大的 GSM 数字电话通信网。该网已覆盖 304 个地级市和 1731 个县级市，并与 27 个国家和地区开通自动漫游业务，系统容量达 1595 万户，信道为 53.3 万个。中国联通公司也已在 80 个城市建成 GSM 网，有 30 个以上的城市投入运营，并实现了这些城市间的自动漫游，用户已达 42 万。但这样巨大的发展仍未满足市场的需求。特别是沿海地区、大城市人口密集地区，用户需求量仍在不断增大，装机容量也不敷应用。如何增加容量已成为亟待解决的问题。那么，当前对第二代移动通信发展的方针和策略应该是什么呢？一种考虑是“大力发展 GSM 900/1800 数字网”。从经营者来说这是理所当然的。技术越成熟，规模越大，经营效果越好，收益也越大，投资效益

* 本论文选自：电子科技导报，1998（09）：2-7。

和回报也越好。对于频率资源尚有富余的地区，继续扩大与发展是不会有什么困难的。对于分配的频率已基本用完的地区，则不能不考虑采用新的频段，采用 DCS1800，加快其商用化的进程。因 DCS1800 与 GSM900 在体制上相同，可以节省基建投资，既然能采用双频手段来解决兼容问题，何乐而不为呢？但这样做的结果却浪费了国家宝贵的频率资源，又不便于向第三代移动通信过渡。道理很简单，一方面 GSM 在第二代移动通信中并不是频带利用很高的一种体制，而采用基于窄带 CDMA 的 IS—95，则其容量从理论上讲，将是 GSM 的 4 ~ 6 倍。另一方面，1800MHz 频段在国际上是被确定用来发展第三代移动通信 IMT-2000 的，把它用在 DCS1800 既不经济，也会对将来发展第三代移动通信产生障碍。因而，在目前情况下，采用“大力发展 GSM900/DCS1800”的决策从国家宝贵频率资源的有效利用和长远发展来看是不可取的。另一种考虑则是：“适当控制商用 GSM 网的扩大与发展”。这就是说扩大和发展 GSM 商用网要适当，而不能盲目地大力发展。对于尚未建立 GSM 网的地区，可以考虑暂不发展 GSM 网，对于已有 GSM 网的地区，从现在开始就要放慢发展的速度和减小发展的规模。这样做可以避免 GSM900/DCS1800 把频率资源用完后，为了增加容量不得不采用频带利用高的 CDMA 时成为卸不下来的包袱。当然，对 GSM 网发展和扩大的控制要适当，为了解决目前暂时的困难和用户的急需，适当地扩大和发展一点也是允许的。与此同时，为了满足市场需求的增长，我们应“大力推动 CDMA 商用网的扩大与发展”。下面就来说明这一问题。

2　大力推动 CDMA 商用试验网的试用与发展

美国 Qualcomm 公司推出的 Q-CDMA 是以窄带 CDMA 为其特征而成为 IS—95 标准。就东亚的应用情况来看，在香港用户已超过 23 万，预计 1998 年底可达 40 万。其站采用 Motorola 的产品，目前为 350 个，全年可增至 500 个。韩国在蜂窝移动通信的发展上主要采用本国的 CDMA 产品，目前用户已超过 800 万户。这两地的实际应用表明：容量有显著的提高，小区覆盖面积增加，基站数目减少约 1/3，投资上也较节省。我国也已开始 CDMA 商用试验网的建设。中国电信长城公司在北京、上海、广州、西安 4 地分别与 Motorola、三星、朗讯和北方电讯 4 家公司共同进行试验，总计设计容量为 16.5 万户。1997 年底已完成全部试验工作，达到了预期目的，将着手进行商用网的建设。中国联通公司，也在上海、广州和天津开始了商用试验网建设。根据试验结果，也将进行商用网的建设。试验结果表明 CDMA 系统的优越性是肯定的，但具体的数据尚待扩大商用后方可获得。

从国家的全局和长远利益来看，充分发挥 CDMA 的频谱利用率高、容量大、节约投资的优势，大力推动其试用与发展是一种必然趋势。国家无线电管理委员会在规划无线电频率使用的原则之一是：在新技术、新业务中，选择和支持频谱利用率高的通信体制（如 CDMA 技术）。因此，对当前我国移动通信的发展，除了前述要适当控制商用 GSM 网的扩大与发展外，还要促进 CDMA 网的试用与发展。这是一个问题的两个方面，即在人口密集和用户需求得不到满足的大城市，应逐步以发展 CDMA 系统来解决容量问题。另外在欠发达地区，可以考虑一开始即采用 CDMA 系统，而无须先发展 GSM 再过渡的策略。因为目前CDMA技术应该说已基本成熟，在市场上是有竞争力的。当然，这里我们应考虑到2000年以后，第三代移动通信发展问题，也就是前向兼容的问题。但是，从各国提出的第三代移动通信RTT技术建议方案来看，不外乎是W-CDMA、CDMA-2000、TD-CDMA，它们都属于CDMA家族。同时，不能不采用宽带以满足多媒体通信和高速数据的传输需要，W-CDMA将是第三代移动通信的主流技术。从第二代向第三代能够平稳过渡的观点来看，目前大力推动CDMA商用试验网的试用和发展也是有一定道理的。

3 重视卫星移动通信网的建设与应用

个人卫星移动通信近年来已逐渐成为移动通信产业发展的热点。当前正在开发的卫星移动通信系统中以中低轨道的系统为主。主要有“铱”系统（66颗主用，6颗备用，轨道高度780km），“全球星”系统（48颗主用，8颗备用，轨道高度1414km）以及国际海事卫星组织的“ICO”系统（10颗主用，2颗备用，轨道高度10354km）。我国正在参与开发的地区高轨（轨道高度35786km）卫星移动通信系统有亚太卫星移动通信（APMT）系统和鑫诺卫星移动通信（SINDSAT）系统。此外，尚有极低轨道的Teledesic系统（288颗卫星，轨道高度565km）。现将有关发展近况简介如下：

（1）“铱”系统

已有68颗卫星升空，运转正常。预计“铱”系统将在1998年9月23日开通。“铱”星工作寿命为5～8年。现已在全球建立11个关口站，用户可通过关口站与公众通信网用户通信。手机采用“双模”模式，可选择使用通过地面蜂窝系统或卫星系统通信。预计第一代用户为300万～400万，2004年全球用户预计可达2000万。我国长城工业公司参与投资。

（2）“全球星”系统

由美国Loral/Qualcomm公司开发的“全球星”系统计划于1998年底以前发射44颗卫星，剩下的12颗卫星将于1999年初发射。第一批4颗星全部测试结果良好。现有8颗星分别在两个相邻轨道面上运行。最近已定购了30万部用户终端，并正在世界各地建设20多个关口站。计划在1999年初提供服务。全球星合股公司包括Loral，Qualcomm，Air-Touch，ALCATEL，法国电信，韩国现代和Vodafone等服务提供者和设备制造商。中国电信（香港）已投资全球星。全球星系统总投资26亿美元，已与85%以上覆盖业务范围内的106个国家签署了业务协议。该系统采用CDMA技术，可为用户提供手持机、车载式和固定式终端发送和接收电话，同时也可提供数据、寻呼、传真和定位功能。

（3）“ICO”系统

现已有44个国家的47家公司参加了ICO全球通信公司，TRW的Odyssey系统也加盟ICO，加强了ICO的实力。我国交通部对该系统进行了投资，并是该系统最大股东之一。ICO已同美国休斯公司签订了全部12颗卫星的发射合同，按计划第一颗卫星将于1998年底发射。12个接续枢纽站（SAN）已有6个在建设中。

（4）APMT系统

中国亚太移动通信卫星公司（中国APMT）与新加坡发起，日本、泰国、马来西亚、印度尼西亚等国联手运作开发的 APMT 卫星移动通信系统已正式起动，投资 6.5 亿美元，覆盖亚太 22 个国家近 31 亿人口。APMT 系统采用同步定点卫星和袖珍式卫星用手持机，一颗卫星的通信容量将超过 16000 条双向话音信道，用户数可达 200 万，系统可提供双向话音通信、单向或双向数据通信、传真、信道显示、手持机应急位置报告、车船连续定位报告及其它通信增值业务。手持机为双模式，可任选地面或空中通信。系统的控制中心和卫星运行中心将设在北京。APMT 卫星将于 2000 年发射。

（5）鑫诺卫星（SINO-Satellite）移动通信系统

由中国航天工业总公司、国防科工委、中国人民银行和上海市人民政府合资组建的鑫诺卫星通信有限公司具有产业部门与用户合资组建的特点，开发的鑫诺卫星通信系统将推动我国卫星电视广播和卫星通信专用网的发展。

鑫诺一号通信卫星（SINOSAT-1）可提供 24 个 C 频段转发器和 14 个 Ku 频段转发器及一对 C-Ku 频段互联转发器。SINOSAT-1 定于 1998 年 6 月发射。鑫诺通信卫星系统包括两颗卫星（SINOSAT-1 和 SINOSAT-2）以及具有两副 C、Ku 频段 13m 天线的北京测控管理站（TCM）。SINOSAT-1 通信卫星是一颗专门为卫星直播电视和专用网服务的通信卫星，并专门为中国及亚太地区服务。其 C 频段覆盖亚太地区，Ku 频段覆盖中国及周边国家和地区。该星发射成功后 45 天正式投入运营，SINOSAT-2 是一颗纯 Ku 频段的广播通信卫星，一颗真正意义上的电视直播卫星。

（6）Teledesic 卫星移动通信系统

Teledesic 系统是由美国 Mc Caw 移动通信公司和微软公司发起，后又有波音公司加入共同研制的。该系统计划在距地球 565km 的轨道上部署 288 颗低轨道卫星，构成一个覆盖全球的通信卫星网。每颗卫星覆盖直径为 100km，提供超过 500Mb/s 的双工通信能力，上行速率达 2Mb/s，下行速率达 64Mb/s，全网可同时为数百万用户提供服务，包括宽带 Internet 接入，视频会议、高质量语音和其它数据、图像业务。Teledesic 以地面固定终端为主要服务对象，也能为航海航空等移动终端提供服务。该系统与其它网络的联结通过地面网点实现。这一能提供宽带服务、低误码率、低时延的卫星移动通信系统的设想是 1990 年提出的。1998 年 2 月 25 日美国轨道公司用喷气式飞机和火箭已能将卫星送入轨道。如果顺利的话，预计 2002 年 Teledesic 将正式投入商用。

综上所述，不难看出国内外当前卫星移动通信发展的基本态势和我们应采取的对策是：

（1）国外卫星移动通信的发展正在紧锣密鼓地进行。我国地大物博、人口众多，发展卫星移动通信的必要性是毋庸置疑的。

（2）在列举的 6 个卫星移动通信系统中有 5 个系统分别由我国不同部门参与开发和应用。这种分散经营、各自为政的局面不能再继续下去了。应由国家统筹规划，确定发展的大政方针。

（3）国际上卫星移动通信系统均采用中低轨道，因其比高轨道卫星有更多的优势。同时考虑到卫星移动通信的全球漫游和与 IMT-2000 的第三代卫星移动通信接轨，我国应以发展中低轨道卫星移动通信为主。

（4）各个跨国公司已开始向我国的卫星移动通信市场进军，我们绝不能再掉以轻心。国家在开拓卫星移动通信经营市场的同时，还应组织力量、加大投资，积极开展卫星移动通信网的研究与建设，建立我国自己的卫星移动通信产业，以避免将来出现被动局面。

（5）在研制、开发和应用我国卫星移动通信时应考虑与当前国际上卫星移动通信发展的趋势相吻合，同时也应与未来 IMT-2000 卫星移动通信的前向和后向兼容问题相联系。

4 积极参与 IMT-2000 国际标准的制定活动

国际电联（ITU）将于 20 世纪末完成第三代移动通信，即 IMT-2000 无线传输技术（RTT）制式标准的制定工作。有人说，标准的制定不完全是技术问题，而是未来全球移动通信市场的竞争。中国这个世界上最大的移动通信市场已成为各大公司争夺的目标。面对这样严峻的形势，我国应积极参与 IMT-2000 国际标准的制定活动。当前值得特别注意的问题有：

（1）认真深入地进行各国 RTT 标准建议的评估工作。其他国家进行评估工作可能主要是为了宣传所提出的建议标准。我们不仅要认真深入进行各国建议的评估，更主要的是从技术上学习别人的长处，避免其短处。便于今后进行国际上的竞争。同时，更重要的是为制定我国第三代移动通信的标准，建立我国移动通信产业做好技术上的准备。这是发展我国移动通信长远战略目标所必需进行的工作。

（2）以宽带 CDMA 技术为基础，制定我国的标准，以适应未来的国际竞争。截至 1998 年 6 月底，提交到 ITU 的建议共 15 个，其中地面移动通信建议 10 个，卫星移动通信建议 5 个。在地面移动通信的建议中采用 CDMA 的有 8 个，而在卫星移动通信中采用 CDMA 的有 2 个。这表明在第三代移动通信中 CDMA 将是主流技术。另外，IMT-2000 的基本要求是所传数据率应在 2Mb/s 以上，并要能传送宽带多媒体业务。因而在 1.8 ~ 2.3MHz 上采用 5 ~ 20MHz 宽的频带是必需的，它是区别第三代与第二代技术的主要标志之一。选用以宽带 CDMA 技术为基础，制定我国的标准，研制我国的产品，建立我国的移动通信产业是不会有什么风险的正确选择。即便将来和国际统一标准的融合，也是较为容易的。目前北美、日本、欧洲都分别提出了各自基于带宽 CDMA 的标准。但他们采用的具体技术和各项技术指标也是大同小异的。我们应致力于促进他们的相互妥协与融合，以达到出现一个全球的统一标准。它对大家都是有利的。

（3）确定选用国际标准的指导原则。我国虽然也向 ITU 提出了 RTT 的建议，但由于起步已晚，许多基础研究和实验尚未进行，得到各国的认同是很难的。而国际上统一标准能否形成也是问题。当国际上出现两种或多种标准时，我们不得不面临作出何种选择的问题，因此，研究和确定选用国际标准的指导原则应尽早地进行。原则的确定应根据我国第二代和第三代移动通信发展的战略决策，尽量做到后向和前向兼容，以及如何有利于达到建立我国民族工业的战略目标来确定。最好由国家统一领导，组织各方面力量，在深入研究的基础上，明确地提出选用国际标准的指导原则。

（4）开展国际合作，加强第三代移动通信的研制，为建立我国的移动通信产业打好基础。随着国际标准的制定，各国都在加速产品的研制，力求尽快占领市场。我们不能错失良机，在国家统一领导下，运用市场机制，组织各方面力量，大力进行产品的开发研制，建立起我国的移动通信产业。如果不是这样，而是只考虑经营市场的需要，没有战略性部署，一味选用外国产品，造成的恶果则很难挽回。另外，还要尽可能采用国际合作方式，引进先进技术，消化吸收，努力创新，使产品具有更多的我国的知识产权。可以预期经过 8 年的努力，我国自己的产品达到我国移动通信产品市场的 80% 占有率是可能的。

（5）采用“一国两制”（或“一国多制”）的方法来解决第二代向第三代“平稳过渡”问题。由于第二代产品种类繁多，不同制式，不同频段，真正实现第二代向第三代平稳过渡绝非易事。在技术上找到一个解决的途径是至关重要的。下面我们就要讨论这一问题。

5　开展 IMT-2000 通用模块化模型的研究[6,7]

欧洲 ETSI 与 ITU 鉴于各国关于第三代移动通信标准的建议各不相同，两个国际组织试图从技术上使不同的系统一方面都达到第三代的基本要求，另一方面又能形成一个整体，互连互通。使第二代向第三代平稳过渡，且不同频段和不同制式都能共处一个大家庭中，此即所谓“家族概念”或者称之为“一国两制”及“一国多制”。下面分别作一点粗浅的介绍。

• ETSI 提出的 UMTS 模块化模型的设想。一般的移动通信网，从网络概念上来说由三部分组成，即接入网、交换网、服务网。前二部分可看成传输网，后二部分可看成核心网。把移动通信网分成这两大部分后就便于从逻辑上或概念上解决每个移动网之间的互连互通问题。这里有两条途径可以采用，一条途径是 UMTS 由一通用的无线接入网（GRAN）经过不同的互连功能模块（IWF）与不同（GSM、N/B-IDDN，Internet）的核心网互联。另一条途径则是 UMTS 由一通用的核心网（GCN）经过不同接入适配器（Accsse Adaptations）与不同网（GSM、DECT）的无线接入部分相连。实际上这两种途径可以互补而共存。将二者统一起来则 UMTS 的 GRAN 和 GCN 分别由不同的适配器与不同网的核心网或无线接入网互联互通。其间的接口称为 Iu 接口，将由 ETSI 作为 UMTS 系统的重要组成部分来统一定义。要实现这一模型，主要的工作就是研制各种频段和各种体制系统之间互连的适配器和公共接口 Iu。这种具有极大灵活性的网络结构就称为通用模块化的模型。

• ITU 提出的 IMT-2000 模块化模型的设想。ITU 的建议与 ETSI 的建议在概念上是相同的。它也是将移动通信网分成无线接入网和核心网。IMT-2000 模块模型将无线接入网分成两部分：其一为无线承载者公共功能块（RBCF），其二为无线传输特定的功能块（RTSF）。RBCF 完成全部控制和传输功能而与所采用的无线接入技术无关。它是被用来适配无差错的高带宽核心网络与差错较多的带宽受限无线传输技术，以便为 IMT-2000 不同的运行环境服务，RTSF 完成与无线技术有关的一些功能，可以进一步将其分成两部分：无线传输技术功能块（RTT）和无线传输适配功能块（RTAF）。前者为 IMT-2000 的无线接口组成部分（通过电波传输与移动台的 RTT 相连接）。后者为对不同的 RTT 与公共接入部分适配。RBCF 与 IMT-2000 核心网络直接相连。现有的各种核心网络可以通过互连功能块（IWF）与 IMT-2000 核心网络相连，或者通过适配功能块（AF）直接与 RBCF 相连。这种考虑与安排使采用不同途径演进到第三代成为可能。这种模块化设计使不同的无线接入技术和不同的网络平台连接在一起。因而不同的运营商可以根据其现在的网络结构、引入新的服务策略、覆盖区域和相关法规等选择自己演进到 IMT-2000 的途径。总之，ITU 关于 IMT-2000 模块化模型的建议对于发展我国第三代移动通信有极其重要的指导意义。

6　大力发展第三代移动通信，建立我国移动通信产业[1~5]

正如前述，我国移动通信如此巨大的市场是中国移动通信发展的一个方面。但是，另一方面的情况则更应值得我们关注。有人发表文章说每年我国通信产品市场为 1500 亿元，国内产品只占 300 亿元，80% 的通信产品市场为外商所占有。每年蜂窝移动通信产品市场规模也在 600 万元以上，加上寻呼机、对讲机、集群通信系统等，总计在 800 亿元以上。每年有数百亿元巨额资金外流真是触目惊心。因此，如何建立我国移动通信产业问题已成为国家亟待解决的重大问题。因作者在文献［5］中已做了较详细的讨论，在此不再赘述。现仅将主要看法列出，供参考：

（1）我国移动通信经营市场繁荣，产业市场堪忧。

（2）需要 5 ~ 10 年时间建立产业和达到三项指标。

（3）超前创新才有立足之地。

（4）抓住机遇，知难而进。机不可失，失不再来。

（5）采取正确的路线和政策。

参考文献

［1］李承恕. CDMA，DCS（3GM）与 NII/GII. 移动通信，1997 年第 6 期，9 ~ 12.

［2］李承恕，面向 21 世纪的移动通信——个人通信. 电子科技导报. 1998 年第 1 期，6 ~ 9.

［3］李承恕. 个人通信发展展望. 中国通信. 1998 年 3 月，12 ~ 21.

［4］李承恕. 关于第三代移动通信的思考. 中国无线通信. 1998 年，No2，7 ~ 12.

［5］李承恕. 发展第三代移动通信，建立我国移动通信产业. 通讯世界. 1998 年第 6 期，18 ~ 20.

［6］IEEE Personal Commications，Aug. 1997，Vol. 4，No. 4.

［7］IEEE Personal Commications，April. 1998，Vol. 5，No. 2.

注：李承恕，教授，本刊编委。

论文 26

发展第三代移动通信 建立我国移动通信产业*

李承恕
（北方交通大学）

一、我国移动通信运营市场繁荣，产业市场堪忧

在市场经济条件下，我们应把运营市场和产业市场严格划分开来，不能混为一谈。运营市场指的是向用户提供通信服务。运营部门并不在乎这些产品来自何方，只要用户好用，不论哪国的品牌都行。我国移动通信的大好形势，实际上仅仅是指这种运营市场的繁荣。我国寻呼机市场的发展和近年来“大哥大”蜂房移动通信市场的发展就是在上述情况下发生的。这是市场经济和客观规律推动造成的。而产业市场则指的是生产移动通信产品的生产厂家所经营的市场。这些年来还看不到我国厂家生产的产品能占领我国的运营市场。实际情况是外国各大公司的“名牌”产品充斥了我国的运营市场。应该说移动通信产业市场的形势确实令人堪忧。这不仅因为我国真正的移动通信产业基本为零。而且表面上今天的移动通信运营市场是我国自己在经营，但没有自己国家的产品来供应，从本质上讲，运营市场仍然是外国人的。长此下去，有人估计，每年将有数十亿元的资金流到国外。因此，建立我国移动通信产业，是我国国民经济发展中刻不容缓应加以解决的重大问题。

二、建立移动通信产业的基本要求

所谓建立我国移动通信产业，就是要建立我国自己的民族工业。这里首先应把产品、市场和产业的概念区分开来。简单地说，能生产一定数量的产品不意味着能占领市

* 本论文选自：通讯世界，1998（06）：18-20。

场，占领市场的份额不大。也不能说是建立了我国的产业。因而，判断我国是否已建立起自己移动通信的民族工业或产业，笔者认为有以下三条指标：

1. 能提供国内运营市场所需 80% 以上的产品。
2. 所生产的产品具有 80% 以上的知识产权。
3. 产品能打出国门，并与国际市场上同类产品进行竞争。

前面两条是数量上的指标，达不到一定的数量，运营市场就只能受到别国的控制，例如资金的外流，产品的维修依赖外商。同时还会不断受到国际市场新产品、新技术的冲击等。第三条是质量上的指标。质量上不如国外产品，不能与之抗衡，则数量也就谈不到了，运营市场还会被外国产品所占领。因此，归根结底，没有我国自己的移动通信产业，也就没有我国自己真正意义上的运营市场。更为重要的是，我们必须认识到运营市场越繁荣，我国外流的资金越大，对外商的依赖性也越大，后果是严重的。只有建立我国自己的移动通信产业，才能从根本上扭转当前这种令人堪忧的局面！

三、建立我国移动通信产业的途径

建立一个国家的支柱产业，不是一蹴而就能实现的，是一个庞大的系统工程。正确的途径是什么呢？

第一，要采取正确的路线和政策。国外发展移动通信的经验表明，建立移动通信产业需数以亿计的资金投入。没有一定的投资强度，则不能提供研究、开发和生产的条件。特别是在我国技术水平还不高、工业基础尚落后的情况下，国家不下决心、不加强组织领导、只靠一些实力并不十分雄厚的企业或公司，分散、自发从事这方面的工作，是很难达到目的的。我国在国家强有力的组织领导下，在自力更生的方针指引下，在没有外援的条件下，不是也制造出了原子弹、氢弹和导弹吗？我国是有解决这类问题的丰富经验的。何况现在改革开放的形势与几十年前已经大不一样了。只要有政府的领导，有各大公司企业的参与，采取正确的路线和政策，是有可能解决资金、技术、人力等方面的问题，建立起我国的移动通信产业的。

第二，超前创新才有立足之地。建立产业既然是一个庞大的系统工程，当然涉及多方面的条件和问题。如果我们一味模仿人家今天的产品，则永远只能跟在别人的后面，不断受到外国新产品、新技术的冲击。只有走超前和创新的道路才可能真正建立我国自己的移动通信产业。众所周知，第一代的模拟移动通信，由于频谱利用率低、容量有限、质量也很难满足人们的要求，正在逐渐被淘汰之中。而第二代的移动通信，各国产品已大量在市场应用，占领市场的份额正高速度地逐年增加。如果我们企图以生产第二代移动通信的产品来占领我国的市场，则为时已晚。今天已经没有时间和空间来允许我们达到上述建立产业的三条指标。一来市场大都被占领，收复失地谈何容易，二来专利和知识产权是人家的，三来别人花了 8 年、10 年研制出的产品，不是一两年我们能与之竞争的。我们只能采取跳跃式的战略决策，置第二代系统于不顾，直接开发第三代产品，才能争取到时间和空间，并经过一番努力之后建立起我国自己的产业。通信产品从开始研制到批量生产和稳定地供应市场需要 5 ~ 10 年的周期。国外生产 GSM 和 Q-CD-

MA 第二代产品的历史证明了这一点。即使是韩国，引进了国外的技术，也花了 7 ~ 8 年时间。我们不能企图在一两年的短时间内开发出全新的通信系统和产品。目前正是发展第三代移动通信的大好时机。各国大公司目前都忙于第二代产品的完善和推广应用。对于第三代产品只是进行方案论证和初步试验。他们计划要在 2002 年到 2005 年才有正式产品投放市场。这给了我们 7 ~ 8 年时间进行创新的机会和引入自己知识产权的空间。简单说来只有超前，才有创新的余地，只有创新，才有立足之地。总之，笔者建议，应大力发展第三代移动通信来建立我国移动通信产业，这是一个值得我们认真思考，具有战略意义的问题。

第三，抓住机遇、知难而进。各国在高新技术竞争中都不会停步不前。今后的 7 ~ 8 年时间对我们太宝贵了。要知道，关于第三代移动通信，即个人通信的概念，ITU 早在 1986 年就提出来了，当时称为未来陆地移动通信系统（FPLMTS），现已改称国际移动通信系统 2000（IMT-2000）。欧洲也从 1986 年开始了通用移动通信系统（UMTS）的研究。目前各国提出的关于第三代移动通信标准的建议，都有 10 年以上的研究积累。不仅有理论上的论证，同时也有系统试验。日本和美国也都进行了大量有成效的研究。我们即使花 7 ~ 8 年时间能赶上先进国家的水平也是不容易的。对将要面临的困难，也应有一个清醒的估计。例如，资金不足、缺乏大规模集成电路的工业基础以及没有足够的技术储备和人才外流等问题都需要采取一系列政策和措施加以解决。但是，无论如何，退路已经没有了，只能背水一战。我们要痛下决心，以 8 年抗战、卧薪尝胆的精神，努力奋斗，争取在 2005 年前后真正建立起我国自己的移动通信产业。

四、选择合适的第三代移动通信标准

第三代移动通信（3GM）已成为当前移动通信发展的热点问题。这主要因为 ITU 正在制定 IMT-2000 的国际标准。它要求各国在 1998 年 6 月以前提交无线传输技术标准的建议。各国提交的评估报告截止期为 1998 年 9 月。计划在 1999 年 3 月要确定无线接口的关键性能，到 1999 年 12 月 ITU 要完成接口规范。各国电信行政部门、运营商、生产厂家和大公司都希望自己的技术和体制能被选为未来第三代移动通信的标准，在未来的全球移动通信市场争得一席之地。由于时间紧迫，促使各国以大公司为代表都在紧锣密鼓地纷纷推出自己的建议和试验系统。随着 ITU 规定接收建议的截止期日益临近，建议的方案已逐渐明朗化。具有代表性的有北美的宽带 cdma One（W-cdma One），日本的宽带 CDMA（W-CDMA）和欧洲提出的时分 CDMA（TD-CDMA）。现将简况介绍如下：

1. 北美的 W-cdma One

北美 4 家大公司 Lucent、Motorola、Nortel、Qualcomm 提出了 Wideband CDMA One 建议。它得到 HNS、Nokia、Samsung、Hitachi 等公司的支持。建议采用多级/DS-CDMA，射频信道带宽为 1. 25/5/10/20MHz，PN 码片率为 1. 288/3. 6864/7. 3728/14. 7456Mbps。采用多级的目的在于将 5MHz 分为 3 个 1. 25MHz 带宽的信道，以便于 IS—95 后向兼容，可以共存或重叠。

2. 日本的 W-CDMA

日本 NTT DoCoMo 提出的建议为相干多码率宽带 CDMA（W-CDMA）。多频带 DS-CDMA 采用 1.25/5/10/20MHz 带宽，扩频码片速率为 1.024/4.096/8.192/16.384Mbps。此建议受到日本富士通、松下及 NBC 等公司的支持。现在欧洲爱立信等公司已与 NTT DoCoMo 公司合作，共同提出无线传输技术采用 W－CDMA，而核心网路则沿用 GSM 的网络平台。其目的在于能从 GSM 演进到第三代的 IMT－2000。

3. 欧洲的 TD－CDMA

欧洲西门子和阿尔卡特等公司提出了一种 TD－CDMA。该方案将 FDMA/TDMA/CDMA 组合在一起。其特点是信道间隔扩展为 1.6MHz，但它的帧结构和时隙结构与 GSM 相同。扩展因子为 16，可支持每时隙 8 个用户。由于每时隙仅 8 个用户（码分），故可采用联合检测（Joint Detection)，从而不需快速功率控制和减少码间干扰。另外还可采用时分双工（TDD)，为无绳电话应用时减少终端造价。移动台将采用双模手机，以便在网络、信令层与 GSM 兼容。此方案便于由 GSM 平滑过渡到第三代，它还受到 Bosch，Italtel，Motorola，Nortel，Sony 等公司的支持，将被作为 UMTS 和 IMT-2000 标准建议的候选方案提出。

综观上述三大洲有代表性的建议，不难看出，它们都是从各个地区第二代移动通信（2GM）应用的现状出发，力求 3GM 能与 2GM 后向兼容，使 2GM 能够移植或演化到 3GM，这样既可节约投资，利用已投入的资金，也可以减少技术上和经济上承担的风险。因此，在推出各自的建议方案时均各执一词，过分强调了自己的优越性，而很少或基本上不涉及存在的问题。因此，对其论点应进行冷静客观的分析比较。

第一，这些建议都是基于 W- CDMA。一方面为了满足未来宽带服务和高速数据的需求，必须增加使用频带。同时，CDMA 能提供更高的频谱利用率和更大的容量及灵活的数据率。自然 W-CDMA 是一种必然的选择。

第二，这些方案都强调了与第二代移动通侑的后向兼容。既可利用已有的投资，继续产生效益，又可减少新的投资和技术上的风险。美国 W-cdna One 强调了与 IS—95 的兼容，而日本的 W-CDMA 和欧洲的 TD-CDMA 则强调了与 GSM 系统的兼容。大家都希望能移植或演进。

第三，但这种后向兼容的指导思想使得所提出的建议方案都在不同程度上受到 2GM 系统的影响和制约，存在着这样或那样的弱点和问题，如果采用一种革命性的方案，从技术上可能是理想的，但又和各国的现实情况产生一些矛盾。一种各方面均优化的方案是很难产生的。

第四，未来 3GM 的国际标准有三种可能性：

①产生一个统一的国际标准，这可能是大家所希望的；

②达不成协议时可能出现三个或两个标准，但都基于 W-CDMA；

③也可能出现一些完全不同的标准，解决的办法只能采用多频段多模手机，但这种结果对用户是不利的。另外一种解决的途径是采用统一空中接口和核心网格模式，但用不同的适配器来进行各种体制和方式的互连互通。ITU 和 ETSI 正在研究这一问题。下面

将作一点介绍。

第五，对我国来说，当务之急是研究和确定我国的建议标准。最终采用公认的国际标准可能是一种最好的选择。

在发展 IMT-2000 标准中，灵活性的要求是至关重要的。不仅在此前的 2GM 能演进到 IMT-2000，并使其在今后能进一步地演进以满足用户要求的增加和技术的进步。另外，对支持不同环境的应用不需技术上的大改变。为此，ITU 建议采用模块化的原则来处理有关无线方面的问题。这种方法将有助于采用不同的途径趋向第三代系统。

ITU-R 建议的 IMT-2000 系统模型模块化的概念是基于明确地划分“无线接入网络”（radio access network）和“核心网络”（core network）。这样的区分规定了单一的“无线接入网络接口”和两个主要系统部件之间的参考点。除 IMT-2000 本身的无线接口外，这一关键接口将由 ITU 制定标准。无线接入网络接口将允许今后新开发的无线部件能与现存的网络相连，也能使 IMT-2000 的核心网络与各种现存的无线接入系统相连接。这就在一定程度上解决了目前各种 2GM 系统和未来 3GM 各种方案之间的互连互通问题。

这种考虑与安排使采用不同的途径演进到 3GM 成为可能。这种模块化设计使不同的无线接入技术和不同的网络平台连接在一起，因而不同的运营商可以根据其现在的网络结构、引入新服务的策略、覆盖区域和相关的法规等选择自己的演进到 IMT-2000 的途径。

五、结束语

大力发展第三代移动通信来建立我国移动通信产业是一个值得我们认真思考、具有战略意义的问题。当务之急是在处理第三代移动通信标准建议的问题上。我们的指导方针应基于 ITU 关于 IMT-2000 模型的建议，使我国未来的第三代移动通信系统既有创新性、又能适应 21 世纪国内外新技术的发展。最后，只要我们有正确的战略决策和明确的技术路线，全国上下团结一致，努力奋斗，建立我国移动通信产业是指日可待的。

论文 27

第3代移动通信中的卫星移动通信*

李承恕

摘要：第3代移动通信中的卫星通信部分已提到了议事日程。文章扼要介绍了UMTS和IMT-2000中卫星通信部分的有关问题，以期引起各界的关注。

关键词：卫星通信　移动通信　建议

当前卫星移动通信的应用在国际上正紧锣密鼓地进行。"铱"（Irdium）系统已于1998年11月实现联网运行。"全球星"（Globalstar）系统计划于1999年提供服务。"中园轨道卫星"（ICO）系统则将在2000年付诸应用。卫星移动通信无论从经营市场或从产业市场考虑都将有十分广阔的发展前景。对于中国地广人多，地面移动通信还相对落后的情况来说，发展卫星移动通信非常必要，它对于促进中国经济的发展和加强国防将起到十分重要的作用。

个人通信是要实现任何人在任何时间和任何地点与其他任何人进行任何方式的通信的美好愿望。第三代移动通信可以说是个人通信的初级阶段。目前大家的注意力都集中在其无线传输技术（RTT）标准规范的制定工作上，但它只涉及地面移动通信部分。欧洲电信标准委员会（ETSI）和国际电信联盟（ITU）在规划制定第3代移动通信标准时都把卫星移动通信部分作为其主要组成部分。道理很简单，要想真正实现全球漫游和终端及个人移动性，离开卫星移动通信是办不到的。因此，当前人们已开始注意到如何发展第3代移动通信中的卫星通信部分。发展第3代移动通信中的卫星移动通信对于占领中国巨大的卫星移动通信经营市场和今后建立中国民族的移动通信产业都是至关重要的。

1　UMTS的卫星移动通信系统

欧盟对通用移动通信系统（UMTS）的卫星移动通信十分重视，尤其是ACTS计划中安排了5个专题研究，即INSURED、NEWTEST、SECOMS、SINUS和TOMAS。UMTS

* 本论文选自：中兴新通讯，1998（06）：14-17。

的卫星移动通信系统称为 S-UMTS。下面介绍有关的一些问题。

1.1　S-UMTS 的服务

与第 2 代系统比较起来，第 3 代系统应满足服务灵活性的要求。它主要由传输数量上的要求（比特率）、传输质量上的要求（比特差错率）和最大传输分发延迟的要求（传送延迟）来确定，对 S-UMTS 所建议的承载服务如表 1 所示：

通过这些承载服务，其电信服务能与 UMTS 服务兼容。

例如：

- 不同质量的语声服务；
- 传真、短消息服务（SMS）、寻呼、定位；
- 多媒体；
- Internet/Intranet 接入；
- 局域网互联。

这些服务可满足工业和私人应用的需求。

1.2　网络合成

有多种可能的方法使基于卫星的移动通信系统合成到 UMTS 中。一种最有希望的方法是卫星段通过互连单元（IWU）与基于异步转移模式（ATM）的 UMTS 的传输网络互连。网络之间的移动管理、可切换服务都通过这些互连单元进行，从而允许对网络独立地提供一系列公共功能。

表 1　S-UMTS 建议的承载服务

承载服务	手持终端		便携式终端（含固定终端及车载终端）
	中期	长期	
低速	0.3 ~ 4.6kbit/s	0.3 ~ 64kbit/s	1.2 ~ 64kbit/s
中速		64 ~ 144kbit/s	$N \times 64$kbit/s（$N=1$，…6）对称及非对称
高速			$N \times 64$kbit/s（$N=5$，…32）对称及非对称

1.3　S-UMTS 终端

一种通用的具有 2Mbit/s 数据率，且能提供全移动卫星服务的手持终端一时尚难实现。许多研究专题对不同应用环境和服务的不同类型的终端进行了研究。其一为 64kbit/s 速率以下的手持终端，其二为应用于较广服务范围的数据率可达 2Mbit/s 宽带应用的终端。高数据率的终端其体积较大，终端一般是便携式或笔记本式及手提包式。对于大多数高速数据率的应用除了卫星通信终端外，尚需笔记本式的用户终端以便存储及产生数据或显示和处理高质量的视像。

如将目前及将来的低地球轨道（LEO）、中地球轨道（MEO）和赤道地球轨道（CEO）卫星系统合成到 UMTS 的系统中去，可开发一种多模手持终端，它能接入到地面和卫星 UMTS。除了语声外，还考虑了低速数据 64kbit/s。（长期的数据率将会是

144kbit/s)，用以提供 Internet 接入、文件传送和可视会议服务。另外的研究课题中考虑开发一种卫星用面包板式终端以支持不同的卫星系统（LEO、MEO、GEO），如卫星分集、卫星点约束切换以及不同段（卫星/地面）之间的切换。

后者是支持在网络和服务观点上的接入，而不是在空中接口上进行。一种双模手持终端可支持接入 GSM 和铱系统是为现场试验而开发的。试验结果有助于确定将来 S-UMTS 终端的特性。

1.4 S-UMTS 的应用

UMTS 的主要目的是使终端用户能在任何时间和任何地方接入任何类型的服务，且使用同一终端。这意味着可通过 S-UMTS 的服务来完成 UMTS 的应用。语声类应用肯定是卫星系统在扩展的覆盖范围内提供的基本服务。商务和私人旅行都希望能用手持电话机进行能覆盖全球漫游的语声通信。这类服务要求多模终端，对于下一代的移动通信系统，因 Internet（E-mail、Web）的互联，数据通信（文件传送、多媒体会议）变得更为普遍，要求能提供低速服务（64kbit/s）将更为重要。对终端的要求与语声通信终端相似（即小的手持多模终端）。

高速数据通信甚至在农村也有需求，其数据率可高达 2Mibt/s。例如远程急救、计算机支持的协作、远程医疗以及新闻的收集等都要求高的数据率，但并不要求手持终端，因为在这些情况下，终端用户设备（多媒体工作站、高质量的显示器和摄像机等）都有比较大的尺寸。

1.5 S-UMTS 采用的先进技术

（1）人工神经网络的应用

神经网络（NN）近年来已用于数字通信中。例如，NN 能有效地仿真和确定数字卫星信道的特性。

它也被应用于检测卫星链路的故障。NN 也能提供卫星通信所用的行波管放大器（TWT）及固态功率放大器（SSPA）的自适应模型等。在专题研究中已应用 NN 于 S-UMTS 的信道均衡。自适应非线性均衡是改进卫星移动通信系统性能的一个关键问题。在 UMTS 传输信道中，由于多径传输产生失真，以及采用的非线性功率放大器工作在饱和区引起失真。这些失真加上通常的线性变换引起的码间干扰均需均衡。NN 的自适应学习功能及非线性转移函数能应用于均衡这类信道。在过去的 10 年，许多作者研究各种不同的基于 NN 的均衡器并比较了它们的性能。

（2）应用 Ka 和 EHF 频段技术的可能性

Ka 及 EHF 频段能提供最宽的一类宽带移动服务，甚至在敌对环境中。20/30GHz 及 40/45GHz 频段将在第 1 代和第 2 代服务中分别加以考虑。系统设计结构中应考虑以下几点：

- 各个 GEO 卫星通信星际链路（ISL）连接；
- 采用卫星上产生的高增益点波束，可以多点波束对大洲覆盖（例如欧洲及中东）；
- 实现星上快速数字处理以获得改善的净载灵敏度及业务路由的有效性；

- 采用最合适的多址/分布技术：多频 TDMA（MF-TDMA）/时分多路（TDM）；
- 按照容量的要求采用不同的终端；
- 分 2 阶段实现：

第 1 阶段，采用 Ka 频段，到 2000 年实现。

第 2 阶段，采用 40/45GHz 频段，到 2005 年与 Ka 频段合成在一起。

2　IMT-2000 的卫星通信部分

任何基于无线的系统，容量和覆盖都始终是主要问题。移动通信系统运行在城市环境，单位面积的负荷（即容量）是基本需求。而在农村或边缘地区环境中，覆盖则更为重要。基于地面的移动通信系统具有高的容量，而基于卫星的移动通信系统能提供无所不在的覆盖。故 IMT-2000 把基于地面和基于卫星的系统看成是一个合成系统的两部分。在 IMT-2000 的 230MHz 频带中有 60MHz 为卫星通信部分所用，即 1 980 ~ 2 010MHz 和 2 170 ~ 2 200MHz。基于卫星的通信与基于地面的通信主要不同的特点如下：

（1）卫星轨道

卫星轨道可以分为赤道地球轨道（GEO）和非赤道地球轨道（NGEO）。应用 GEO 作为真正的全球个人通信具有极大的限制：第一，不能提供真正的全球覆盖，对高纬度和极地不能覆盖；第二，距离地球表面很高，除非卫星具有很大的天线，否则不允许使用真正的手持终端；第三，由于往返长距离的传输引起长时延迟，使真正的双工通话困难。NGEO 可以分为低地球轨道（LEO），高程为 800 ~ 1 600km 和中地球轨道（MEO），有时称为中园轨道（ICO），高程为 10 000km。采用 NEGO 的好处在于可以提供完全的全球覆盖，能获得更好的链路预算，从而允许使用手持终端运行在衰落门限之下和具有小的时延。由于卫星体积小，重量轻，发射更经济。且仅需要小口径的天线，可减小波束的覆盖范围，从而导致更好的全球频率重用因子。但 NEGO 系统要求相对多的卫星，从地球看去不是固定的。轨道越低，卫星的数目越多，且相对地球的旋转速度越快。最后比较起来，在第 3 代卫星移动通信系统中采用 NGEO 更为合理。

（2）功率限制

为了减少发射卫星的费用，一般说来，基于卫星的系统都是功率受限的，而基于地面的系统则是干扰受限制。这意味着衰落门限对基于卫星的系统也是受限的。

（3）数据的限制

上述的功率受限也导致最大数据率的受限。更精确一点说，就是传送等量信息的通信费用要比基于地面的系统高。这也意味着在基于卫星的系统中更高程度的信源编码和压缩是需要的。

（4）全球与局部覆盖结构

已有几种建议的结构，例如一个独立的全球系统，以及一个区域系统与本地地面系统连接在一起可以增加局部或区域的覆盖。当然，前一种方法将允许真正的全球覆盖。

（5）星上处理与弯管运行

目前的技术水平已能使星上处理取代传统的弯管运行。弯管运行时，卫星只简单地接收信号，进行频带变换，再发送出去，卫星只起段起转发器的作用。在星上处理中，卫星起着基站的作用。交叉链路网络互连的星座允许呼叫路由选择具有灵活性，特别是对于大面积的水面地区也可全部覆盖。设计星上处理的挑战在于提供一种方法能自适应业务量和服务需求的变化。软件无线电是一种允许这种灵活性的关键工具。

（6）多波束天线

在基于卫星的系统中，小区的隔离由天线方向图来完成（例如多波束天线能在地面画出蜂房小区图形）。典型的有LEO的卫星个人通信（S-PCN）系统，其48个波束由一个卫星的基于相控阵技术天线提供。

（7）小区大小

从几何的观点看，基于卫星的系统其小区大小为直径为数百公里的数量级，因而卫星系统的容量比地面系统要低，适用于低负荷密度的地区（农村、边远地区和海洋地区）。

（8）无线链路

基于卫星的无线链路的传输特性不同于基于地面的系统。传播路径越长，时间延迟增加，与距离有关的几何衰耗也越大。它同时还有较小的延迟扩展和宽的相干带宽。遮蔽和多径是用户环境和移动的函数。直线可视仅是一种理想的假定。由于树木和建筑等因素，在车辆运行中对遮蔽必须加以考虑。

（9）接入方式

由于基于卫星的无线链路的参数不同于基于地面的链路，例如卫星链路的时间延迟很可观，不允许采用快速功率控制。但卫星系统的时延扩展却很小，相应的是相干带宽较宽。这就意味着系统频段的分配不能用频谱的扩展获得有效的频率分集，从而在比较TDMA和CDMA时对S-PCN系统也应不同于基于地面的系统。

（10）切换

由于卫星的快速运动，对NGEO基于卫星的系统都有波束之间的切换。地面系统的切换是因为用户的运动，从系统的观点看，它是随机的，而卫星系统的切换则基本上是确知的。

（11）多普勒频移与时间延迟

不同的NGEO系统的多普勒频移和时间延迟是不同的。但其数量级在数十千赫和数十微秒，它们依赖于卫星的轨道。

（12）太空设备

把设备放入太空，则对其维护和控制等方法不同于基于地面系统。对于卫星系统应在开始服务之前就要处理完善。

3 关于发展中国卫星移动通信的建议

（1）对当前卫星移动通信的应用除应积极介入外，也要开始注意第3代移动通信中的卫星移动通信的发展，不能等闲视之。因其在中国不仅有广阔的应用前景，也有巨大的经营市场和产业市场。

（2）第3代移动通信中的卫星移动通信的发展，必然要在现有卫星移动通信系统发展的基础上进行。故应首先由国家统一组织和规划其进行。并尽快改变目前分散和各自为政的局面。

（3）第3代移动通信中的卫星移动通信与第3代地面移动通信是第3代移动通信一个整体中的不可分割的两个组成部分。故对二者应统一加以考虑，协调地发展，以避免今后产生矛盾和麻烦。

（4）发展第3代移动通信中的卫星移动通信是建立中国移动通信产业又一次难得的机遇，从现在开始尚有8~10年的时间。这给了中国移动通信超前创新在时间、空间、技术上可贵的客观条件，千万不可再失之交臂了。

（收稿日期：1998-10-20）

作者简介

李承恕，北方交通大学教授，博士生导师，1953年毕业于北方交通大学电信系，1960年毕业于前苏联列宁格勒铁道运输工程学院，获副博士学位。1981—1983年以访问学者身份赴美国麻省理工学院进修学习。现任北方交通大学通信与控制工程系教授、现代通信研究所所长。主要从事无线通信，移动通信、扩展频谱通信、个人通信，通信对抗与反对抗等领域的教学与科研工作。现主持多项国家自然科学基金、国家“863”计划等高科技研究项目，并兼任中国通信学会常务理事、无线通信委员会主任委员、中国电子学会通信分会会员、《通信学报》常务编委、《中国通信》编委等学术职务。个人专著有：《扩展频谱通信》、《数字移动通信》，发表论文150余篇。

论文 28

关于军事信息系统顽存性的几个问题*

李承恕

1 军事信息系统的顽存性定义

在信息战中军事信息系统在电子对抗与反对抗中的生存能力是至关重要的，它关系到战争全局的胜负问题。对于网络级和系统级的军事信息系统来说，其生存能力的问题，过去沿用的抗干扰性的概念已不足以表征和概括其功能和性能。顽存性（Suerivibility）似乎更能全面地反映军事信息系统多方面的本质和特征。因为军事信息系统已经远不是简单的点对点的通信，而是多种通信方式、多种频段、多维空间、能自适应战场形势的变化，具有通信、控制指挥、情报、侦察、对抗等功能融合一体的复杂的巨大信息系统。其生存能力表现在诸多方位和层面上，当然也包含抗干扰性在内。例如其生存能力不仅表现在能对抗敌方的蓄意干扰，同时本身所具有的对抗能力也是生存能力的重要因素，消灭敌人才能更好地保护自己就是这个意思。因此，军事信息系统的顽存性概念简单地说来就是面对各种各样敌方的攻击，系统所具有的能继续生存下去，并完成一定任务的能力。按照过去人们所熟悉的概念和用语，可将军事信息系统顽存性定义如下：

军事信息系统的顽存性的定义：信息系统在敌方（物理摧毁或）电磁干扰攻击下仍能生存并完成一定任务的能力。顽存性至少涵盖如下一些性能：（抗毁性）、抗干扰性、自愈性、自适应性、可行性（Performability）。顽存性也可用上述诸性能的加权函数来表述：

顽存性≡［（抗毁性），抗干扰性，自适应性，可行性］，

其中：抗毁性≡受敌方摧毁后尚能运行并完成任务的部分（%）

抗干扰性：≡各种不同形式电磁干扰下性能下降的保留部分（%）

---

* 选自《军事信息系统顽存性的研究》论文集，2001 年 1 月．（研究报告）

自适应性：≡受敌方攻击后能自行恢复，适应形势不断变化的能力（%）

可行性：在各种攻击条件下尚能完成任务的多少（%）

根据这一定义，我们就可对各种军事信息系统的战术技术指标进行分析研究，建立评估指标体系，按照一定的评估方法去进行评估。

2　军事信息系统顽存性的评估方法和评估指标体系

我们在选用评估方法和建立评估体系时，似应遵循以下原则：

a. 符合实际：评估方法和指标体系一定要符合客观实际，如实反映军事信息系统的客观性能，不带主观随意性，才能付诸实际应用。

b. 便于操作：采用的方法和指标要能便于进行操作，并能尽快获得结论。如流于烦琐，则不易付诸实行。

c. 没有争议：评估的结论对研制方和使用方都能接受，不至于引起双方的争议。

d. 灵活应用：系统是如此之大，各方面的性能又很繁杂，不宜采用简单化的结论，应给用户方应用结论的灵活性。

总的指导思想是简而易行，不用太繁杂的数学公式和计算。

建议的评估方法和评估指标体系分为技术指标体系和战术指标体系分别进行。

技术指标体系［系统整体及各部件实现各种性能必须测试的数据］

战术指标体系［根据战术要求确定的各技术指标的加权和］

技术指标由测试单位进行，写出测试报告和结论。战术指标由用户单位确定加权数计算加权和得出结论以备实际应用。

例如：技术指标：发射机发射功率、接收抗灵敏度、干扰时信噪比的下降，体积、重量、电源时数…等。

战术指标：

野战应用：（功率、灵敏度）40% +（体积、重量）60%

指挥应用：（功率、灵敏度）60% +（体积、重量）40%

这样进行评估的结果能基本上满足上述4项原则。

3　军民结论，提高军事信息系统的顽存性问题

走军民结合的路子，共建军事信息系统是提高其顽存性的有效途径之一。

军民结合的含义是：

a. 军民两用，平时民用，战时军用。

b. 军品通过商用民品来采购。

军品的先进技术注入民品。

民品技术要考虑适于军用。

军民在教学、科研、生产、使用中的结合。

结合提高顽存性的途径如下：

a. 军民结合在投资和回报上可以良性循环，为不断采用先进新技术创造了条件，从而在客观上提高了顽存性。

b. 军品和民品相互补充和支援，提高了抗毁性和增加了敌方攻击的难度。

c. 军民两用，战时军方可以获人力上的大力支援，以解决维护、使用中的诸多困难。

总之，军民结合对顽存性涵盖的各种性能都会获得增强，将使信息系统的顽存性大大提高。

4 军民两用移动通信网的建立和发展问题

在军民结合，共建21世纪军事信息系统中可选择建立和发展军民两用移动通信网作为切入点。

a. 军用战术通信网与民用移动通信网极为相似，是一个很好的结合点。

b. 地面移动通信网与卫星移动通信网是21世纪军事信息系统的重要组成部分。

c. 军用移动通信网可大量采用民用移动通信网的各种先进技术。

d. 应大力推动研究民用移动通信网适于军用的各种技术，使军民两用在技术上真正融合起来。

e. 建立统一的军民两用移动通信网，平时民用，战时转入军用。

5 开展GloMo系统的跟踪研究和进行合成电子战系统的研制问题

GloMo系统和合成电子战系统都是具有很强的顽存性的军事信息系统。有关情况已在前文中有所介绍，在此不再赘述。特建议应列入计划开展对GloMo系统深入的跟踪研究，并起动对合成电子系统的预研。当前严峻的客观形势，不允许我们只是纸上谈兵。我们应努力争取早日实现面向21世纪的军事信息系统。

参考文献

[1] 李承恕. 军民结合共建21世纪军事信息系统，《'98军事电子信息学术会议》论文集，上海：1998. 10,《移动通信》1999年第2期

论文 29

高速铁路无线通信系统与 GSM-R *

李承恕①

摘要： 探讨了高速铁路对无线通信系统的要求、GSM-R 的特点，以及采用 GSM-R 的优点，并对发展我国高速铁路无线通信系统提出了建议。

关键词　高速铁路　无线通信

1　高速铁路对无线通信系统的要求

列车的高速（250 km/h 以上）运行对无线通信系统在功能上提出了更高的要求，诸如：列车自动控制（ATC）、列车告警、列车无线通信（TR）、铁路维护、旅客通信、调车通信、群呼通信、时刻表变动、列车车次号、售票系统等。

目前欧洲各国所采用的技术和系统都满足不了速度进一步提高的要求。例如，ATC 采用的是基于铁路的电缆，其无线传输频率为 36，56kHz；TR 采用的是 460 MHz 的集群无线通信系统；旅客通信采用的是公共模拟移动通信系统，刚开始引入数字 GSM 系统；调车通信为 80 及 450 MHz 的步谈机。总的看来，随着数字移动通信、卫星定位技术和卫星移动通信、第二代和第三代移动通信的广泛应用，高速铁路的无线通信系统正面临全面地更新换代。主要趋势是全面数字化，采用新的通信技术和系统，与 ATC 紧密结合，更多地向旅客提供各种服务。1997 年 6 月以来，欧洲已有 29 个国家签署了谅解备忘录，选用 GSM-R 为将来的铁路无线通信系统。CSM-R 是在第二代数字移动通信 CSM 系统基础上，经改进后适用于铁路的无线通信系统。下面对 CSM-R 的性能特点和在高速铁路中的应用作一些简要地介绍。

---

①　北方交通大学现代通信研究所 教授，100044 北京

*　本论文选自：铁道通讯信号，1999（7）：30-32。

2　GSM-R 的特点

2.1　GSM-R 的网络结构

典型的 GSM-R 网络是由沿线或车站内的一些小区组成，每个小区有一个或几个基站收发信机，数目的多少由通信密度决定。一个基站控制器负责管理一定数目的小区。基站与移动交换机/访问位置登记器（MSC/V LR）相连，MSC 与所有的链路相连，并提供与其他网络的接口。驻地位置登记器（HLRs）与网络相连接，它能用 No.7 信令系统进行国内及国际寻址，这就使通信能跨国界。现存的 RABX/ISDN 电话网络将直接与 MSC 相连，对于未来应用智能网（IN）的接入也很容易。

2.2　GSM-R 的功能

2.2.1　列车无线通信

标准的 CSM 电信和承载服务可用来完成大多数列车无线通信的功能。在 GSM，Phasc2$^+$中，对铁路的特殊要求已标准化，并正在开发一些先进的语声呼叫功能。

1. 语声广播服务（VBS）。VBS 将用于在一定范围内广播铁路告警呼叫，它可以从固定及移动用户接入，单工连接（1 个说话者，许多听话者）。

2. 语声群呼服务（VGCS）。VGCS 可用于许多类型的群呼通信，特别是编组站通信、列车无线和告警通信。1 个移动用户或固定用户需要群呼时，可在公共信道上建立对所有收听人的通信，以节省系统容量。如果 1 个成员需要谈话功能，也可用 PTT 建立双工连接。

VBS 和 VGCS 需要在 GSM 中设置新的登记器，称为群呼登记器（GCR）。GCR 以一种软件的形式集成到 MSC 中去。寻呼功能也将在基站系统（BSS）中加以改进。

3. 强插功能（eLMPP）。在铁路报警群呼或自动列车控制要求立即建立呼叫连接时，eLMPP 可立即打断低优先级的呼叫，建立高优先级的呼叫，这是在无空闲业务信道时采取的行动。这种优先级的管理由 HLR/AC 及 MSC/V LR/GCR 进行。先买权由 BSC 进行。

2.2.2　列车自动控制（ATC）

ATC 将根据 ERTMS/ETCS 来实现。ETCS 是一融合的模块 ATP/ATC 系统，用 GSM 作为传输系统。标准的 GSM 承载服务（BS2^X）将用于从固定到移动 ATC 计算机间的数据通信。准确的定位由 GPS 或其他的定位服务，经 GSM-R 传输获得，ATC 将最终代替现有的信号和列车控制系统。通常速度曲线、列车条件及轨道边数据，都需要在轨道边和列车上进行交换。列车的位置、速度、车次号和其他列车上的信息，都要传到无线分区中心。由无线分区中心网络比较所有列车的业务数据，并将相关的速度曲线传输到每一列车上。这种应用可实现移动闭塞功能，进一步缩短列车运行间隔，从而提高效率和减少列车延迟。

2.2.3　寻址功能

为满足列车跨越边界的业务要求，使列车应用有国际性，EIRENE 开发的欧洲范围的编号方案能实现以下功能。

1. 功能选址。列车在其驻地国家登记一列车号，这个列车号将与一个功能组合在一起存入 HLR/AC 中。在开始旅行时，列车司机把他的移动号登记在其功能号中，直到解除登记为止。只需呼叫列车功能号，就能传到列车司机，不论列车旅行到哪个国家。列车上的其他功能将用另一子地址登记到功能号中，这样每个功能，如供应服务、订票等将通过拨列车功能号和子地址号而到达。

2. 依赖于位置的选址。列车在旅行中可能通过数个调度区段，列车司机与调度员之间的连接应易于建立。只要拨固定的短编号，列车长就能自动地与列车调度员连接。MSC 可以选择相应的，由短编号与无线小区位置（小区 ID）组合而成的长编号。如果列车通过 2 个调度员区段，它将与 2 个调度员相连接。

2.2.4　调车通信

编组站调车通常都是临时性的，分组数可能变动。VGCS 将允许动态地改变群呼组合，既不需要改变设备，也不需要改变频率。

2.2.5　隧道通信

铁路员工可用 GSM-R 甚至 GSM 作为隧道通信的备用系统。GSM-R 的优点在于 900MHz 频段在隧道中有更好地覆盖，同时在出事故时 1 个系统就可以完成所有列车所需的功能。

2.2.6　列车诊断

列车控制所需的诊断数据由 ATC 传送，在运行中的列车的所有其他诊断数据，需要时由 GSM-R 传送。

2.2.7　铁路维护

对于铁路员工，使用 GSM-R 移动台易于取得联系。另外还有基于 GSM-R 的新轨道边或隧道内的电话，这将由于员工的工作地点和工种而定。

2.2.8　旅客服务

1. 时刻表信息。应用 ATC 时，列车速度和到达时间能灵活地加以计算。由于可以进行不断连接的数据服务，因而可为旅客提供最新的服务信息。

2. 订票。可以通过 GSM-R 的数据服务，完成在线售票和电子付款功能。新的具有 GSM-R 接口的售票机可以安装在任何地方。后处理和维护工作将减小到最低限度，并增加现金支付而减少信用卡的使用。

2.2.9　旅客通信

由于许可证的限制和频率资源，GSM-R 频带不能用在公众通信。为了改善公众陆地移动通信功能质量，铁路运营将在某些列车上安装 GSM 转发器，旅客可用个人手机在覆盖范围内通信。在列车上还将安装投币或磁卡电话。

3　采用 GSM-R 的优点

1. 应用在跨越国界的高速和一般列车上。

2. 可将现有的铁路通信应用融合到单一网络中，以减少集成和运行费用。

3. 已在全球性的 GSM 平台上提供了大量的多种服务，因而引入铁路专用的功能时只需最低限度地改动。

4. 能灵活地提供用户语声和数据服务，以及其他功能。

5. 在欧洲，已有 29 个铁路单位签署了谅解备忘录，作为共同采用的标准。

6. 由于 GSM-R 是由已标准化的设备改进而成，故能保证价格低廉、性能可靠地实现和运行。

7. 将无线通信与 ATC 结合在一起，是 GSM-R 突出的优点。

8. GSM-R 现正在以下国家进行试验。

法国：巴黎—里昂间，列车运行速度为 350 km/h。

德国：斯图加特经 Bruchsal 到曼海姆，试验用 GSM-R 传送 ATC 信息，速度达 280 km/h。

意大利：普托拉—佛罗伦萨—阿雷佐，列车速度达 300 km/h。

4　几点建议

1. 我国将在 2000 年开始建设高速铁路。鉴于无线通信系统对于保证列车安全与提高列车效率至关重要，应及早进行全面系统地方案研究和可行性论证。

2. 高速铁路无线通信系统的建设应纳入整个铁路信息基础结构（RII）建设的规划中，作为其重要的组成部分，协调一致，避免不必要的浪费。

3. 高速铁路无线通信系统的建设应与国家信息基础结构（NII）建设取得联系，也应成为其重要的组成部分，特别是与公众通信网的互连互通。

4. 高速铁路无线通信系统的建设，预计要到 2005 ~ 2010 年才会付诸实际应用，原则上应尽量采用面向 21 世纪的国际先进的无线通信技术。目前看来 GSM-R 不失为一种较好的方案。随着时间的推移，尚可进一步向第三代移动通信（个人通信）靠拢，采用 W-CDMA 技术，形成 W-CDMA-R 全新的铁路无线通信系统。

（收稿日期：1999 年 4 月）

论文 30

世纪之交的移动通信*（上）

李承恕

（北方交通大学）

摘要：本文从第二代移动通信——GSM 的演进方向和第三代移动通信系统提案的技术分析入手，阐述了世纪之交的移动通信的发展走向。文中除涉及陆地移动通信外，还涉及卫星移动通信以及移动数据通信。

关键词　第二代移动通信　GSM 第三代移动通信　IMT2000　卫星移动通信　移动数据通信

1　第二代蜂窝移动通信（2GM）

1.1　移动通信发展现状

当前全球移动通信正以前所未有的高速度在发展，势头强劲，如日中天。有关统计资料表明，1997 年全球移动电话的用户总数为 2 亿，1998 年将近 3 亿。预计到 2000 年可达 5 亿。我国移动通信的发展亦如此：1997 年移动电话用户总数为 1388 万，1998 年为 2300 万户，预计 2000 年将达到 4000 万户。由此可见，无论国内外，移动通信都是一个十分巨大的市场，它也是世界各国的重要支柱产业。目前的移动通信产品是以第二代数字移动通信为其主体，它包括欧洲的全球移动通信系统（GSM）［采用时分多址（TDMA）技术］和北美的 IS—95 标准［采用码分多址（CDMA）技术］。下面分别介绍它们近期在技术上和应用方面的演进情况。

1.2　GSM 系统的演进

• 采用智能网（IN）技术创造和开发新的服务功能，以满足用户新的需求，提高

* 本论文选自：电信技术，1999（8）：1-3。

使用率。例如移动性和 PABX 的集成以满足企业办公室联网和办公室之间的虚拟专用网，同时增加容量和覆盖，以实现全面移动性。

● 增强无线数据服务。短消息服务（SMS）和因特网无线移动接入需求的增长，原来单一的话音服务已经不能满足用户的要求。采用智能消息处理和无线接入协议（WAP）可与各种传送方式和设备兼容。GSM 的数据带宽原来限于 9.6kb/s。采用高速电路交换数据（HSCSD）技术可以实现 57kb/s 的数据速率，而采用通用信包无线服务（GPRS）将能实现超过 100kb/s 的数据速率。GSM 增强数据速率改进（EDGE）技术，更能实现在现有 GSM 网上的 384kb/s 的速率提供无线多媒体服务。采用这些技术后可应用于会议电视、电子邮件、远程接入局域网和无线图像、信用卡认证、远程测量等。对运营商可创造 20% ~30% 的收入。

● 增加网络容量。GSM 网络目前能提供 200 ~ 300Erl/km^2 的容量。为了支持未来业务量的增加，要求网络增加 10 倍的容量，达到几千个 Erl/km^2。采用的技术有分层网络结构、智能跳频（IFH）技术、微蜂窝、双频运营（GSM900、GSM1800）等。

1.3 IS—95 系统的演进

IS—95 系统主要的演进在提供无线数据服务方面。现在的 IS—95 支持的电路模式和信包模式的数据服务限于 9.6 ~ 14.4kb/s 的数据率。IS—95-A 标准在提高数据率的演进方面分两步走。第一步为演进到 IS—95-B，支持数据率达 64kb/s。第二步则演进到第三代的 cdma-2000，可支持 2Mb/s 的数据率（有关内容在下面讨论移动数据通信时再做说明）。

2 第三代蜂窝移动通信（3GM）

2.1 第三代移动通信无线传输技术（RTT）标准的建议

按照 ITU 关于发展第三代移动通信的日程表，1998 年 6 月各国提交的陆地移动通信的建议共 10 个，卫星移动通信建议有 5 个。1998 年 9 月对这些标准进行了评估，未能进行筛选。1999 年 6 月 ITU 确定无线接口的关键性能，到 1999 年 12 月 ITU 将完成接口规范。但由于各国之间利益上的矛盾，要达到全球统一的标准还相当困难。建议的标准中具有代表性的有北美的宽带 cdmaOne 现称 cdma 2000，日本宽带 CDMA（W-CDMA）和欧洲提出的 TD-CDMA，现简介如下。

（1）北美的 cdma 2000

北美 4 家大公司 Lucent、Motorola、Notel、Qualcomm 提出了 cdmaOne 2000 的建议。它受到 HNS、Nokia、Samsung、HiTachi 等公司的支持。建议采用多载波/DS-CDMA 技术，射频信道带宽为 1.25/5/10/20MHz，PN 码片率为 1.2288/3.6864/7.3728/14.7456Mbps。用户比特率为 9.6kb/s ~ 2Mb/s。帧长为 20ms。扩频调制为 QPSK，解调为连续导频符号辅助的相干检波。功率控制采用开环及快速闭环控制，上下链路均如此。在基站，分集采用 RAKE 接收及天线分集。扩频码为 I/Q 短 PN 码及长 PN 码。正交码为 Walsh 码。信道编码为卷积码（$K=9$，$R=1/4$，$1/3$），对高速数据也考虑用 Turbo 码，语音编码采用 EVRC。多载波的目的在于将 5MHz 分为 3 个 1.25MHz 带宽的信道，以便与 IS—95 后向兼容，可以共存或重叠。基站同步则基于 GPS。

（2）日本的 W-CDMA

NTTDoCoMo 提出的建议为相干多码率宽带 CDMA（W-CDMA）。多频带 DS-CDMA 采用 1.25/5/10/20MHz 带宽。小区之间为异步运行。扩频码片速率为 1.024/4.096/8.0192/16.384Mb/s，多码率业务高达 2Mb/s。扩频码信道为长码 × 短码。短码采用树形结构正交多码率码，长码采用伪随机码。调制为基于导频码的相干 QPSK，信道编码为卷积码（$R=1/3$，$K=7$）及 RS 级连码（$R=9/10$）。分集采用 RAKE 接收加天线分集。功率控制采用基于 SIR 的快速控制。交织帧长为 10ms。此建议受到日本富士通、松下及 NEC 等公司的支持。现在欧洲爱立信等公司已与 NTTDoCoMo 公司合作，共同提出 RTT 采用 W-CDMA，而核心网络则沿用 GSM 的网络平台。其目的在于能从 GSM 演进到 3GM。

（3）欧洲的 TD-CDMA

欧洲西门子和阿尔卡特等公司提出了一种时分 CDMA（TD-CDMA）。该方案将 FDMA/TDMA/CMDA 组合在一起。其特点为信道间隔扩展为 1.6MHz，但它的帧结构和时隙结构与 GSM 相同。扩展因子为 16，可支持每时隙 8 个用户。同时采用跳频和跳时。支持的用户比特率为 8 ~ 2048kb/s。在最高比特率时用了全部 8 个时隙，而每个时隙可用 8 个用户地址码。移动台将采用双模手机，以便在网络、信令层与 GSM 兼容。由于每时隙仅 8 个用户（码分），故可采用联合检测（Joint Detection），从而不需快速功率控制和减少码间干扰。另外还可采用时分双工（TDD），为无绳电话应用时减少终端造价。此方案便于由 GSM 平滑过渡，它还受到 Boseh、Italtel、Motorola、Nortel、Sony 等公司的支持，将被作为 UMTS 和 ITU-2000 标准建议的候选方案提出。

2.2　ITU 关于 IMT-2000 模型的建议

当前建议之争的主要矛盾在于欧洲的 TD-CDMA 和北美 CDMA2000。除双方能从大局出发做出必要的妥协、协调一致外，从技术上解决这一问题的途径是采用模块化模型，以达到各种制式和系统的互连互通。因而，ITU 提出了 IMT-2000 模型的建议。现简介如下：

在发展 IMT-2000 标准中灵活性的要求是至关重要的。不仅使此前的 2GM 能演进到 IMT-2000，并使其今后能进一步的演进以满足用户要求的增加和技术的进步。另外，对支持不同环境的应用而无需大的技术上的改变也是需要的。为此，ITU 建议采用模块化的原则来处理有关无线方面的问题。这种方法将有助于采用不同的途径趋向第三代系统。

ITU-R 建议的 IMT-2000 系统模型模块化的概念是基于明确地划分“无线接入网络”（radio access network）和“核心网络”（core network）。这样的区分规定了单一的“无线接入网络接口”和两个主要系统部件之间的参考点。除 IMT-2000 本身的无线接口外，这一关键接口将由 ITU 制定标准。无线接入网络接口将允许今后新开发的无线部件能与现存的网络相连，也能使 IMT-2000 核心网络与各种现存的无线接入系统相连接。这就在一定程度上解决了目前各种2GM的系统和未来3GM各种方案之间的互联互通问题。为此，可将IMT-2000和目前2GM的无线接入网都考虑分成两部分：

• 无线承载者公共功能块（RBCF）。它完成全部控制和传输功能而与所采用的无线接入技术无关。RBCF用来适配无差错的高带宽的核心网络与差错较多的带宽受限的无线传输技术，以对IMT-2000不同的运行环境服务。

• 无线传输特定功能块（RTSF）。它完成与无线技术有关的一些功能。可以进一步将其分成两部分。无线传输技术（RTT）功能和无线传输适配（RTAF）功能。前者为IMT-2000的无线接口组成部分（通过电波传输与移动台的RTT相连接），后者为对不同的RTT与公共接入部分适配。

RBCF与IMT-2000核心网络直接相连。现存的各种核心网络可以通过互联功能块（IWF）与IMT-2000核心网络相连，或者通过适配功能块（AF）直接与RBCF相连。

这种考虑与安排使采用不同途径演进到3GM成为可能。这种模块化设计使不同的无线接入技术和不同的网络平台连接在一起，因而不同的运营商可以根据其现在的网络结构、引入新的服务策略、覆盖区域和相关的法规等选择自己的演进到IMT-2000的途径。

总之，ITU关于IMT-2000模块化模型的建议对于发展我国3GM有极为重要的指导意义。

2.3 发展我国第三代移动通信技术方案的基本思路

• 为建立我国移动通信产业打下基础。第二代移动通信的研究开发、商用推广的过程证明，只有走超前和创新的道路才可能建立起本国自己的移动通信产业。因此，我们要抓住机遇，知难而进，研究和确定我国关于第三代移动通信技术方案，为建立我国移动通信产业打下基础。

• 尽可能依照国际标准建议。随着ITU规定的确定建议日期日益临近，各国以大公司为代表纷纷提出自己关于无线传输技术建议的方案，我们要利用自己的技术优势，加入有自己知识产权的补充和修正方案。但最终的实现方案要尽可能依照国际标准建议，这样才能保证与其他系统的互连互通，自己产业的产品才最终能够走出国门，与国际市场上同类产品进行竞争。

• 具有创新性的知识产权。第三代移动通信系统的开发，在符合国际标准建议的前提下，提出具有创新性和知识产权的解决方案，这是实现产品的国产化，建立本国移动通信产业的关键之处。

• 具有通用性，与其他系统互联互通。各国为第三代移动通信提出了各种不同的实现方案，根据目前的情况，很可能会出现几种不同的标准。我们研制系统，必须考虑与其他系统的互连。在设计上，也要考虑与第二代移动通信系统的后向兼容性。

• 具有可实现性。所提出的解决方案必须在技术上是可以实现的，并要考虑经济上的可行性。

论文 31

世纪之交的移动通信*（下）

李承恕
（北方交通大学）

3　卫星移动通信

3.1　个人卫星移动通信发展现状

个人卫星移动通信近年来已逐渐成为移动通信产业发展的热点。当前正在开发的卫星移动通信系统以中低轨道的系统为主。主要有“铱”系统（66 颗主用，6 颗备用，轨道高度 780km），“全球星”系统（48 颗主用，8 颗备用，轨道高度 1414km）以及国际海事卫星组织的“ICO”系统（10 颗主用，2 颗备用，轨道高度 10354km）。我国正在参与开发的地区高轨（轨道高度 35786km）卫星移动通信系统有亚太卫星移动通信（APMT）系统和鑫诺卫星移动通信（SINDSAT）系统。此外，尚有极低轨道的 Teledesic 系统（288 颗卫星，轨道高度 565km）。现将有关发展近况简介如下。

（1）“铱”系统

Motorola 公司在 1987 年提出“铱”系统的构想，1992 年成立“铱”公司。目前已集资 44 亿美元。1998 年已有 68 颗卫星升空，经测试运转正常。“铱”系统于 1999 年 9 月 23 日开通。铱卫星每颗重 689kg，预计工作寿命为 5～8 年。现已在全球建立 11 个关口站，用户可通过关口站与公通信网用户通信。手机采用“双模”式，可选择使用通过地面蜂窝系统或卫星系统通信。预计第一代用户为 300～400 万，到 2004 年全球用户预计可达 2000 万。我国长城工业公司参与投资和用长征二号丙火箭发射“铱”星。

（2）“全球星”系统

同美国 Loral/Qualcomm 公司开发的“全球星”系统包括 48 颗卫星和 8 颗备用卫星。目前已发射了 24 颗卫星，到 1999 年底共发射 44 颗卫星。预计 1999 年 9 月提供服

* 本论文选自：电信技术，1999（09），3-5。

务，界时轨道上拥有32颗卫星。2000年初，完成所有剩余卫星的发射。全球星合股公司包括Loral、Qualcomm、AirTouch、ALCATEL、法国电信、韩国现代和Vodafone等服务提供者和设备制造商。中国电信（香港）已投资全球星。全球星系统总投资26亿美元，已与85%以上覆盖业务范围内的106个国家签署了业务协议。该系统采用CDMA技术，可为用户提供手持机、车载式和固定式终端发送和接收电话，同时也可提供数据、寻呼、传真和定位功能。

（3）“ICO”系统

1993年INMARSAT推出了21世纪卫星移动通信系统（INMARSAT-P），也就是现在的“ICO”卫星移动通信系统。1995年1月成立了ICO全球通信公司，现已有44个国家的47家公司参加组成。TRW的Odyssey系统也加盟ICO，加强了ICO的实力。我国交通部对该系统进行了投资，并是该系统最大股东之一。ICO已同美国休斯公司签订了全部12颗卫星的发射合同，按计划第一颗卫星于1998年底发射。12个接续枢纽站（SAN）已有6个在建设中。

（4）APMT系统

中国亚太移动通信卫星公司（中国APMT）与新加坡共同发起，日本、泰国、马来西亚、印度尼西亚等国联手运作开发的APMT卫星移动通信系统已正式启动，并投资6.5亿美元，覆盖亚太地区22个国家近31亿人口。APMT系统采用同步定点卫星和袖珍式卫星用手持机，一颗卫星的通信容量将超过16000条双向话音信道，用户数可达200万，系统可提供双向话音通信、单向或双向数据通信、传真、信道显示、手持机应急位置报告、车船连续定位报告及其他通信增值业务。手持机为双模式，可任选地面或空中通信。系统的控制中心和卫星运行中心将设在北京。APMT卫星将于2000年发射。

（5）Teledesic系统

Teledesic卫星移动通信系统是由美国Mc Caw移动通信公司和微软公司发起，后又加入波音公司共同研制的。该系统计划在距地球565km的轨道上部署288颗低轨道卫星，构成一个覆盖全球的通信卫星网。每颗卫星覆盖直径为100km的区域，提供超过500Mb/s的双工通信能力，上行速率达2Mb/s，下行速率达64Mb/s，全网可同时为数百万用户提供服务，包括宽带Internet接入、视频会议、高质量语音和其他数据、图像业务。Teledesic以地面固定终端为主要服务对象，也能为航海航空等移动终端提供服务。该系统与其他网络的连接通过地面网点实现。这一能提供宽带服务、低误码率、低时延的卫星移动通信系统的设想是1990年提出的。1998年2月25日美国轨道公司用喷气式飞机和火箭已将卫星送入轨道。如果顺利的话，预计2002年Teledesic将正式投入商用。

3.2 IMT-2000的卫星通信部分

任何基于无线的系统，容量和覆盖都始终是主要问题。移动通信系统运行在城市环境单位面积的负荷即容量是基本需求，而在农村或边缘地区环境中，覆盖则更为重要。基于地面的移动通信系统具有高容量，而基于卫星的移动通信系统能提供无所不在的覆盖。故IMT-2000把基于地面和基于卫星的系统看成是一个合成系统的两部分。在WARC’92确定的发展IMT-2000的230MHz频带中有30MHz（一对30MHz带宽）为卫星通信部分所用，即 1980 ~ 2010MHz 和 2170 ~ 2200MHz。

3.3 未来宽带卫星通信

随着第三代移动通信的发展，B-ISDN 和多媒体通信的应用，以及全球信息高速公路的发展，宽带卫星通信已引起人们极大的关注。现在已提出 Ka/Ku 频带 LEO/MEO/GEO 宽带卫星通信系统的方案有 20 种，除了上述 Teledesic 系统外，具有代表性的还有 Celestri 系统、Skybridge 系统、CyberStar 系统、Spaeeway 系统等。限于篇幅，本文将不作进一步的介绍。

4 移动数据通信

移动数据通信就是用户通过无线数据终端可在任意固定地点或在运动中与其他数据终端交换数据、传递文件、提取资料，以及访问数据库。随着数字移动通信的发展和 Internet 网的应用高速增长，移动数据通信便成为当前大家关注的另一热点。移动数据通信大致可分为三种：第一种是利用现有的蜂窝移动通信网，使用专门的调制解调器传送数据，利用电路交换技术，与公用电话网传输数据相似。第二种是利用信包交换技术，建立专门移动数据网。例如 Motorda 公司的 Data Pac 系统，爱立信公司的 Mobitex 系统和 CDPD（蜂窝数字信包数据）等。第三种为利用无绳电话系统，如 DECT 等来传输数据。下面先简单介绍 CDPD 系统，然后探讨第二代和第三代移动通信传输数据问题。

4.1 CDPD 系统

CDPD 是在现有的 AMPS 移动电话网上提供信包数据服务，它与 AMPS 共用同一频带。信道速率为 19.2kb/s 实际速率为 10 ~ 13kb/s。CDPD 将传送的数据分成定长的数据段，在其上加收发端地址及控制信息，以组为单位。CDPD 在 AMPS 的空闲话音信道上传送。当话音用户要求占用该信道时，CDPD 将重新寻找新的空闲信道，并利用信道跳频技术，自动跳到新的空闲信道传送数据。CDPD 系统主要由移动终端、固定终端、移动数据基站、管理服务器、信息服务器、网络管理系统等组成。每个管理服务器可支持 8 个信包服务器，每个信包服务器可支持 32 个移动基站，一个基站拥有 6 个信道，每个信道约 2000 ~ 3000 个用户。CDPD 采用 IP 高层网间协议，各部分的通信靠 TCP/IP 来连接。外部主机与 CDPD 网之间可采用 X.25 协议或 Internet 互联。CDPD 具有标准性好、开放性强、传输效率高等特点，具有广泛的应用前景。

4.2 增强 GSM 网的数据传输技术

目前 GSM 网的数据传输只有 9.6kb/s。增强其传输数据能力的第一步为采用 HSCSD（高速电路交换数据）技术和 GRPS（通用无线信包服务）技术。HSCSD 采用 TDMA 技术，把每一物理信道分成几个时隙，每个时隙的传输速率提高到 14.4kb/s，并可将 200kHz 载波内的 3 个时隙合并在一起，形成一个高速数据传输信道。理论上一个信道的最大传输速率可达 115.2kb/s。GPRS 是一项基于数据包的信包交换技术。它将每个时隙的传输速率从 9. 6kb/s 提高到 14. 4kb/s，然后将 8 个时隙合并在一起最大可提供 115. 2kb/s 的传输速率。采用 GPRS 后，许多用户可共享用一信道，它尤其适用于 Intet-net/Intranet 移动服务。GSM 增强传输数据能力的第二步为采用 EDGE（增强数据速率改进）技术，它可将 GSM 网络的传输速率提高到 384kb/s，以处理多媒体业务。EDGE 同样采用 TDMA 技术，其帧结构与 GSM 相同。每一载波带宽 200kHz。它通过提高每一 GSM 时隙的数据容量来实现增容，可从 9. 6kb/s 提高到 48kb/s，甚至 70kb/s。EDGE 允许集中多达 8 个时隙，从而使速率提高到 284kb/s。

4. 3 IS—95 增强移动数据服务能力

IS—95 增强移动数据服务能力分两步走：第一步是演进到 IS—95-B，第二步则由 cdma2000 承担，可提供达 2Mb/s 的高速数据服务。IS—95-B 利用码聚集（aggregation）技术，在一个突发（burst）中将 8 个码分配给一个高速信包数据移动台，构成一基本码信道。当需要更高数据速率时移动台可再增 7 个补充的码信道。这一新的可选服务可以是非对称的。IS—95-B 的高速数据服务由于可同时分配 8 个前向或反向码信道给一个用户，而一个码信道可运行在 9. 6kb/s 或 14. 4kb/s，故它可支持 9. 6 ~ 76. 8kb/s 或 14. 4 ~ 115. 2kb/s 的数据速率。

5 关于发展我国移动通信的思考及建议

（1）要特别重视移动通信的发展。
（2）目前应适当控制商用 GSM 网的扩大与发展。
（3）大力推动 CDMA 商用试验网的试度用与发展。
（4）应重视卫星移动通信的建设与应用。
（5）积极参与 IMT-2000 国际标准的制定活动。
（6）开展 IMT-2000 通用模块化模型的研究。
（7）自主开发具有知识产权的 IMT-2000 系统。
（8）大力发展第三代移动通信，建立我国移动通信产业。

论文 32

个人通信与第三代移动通信①*

李承恕

（北方交通大学　北京　100044）

摘要：第三代移动通信（个人通信）已成为当前移动通信发展的热点问题。本文简要探讨了发展第三代移动通信的基本要求，并对第三代移动通信国际标准建议的现状作了简要介绍和分析比较，最后，对发展我国第三代移动通信问题提出了个人的看法供大家参考。

关键词　个人通信　移动通信　无线传输技术

1　第三代移动通信是当前移动通信发展的热点问题

1.1　个人通信与第三代移动通信（3GM）

人们长期以来都有一个美好的梦想：任何人在任何时候和任何地点都可以与其他任何人进行通信。个人通信将使这一梦想成为现实。因此，个人通信是一个非常理想的境界，也是我们通信工作者长期以来为之奋斗的目标。具体说来，个人通信的主要特征和应达到的要求是能适应多种环境能提供高质量的多媒体服务，具有多种用户类型，具有全球漫游能力，使用单一的个人电信号码，有很大的容量，使用通用手持机，并能保证服务安全等。下面我们将会看到，这些要求和目标与第三代移动通信的要求和目标基本上是一致的．可以认为第三代移动通信与个人通信是一回事，也可以把第三代移动通信看成是理想的个人通信的第一阶段。

1.2　ITU 关于发展 3GM 的日程表

早在 1986 年国际电联（ITU）便开始了全球个人电信系统的研究，并在 1992 年的

①　收稿日期：1998 年 12 月 3 日

*　本论文选自：舰船电子工程，1999（03）：28-32 +8。

WARC 决定在 2GHz 频段划出 200MHz 带宽供全球发展未来陆地移动通信系统（FPLMTS），即现称的国际移动电信系统—2000（IMT—2000），其含意一为面向 2000 年，另一为 2GHz 频段。ITU 正在制定其标准，并将作为第三代移动通信的国际标准而面市。ITU 在 1997 年 3 月向其成员国发出了征求建议的通知，并规定了如下日程表：

1998. 6　提交无线传输技术建议截止期

1998. 9　提交评估报告截止期

1999. 3　ITU 确定无线接口关键性能

1999. 12　ITU 完成接口规范

由于各国电信行政部门、运营商及生产厂家和大公司都希望把自己的技术和体制的系统能被选为未来第三代移动通信的标准，都在紧锣密鼓推出自己的建议和试验系统，为未来的全球移动通信市场争取一席之地、这就是第三代移动通信的发展成为当前国际上移动通信热点问题的重要原因。

1.3　ETSI 关于发展 3GM 的日程表

欧盟各国在发展第三代移动通信中已做了大量的工作。早在 RACE 计划中，对通用移动电信系统（UMTS）提出的目标与 IMT-2000 基本相似。进行了先进 TDMA（AT-DMA）的研究和试验，也建立了 CDMA 的试验床（CODIT）。欧洲电信标准化协会（ETSI）制定的发展 3GM 的日程表如下：

1998. 初　选择一个 UMTS 地面接入概念

1998. 6　确定关键技术方面

1998. 夏　向 ITU 提交候选方案

2000　完成 UMTS 第一期标准

2002　开始 UMTS 第一期服务

2005　开始 UMTS 第二期服务

至 1998 年 1 月底经过两次投票已初步选出 W-CDMA 和 TD-CDMA 两个候选方案，尚待进一步的研究确定最后方案。

2　发展第三代移动通信的基本要求

2.1　市场推动与技术牵引

第一代的模拟蜂房移动通信系统已广为应用。第二代的数字蜂房移动通信系统也正在推开。那么，为什么国际上又热衷于发展第三代移动通信系统呢？简单地说主要是市场需求的推动和移动通信技术进步的牵引。

自进入 20 世纪 90 年代以来，各国移动通信用户都以前所未有的高速度在发展，而这种势头有增无减。预计到 2000 年全球移动通信用户可达四亿，而到 2010 年则可能到 17 亿。通信中 50% 用户为移动用户。在需求如此高速增长情况下，而频率资源又是十分有限。人们不能不寻求更为有效的利用频谱的途径和采用新的技术去开拓新的频段，以解决现有的日渐枯竭的频率资源。这就是市场推动的基本情况。

另外，随着通信新技术的发展，如宽带通信、多媒体技术和国际互联网的应用和发展，人们希望能满足其多方面服务的要求。信息高速公路的提出更增强了人们对进入信息社会后能廉价自由地获得各种信息服务的向往。新技术的牵引也是促使第三代移动通信发展的重要因素。显然，对 3GM 的要求远远大于目前第二代移动通信（2GM）达到的水平，是需要人们做出巨大努力方能达到的。

2.2　ITU 对 IMT—2000 提出的目标和要求

- 全球漫游：采用全球单一的数字蜂房技术，在 2GHz 频段，使用低造价的多媒体终端。
- 适用多种环境：采用多层小区结构，即微微小区、微小区、宏小区和全球覆盖，将地面移动通信系统与卫星移动通信系统综合在一起。
- 实现高速无线数据传输：

144kbps——车辆速度
384kbps——步行速度
2Mbps——在固定/办公室应用

- 多种新的先进的服务：多媒体应用、Internet 接入、智能卡技术、移动计算、语声识别与控制、基于定位的技术等。

2.3　ETSI 对 UMTS 提出的目标和要求

- 无缝隙的全球覆盖，具有能为 50% 的人口提供服务的容量和能力；
- 一个用户设备将居民区、办公室和蜂房移动通信服务综合在一起，卫星通信可直接接入，采用唯一的 UMTS 用户号码；
- 无线资源允许灵活争用，能承载 111kbps 到 2Mbps 数据服务，语声质量达到有线水平，高的频谱利用率。利用新的全球通用频率；
- 低价格的服务和终端，保证通信安全。

将上述目标和要求与 2GM 比较，不难看出在全球覆盖、多层小区结构上有其优越性。2GHz 频段、高达 2Mbps 的数据率、巨大容量、各种新的服务的引入等等方面上了一个很大的台阶。这些问题是 3GM 区别于 2GM 的主要方面，也是实现 3GM 在技术上的难点所在。

3　第三代移动通信标准建议的现状

随着 ITU 规定的接收建议的截止期日益临近，各国以大公司为代表纷纷提出自己关于无线传输技术（RTT）建议的方案。具有代表性的有北美的宽带 cdmaOne（W-cdmaOne），日本宽带 CDMA（W-CDMA）和欧洲提出的 TD-CDMA，现简介如下：

3.1 北美的 W-cdmaOne

北美 4 家大公司 Lucent、Motorola、Notel、Qualcomm 提出了 Wideband cdmaOne 的建议。它受到 HNS、Nokia、Samsung、HiTachi 等公司的支持。建议采用多载波/DS-CDMA，射频信道带宽为 1.25/5/10/20MHz，PN 码片率为 1.2288/3. 6864/7.3728/14. 7456Mbps。用户比特率为 9.6kb/s ~ 2Mb/s。帧长为 20ms。扩频调制为 QPSK，解调为连续导频符号辅助的相干检波。功率控制采用开环及快速闭环控制，上下链路均如此。在基站分集采用 RAKE 接收及天线分集。扩频码为 I/Q 短 PN 码及长 PN 码。正交码为 Walsh 码。信道编码为卷积码（K = 9，R = 1/4，1/3），对高速数据也考虑用 Torbo 码，语声编码采用 EVRC。多载波的目的在于将 5MHz 分为三个 1.25MHz 带宽的信道，以便与 IS—95 后向兼容，可以共存或重叠。基站同步则基于 GPS。

3.2 日本的 W-CDMA

NTT DoCoMo 提出的建议为相干多码率宽带 CDMA（W-CDMA）。多频带 DS-CDMA 采用 1.25/5/10/20MHz 带宽。小区之间为异步运行。扩频码片速率为 1.024/4.096/8.192/16.384Mbps，多码率业务高达 2Mb/s。扩频码信道化为长码 × 短码。短码采用树形结构正交多码率码，长码采用伪随机码。调制为基于导频码的相干 QPSK，信道编码为卷积码（R = 1/3，K = 7）及 RS 级连码（R = 9/10），分集采用 RAKE 接收加天线分集。功率控制采用基于 SIR 的快速控制。交织帧长为 10ms。此建议受到日本富士、松下及 NEC 等公司的支持。现在欧洲爱立信等公司已与 NTT DoCoMo 公司合作，共同提出 RTT 采用 W-CDMA，而核心网络则沿用 GSM 的网络平台。其目的在于能从 GSM 演进到 3GM。

3.3 欧洲的 TD-CDMA

欧洲西门子和阿尔卡特等公司提供了一种时分——CDMA（TD-CDMA）。该方案将 FDMA/TDMA/CDMA 组合在一起。其特点为信道间隔扩展为 1.6MHz，但它的帧结构和时隙结构与 GSM 相同。扩展因子为 16，可支持每时隙 8 个用户。同时采用跳频和跳时，支持的用户比特率为 8 ~ 2048kbps。在最高比特率时用了全部 8 个时隙，而每个时隙可用 8 个用户地址码。移动台将采用双模手机，以便在网络、位令层与 GSM 兼容。由于每时隙仅 8 个用户（码分），故可采用联合检测（Joint Detection），从而不需快速功率控制和减少码间干扰。另外还可采用时分双工（TDD），为无绳电话应用时减少终端造价。此方案便于由 GSM 平滑过渡，它还受到 Bosch，Italtel，Motorola，Nortel，Sony 等公司的支持，将被作为 UMTS 和 IMT-2000 标准建议的候选方案提出。

4 现有建议的分析比较

纵观上述三大洲有代表性的建议，不难看出，它们都是从各个地区第二代移动通信应用的现状出发，力求 3GM 能与 2GM 后向兼容，使 2GM 能够移植或演化到 3GM。这样既可节约投资，利用已投入的资金，也可减少技术上和经济上承担的风险。因此，在推出各自的建议方案时均各执一词，过分强调了自己的优越性，而很少或基本上不涉及存在的问题。因此，对其论点应进行冷静客观地分析比较。这里仅介绍 W—CDMA 和 TD—CDMA 两方的论点。

4.1　W—CDMA 一方的论点（与 TD—CDMA 比较）：

- W—CDMA 只需要少于一半的频谱
- W—CDMA 只需要一半的基站数目
- W—CDMA 能提供 2 倍的容量
- W—CDMA 能进行更为灵活的资源分配
- W—CDMA 具有较低的终端复杂性

4.2　TD—CDMA 一方的论点（与 W—CDMA 比较）：

- TD—CDMA 在频谱效率上高出 1.35 倍
- TD—CDMA 不需软切换，故：

基站系统少 40% 的投资
传输链路少 50% 的投资

- TD—CDMA 终端复杂性较低，可减少 20% 的造价
- TD—CDMA 能支持较高频率上在各种环境的全部移动性
- TD—CDMA 能支持 TDD 的无绳工作方式。

4.3　三种建议方案的基本分析

上述具有代表性的二种建议是当前议论的焦点。何去何从是大家关心的问题。本人的粗浅看法是：

第一，这些建议都是基于 W—CDMA。一方面为了满足未来宽带服务和高速数据的需求，必须要增加使用频率。同时，CDMA 能提供更高的频谱利用率和更大的容量及灵活的数据率，自然 W—CDMA 是一种必然的选择。

第二，这些方案都强调了与第二代移动通信的后向兼容。既可利用已有的投资，继续产生效益，又可减少新的投资和技术上的风险。美国 W-cdmaOne 强调了与 IS—95 的兼容，而日本的 W-CDMA 和欧洲的 TD-CDMA 则强调了与 GSM 系统的兼容。大家都希望能移植（migration）或演进（evolution）。

第三，这种后向兼容的指导思想使得所提出的建议方案都在不同程度上受到 2GM 系统的影响和制约，存在着这样和那样的弱点和问题。如果采用一种革命性（revolution）的方案，从技术上可能是理想的。但又和各国的现实情况产生一些矛盾。一种各方面均优化的方案是很难产生的。

第四，未来 3GM 的国际标准有三种可能性：

①产生一个统一的国际标准，这可能是大家所希望的：

②达不成协议时可能出现三个或两个标准，但都是基于 W-CDMA；

③也可能出现一些完全不同的标准，解决的办法只能是采用多频段多模手机，但这种结果对用户是不利的。另外一种解决的途径是采用统一的空中接口和核心网络模式，但用不同的适配器来进行各种体制和方式的互连互通。ITU 和 ETSI 正在研究这一问题，下面将作一点介绍。

第五，对我国来说，当务之急是研究和确定我国的建议标准。最终采用公认的国际标准可能是一种最好的选择。但无论如何，应大力发展第三代移动通信（个人通信）来建立我国自己的移动通信产业。这是一个值得我们认真思考、具有战略决策性的问题。

5 关于 IMT-2000 模型的建议

在发展 IMT-2000 标准中，灵活性的要求是至关重要的。不仅在此前的 2GM 能演进到 IMT-2000，并使其在今后能进一步的演进，以满足用户要求的增加和技术的进步。另外，对支持不向环境的应用而无须大的技术上改变也是需要的。为此，ITU 建议采用模块化的原则来处理有无线方面的问题。这种方法将有助于采用不同的途径趋向第三代系统。

ITU-R 建议的 IMT-2000 系统模型模块化的概念是基于明确地划分“无线接入网络”（radio access network）和“核心网络”（core network）。这样的区分规定了单一的“无线接入网络接口”和两个主要系统部件之间的参考点。除 IMT-2000 本身的无线接口外，这一关键接口将由 ITU 制定标准。无线接入网络接口将允许今后新开发的无线部件能与现存的网络相连，也能使 IMT-2000 的核心网络与各种现存的无线接入子系统相连接。这就在一定程度上解决了目前各种 2GM 的系统和未来 3GM 各种方案之间的互连互通问题。

将 IMT-2000 和目前 2CM 的无线接入网都考虑分成两部分：

A）无线承载者公共功能块（RBCF）。它完成全部控制和传输功能而与所采用的无线接入技术无关。RBCF 是用来适配无差错的高带宽的核心网络与差错较多的带宽受限的无线传输技术，以便对 IMT-2000 不同的运行环境服务。

B）无线传输特定功能块（RTSF）。它完成与无线技术有关的一些功能。可以进一步将其分成两部分：无线传输技术功能（RTT）和无线传输适配功能（RTAF）。前者为 IMT-2000 的无线接口组成部分（通过电波传输与移动台的 RTT 相连接）。后者为对不同的 RTT 与公共接入部分适配。

RBCF 与 IMT-2000 核心网络直接相连。现存的各种核心网络可以通过互连功能块（IWF）与 IMT-2000 核心网络相连，或者通过适配功能块（AF）直接与 RBCF 相连。

这种考虑与安排使采用不同的途径演进到 3GM 成为可能。这种模块化设计使不同的无线接入技术和不同的网络平台连接在一起。因而不同的运营商可以根据其现在的网络结构，引入新服务的策略、覆盖区域和相关的法规等，选择自己的演进到 IMT-2000 途径。

总之，ITU 关于 IMT-2000 模块化模型的建议对于发展我国 3GM 有极为重要的指导意义。

6　发展第三代移动通信（个人通信）建立我国移动通信产业

据统计，我国移动通信用户已超过 1000 万户。预计到 2000 年，还会翻一番或两番。自 90 年代以来，我国移动通信高速发展，但目前市场上的移动通信产品都是外国制造的。如何改变这一局面，建立我国移动通信产业已成为举国上下十分关注的问题。本人的粗浅看法是：应大力发展第三代移动通信（个人通信）来建立我国移动通信产业。理由如下：

①在市场经济条件下应把经营市场与产业市场严格划分开来，不能混为一谈。

目前移动通信市场的繁荣和高速发展只能说是经营市场的大好形势，而移动通信产业市场却使人堪忧。表面上今天的移动通信市场是我国自己在经营，但没有自己国家的产品，从本质上说经营市场仍然是外国人的。

②建立产业需要 5～10 年时间。

历史经验表明，通信产品从开始研制到批量生产和稳定地供应市场需要 5～10 年的周期。国外生产 CSM 和 Q-CDMA 系统的历史也证明了这一点。我们不能企图在一两年的短时间内开发出全新的通信系统和产品。即使是引进国外一些过时的技术，也有一个消化和实践的过程。因此，我们必须下定决心，以卧薪尝胆的精神，争取在 2005 年前后真正建立我国自己的移动通信产业。

③超前创新才有立足之地。

建立产业是十分复杂的系统工程，涉及多方面的条件和问题，其中采用何种路线和政策也是至关重要的，如果我们一味模仿人家已有的产品，则永远只能跟在别人后面，不断受到外国新产品、新技术的冲击。只有走超前和创新的道路才可能真正建立起我国自己的移动通信产业。作者建议我国应大力发展第三代移动通信来建立我国移动通信产业。

④抓住机遇，知难而进。

俗话说：机不可失，时不再来。当前正是发展第三代移动通信的大好时机。各国大公司目前都忙于第二代产品的完善和推广应用。对第三代产品只是进行方案论证和初步试验。这给我们提供了创新的机会和引入自己知识产权的余地。韩国采取跳跃式的战略决策，置 GSM 系统于不顾，直接开发 Q—CDMA 系统，虽然冒了一定风险，但今天客观发展的事实说明他们的做法是有道理的。这一经验很值得我们借鉴。只有知难而进，克服资金不足、缺乏大规模集成电路的工业基础以及没有必要的技术储备等困难，才能建立起我国自己的移动通信产业。

⑤采取正确的路线和政策。

发展第三代移动通信，建立我国移动通信产业，首先要依靠国家行为（必须有一定的投资强度才能创造研究开发和生产条件）。智力投资也是必不可少的。团结起来，目标一致，努力奋斗，建立我国移动通信产业是指日可待和大有希望的。

论文 33

军民结合，共建 21 世纪军事信息系统 *

李承恕

摘要：本文从 21 世纪军事信息系统的发展出发，介绍美军提出的全球移动信息系统（GloMo），并建议研制合成电子战系统。最后，重点讨论“军民结合，共建 21 世纪军事信息系统”的指导思想和原则，以及军民结合中应解决的问题。

1 21 世纪的军事信息系统[1]

21 世纪即将到来。在这世纪之交，由于电子信息技术的迅猛发展，21 世纪是信息的时代，人类将进入信息社会。不言而喻，信息时代的战争必将是信息化的战争。因而，有人说：现阶段和即将到来的 21 世纪的战争形势为核威慑下的信息化战争。

在 21 世纪进行作战的部队必须是信息化的部队。当今电子信息技术的发展在很大程度上是基于电子信息技术的数字化。信息化部队也可以称之为数字化部队。以此类推，信息化战争的战场也可称之为数字化战场。这些称呼的内在含义就是：数字化部队是以数字通信为基础，使部队的指挥控制、情报侦察、预警探测、信息利用和信息对抗一体化，武器装备智能化；数字化战场就是利用现代数字化通信手段和计算技术把战场上的武器系统和战斗部队连接成一个整体。

21 世纪军事信息系统是 21 世纪部队在作战中所使用的信息系统。军事信息系统是包括人员、机器、手工和自动程序，以及能够收集、处理、分发和显示信息的系统。21 世纪军事信息系统很难用简单的概念加以描述。具体的例子如：一体化的指挥、控制、通信、情报、侦察与监视系统（IC^4ISR），以及指战员信息网（WIN）等。

关于 IC^4ISR 和 WIN 在文献［1］中已有详尽的介绍，下面我们简略地介绍一下美军近年提出的“全球移动信息系统”（GloMo），它是移动环境中的一种军事信息系统。

---

* 本论文选自：移动通信，1999（02）：6-10。

2　全球移动信息系统（GloMo）[2]

1994年美军国防高级研究计划局（DARPA）提出了全球移动信息系统（GloMo）计划，以满足国防上对快速展开和可靠的信息系统的需求，并研究和验证支持这一需求的各项技术。推动GloMo计划的一个实例就是陆军推出的数字化战场。数字化战场通信结构的各单元可参见图1。它是将无线局域网、战斗网无线电台（CNR）、地面个人通信系统（PCS）、基于卫星的个人通信系统、直接视频广播等通过单信道无线电入口（SCRA）和无线入口点（RAP）接入大容量干线网电台无线网（HCTR），从而构成栅格状战区通信网。

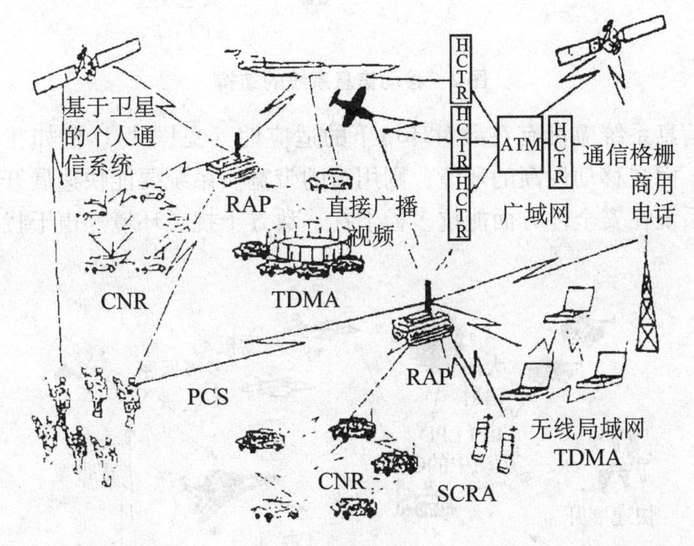

ATM：异步传递模式　　CNR：战斗网无线电台　　HCTR：大容量干线无线电台
PCS：个人通信系统　　RAP：无线电入口点　　SCRA：单信道无线电入口
TDMA：时分多址

图1　数字化战场通信结构的各单元

GloMo计划的提出一方面是要满足未来国防上有效的移动信息系统的需求，而同时又能利用商用部门发展中的技术。但军用要求与商用要求有许多不同之处，例如：军用上需要有快速展开的基础设施，而只有有限的入口；网络拓扑应高度动态，用多跳分散连接；数据流和指挥与控制采用动态分配和优先制；在敌对环境中信息率要达到最大；保证系统和信息的安全；具有顽存性的高度动态的高级服务等。满足上述需求的移动信息系统的结构如图2所示。它大致由4层组成。最低层是基本的低功率、高能力、能在运动中工作的硬件和固件（即提供一种具有足够处理能力的无线电台，以支持移动组网）。第二层为不限定的节点与组网技术结合起来提供可靠的无线通信网络。第三层为由无线和固定两种网络组成的端到端的网络。最后一层为充分利用移动通信能力和移动计算以适应变化的分散的连接。

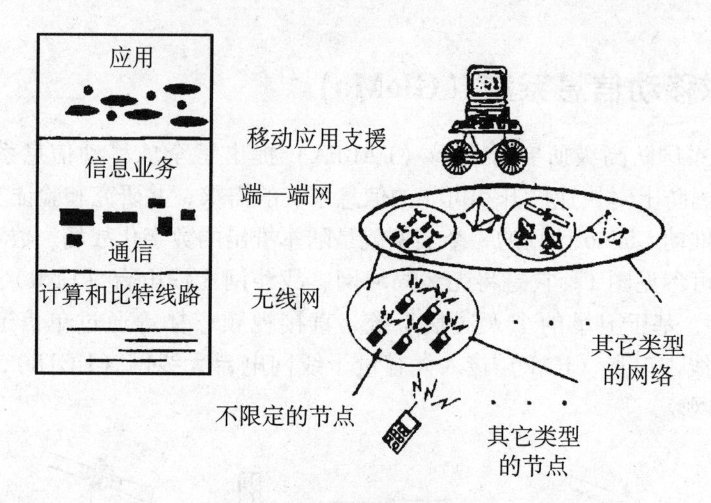

图 2　移动信息系统的结构

军事移动信息系统应具有在敌对环境下的适应性（见图 3）。例如在移动性低的环境用宽的带宽，而在移动性高的环境，则用窄的带宽。系统要能快速展开，具有高度机动性。此外，系统在安全性方面能抗多径干扰、敌方干扰、环境噪声干扰和具有多级保密等。

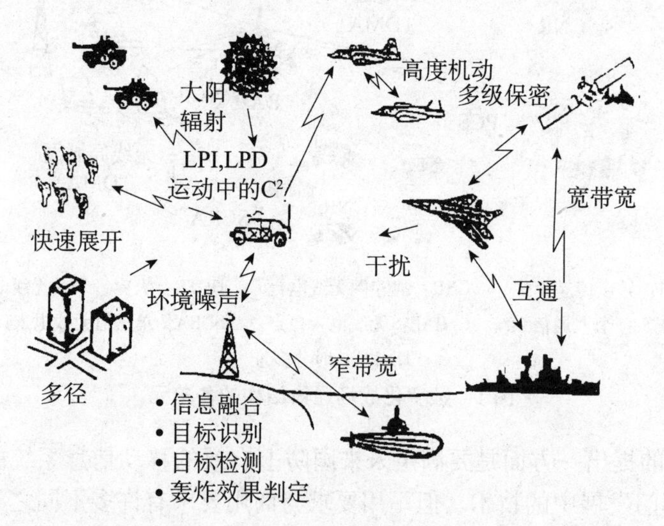

C^2：指挥和控制　　LPD：低概率检测　　LPI：低概率截收

图 3　对敌对环境的适应性

GloMo 计划的组成部分如下：

● 设计基础设施——工具、语言和环境。

● 不限定的节点——高性能、模块化、低费用和小功率的无线节点。

● 无线网络——移动组网算法和协议、自组织、自愈技术、可靠的算法和快速展开。

● 端到端组网——在异种混合网上工作。

- 移动应用支援——适应变化的网络连接和服务质量的要求。

GloMo 的主要目标是要为全球移动环境中可靠的端到端信息系统开发技术，为把基础的商用元部件综合进灵活、可靠、多跳的宽带系统中去。军方能够利用的商用先进的基础技术有：

- 数字信息处理和其他分支技术。
- 从 GEO 到 LEO 卫星系统综合进整个通信网络。
- 应用个人数字助手（PDA）和类似技术保障终端用户的计算机接入。
- 用于多媒体通信的异步传递模式（ATM）。
- GII 的建设必须基于无线移动环境，并扩展到无线移动环境中去。

GloMo 的一个重要思路是使该计划的成果综合进商用产品，从而使下一代军事系统能以商用产品和业务为基础。

最后，不难看出，GloMo 计划的提出和实现是为了适应 21 世纪信息化战争的需要，成为 21 世纪军事信息系统的重要组成部分。而在其实现的途径中，特别强调了军用产品和商用产品、军用技术和商用技术的结合和军民两用的思想，这正是我们下面要着重讨论的“军民结合，共建 21 世纪军事信息系统”的问题。

3 合成电子战系统[3]

在现代化战争条件下，电子对抗（EOM）和电子反对抗（ECCM）这一对矛盾对敌我双方都是生死攸关的问题。通信系统、侦察系统和电子对抗系统对任何一方都是必不可少的。它们之间既有相互矛盾、相互制约的一面，同时又有相辅相成的一面。长期以来，它们的发展都是独立进行的。但在实际运用当中，由于各种原因，它们之间会产生矛盾与冲突。如果不很好地协调处理，将会导致相互影响而不能发挥应有的作用。甚至会造成不良的后果。我们应探讨如何发挥通信、侦察、电子对抗的综合优势，以适应未来战争的需要。在当前科技水平和工业生产能力高度发达的条件下，已有可能从技术上解决这一问题。因此，作者在文献［3］中提出“自组织自适应综合通信侦察电子对抗系统”，或简称“合成电子战系统”的设想。下面我们简介其基本概念、系统结构、功能要求以及发展该系统的若干问题。

合成电子战系统，即具有自行组织、自行管理、自行运行、自行适应功能的，综合完成通信、侦察、电子对抗任务的一体化的系统。这一基本概念和定义是基于目前高科技水平和客观需要而提出和形成的。在世界范围内不仅已经有了先进的通信系统、侦察系统和电子对抗系统，且其自动化、智能化的水平也在不断提高。例如各种类型的 C^4I 系统、智能网络、自组织信包无线通信网、ISDN、神经元网络等新技术的发展已为构成合成电子战系统提供了技术基础，近十几年来国际上几次现代化的战争实例也充分说明研制这种系统是十分必要的，也是完全可能的。

作为独立的通信、侦察和电子对抗系统都是在一定的时域（t）、频域（f）和空域（s）中分别进行工作和运行的，如果在这些域内三者之间有交叉或重叠，则容易产生矛盾和冲突。我们可以把 t、f、s 作为坐标参数构成多维矢量空间。如果三者在多维矢量空间中不交叉或不重叠，则不会发生矛盾和冲突。这种情况体现了合成电子战系统对时间、频率、空间等资源的综合利用。

敌我双方在进行通信、侦察和电子对抗的情况不是一成不变的。因此，合成电子战系统应具有自组织、自适应的功能。也就是说，在多维空间中三者所占据的体积和位置将随着客观情况的变化而变化。它不仅避免了己方的矛盾冲突，又能及时应付敌方攻击策略的变化。这正是三位一体所带来的好处。

根据上述合成电子战系统的性能特点，其结构的主体部分为通信、侦察、电子对抗等子系统，但它们是一个有机的整体。对客观情况变化时的探测和判断由支援子系统完成。控制子系统则完成自组织、自适应的功能。

点对点的通信已经满足不了现代化战争的要求。单个合成电子战系统是远远不够的。实际上必须把许多合成电子战系统连接成网，它相当于把地域通信网中各个结点换成合成电子战系统。

合成电子战网不仅各个系统具有自组织自适应的功能，整个合成电子战网还应具有网络功能，即能自行组网、自适应结点的被摧毁和链路的中断及恢复等网络的自组织、自适应功能。把系统和网络的功能结合起来，将更加发挥其威力。

合成电子战系统除了通信、侦察和电子对抗外，其进一步的发展为与武器系统的指挥和控制结合起来，形成通信、指挥、控制、对抗、情报系统，即 C^4I（Communications、Command、Control、Countermeasures、Intelligence）合成电子战系统。

在发展合成电子战系统中应解决如下问题：

• 指导思想的转变。单一兵种和独立作战的原则已不能完全适应现代化战争的要求。理应参照海军特遣舰队、野战合成集团军和空军混合编队的形式和结构，按照统一指挥和协同作战的原则来进行通信、侦察、电子对抗三位一体的建设。

• 综合利用各种先进技术。应该说有关合成电子战系统的各种单项技术已经发展到相当高的水平。现在的问题是如何把这些技术有机地综合起来，推进到一个更高的水平。因而，关于合成电子战系统的设想是完全有可能实现其技术基础的。

• 战略、战术指导原则的更新和改变。新技术的发展应用不可避免地会引起战略、战术原则的更新和改变。可以预见合成电子战系统的出现，定会导致合成电子战部队的出现。但它决不意味着再不需要单独的通信、侦察、电子对抗等军兵种了。未来的情况可能是：分久必合、有分有合、扬长避短、克敌制胜。

总之，合成电子战系统的概念是简单而容易理解的。但实现起来确是复杂而困难的。它应属于高科技领域。为了实现国防现代化，确保国家的安全，特建议有关领导部门及早组织力量安排这一系统的预研工作。

4 军民结合，共建21世纪军事信息系统[2,4]

在文献［2］和［4］中论述GloMo和21世纪数字化战场通信中部强调了军用技术和商用技术、军用产品和商用产品的结合，以及军民两用相互促进的思想和原则。有关的论点如下：

● 美陆军在基础技术方面将利用新颖的商用通信资源，以增加现有的战术通信系统的能力。毫无疑问，军队可以而且也应该从这些新的通信技术中受益。

● 依靠商界已开发的通信基础设施，以避免浪费。同时利用全球民用制造的基础设施来满足部队快速部署的需求。

● 作为陆军 ACTII 计划的一部分，商用技术可用在训练与条令司令部的用户环境中。

● 陆军可以利用共享的 ISDN 商用现成的硬件和软件技术，并与全球商用基础设施相连接。

● 过去军事专用通信设备数量较少，一直是小批量生产，所以不能满足危机时刻迅速齐装，以满足部队迅速部署的需要。这种状况进一步促使采用商用现成设备，以便在短时间内利用全球商用制造商的基础设施，从而获得大量的设备。

● 个人通信业务（PCS）和数字蜂窝技术将在新的战场信息传输系统（BITS）中起重要作用。而 LEO/GEO 卫星或无人空中飞行器不需要复杂的地面基础设施，在许多应用方面更富吸引力。

● 未来 10 年将着重采用民用技术，以便能够减少设备与寿命周期费用，同时改善系统性能和经济上的可负担性。研究由军民两用技术组成的综合体系结构，在保证全球双重基地作战的各个阶段能确保通信系统的可用性。

● ATM 交换技术已成为下一代战术交换技术。将推广研究在战术互联网采用商用标准 TCP/IP 协议的分组交换系统。陆军现有的数据网（MSE、EPLRS 和 SINGARS）将采用基于商用互连协议（IP）的战术多网关（TMG）和网间控制器（INC），实现无缝隙互连。

● 陆军将与开发人员结合，对 PCS 满足军用性能和适应性需求的问题得到明确的回答。

● 直播卫星（DBS）电视广播已在美国本土以低成本赢得商用用户，而对军用来说也是一种强劲的技术。

● 打算把 GloMo 所开发的技术作为新的商用无线信息系统和业务的催化剂，通过商用产品和业务使这些技术可供军用。

● DARPA 管理和指导国防部选定基础和应用的研究与开发项目，它从事的研究和技术开发风险和收效都很高，而且，如果成功的话，可以大大促进传统的军事任务和使命以及军民双重应用。

● 提出 GloMo 计划是由于要满足将来国防上对有效移动信息系统的需求，而同时又能利用商业部门发展中的技术。

● GloMo 的一个重要思路是使该计划的成果能综合进商用产品，从而使下一代军事系统能以商用产品和业务为基础。

● GloMo 的主要目标是要为全球移动环境中可靠的端到端信息系统开发技术，为把基础的商用元部件综合进灵活、可靠、多跳的宽带宽系统开发技术中去。

● 军方用军方所需的性能增强商用产品，同时又保留商用硬件的许多优点。

● 在端到端组网中使用和扩展各种可用的商用标准（即支持 Internet 的那些标准），

以使移动环境真正是全球信息基础设施的一部分。将开发使无线网络与 NII（Internet 为其主要模型网）相结合的技术，因而有机会利用任何可用的通信设备，例如蜂窝系统、个人通信系统或卫星通信接入 Internet。

• GloMo 计划中为支持国防需求而开发的许多技术最终将转移到商用技术和基础设施中去。

• 要为建立具有自适应和开放接口以及可伸缩的无线电网络产生设计环境和各种技术。它将提供符合军事和民用的需要的那类灵活性和模块性。

“军民团结如一人，试看天下谁能敌。”军用与民用信息系统电不例外，必然要走结合的路子。充分利用已有的民用系统，在最短的时间内，弥补军用系统之不足，完成整个军用系统的部署，是一条多快好省的路子。军用和民用两方面都不能孤立地来建设自己的专用系统，在战争条件下，各搞各的，结果是谁也不能很好地完成任务。

军用和民用信息系统相结合的理由是：

• 军用通信装备战前不可能准备十分周全，只能考虑到主要的、基本的需要。战争一打起来，情况千变万化，全靠现成的装备是不行的。

• 民用通信经常在使用，经常在更新，经常在发展，且覆盖面广，投资有效益，是一种良性循环，可以长久维持。

• 在战争的环境中，二者结合起来，可以发挥整体的作用，比单独使用更具优越性，既能增加容量，又能增加安全性。

• 在某些领域，民用系统在技术上的发展，有时胜过军用系统的发展，例如移动通信、卫星通信、个人通信等。平时民用，战时军用，军民两用是完全可行的。

军用民用相结合应解决的问题有：

• 国家需要有一个全面的、整体的建设规划，不能各行其是。

• 建设民用系统时要考虑到如何转入军用（如加密设备），建设军用系统时要考虑如何与民用系统相沟通。

• 在研制设备和建立通信网时，应要求解决兼容与接口标准问题，一旦有事，就可以互相连接和畅通无阻。

• 军用和民用都要尽可能地采用国际最先进的技术，并互相移植和借鉴，如无特殊需要，技术上也要求相近和相通。

• 生产军用的厂家，应同时生产相应的民品。生产民品的厂家也要承担生产军品的任务。

• 应尽量吸收非军事院校及研究机构参与军用通信的研究，以发挥其专长，促进其在平时就做好战时参加服务的准备。在 GloMo 计划中参加的知名院校有 10 个，如 MIT、斯坦福大学、加州大学各分校、南加洲大学等。它们承担了 35 个研究课题中的 22 个，占 2/3，发挥着主要的作用。

总之，军民结合，共建 21 世纪军事信息系统是一种具有战略性的指导思想和原则，在国防现代化建设中应加以应用和贯彻。

此外，随着商品经济的发展，今后在军民两方面，在诸如管理体制、经费使用、人力资源、流通渠道等都要有相应的政策，才能为军用和民用相结合创造必要的条件。

最后，由于作者对军事问题知之甚少，提出的问题，仅起抛砖引玉的作用，希望读者不吝批评指正，不胜感谢！

参考文献

［1］信息战·数字化部队与数字化战争．中国电子学会，解放军通信工程学院，总参第61研究所，1998年5月，北京．

［2］B M Leiner，et al. Goals and Challenges of the DARPA GloMo Program. IEEE Personal Commuieations，Dec 1996：34～43.

［3］李承恕．自组织自适应综合通信侦察电子对抗系统．无线电工程，Vol. 21，No. 6；1991，12.

［4］21世纪数字化战场通信．（译自 IEEE Communication Magazine 1995年10月：153～163）

论文 34

卫星移动通信系统简介*

李承恕

当今正在开发的卫星移动通信系统中以中低轨道系统为主。主要有以下系统：

• “铱”系统：该系统是由 Motorola 公司在 1987 年提出的构想。1992 年成立“铱”公司，目前公司已集资 44 亿美元。“铱”系统由 66 颗主用卫星、6 颗备用卫星构成，轨道高度为 780 公里，该系统于 1998 年 11 月 1 日在全球试运行。用户可以通过关口站与公众通信网用户实现通信、手机采用“双模”方式，可选择使用通过地面蜂窝系统或卫星系统通信。它可实现包括南北极在内的全球范围的电话、传真、寻呼和数据通信。近日 Motorola 又推出了 9500 系列便携式手机。

• “全球星”系统：该系统是由美国 Loral/Qualcomm 公司开发的。“全球星”系统由 48 颗主用卫星和 8 颗备用卫星构成，轨道高度为 1414 公里。计划于 1998 年底前发射 44 颗卫星，剩下的 12 颗卫星将于 1999 年初发射。“全球星”系统采用 CDMA 技术，可为用户提供手持机、车载式和固定式终端的电话功能，同时也可提供数据、寻呼、传真和定位功能，该系统计划 1999 年初投入使用。

• “ICO”系统——1993 年 INMARSAT 推出了 21 世纪移动通信系统（INMARSAT-P）。也就是现在的“ICO”卫星移动通信系统。1995 年 1 月成立了 ICO 全球通信公司，现已有 44 个国家的 47 家公司参加。ICO 已同美国休斯公司签订了全部 12 颗卫星的发射合同，按计划第一颗卫星于 1998 年底发射。

• APMT　系统——中国亚太移动通信卫星公司（中国 APTM）与新加坡发起，日本、泰国、马来西亚等国联合开发的 APMT 卫星移动通信系统已正式启动，投资 6.5 亿

* 本论文选自：信息系统工程，1999（01）：40。

美元，覆盖亚太地区22个国家近31亿人口。APMT系统采用同步定点卫星和袖珍式卫星用手持机，一颗卫星的通信容量超过1.6万条双向话音信道，用户数可达200万。APMT卫星将于2000年发射。

• 鑫诺（SINO-Satellite）　移动通信系统——鑫诺通信卫星系统包括两颗卫星，SINOSAT-1和SINOSAT-2。SINOSAT-1通信卫星是一颗专门为卫星直播电视和专用网服务的通信卫星，并专门为中国及亚太地区服务的通信广播卫星。SINOSAT-2是一颗纯Ku频段的广播通信卫星，一颗真正意义上的电视直播卫星。

• Teledesie系统——Teledesic卫星移动通信系统是由美国Mc Caw移动通信公司和微软公司发起，后又有波音公司加入共同研制的。该系统计划在距地球565公里的轨道上部署288颗低轨道卫星，构成一个覆盖全球的通信卫星网。卫星可提供上行速率2Mbps、下行速率达64Mbps的通信能力，全网可同时为数百万用户提供服务，包括宽带Internet接入、视频会议、高质量语音和其他数据业务。预计Teledesic系统将于2002年投入商用。

面对当前世界范围卫星移动通信系统大发展大建设的形势，我国应采取什么样的对策呢？首先，国外卫星移动通信正在紧锣密鼓地进行，我国地大物博、人口众多。做为光纤电路的补充和延伸，应积极发展卫星移动通信。其次，在参与开发与应用国际卫星通信系统时，要避免分散经营、各自为政，应由国家统筹规划，确定发展的大政方针。第三，国际上卫星移动通信系统均采用中低轨道，因其比高轨道卫星有更多的优势。同时考虑到卫星移动通信的全球漫游和与IMT-2000的第三代移动卫星通信接轨，我国应以发展中低轨道卫星移动通信为主。第四，各个跨国公司已开始向我国的卫星移动通信市场进军，面对这种形势，国家在开拓卫星移动通信的经营市场的同时，还应组织力量、加大投资，壮大我国自己的卫星移动通信产业。另外，在研制、开发和应用我国卫星移动通信时应考虑与当前国际上卫星移动通信发展的趋势相吻合，同时也要考虑与IMT-2000第三代卫星移动通信的兼容问题。

（责编　曹书贤）

论文 35

我国移动通信发展中的几个问题*

李承恕

当前，我国移动通信正持续高速发展。据统计，我国移动通信用户总数已达到2400万户，名列世界第三。预计到2000年，我国移动电话将达3800万部，2010年将达到2亿户。面对巨大的市场前景，我国第二代移动通信的发展如何考虑？如何大力发展第三代移动通信，建立我国的移动通信产业？本文就这两方面的问题阐述如下。

一、第二代移动通信是当前发展的主流

1. 适当控制商用 GSM 网的扩大与发展

GSM 商用网的扩大和发展要适当，不能盲目地大力发展。对于尚未建立 GSM 网的地区，可以考虑暂不发展 GSM 网，对于已有 GSM 网的地区，从现在开始就要放慢发展速度和减小发展规模。其结果可以避免今后 GSM900/DCS1800 把频率资源用完后，为了增加容量小得不采用频带利用率高的 CDMA 时成为卸不下来的包袱。

2. 大力推动 CDMA 商用试验网的试用与发展

充分发挥CDMA 的频谱利用率高、容量大、节约投资的优势，大力推动其试用与发展是一种必然趋势。也是国家无委规划无线电频率使用的重要原则之一。因此，对当前我国移动通信的发展，除了要适当控制商用 GSM 网的扩大与发展的同时，要促进 CDMA 网的试用与发展。具体地说，就是在人口密集和用户需求仍不满足的大城市，应逐步以发展 CDMA 系统来解决容量问题。另外在欠发达地区，可以考虑一开始即采用 CDMA 系统，而无须先发展 GSM 再过渡的策略。

3. 重视卫星移动通信网的建设与应用

个人卫星移动通信近年来已逐渐成为移动通信产业发展的热点。当前正在开发的卫星移动通信系统中以中低轨道的系统为主。主要有“铱”系统（66 颗主用，6 颗备用，

---

* 本论文选自：信息系统工程，1999，04：10。

轨道高度780公里)、“全球星”系统（48颗主用，8颗备用，轨道高度1414公里）以及国际海事卫星组织的“ICO”系统（10颗主用，2颗备用，轨道高度10354公里)。我国正在参与开发的地区高轨（轨道高度35786公里）卫星移动通信系统有亚太卫星移动通信（APMT）系统和鑫诺卫星移动通信（SINDSAT）系统。此外，尚有极低轨道的Teledesic系统（288颗卫星，轨道高度565公里)。

国内外当前卫星移动通信发展的基本态势和我们应采取的对策是：

• 国外卫星移动通信的发展正在紧锣密鼓地进行。我国发展卫星移动通信是完全必要的。

• 在列举的6个卫星移动通信系统中有5个系统分别由我国不同部门参与开发和应用。这种分散经营、各自为政的局面不能再继续下去了，应由国家统筹规划，确定发展的大政方针。

• 国际上卫星移动通信系统均采用中低轨道，因其比高轨道卫星有更多的优势。同时考虑到卫星移动通信的全球漫游和与IMT-2000第三代卫星移动通信接轨，我国应以发展中低轨道卫星移动通信为主。

• 国家在开拓卫星移动通信的经营市场的同时，应组织力量、加大投资，积极开展卫星移动通信网的研究与建设，建立我国自己的卫星移动通信产业

• 在研制、开发和应用我国卫星移动通信时应考虑与当前国际上卫星移动通信发展的趋势相吻合，同时要考虑与IMT-2000卫星移动通信的兼容问题。

二、如何大力发展第三代移动通信

1. 积极参与IMT-2000国际标准的制定

国际电联（ITU）将于20世纪末完成第三代移动通信，即IMT-2000无线传输技术（RTT）制式标准的制定工作。各国和各大跨国公司都风起云涌地提出自己的建议和进行宣传评估。标准的制定不完全是技术问题，而是未来全球移动通信市场的竞争。面对这样严峻的形势，我国应积极参与IMT-2000国际标准的制定活动。当前值得特别注意的问题有：

• 认真深入地进行各国RTT标准建议的评估工作。

其目的是为制定我国第三代移动通信的标准，建立我国移动通信产业做好技术上的准备。

• 以宽带CDMA技术为基础，制定我国的标准，以适应未来的国际竞争。

在第三代移动通信中CDMA将是主流技术。另外，IMT-2000的基本要求是所传送的数据率应在2Mb/s以上，并要能传送宽带多媒体业务。

目前北美、日本、欧洲都分别提出了各自基于宽带CDMA的标准。但他们采用的具体技术和各项技术指标也是大同小异的。我们应致力于促进他们的相互妥协与融合，并制定我国的标准，以适应未来的国际竞争。

• 尽早确定选用国际标准的指导原则。

我国虽然也向 ITU 提出了 RTT 的建议，但由于起步已晚，许多基础研究和实验尚未进行，得到各国的认同是很难的。当国际上出现两种或多种标准时，我们将面临选择，因此，研究和确定选用国际标准的指导原则应尽早地进行。原则的确定应根据我国第二代和第三代移动通信发展的决策，尽量做到后向和前向的兼容。这项工作应由国家统一领导，组织各方面力量，在深入研究的基础上，明确地提出选用国际标准的指导原则。

• 开展国际合作，加强第三代移动通信的研制，为建立我国的移动通信产业打好基础。

• 采用“一国两制”（或“一国多制”）的方法来解决第二代向第三代“平稳过渡”问题。

2. 开展 IMT-2000 通用模块化模型的研究

欧洲 ETSI 与 ITU 关于第三代移动通信标准的建议各不相同，融合成一个标准困难重重。

问题的复杂性涉及市场的占有和利益的分摊。两个国际组织试图从技术上使不同的系统一方面都达到第三代的基本要求，又能形成一个整体，可以互连互通。使第二代向第三代平稳过渡，称之为“一国两制”或“一国多制”。

• ETSI 提出的 UMTS 模块化模型的设想一般的移动通信网，从网络概念上来说由三部分组成，即接入网、交换网、服务网。前一部分可看成传输网，后二部分可看成核心网。把移动通信网分成这两大部分后就便于从逻辑上或概念上解决多种移动网之间的互连互通问题。这里有两条途径可以采用，一条途径是 UMTS 由一通用的无线接入网（GRAN）经过不同的互连功能模块（IWF）与不同网的核心网互联。另一条途径是 UMTS 由一通用的核心网（GCN）经过不同的接入适配器与不同网的无线接入部分相连。实际上这两种途径可以互补而共存。将二者统一起来则 UMTS 的 GRAN 和 GCN 分别由不同的适配器与不同网的核心网或无线接入网互联互通。其间的接口称为 Iu 接口，将由 ETSI 来统一定义。实现这一模型，主要的工作是研制各种频段和各种体制系统之间互连的适配器和公共接口 Iu。这种具有极大灵活性的网络结构就称为通用模块化的模型。

• ITU 提出的 IMT-2000 模块化模型的设想 ITU 的建议与 ESTI 的建议住概念上是相同的。它也是将移动通信网分成无线接入网和核心网。IMT-2000 模块模型将无线接入网分成两部分：无线承载者公共功能块（RBCF）；无线传输特定的功能块（RTSF）。RBCF 完成全部控制和传输功能而与所采用的无线接入技术无关，以便对 IMT-2000 不同的运行环境服务。RTSF 完成与无线技术有关的一些功能，可以进一步将其分成两部分：无线传输技术功能块（RTT）和无线传输适配功能块（RTAF）。前者为 IMT-2000 的无线接口组成部分。后者为对不同的 RTT 与公共接入部分适配。RBCF 与 IMT-2000 核心网络直接相连。现有的各种核心网络可以通过互连功能块（IWF）与 IMT-2000 核心网络相连，或者通过适配功能块（AF）直接与 RBCF 相连。这种考虑与安排使采用不同途径演进到第三代成为可能。

三、怎样建立中国的移动通信产业

——大力发展第三代移动通信，建立我国移动通信产业

目前，我国移动通信用户总数已达2 400万户，居世界第三位。在相当长的一段时间内，我国通信业仍将持续高速发展。中国的通信市场巨大。据了解，1998年我国通信产品市场已超过1 500亿元，国内产品只占300亿元，80%的通信产品市场为外商所占有。每年蜂窝移动通信产品市场规模也在600亿元以上。加上寻呼、对讲机、集群通信系统等，总计在800亿元以上。每年有数百亿元巨额资金的外流真是触目惊心。因此，建立我国移动通信产业问题已成为国家亟待解决的重大问题，笔者的主要看法是：

- 我国移动通信经营市场繁荣，产业市场堪忧。
- 建立产业需要5～10年时间和达到三项指标（国产产品市场占80%；国产产品有80%的知识产权；打入国际市场）。
- 超前创新才有立足之地。
- 抓住机遇，知难而进。机不可失，失不再来。
- 采取正确的路线和政策。

（责编　曹书贤）

论文 36

我国移动通信发展的形势与任务*

李承恕

据专家预测，在新世纪到来的第一个 10 年里，移动通信在全球范围内仍将以排山倒海之势迅猛发展，2000 年用户数可达 5 亿，而 2006 年将达到 10 亿。我国移动通信的发展势头同样强劲，目前用户数已达到 6 000 万，预计，2003 年用户数将超过 1 亿。在移动通信用户迅速发展的同时，移动通信技术也是日新月异、层出不穷。第二代数字移动通信已广为应用，现正致力于增加新的服务、增加数据传输能力和提高频带利用率，以期平滑地向第三代移动通信过渡。第三代移动通信的无线传输技术（RTT）标准也正在完善，各国大公司将在近两三年内陆续推出其商用产品，力求尽早占领市场。

建立我国的移动通信产业是发展我国移动通信根本性的大问题。目前，我国移动通信市场繁荣，但移动通信设备绝大部分依赖进口。每年约有上千亿元的资金流失到国外。建立移动通信产业应有一个共识的标准和正确的技术路线。作者建议要大力发展第三代移动通信，建立我国的移动通信产业。同时，还要有一条正确的途径或道路，以及一系列配套的政策措施。下面我们将对移动通信领域的主要问题分别做进一步探讨。

第二代移动通信的应用与发展

目前我国移动通信发展的基本情况是，用户已达到 6 000 万，而市场规模为 1 000 亿元，第二代数字移动通信正逐步取代第一代模拟移动通信，其中 GSM 系统占 80% 以上。在 21 世纪的前 10 年，每年将平均增长 1 500 万户。尽管如此高速发展，目前移动通信普及率仅占 3% 左右。比起欧美日各国普及率 25% ~55%，我国移动通信还有一个巨大的发展空间。

面对如此巨大的市场需求，我们应采取什么样的技术政策和发展方针呢？对于经营者来说，采取扩大 GSM 网的规模，充分利用已有基本设施的投资优势，尽快回收和取得利润是无可非议的。但实际情况是在大中城市已出现网络容量不够、频率资源不足的

---

* 本论文选自：通信世界，2000（04）：18-21。

情况，不得不动用1 800MHz频段的资源来解决容量不足的问题。因此，应该尽快采用频带利用率高的技术和系统作为今后解决容量不足、频率资源匮乏的主要手段和途径。实践已证明，CDMA系统具有更大的容量和更高的频带利用率。同时还要考虑到第三代移动通信的主流技术是宽带CDMA。因此，从国家整体利益和长远的观点出发，作者建议，国家应适当控制GSM网的发展，同时大力促进CDMA网的建设与发展，这是一个十分重要的战略决策。历史上许多新旧技术更迭、取代、演变的经验证明，一时技术政策的失误将会对今后的发展背上一个卸不下来的包袱，因而我们切不可掉以轻心！

在第二代移动通信的发展中，制造业和运营业面对第三代移动通信系统即将面市的挑战，正在考虑和做出努力来延长第二代移动通信的生存时间和解决平滑过渡到第三代移动通信的问题。总的趋势是增加第二代网的新服务功能、网络容量和增强其无线数据传输能力。第二代向第三代演进的策略是把IMT-2000的部分服务引入到第二代系统中。然后，在增加频谱有效性和灵活性的基础上演进或更新到3G宽带接入，以提供全部IMT-2000的服务。

第三代移动通信的研究与开发

经过世界各国数年的努力，1999年11月ITU完成了IMT-2000 RTT标准的制定工作。今年将经过批准正式执行。今年还将完成核心网标准的制定工作。第三代移动通信不同于第二代移动通信的特点如下：采用WARC'92和WARC'95确定的全球共用地面通信和卫星通信的频带；具有全球漫游功能并能放在衬衣口袋的小型终端；对于多种运行环境例如车速移动、步行、办公室和固定无线接入，具有最大的共性和优化的无线接口；具有很高的传输速率能力，包括电话、信包交换及多媒体服务；对各种通信环境具有对称和非对称的数据传输能力；对IMT-2000及固定网络的服务具有兼容性；由于利用先进技术的结果使频谱的有效性、质量、灵活性和整个造价都得到改善。以上这些特点显示，第三代移动通信将获得广泛的应用，具有广阔的市场前景。

ITU确定的IMT-2000 RTT技术规范的建议如下：两种CDMA FDD建议，即DS CDMA、MC CDMA；一种CDMA TDD建议，即TD-SCDMA和UTRA CDMA；一种TDMA FDD建议，即UMC 136；一种TDMA TDD建议，即E-DECT。

由于世界各地区第二代移动通信发展情况的不同以及各国利益的冲突，最后未能达到全球统一标准的目的。ITU通过“家族”的概念实际上是对第二代的折中和妥协。应该看到，国外大公司的强强联手，实际上是重新瓜分了世界市场。但不容讳言，IMT-2000的主要技术还是欧洲日本提出的W-CDMA和北美提出的CDMA-2000，中国提出的TD-SCDMA能纳入规范中不能不说是一个重大的突破。

我国在政府主管部门的直接领导和各方面协同努力下正在进行IMT-2000的研究与开发。中国关于第三代移动通信发展的走向对世界移动通信发展的影响有举足轻重的作用，成为各国都关注的十分敏感的问题。建议有关部门在做出决策时应考虑如下因素：

大力发展第三代移动通信是建立我国移动通信产业和占领未来国内移动通信市场十分难得的机遇。错过这次机会我们只能始终跟在别人的后面爬行；应把第三代移动通信未来的发展与第二代移动通信当前的发展联系起来一同加以考虑，使二者既能满足当前国内市场的需求又能适应向未来发展平稳过渡；容量和频谱利用率的问题是发展移动通信的根本性问题。

从长远和全局的观点出发，我们应尽量采用先进的频谱利用率高的系统，而避免只顾眼前利益盲目发展落后的频谱利用率低的系统。在这个问题上国家应作宏观调控而不能听任各企业自行其是；发展第三代移动通信，无论是进行研究开发或建立生产制造业，应是国家行为。核心问题是国家要下决心加大投入，务求必胜。国际上已有成功的先例值得参考；发展第三代移动通信，必须要有我国自己的知识产权。因此，无论是自主开发，还是国际合作，力求具有真正的中国品牌 ，而不是简单地贴个标签。只有这样，将来才会摆脱目前受制于人的局面 ，挽回每年几千亿元资金的流失，使移动通信成为真正的经济增长点和支柱产业。

第四代移动通信的探索与思考

什么是第四代移动通信？有没有必要发展？目前只是有人提出了问题而尚无定论。据专家预测，今后 10 年，移动电话和 Internet 服务的发展将使移动多媒体服务在发达国家将占 60% 的市场份额。这种趋势迫使人们考虑新一代的系统，它能在所有的环境和各种移动状态中传送无线多媒体服务，满足用户服务质量（QoS ）的要求。第四代移动通信的概念可称为广带（Broadband）接入和分布网络，具有非对称的超过 2Mbit/s 的数据传输能力。它包括广带无线固定接入、广带无线局域网、移动广带系统和互操作的广播网络（基于地面和卫星系统）。第四代移动通信将在不同的固定、无线平台和跨越不同频带的网络运行中提供无线服务。因此，它必须寻求更高的频谱带宽和更有效的比特率/每赫兹。早在 20 世纪 80 年代中期，欧洲在发展第三代移动通信的同时就开始了广带移动通信（Broadband Mobile Communication）的研究与开发，今天他们认为这可能就是未来的第四代移动通信。欧洲 ETSI 在 BRAN、RACE、AWACS 和 SAMBA 研究计划中进行了关于广带移动通信的研究工作。主要的标准要求是：数据率要超过 UMTS，即从 2Mbit/s 到超过 100Mbit/s；移动速度要从步行到车速；满足第三代移动通信尚不能达到的在覆盖、质量、造价上支持高速数据和高分辨率多媒体服务的需要。广带无线局域网（WLAN）应能与 B-ISDN 和 ATM 兼容，实现广带多媒体通信，并形成综合广带通信网（IBCN ）；对全速移动用户能提供 150Mbit/s 的高质量的影像服务。

移动数据与卫星移动的发展

移动数据通信就是用户通过无线数据终端可在任意固定地点或运动中与其他数据终端交换数据、传递文件、提取资料，以及访问数据库。当前，由于移动通信的广泛应用和 Internet 服务的快速发展，移动数据通信成为大家关注的热点问题。移动数据通信的发展趋势主要在两个方面：一是在以电话为主的蜂窝移动通信系统中增加传送数据的能力，二是移动通信与 Internet 的结合。其有关技术主要为：1. 通用分组无线服务（GPRS）技术。

2. 增强数据速率改进（EDGE）技术。3. IS—95B 利用码聚集（aggregation）技术。4. 移动 IP（Mobile IP）。5. 无线应用协议（WAP）。6. 蓝牙（Bluctooth）技术。

众所周知卫星移动通信的主要特点是能实现全球无所不在的覆盖，特别是蜂窝移动通信很难覆盖的地区。近年来的卫星系统有三个，即“铱”系统、中圆轨道系统（ICO）和全球星系统（Globalstar）。“铱”系统 1991 年开始筹建，耗资 57 亿美元，于 1998 年开始商业运营。在一年多的运行中用户数不足 7 万，终因负债无力偿还，于 2000 年 3 月 15 日正式宣告破产，从此“铱”星陨落。ICO 系统也遭遇到同样的困难，由于未能筹集到全部资金，也于 1999 年 8 月 27 日申请破产保护。全球星系统由于集资策略稳健、投资人风险较小，现已将 48 颗卫星及 4 颗备用卫星部署完毕，全球十几个关口站也已开通，在 2000 年上半年已投入商业运行。这些情况说明，卫星移动通信的发展大大偏离了人们预期的结果，其自身的发展受到了挫折。但对其发展历程冷静分析，总结经验教训，可以认为，卫星移动通信对实现个人通信的目标是必不可少的，人们研制卫星移动通信的初衷是正确的。换句话说，今后仍然是有应用前景的；人们在研制中开发出的高新技术是难能可贵的，是技术上的一大进步，是人类的共同财富，应予以充分肯定；究其挫折和失败的原因是多方面的，其中包括投资大、风险高，市场受到蜂窝移动通信出乎意料的高速发展的冲击，集资策略不妥，手机价格高、资费昂贵以及经营不善等。

但是，卫星移动通信仍然是人类的梦想。我国卫星移动通信的发展也不能停止，应在吸取经验教训的基础上，采取正确的发展方针和策略，继续前进。这是因为我国地大物博，人口众多，技术经济条件相对落后的客观需求所决定的。发展卫星移动通信有利于加强国防建设和促进经济增长。

我国移动通信产业的发展战略

我国移动通信运营市场一片繁荣，而制造业却令人堪忧。移动通信设备绝大部分依靠进口，以致每年有数千亿资金流失国外。因而，建立我国移动通信产业仍然是举国上下关注的重大问题。

首先，建立我国移动通信产业的标准问题。我们面临的任务是如何建立国家的移动通信产业，而不是个别公司或厂家的移动通信产品问题。判断是否已建立起我国自己的移动通信民族工业，笔者认为有以下三条标准：（1）能提供国内运营市场所需 80% 以上的产品。（2）所生产的产品具有 80% 以上的知识产权。（3）产品能打出国门，并与国际市场上同类产品行竞争。

其次，建立我国移动通信产业技术路线问题。所谓技术路线问题就是选择何种技术的问题。原则上讲，建立产业应尽量采用新技术，因为新技术具有很强的生命力。新技术生存、发展所具备的充分和必要条件是，其性能/价格比（或性能函数/代价函数比）占有独到优势。可见，数字移动通信与模拟移动通信如此，第三代移动通信与第二代移动通信如此，CDMA 之于 TDMA 对第三代移动通信也是如此，它们都无一例外地遵循这一规律。鉴于我国在技术、市场、时间和空间上已经没有条件发展第二代移动通信产业，正确的战略决策应是，大力发展第三代移动通信来建立我国的移动通信产业。

再次，建立我国移动通信产业的道路问题。道路问题指的是通过什么途径来建立我国移动通信产业。目前可供选择的有以下三条道路。第一条道路，全力开发第二代移动通信产品，包括 GSM 和 IS—95 的交换机、基站、手机及成套芯片等，以期在一两年内达到具有自主知识产权的产品供应市场。第二条道路，进口国外套片，加上自己的名牌，采用 CKD 或 SKD 生产第二代移动通信产品。这条道路对于个别厂家和集团公司来说是可行的，可以在短时间内解决市场的急需。第三条道路，国家在战略上采取发展第三代移动通信来建立我国的移动通信产业，全力以赴，加大投入，集中全国各方面的力量自主开发从芯片到整机设备，走国际合作的道路，购入部分专利。在策略上另辟蹊径，出奇制胜，采取相应的政策措施，以期在 5 ~ 10 年时间内真正达到三项标准，建立起我国的移动通信产业。这条道路看起来慢一点，付出代价多一点，是一条艰苦攀登的路程，但它却能最终达到建立民族工业的目的，是一条大有希望的道路。

我国移动通信发展的基本思路

21 世纪为我国移动通信的发展提供了前所未有的机遇，同时也面临严峻的挑战。综上所述，作者建议发展我国移动通信的对策和基本思路是：

1. 21 世纪我国移动通信的发展还有一个巨大的空间，机不可失，时不再来。抓住机遇迎接挑战的前提是正确把握移动通信的发展趋势和采取正确的政策。

2. 当前应适当限制第二代 GSM 网的发展，大力促进 CDMA 网的建设与发展，有效地利用宝贵的频谱资源，这对国家的总体来说是有利的。

3. 抓住第三代移动通信发展的大好时机，采取国家行为，加大投入，组织各方面力量背水一战，努力赶上世界先进水平。

4. 展望未来，第四代移动通信正向我们走来。我们应提前做好准备，迎接新的挑战。

5. 移动通信与 Internet 的结合是当前重要的发展方向，应积极促进各种新技术的应用与普及。

6. 正确吸取国际上卫星移动通信发展的经验与教训，继续坚持我们的研究与开发工作。

7. 大力发展第三代移动通信来建立我国的移动通信产业。发扬“8 年抗战”和“卧薪尝胆”的精神，争取在 5 ~ 10 年时间内从根本上改变我国移动通信发展依赖外国的局面，建立起移动通信真正的民族工业。

8. 希望政府主管部门制定一系列发展我国移动通信的政策措施。首要的是抓好教育和人才培养。有了一支高水平的建设队伍，我国移动通信的发展是大有希望的。

作者简介

李承恕　北方交通大学教授，博士生导师，北方交通大学现代通信研究所名誉所长。1960 年在前苏联列宁格勒铁道运输工程学院获副博士学位，1981—1983 年在美国麻省理工学院进修学习。主要从事无线通信、移动通信、扩展频谱通信、个人通信等领域的教学与科研工作。并兼任中国通信学会常务理事、无线通信委员会主任委员。

论文 37

移动通信网概要①*

李承恕

（北方交通大学）

摘要：移动通信网在世纪之交正以前所未有的高速度发展。本文扼要探讨其现状与展望，简要介绍蜂窝移动通信网、卫星移动通信网和移动数据通信网的技术应用及其演进情况。

关键词：移动通信　GSM　CDMA　卫星通信　CDPD　GPRS

一、引　言

当前全球移动通信正以前所未有的高速度发展，有关统计资料表明，1998 年全球移动电话的用户总数将近 3 亿，预计到 2000 年可达 5 亿。我国移动电话用户 1998 年达 2 300 万户，预计到 2000 年将达到 4 000 万户。由此可见，无论国内外，移动通信都是一个十分巨大的市场，它也是世界各国的重要支柱产业。目前的移动通信产品是以第二代数字移动通信为其主体，它包括欧洲采用时分多址（TDMA）技术的全球移动通信系统（GSM），和北美采用码分多址（CDMA）技术的 IS—95 标准。本文简要介绍蜂窝移动通信网、卫星移动通信网和移动数据通信网在技术上和应用方面的演进情况。

二、蜂窝移动通信网

1. GSM 系统的演进

（1）采用智能网（IN）技术创造和开发新的服务功能，以满足用户新的需求，提

① 本文内容选自《宽带网技术发展研讨会论文集》：李承恕．世纪之交的移动通信网．北京电信通信学会，1999

* 本论文选自：数据通信，2000（01）：30-33。

高使用率。例如移动性和PABX的集成以满足企业办公室联网和办公室之间的虚拟专用网。同时增加容量和覆盖，以实现全面移动性。

（2）增强无线数据服务。短消息服务（SMS）和因特网的无线移动接入的需求增长，原来单一的话音服务已经不能满足用户的要求。采用智能消息处理和无线接入协议（WAP）可与各种传送方式和设备兼容。GSM的数据带宽原来限于9.6 kbit/s。采用高速电路交换数据（HSCSD）技术实现57 kbit/s的数据速率，而采用通用分组无线服务（GPRS）将实现超过100 kbit/s的数据速率。GSM增强数据速率改进（EDGE）技术，更能实现在现有GSM网上的384 kbit/s的速率提供无线多媒体服务。采用这些技术后可应用于会议电视、电子邮件、远程接入局域网和无线图象、信用卡认证、远程测量等。对运营商可创造20% ~ 30%的收入。

（3）增加网络容量。GSM网络目前能提供每平方公里200 ~ 300爱尔兰的容量。为了支持未来业务量的增加，要求网络增加10倍的容量，达到每平方公里几千个爱尔兰。采用的技术有分层网络结构、智能跳频（IFH）技术、微蜂窝、双频运营（GSM900，GSM 1800）等。

2. IS—95系统的演进

IS—95系统主要的演进在提供无线数据服务方面。现在的IS—95支持的电路模式和分组模式的数据服务限于9.6 ~ 14.4 kbit/s的数据率。IS—95-A标准在提高数据率的演进分两步走。第一步为演进到IS—95B，支持数据速率达64 kbit/s；第二步则演进到第三代的cdma-2000，可支持2Mbit/s的数据率。有关内容在下面讨论移动数据通信时再作说明。

3. 第三代蜂窝移动通信网

（1）第三代移动通信无线传输技术（RTT）标准的建议

按照ITU关于发展第三代移动通信的日程表，1998年6月各国提交的陆地移动通信的建议共10个，卫星移动通信建议有5个。1998年9月对这些标准进行了评估，未能进行筛选。目前各国之间正进行调协和融合。但由于各国之间利益上的矛盾，要达到全球统一的标准还相当困难。建议的标准中具有代表性的有北美的宽带cdmaOne（现称cdma2000）、日本宽带CDMA（W-CDMA）和欧洲提出的TD-CDMA，现简介如下：

①北美的cdma2000

北美4家大公司Lucent、Motorola、Nortel、Qualcomm提出了cdmaOne 2000的建议。它受到HNS、Nokia、Samsung、HiT achi等公司的支持。建议采用多载波/DS-CDMA，射频信道带宽为1.25/5/10/20MHz，PN码片速率为1.2288/3.6864/7.3728/14.7456 Mbit/s。用户比特率为9.6 kbit/s ~ 2 Mbit/s。帧仅为20 ms。扩频调制为QPSK，解调为连续导频符号辅助的相干检波。功率控制采用开环及快速闭环控制，上下链路均如此。在基站分集采用RAKE接收及天线分集。扩频码为I/Q短PN码及长PN码。正交码为Walsh码。信道编码为卷积码（K = 9，R = 1/4，1/3），对高速数据也考虑用Turbo码，语声编码采用EVRC。多载波的目的在于将5MHz分为三个1.25MHz带宽的信道，以便与IS—95后向兼容，可以共存或重叠。基站同步则基于GPS。

②日本的 W-CDMA

NTTDoCoMo 提出的建议为相干多码率宽带 CDMA（W-CDMA）。多频带 DS-CDMA 采用 1.25/5/10/20MHz 带度。小区之间为异步运行。扩频码片速率为 1.024/4.096/8.0192/16.384 Mbit/s，多码率业务高达 2 Mbit/s。扩频码信道化为长码×短码。短码采用树形结构正交多码率码，长码采用伪随机码。调制为基于导频码的相干 QPSK，信道编码为卷积码（R=1/3，K=7）及 RS 级连码（R=9/10）。分集采用 RAKE 接收加天线分集。功率控制采用基于 SIR 的快速控制。交织帧长为 10 ms。此建议受到日本富士、松下及 NEC 等公司的支持。现在欧洲爱立信等公司已与 NTTDoCoMo 公司合作，共同提出 RTT 采用 M-CDMA，而核心网络则沿用 GSM 的网络平台：其目的在于能从 GSM 演进到 3GM。

③欧洲的 TD-CDMA

欧洲西门子和阿尔卡特等公司提出了一种时分-CDMA（TD-CDMA）。该方案将 FD-MA/TDMA/CMDA 组合在一起。其特点是信道间隔扩展为 1.6MHz，但它的帧结构和时隙结构与 GSM 相同。扩展因子为 16，可支持每时隙 8 个用户。同时采用跳频和跳时。支持的用户比特率为 8～2048 kbit/s。在最高比移率时用了全部 8 个时隙，而每个时隙可用 8 个用户地址码。移动台将采用双模手机，以便在网络、信令层与 GSM 兼容。由于每时隙仅 8 个用户（码分），故可采用联合检测（Joint Detection），从而无须快速功率控制和减少码间干扰。另外还可采用时分双工（TDD），为无绳电话应用时减少终端造价。此方案便于由 GSM 平滑过渡，它还受到 Bosch、Itatel、Motorola、Nortel、Sony 等公司的支持，将被作为 UMTS 和 IMT-2000 标准建议的候选方案提出。

（2）发展我国第三代移动通信技术方案的基本思路

• 为建立我国移动通信产业打下基础。第二代移动通信的研究开发、商用推广的过程证明，只有走超前和创新的道路才可能建立起本国自己的移动通信产业。因此，我们要抓住机遇，知难而进，研究和确定我国关于第三代移动通信技术方案，为建立我国移动通信产业打下基础。

• 尽可能依照国际标准建议。随着 ITU 规定的确定建议日期日益临近，各国以大公司为代表纷纷提出自己关于无线传输技术（RTT）建议的方案。我们要利用自己的技术优势，加入有自己知识产权的补充和修正方案。但最终的实现方案要尽可能依照国际标准建议，才能保证系统与其它系统的互连、互通，自己产业的产品才最终能够打出国门，与国际市场上同类产品进行竞争。

• 具有创新性和知识产权。第三代移动通信系统的开发，在符合国际标准建议的前提下，提出具有创新性和知识产权的解决方案，这是实现产品的国产化、建立本国移动通信产业的关键之处。

• 具有通用性，与其他系统互联互通。各国为第三代移动通信提出了各种不同的实现方案，根据目前的情况，很可能会出现几种不同的标准。我们研制系统，必须考虑与其他系统的互连；在设计上也要考虑与第二代移动通信系统的后向兼容性。

• 具有可实现性。所提出的解决方案必须在技术上是可以实现的，并要考虑经济上的可行性。

三、卫星移动通信网

1. 个人卫星移动通信发展现状

个人卫星移动通信近年来已逐渐成为移动通信产业发展的热点。当前正在开发的卫星移动通信系统中以中低轨道的系统为主。主要有“铱”系统（66 颗主用，6 颗备用，轨道高度 780 公里）；“全球星”系统（48 颗主用，8 颗备用，轨道高度 1414 公里）以及国际海事卫星组织的“ ICO”系统（10 颗主用，2 颗备用，轨道高度 10354 公里）。我国正在参与开发的地区高轨（轨道高度 35786 公里）卫星移动通信系统有亚太卫星移动通信（APMT）系统和鑫诺卫星移动通信（SINDSAT）系统。此外，尚有极低轨道的 Teledesic 系统（288 颗卫星，轨道高度 565 公里）。现将有关发展近况简介如下：

（1）“铱”系统

Motorola 公司在 1987 年提出“铱”系统的构想，1992 年成立“铱”公司。目前已集资 44 亿美元。去年已有 68 颗卫星升空，经测试运转正常。预计“铱”系统将在今年 9 月 23 日开通。铱星每颗重 689 公斤，预计工作寿命为 5 ~ 8 年。现已在全球建立 11 个关口站，用户可通过关口站与公众通信网用户通信。手机采用“双模”式，可选择使用通过地面蜂窝系统或卫星系统通信。预计第一代用户为 300 万 ~ 400 万，第二代，即 2004 年全球用户预计可达 2000 万。我国长城工业公司参与投资和用长征二号丙火箭发射“铱”星。

（2）“全球星”系统

由美国 Loral/Qualcomm 公司开发的“全球星”系统包括 48 颗卫星和 8 颗备用星。计划于 1998 年底以前发射 44 颗卫星，剩下的 12 颗卫星将于 1999 年初发射。第一批 4 颗星全部测试结果良好。现有 8 颗星分别在两个相邻轨道面上运行。最近已定购了 30 万部用户终端，并正在世界各地建设 20 多个关口站。计划在 1999 年初提供服务。全球星合股公司包括 Loral、Qualcomm、AirTouch、ALCATEL、法国电信、韩国现代和 Vodafone 等服务提供者和设备制造商。中国电信（香港）已投资全球星。全球星系统总投资 26 亿美元，已与 85% 以上覆盖业务范围内的 106 个国家签署了业务协议。该系统采用 CDMA 技术，可为用户提供手持机、车载式和固定式终端发送和接收电话，同时也可提供数据、寻呼、传真和定位功能。

（3）“ ICO”系统

1993 年 INMARSAT 推出了 21 世纪卫星移动通信系统（INMARSAT-P），也就是现在的“ ICO”卫星移动通信系统。1995 年 1 月成立了 ICO 全球通信公司，现已有 44 个国家的 47 家公司参加组成。TRW 的 Odyssey 系统也加盟 ICO，加强了 ICO 的实力。我国交通部对该系统进行了投资，并是该系统最大股东之一。ICO 已同美国休斯公司签订了全部 12 颗卫星的发射合同，按计划第一颗卫星将于 1998 年底发射。12 个接续枢纽站（SAN）已有 6 个在建设中。

（4）APMT 系统

中国亚太移动通信卫星公司（中国 APMT）与新加坡发起，日本、泰国、马来西亚、印度尼西亚等国联手运作开发的 APMT 卫星移运通信系统已正式起动，并投资 6.5 亿美元，覆盖亚太地区 22 个国家近 31 亿人口。APMT 系统采用同步定点卫星和袖珍式卫星用手持机，一颗卫星的通信容量将超过 16000 条双向话音信道，用户数可达 200 万。系统可提供双向话音通信、单向或双向数据通信、传真、信道显示、手持机应急位置报告、车船连续定位报告及其他通信增值业务。手持机为双模式，可任选地面或空中通信。系统的控制中心和卫星运行中心将设在北京。APMT 卫星将于 2000 年发射。

（5）Teledesic 系统

Teledesic 卫星移动通信系统是由美国 MC Caw 移运通信公司和微软公司发起，后又加入波音公司共同研制的。该系统计划在距地球 565 公里的轨道上部署 288 颗低轨道卫星，构成一个覆盖全球的通信卫星网。每颗卫星覆盖直径为 100 公里的区域，提供超过 500 Mbit/s 的双工通信能力；上行速率达 2 Mbit/s，下行速率达 64 Mbit/s；全网可同时为数百万用户提供服务，包括宽带 Internet 接入、视频会议、高质量语音和其他数据、图像业务。Teledesic 以地面固定终端为主要服务对象，也能为航海航空等移动终端提供服务。该系统与其他网络的联结通过地面网点实现。这一能提供宽带服务、低误码率、低时延的卫星移动通信系统的设想是 1990 年提出的。1998 年 2 月 25 日美国轨道公司用航天飞机和火箭已能将卫星送入轨道。如果顺利的话，预计 2002 年 Teldesk 将正式投入商用。

2. 未来宽带卫星通信

随着第三代移动通信的发展、B-ISDN 和多媒体通信的应用，以及全球信息高速公路的发展，宽带卫星通信已引起人们极大的关注。现在已提出 Ka /Kll 频带 LEO/MEO/GEO 宽带卫星通信系统的方案有 20 种，除了上述 Teledesic 系统外，具有代表性的还有 Celestri 系统、Skybridge 系统、CyberStar 系统、Spaceway 系统等。

四、移动数据通信网

1. 移动数据通信简介

移动数据通信就是用户通过无线数据终端可在任意固定地点或在运动中与其他数据终端交换数据、传递文件、提取资料，以及访问数据库。随着数字移动通信的发展和 Internet 网的应用高速增长，移动数据通信成为当前大家关注的另一热点。移动数据通信大致可分为三种：第一种是利用现有的蜂窝移动通信网，使用专门的调制解调器传送数据，利用电路交换技术，与公用电话网传输数据相似。第二种是利用信包交换技术，建立专门移动数据网。例如 Motorola 公司的 Data Pac 系统，爱立信公司的 Mobitex 系统和 CDPD（蜂窝数字信包数据）等。第三种为利用无绳电话系统，如 DECT 等来传输数据。下面先简单介绍 CDPD 系统，然后探讨第二代和第三代移动通信传输数据问题。

2. CDPD 系统简介

CDPD 是在现有的 AMPS 移动电话网上提供分组数据服务，它与 AMPS 共用一频带。信道速率为 19.2 kbit/s，实际速率为 10 ~ 13 kbit/s。CDPD 将传送的数据分成定长的数据段，在其上加收发端地址及控制信息，以组为单位。CDPD 在 AMPS 的空闲话时信道上传送。当话音用户要求占用该信道时，CDPD 将重新寻找新的空闲信道，并利用信道跳频技术，自动跳到新的空闲信道传送数据。CDPD 系统主要由移动终端、固定终端、移动数据基站、管理服务器、信息服务器、网络管理系统等组成。每个管理服务器可支持 8 个信包服务器，每个信包服务器可支持 32 个移动基站，一个基站拥有 6 个信道，每个信道约 2000 ~ 3000 个用户。CDPD 采用 IP 高层网间协议，各部分的通信靠 TCP/IP 来连接。外部主机与 CDPD 网之间可采用 X. 25 协议或 Internet 互连。CDPD 具有标准性好、开放性强、传输效率高，具有广泛的应用前景。

3. GSM 中增强数据传输技术

GSM 网目前的数据传输只有 9. 6 kbit/s。增强其传输数据能力的第一步为采用 HSCSD（高速电路交换数据）技术和 GRPS（通用无线分组服务）技术来提高用户的比特率。HSCSD 采用 TDMA 技术，把每一物理信道分成几个时隙，并将每个时隙的传输速率提高到 14. 4 kbit/s，并可将 200 kHz 载波内的 3 个时隙合并在一起，形成一个高速数据传输信道。理论上一个信道的最大传输速率可达 115. 2kbit/s。GPRS 是一项基于数据包的信包交换技术。它将每时隙的传输速率从 9. 6 kbit/s 提高到 14. 4kbit/s，然后将 8 个时隙合并在一起、最大可提供 115. 2 kbit/s 的传输速率。采用 GPRS 后，许多用户可共享同一信道，它尤其适用于 Internet/Intranet 移动服务。GSM 增强传输数据能力的第二步为采用 EDGE（增强数据速率改进）技术，它可将 GSM 网络的传输速率提高到 384 kbit/s，以处理多媒体业务。EDGE 同样采用 TDMA 技术，其帧结构与 GSM 相同。每一载波带宽 200 kHz。它通过提高每一 GSM 时隙的数据容量来实现增容，可从 9. 6 kbit/s 提高到 48 kbit/s，甚至 70 kbit/s。EDGE 允许集中多达 8 个时隙，从而使速率提高到 284 kbit/s。

4. IS—95 增强移动数据服务能力

IS—95 增强移动数据服务能力分两步走：第一步是演进到 IS—95-B，第二步则由 cdma2000 提供达 2 Mbit/s 的高速数据服务。IS—95-B 利用码聚焦（aggregation）技术，在一个突发（burst）中将 8 个码分配给一个高速分组数据移动台，构成一基本码信道。当更高数据速率需要时移动台可再增 7 个补充的码信道。这一新的可选服务可以是非对称的。IS—95-B 的高速数据服务由于可同时分配 8 个前向或反向码信道给一个用户，而一个码信道可运行 9. 6kbit/s 或 14. 4 kbit/s，故它可支持 9. 6 ~ 76. 8 kbit/s 或 14. 4 ~ 115. 2 kbit/s 的数据速率。

论文 38

我国移动通信发展的机遇与挑战*

李承恕

李承恕　北方交通大学教授，博士生导师，北方交通大学现代通信研究所名誉所长。1960年在前苏联列宁格勒铁道运输工程学院获副博士学位。1981—1983年美国麻省理工学院进修学习。主要从事无线通信、移动通信、扩展频谱通信、个人通信等领域的教学与科研工作。并兼任中国通信学会常务理事、无线通信委员会主任委员。出版书籍有：《扩展频谱通信》与《数字移动通信》。发表论文150余篇。

摘要： 本文扼要探讨21世纪世界范围内移动通信发展的趋势和我国发展移动通信面临的形势与任务。文中初步分析了第二代，第三代移动通信的现状和第四代移动通信的发展，以及移动数据通信和卫星移动通信当前存在的问题和应用前景，最后提出了建立我国移动通信产业发展战略的建议。总的看来，我国移动通信的发展形势大好、任务艰巨，机遇与挑战共存。文中涉及问题都是我国移动通信工作者面临的应该认真对待和加以深入研究的问题。

一、21世纪移动通信的发展展望

新世纪到来之际，据专家预测，在第一个10年里，移动通信在全球范围内仍将以排山倒海之势迅猛发展：2000年用户数可达5亿，而2006年将达到10亿。我国移动通信的发展仍然势头强劲，如日中天。2000年用户数可达6000万，市场规模为1000亿元。2003年用户数超过1亿，而到2010年将超过2亿用户。这样的发展速度和市场规模使移动通信已经成为我国经济新的增长点和重要的支柱产业。

移动通信技术的发展也是日新月异、层出不穷，令人眼花缭乱，目不暇接。第二代数字移动通信已广为应用，现正致力于增加新的服务、增加数据传输能力和提高频带利用率，以期平滑地向第三代移动通信过渡。第三代移动通信也正在完善其无线传输技术

---

* 本文选自：中国移动通信，2000（01）：13-20。

（RTT）的标准制定工作，各国大公司将在近两三年内陆续推出其产品，力求尽早占领市场。我国第三代移动通信的研制开发工作也在国家主管部门的直接领导和大力支持下快马加鞭，希望早日推出有我国自主知识产权的产品，在市场竞争中占有一席之地。第三代移动通信中将引入更多的新技术除了宽带 CDMA 系列新技术外，智能天线、软件无线电技术、多用户信号检测技术等已成为进一步提高性能和频带利用率、增加系统容量的关键技术，受到人们广泛的关注。个人通信，即任何人在任何时候和任何地方，可以和世界上任何人进行通信的理想境界是无线移动通信追求的目标。第三代移动通信可以说是其初级阶段。现在人们已开始思考和谈论第四代移动通信，它将进一步向个人通信靠近，具有更宽的频带和采用更高的射频频率，能传输更高的数据率和多媒体信息，进一步满足社会经济和文化生活的需要。欧洲关于广带移动通信（Broadband Mobile Communication）的研究和开发已为第四代移动通信的发展开始了有益的探索和提供了初步的技术基础。

最近一个时期随着 Internet 爆炸性的应用和发展，使其与移动通信的结合成为当前最热点的研究课题。移动数据通信的兴起与应用的日益普及，许多新技术蜂拥而出，如通用信包无线服务（GPRS）、无线应用协议（WAP）及蓝牙技术（Bluetooth）等使人们耳目一新。

人们本来看好的卫星移动通信的发展随着“铱”星的坠落蒙上了一层阴影。中圆轨道系统（ICO）也遇到了同样的困难。全球星系统（Globalstar）仍在奋力拼搏。投资的巨大、集资战略不妥、地面蜂房移动通信的飞跃发展，以及经营不善等因素是导致目前遭受挫折的主要因素。但在发展卫星移动通信所取得的技术上的进步仍然是人类宝贵的财富。我们有理由相信，终有一天，在具备了适当的社会经济条件后，它们一定会东山再起的。

参加世界贸易组织（WTO）对我国移动通信的发展有何影响呢？信息产业部权威人士的分析是很有道理的：加入 WTO 对我国既有利也有弊。加入 WTO 中国电信业面临的机遇是：①有利于加大国内电信市场的竞争力度。②加快企业的改革步伐。③引进国外的先进技术和资金。④我国信息产业走向世界。加入 WTO 面临的挑战是：外资所占的比例两年内将达到最多 49% ~50%，将使我国电信市场发生很大的变化。国有大中型企业能否占有主导地位？我国的电信业市场能否加快发展？这将是最大的挑战。我们的对策应该是：①深化企业改革，提高竞争力。②加强政府宏观调控，建立和健全公平竞争环境。③处理好国内企业间的竞争与合作关系。④促进国内制造业的战略伙伴关系。⑤发展海外合作伙伴关系。⑥采取实事求是的远近结合的发展战略。

建立我国的移动通信产业是发展我国移动通信带有根本性的大问题。目前，我国移动通信经营市场繁荣，但移动通信设备绝大部分依赖进口。每年约有上千亿元的资金流失到国外。建立移动通信产业应有一个共识的标准和正确的技术路线。作者建议要大力发展第三代移动通信，建立我国的移动通信产业。同时，还要有一条正确的途径或道路，以及一系列配套的政策措施。

下面我们将对上述几个领域的主要问题分别做进一步的探讨。

二、第二代移动通信的应用与发展

1. 市场预测。目前我国移动通信发展的基本情况是今年用户将达到6000万，而市场规模为1000亿元，第二代数字移动通信正逐步取代第一代模拟移动通信，其中GSM系统占80%以上。在21世纪的前10年，每年将平均增长1500万户。尽管如此高速发展，目前移动通信普及率仅占3%左右。比起欧美日各国普及率占25%～55%来看，我国移动通信还有一个巨大的发展空间。

2. GSM与CDMA。面对如此巨大的市场需求，我们应采取什么样的技术政策和发展方针呢？对于经营者来说，采取扩大GSM网的规模，充分利用已有基本设施的投资优势，尽快回收和取得利润是无可非议的。但实际情况是在大中城市已出现容量不够、频率资源不足的情况，而不能不动用1800MHz频段的资源来解决容量不足的问题。因此，应该尽快采用频带利用率高的技术和系统作为今后解决容量不足、频率资源匮乏的主要手段和途径。实践已证明，CDMA系统具有更大的容量和更高的频带利用率。同时还要考虑到第三代移动通信的主流技术是宽带CDMA。因此，从国家整体利益和长远的观点出发，作者建议，国家应适当控制GSM网的发展，同时大力促进CDMA网的建设与发展。这是一个十分重要的战略决策。历史上许多新旧技术更迭、取代、演变的经验证明，一时技术政策的失误将会对今后的发展背上一个卸不下来的包袱，因而我们切不可掉以轻心！

3. 向3G演进。在第二代移动通信的发展中，制造业和运营业面对第三代移动通信系统即将面市的挑战，正在考虑和做出努力来延长第二代移动通信的生存时间和解决平滑过渡到第三代移动通信问题。总的趋势是增加第二代新的服务功能、网络容量和增强其无线数据传输能力。

第二代向第三代演进的策略是把IMT-2000的部分服务引入到第二代系统中。然后，在增加频谱有效性和灵活性的基础上演进或更新到3G宽带接入以提供全部IMT2000的服务。两种主要体制演进的趋势是：

（1）IS—95的演进。IS—95（cdma One）系统的数据速率改进到IS—95B规定的中等数据速率（MDR），即到115.2kb/s，采用集中使用（最多）8个业务信道来传输信包数据。运营商开始可支持数据率为28.8到57.6kb/s的前向链路和14.4kb/s的反向链路（可浏览Web或下载e-mail）。IS—95采用的软切换和移动台辅助的频率间的硬切换（MAHO）的改进措施也可增加系统容量。向前发展到IS—95C（cdma 2000第一阶段）将达到IMT-2000的MDR，是cdmaOne系统容量的两倍，并可增加守候时间。IS—95C的标准化将进展到cdma 2000标准的单载波和三载波模式。在前向链路，选用多载波模式对现有IS—95的运营商更具有吸引力。它可使在现有的频谱内平滑过渡到3G系统。

（2）GSM的演进。GSM向第二阶段Phase 2+正在进行。关键是增强高速电路交换数据（HSCSD）服务，使数据率达到57.6kb/s，用了4个时隙。另外还有先进的语声呼叫项目（ASCI）经过（CAMEL）引入的智能网（IN）技术，增强的短信息服务（SMS），以及高速通用信包无线服务（GPRS）等。GPRS对GSM来说是重要的服务，它允许在全速移动和大范围覆盖时的数据率达 115.2kb/s，并可支持 IP 和 X.25。对 GSM 的 Phase 2 +，ETSI 决定发展增强数据率的全球演进（EDGE）技术，作为 GSM 未来的演进，它可用 GSM 现存的同样的频带。EDGE 与 GSM 的载波带宽（200kHz）、符号率（270.833 符号/秒），以及帧结构（8TDMA 时隙/4.6ms 帧）等的相同性对设计多模终端是有利的。

三、第三代移动通信的研究与开发

经过世界各国数年的努力，1999 年 11 月 ITU 完成了 IMT-2000 RTT 标准的制定工作。今年将经过批准而正式执行。今年还将完成核心网标准的制定工作。第三代移动通信不同于第二代移动通信的特点如下：

• 憧垛 ARC’92 和 WARC’95 确定的全球共用的地面通信部分和卫星通信的频带。

• 具有全球漫游功能和能放在衬衣口袋的小型终端。

• 对于多种运行环境，例如车速移动、步行、办公室和固定无线接入，具有最大的共性和优化的无线接口。

• 具有很高的传输速率的能力，包括电话、信包交换及多媒体服务。

• 对各种通信环境具有对称和非对称的数据传输能力。

• 对 IMT-2000 及固定网络的服务具有兼容性。

• 由于利用先进技术的结果使频谱的有效性、质量、灵活性和整个造价都得到改善。

以上这些特点是第三代移动通信将获得广泛的应用和具有巨大的市场前景。

ITU 确定的 IMT-2000 RTT 技术规范的建议如下：

• 两种 CDMA FDD 建议：①DS CDMA；②MC CDMA
• 一种 CDMA TDD 建议：③TD-SCDMA 及 UTRA CDMA
• 一种 TDMA FDD 建议：④UMC 136
• 一种 TDMA TDD 建议：⑤E-DECT

由于世界各地区第二代移动通信发展情况的不同以及各国利益的冲突，最后未能达到全球统一的一个标准的目的。ITU 通过“家族”的概念实际上是折中和妥协的结果。应该看到，国外大公司的强强联手，实际上是重新瓜分了世界市场。但不容讳言，IMT-2000 的主要技术还是欧洲日本提出的 W-CDMA 和北美提出的 CDMA-2000。中国提出的 TD-SCMA 能纳入规范中不能不说是一个重大的突破。

我国在政府主管部门的直接领导和各方面协同努力下正在进行 IMT-2000 的研究与开发。中国关于第三代移动通信发展的走向对世界移动通信发展的影响有举足轻重的作用，成为各国都关注的十分敏感的问题。建议有关部门在做出决策时应考虑如下因素：

• 大力发展第三代移动通信是建立我国移动通信产业和占领未来国内移动通信市场十分难得的机遇。错过这次机会我们只能始终跟在别人的后面爬行。

• 应把第三代移动通信未来的发展与第二代移动通信当前的发展联系起来一同加以

考虑，使二者既能满足当前国内市场的需求又能适应向未来发展平稳过渡。

• 容量和频谱利用率的问题是发展移动通信根本性的问题。从长远和全局的观点出发，我们应尽量采用先进的频谱利用率高的系统，而避免只顾眼前利益盲目发展落后的频谱利用率低的系统。在这个问题上国家应作宏观调控而不能听任各企业自行其是。

• 发展第三代移动通信，无论是进行研究开发或建立生产制造业，应是国家行为。核心问题是国家要下决心加大投入，务求必胜。国际上已有成功的先例值得参考。

• 发展第三代移动通信，必须要有我国自己的知识产权。因此，无论是自主开发，还是国际合作，力求具有真正中国品牌，而不是简单地贴个标签。只有这样，将来才会摆脱目前受制于人的局面，挽回每年几千亿元资金的流失，成为真正的经济增长点和支柱产业。

四、第四代移动通信的探索与思考

什么是第四代移动通信？有没有必要发展？目前只是有人提出了问题而尚无定论。据专家预测，在今后 10 年移动电话和 Internet 服务的发展将使移动多媒体服务到 2010 年在发达国家将占 60% 的份额。这种趋势迫使人们考虑新一代的系统，它能在所有的环境和各种移动状态中传送无线多媒体服务，满足用户服务质量（QoS）的要求。第四代移动通信的概念可称为广带（Broadband）接入和分布网络，具有非对称的超过 2Mb/s 的数据传输能力。它包括广带无线固定接入、广带无线局域网、移动广带系统和互操作的广播网络（基于地面和卫星系统）。第四代移动通信将在不同的固定和无线平台和跨越不同频带的网络运行中提供无线服务。因此，它必须寻求更高的频谱带宽和更有效的比特率/每赫兹。但是早在 80 年代中期，欧洲在发展第三代移动通信的同时就开始了广带移动通信（Broadband Mobile Communication）的研究与开发。今天他们认为这可能就是未来的第四代移动通信。现把欧洲有关研究计划情况简介如下：

（1）欧洲 ETSI 在 BRAN，RACE，AWACS 和 SAMBA 研究计划中进行了关于广带移动通信的研究工作。主要的要求是：

• 数据率要超过 UMTS，即从 2Mb/s 到超过 100Mb/s。

• 移动速度上要从步行到车速。

• 满足第三代移动通信尚不能达到的在覆盖、质量、造价上支持的高速数据和高分辨率多媒体服务的需要。广带无线局域网（WLAN）应能与 B-ISDN 和 ATM 兼容，实现广带多媒体通信，并形成综合广带通信网（IBCN）。

• 对全速移动用户能提供 150Mb/s 的高质量的影像服务。

（2）欧洲的研究内容包含以下四方面：

①无线局域网，例如 HIPERLAN 系列和 ACTS 计划中 AWACS、Magic、WAND，以及 MEDIAN 等。

②广带及分布系统，例如 DVB、WVDS、LMDS、MMDS 以及 ATCS 计划中的 CABSINET 等。

③移动广带系统（MBS），例如 ACTS 计划中的 SAMBA。

④卫星系统，例如 ACTS 计划中的 SECOMS，但数据刚好超过 2Mb/s。

（3）MBS 系统的研究已进行了三期：RACEI（1988-1992），RACE II（1992-1995）及 ACTS 的 SAMBA（1996-1999）。

SAMBA 的研究集中在试验平台研究。主要参数为：40GHz 频带，无线接入 TDMA/FDD，射频比特率 2×64Mb/s，调制 QPSK，小区范围 6m×200m 或 60m×100m，目标环境为室内/室外及 50km/hr。

AWACS（1996-1998）的研究主要是实验系统的研究。主要参数为：19GHz 频带，TDMA/TDD。

（4）上述实践经验表明：以 WLAN 及 WATM 将为未来的广带无线接入网络提供巨大的发展机会。AWACS 实践表明定向天线技术是均衡和复杂得多载波可供选择的技术，并能提供与 ATM 兼容的比特率。在基站和移动终端采用的自适应定向天线可增加链路预算和良好的传输性能并可采用简单的 OQAM 调制和简单的收发信机。SAMBA 试验平台显示 MBS 是可行的。两项实验表明，155Mb/s 的比特率在全速移动中是可达到的。

五、移动数据通信的兴起与普及

移动数据通信就是用户通过无线数据终端可在任意固定地点或在运动中与其他数据终端交换数据、传递文件、提取资料，以及访问数据库。当前，由于移动通信的广泛应用和 Internet 服务的火爆，移动数据通信成为大家关注的热点问题。移动数据通信的发展趋势主要是两个方面：一是在以电话为主的蜂窝移动通信系统中增加传送数据的能力，二是移动通信与 Internet 的结合。下面将有关技术做简要的介绍。

1. 通用分组无线服务（GPRS）技术。GPRS 是 GSM Phase 2 + 技术，它将信包交换模式引入到 GSM 网络中，从而提高了资源利用率。GPRS 可提供高达 115kb/s 的传输速率，并能支持 Internet 的 IP 协议及 X，25 协议。GPRS 的基本原理是使多个用户共享某些固定的信道资源。它将每个时隙的传输速率从 9. 6kb/s 提高到 14. 4kb/s。如把 TDMA 一帧中的 8 个时隙都用来传送数据，则最高可达 164kb/s 的数据率。实现 GPRS 网络需要在 GSM 网中引入新的网络接口和通信协议。增加的网络节点有 GGSN（网关 GPRS 支持节点）和 SGSN（服务 GPRS 支持节点）。前者主要起网关作用，它可以和多种数据网络连接，并可把 GPRS 信包进行协议转换，传送到远端的 TCP/IP 或 X. 25 网络。后者主要起记录移动台的当前位置信息，并在移动台和 GGSN 之间完成移动信包的发送和接收。由于引入了新的节点，自然就引入了一系列新的接口。移动台（MS）和 GPRS 分层协议共五层，即物理层、MAC 层、LLC 层、SNDC 层和网络层。GPRS 有三种移动性管理（MM）状态，即 IDLE，STANDBY 和 READY。欧洲 ETSI 的 GSM Phase 2 + 建议 GPRS 分为两个发展阶段（即 Phase 1 和 Phase 2）。Phase 2 的范围尚在制定中，它将提供更多的新功能和新业务。

2. 增强数据速率改进（EDGE）技术。GSM 增强传输能力的第二步是采用 EDGE 技术。EDGE 同样采用 TDMA 技术，其帧结构与 GSM 相同。每一载波带宽 200kHz。它采用 8PSK 调制，使每时隙可传 48kb/s 甚至 69. 2kb/s，如集中 8 个时隙，使数据率可达到384kb/s，从而提供无线多媒体服务。

3. IS—95B 利用码聚集（aggregation）技术，在一个突发中将 8 个码道分配给一个高速信包移动台，构成一基本码信道。当更高数据速率需要时移动台可再增加 7 个补充码信道。这一新的可选服务可以是非对称的。IS—95B 的高速数据服务由于可同时分配 8 个前向或反向码信道给一个用户，而一个码信道可运行在 9. 6kb/s 或 14. 4kb/s，故它可支持 9. 6 ~ 76. 8kb/s 或 14. 4 ~ 115. 2kb/s 的数据率。

4. 移动 IP（Mobile IP）。移动 IP 是一种网络协议，它解决移动接入 Internet 网后在漫游中始终保持连接，而不影响其他的通信的问题。Mobile IP 有关的标准由 IETF 制定。Mobile IP 在 lP 网络中增加了移动节点、本地代理和外地代理三个功能实体。Mobile IP 协议主要完成 3 个功能，即代理发现、注册和隧道技术。移动 IP 协议的运作可分 7 个步骤。①本地代理与外地代理定期广播代理广告（Agent Advertisement）。②移动节点检测判断自己在本地，则不采取任何行动。③当移动节点检测自己在外地，则向外地代理申请一个访问地址。④移动节点向外地代理注册其访问地址。⑤本地代理广告移动节点到达信息，并将到达的信包封装和用隧道技术传到外地访问地址。⑥在访问地址分解封装，并传送到移动节点。⑦在相反方向，移动节点发送的信包直接由外地代理传到目的地，不再采用隧道技术。

5. 无线应用协议（WAP）。WAP 是一种通信协议，它的提出与发展是基于在移动中接入 Internet 的需要。它是一套开放的、统一平台，使用户能容易地获取各种互联网的信息服务。WAP 定义了一整套软硬件的接口，使用移动的电话收发电子邮件及浏览 Internet。WAP 支持绝大多数无线设备和多种移动网络以及未来的第三代移动通信。WAP 标准的主要内容是：①WAP 应用环境（WAE）。②WAP 通信协议。③无线电话应用（WTA）。WAP 的应用前景十分广泛，例如电子商务、证券交易、银行业务、气象信息、娱乐资源、购买车票、电话付费等。目前国内已有国外厂商生产的网络设备和 WAP 系统上市。WAP 网络也将开通投入商用。

6. 蓝牙（Bluetooth）技术。蓝牙是一种小范围的无线通信标准，使各种通信设备、计算机及其终端设备、各种数字数据系统、甚至家用电器用无线方法连接起来。蓝牙有可能成为小范围无线多媒体通信的国际标准。在技术上它采用 2. 4GHz ISM 频段、频率调制和跳频技术、前向纠错编码及 ARQ、TDD、基带协议为电路交换与信包交换相结合。TDMA 每时隙 0. 625μs，基带符合速率为 1Mb/s。蓝牙支持 64kb/s 实时话音传输和数据传输。语音编码为 CVSD。发射功率为 1mW，2. 5mW 和 100mW 三个等级。传输距离为 10 ~ 100m。蓝牙的组网原则为主从网络，利用 TDMA 一个主站可同时和 7 个从站进行通信，所有的站地位都是平等的。蓝牙并使用全球统一的 48 比特的设备识别码。蓝牙芯片的微型化与低成本将使其应用前景更为广阔。

六、卫星移动通信的经验与教训

众所周知卫星移动通信的主要特点是能实现全球无所不在的覆盖，特别是蜂窝移动通信很难覆盖的地区。近年来有希望的系统是三个，即“铱”系统、中圆轨道系统（ICO）和全球星系统（Globalstar）。“铱”系统1991年开始筹建，耗资57亿美元，于1998年开始商业运营。在一年多的运行中用户数不足7万个，终因负债无力偿还，于2000年3月15日正式宣告破产，从此“铱”星陨落。ICO系统也遭遇到同样的困难，由于未能筹集到全部资金，也于1999年8月27日申请破产保护。全球星系统由于集资策略稳健、投资人风险较小，现已将48颗卫星及4颗备用卫星部署完毕，全球十几个关口站也已开通，预计在2000年上半年投入商业运行。这些情况说明卫星移动通信的发展大大偏离了人们预期的结果，受到了挫折。但对其发展历程的冷静分析，从总结经验教训来看，可以认为：

1. 卫星移动通信对实现个人通信的目标是必不可少的，人们研制卫星移动通信的初衷是正确的。换句话说，今后仍然是有应用前景的。

2. 人们在研制中开发出的高新技术是难能可贵的，是技术上的一大进步，是人类的共同财富，应予充分肯定。

3. 究其挫折和失败的原因是多方面的，其中包括：投资大、风险高；市场受到蜂窝移动通信出乎意料的高速发展的冲击；集资策略不妥；手机价格高、资费昂贵；以及经营不善等等。这是我们应吸取的教训。

4. 新技术的发展终究要取代落后的技术，这是一条不可抗拒的客观规律。当然，新技术的发展也不能不受到社会政治、经济等因素的影响。但归根结底，新技术的生命力是主要地和长远地起作用的，而各种社会政治经济因素的影响是次要的和暂时起作用的，从历史上和今后的发展上都会得到证明。我们应以此来确定技术政策。可以预期，在社会政治经济具备一定条件后，卫星移动通信仍然会东山再起的。

5. 综上所述，我国卫星移动通信的发展不能就此停止，而应在吸取经验教训的基础上，采取正确的发展方针和策略，继续前进。这是因为我国地大物博，人口众多，技术经济条件相对落后的客观需求所决定的。它有利于加强国防建设和促进经济增长。

七、我国移动通信产业的发展战略

我国移动通信运营市场一片繁荣，而制造业却令人堪忧。移动通信设备绝大部分依靠进口，以致每年有数千亿资金流失国外。因而，建立我国移动通信产业仍然是举国上下关注的重大问题。

1. 建立我国移动通信产业的标准问题。我们面临的任务是如何建立国家的移动通信产业，而不是个别公司或厂家的移动通信产品问题。判断是否已建立起我国自己的移动通信的民族工业，笔者认为有以下三条标准：

（1）能提供国内运营市场所需80%以上的产品。

（2）所生产的产品具有80%以上的知识产权。

（3）产品能打出国门，并与国际市场上同类产品进行竞争。

2. 建立我国移动通信产业和技术路线问题。所调技术路线问题就是选择何种技术的问题。原则上讲，建立产业应尽量采用新技术。新技术是具有很强的生命力。新技术生存、发展和具有生命力的充分和必要条件是，其性能/价格比（或性能函数/代价函数比）占有优势。例如，数字移动通信与模拟移动通信是如此，第三代移动通信与第二代移动通信是如此，CDMA 之于 TDMA 对第三代移动通信也是如此，它们都无一例外地遵循这一规律。鉴于我国在技术、市场、时间和空间上已经没有条件用发展第二代移动通信来建立移动通信产业，正确的战略决策应是：大力发展第三代移动通信来建立我国的移动通信产业。

3. 建立我国移动通信产业的道路问题。道路问题指的是通过什么途径达到前述三条标准，来建立我国移动通信产业。目前可供选择的有以下三条道路。

第一条道路：全力开发第二代移动通信产品，包括 GSM 和 IS—95 的交换机、基站、手机及成套芯片等，以期在一两年内达到具有自主知识产权的产品供应市场。但实际执行起来，可能最终达不到三条标准，只是人们美好的愿望，而实际上是行不通的。

第二条道路：进口国外套片，加上自己的名牌，采用 CKD 或 SKD 生产第二代移动通信产品。这条道路对于个别厂家和集团公司来说是可行的，可以在短时间内解决市场的急需。但对于建立国家产业只能是权宜之计。

第三条道路：国家在战略上采取发展第三代移动通信来建立我国的移动通信产业，全力以赴，加大投入，集中全国各方面的力量自主开发从芯片到整机设备；走国际合作的道路，购入部分专利；在策略上另辟蹊径，出奇制胜；采取相应的政策措施，以期在 5 ~ 10 年时间内真正达到三项标准，建立起我国的移动通信产业。这条道路看起来慢一点，付出代价多一点，是一条艰苦攀登的路程，但它确能最终达到建立民族工业的目的，是一条大有希望的道路。

八、我国移动通信发展的基本思路

21 世纪为我国移动通信的发展提供了前所未有的机遇，同时也面临严峻的挑战。综上所述，作者建议发展我国移动通信的对策和基本思路是：

1. 21 世纪我国移动通信的发展还有一个巨大的空间，机不可失，时不再来。抓住机遇迎接挑战的前提是正确把握移动通信的发展趋势和采取正确的政策。

2. 当前应适当限制第二代 GSM 网的发展，大力促进 CDMA 网的建设与发展，有效地利用宝贵的频谱资源，这对国家的总体来说是有利的。

3. 抓住第三代移动通信发展的大好时机，采取国家行为，加大投入，组织各方面力量背水一战，努力赶上世界先进水平。

4. 展望未来，第四代移动通信正向我们走来。我们应提前做好准备，迎接新的挑战。

5. 移动通信与 Internet 的结合是当前重要的发展方向，应积极促进各种新技术的应用与普及。

6. 正确吸取国际上卫星移动通信发展的经验与教训，继续坚持我们的研究与开发工作。

7. 大力发展第三代移动通信来建立我国的移动通信产业。发扬“8 年抗战”和

“卧薪尝胆”的精神，争取在5～10年时间内从根本上改变我国移动通信发展依赖外国的局面，建立起移动通信真正的民族工业。

8. 希望政府主管部门制定一系列发展我国移动通信的政策措施。首要的是抓好教育和人才培养。有了一支高水平的建设队伍，我国移动通信的发展是大有希望的。

最后，作者才疏学浅，以上意见仅供参考，抛砖引玉。如有不妥之处，敬希望批评指正。让我们为发展我国的移动通信共同努力吧！

论文 39

我国移动通信的发展战略与支配移动通信发展的4条基本规律*

李承恕

李承恕 北方交通大学教授，博士生导师，北方交通大学现代通信研究所名誉所长。1960年在前苏联列宁格勒铁道运输工程学院获副博士学位。1981—1983年美国麻省理工学院进修学习。主要从事无线通信、移动通信、扩展频谱通信、个人通信等领域的教学科研工作。并兼任中国通信学会常务理事、无线通信委员会主任委员。出版书籍有：《扩展频谱通信》与《数字移动通信》。发表论文150余篇。

第一部分 我国移动通信的发展战略

一、我国移动通信发展战略研究的重要性

1. 在世界范围内移动通信仍将以排山倒海之势迅猛发展。目前全球移动电话超过5.7亿户。预计到今年年底将达到6.7亿户。据预测，2005年，全球移动网中无线电话将超过有线电话用户数。2006年全球总的移动电话用户将达到10亿。

2. 移动通信已成为我国国民经济的支柱产业和新的经济增长点。我国移动通信的发展仍然势头强劲、如日中天。到今年年底我国移动通信用户数将超过7 500万户，成为世界第二大移动电话市场。1999年全国通信服务收入2 433亿元，电子信息产品制造业销售收入4 300亿元，出口总额3 350亿元。如果计及基础设施建设投资，移动通信市场规模超过一万亿元。比起其他行业，移动通信已成为名符其实的支柱产业和新的经济增长点。

3. 我国移动通信还有一个巨大的发展空间。我国移动通信近十年来以惊人的速度在发展，但对于12亿人口的大国，普及率仅为6.5%。比起经济发达国家的占有率

---

* 本论文选自：中国移动通信，2001（01）：51-16。

25% ~55%来，我国移动通信发展的空间仍然十分巨大。同时，我国又面临加入 WTO 的形势。不言而喻，我国移动通信的发展已成为当今世界各国关注的焦点之一。

总的看来，我国移动通信的发展形势大好、任务艰巨，并面临巨大的机遇与严峻的挑战。因此，研究和制定我国移动通信的发展战略是当务之急，具有重大的现实意义。

二、制定移动通信发展战略的基本原则

1. 发展战略是指宏观的、大范围的、国家长远的根本性的发展的指导原则。不是指小范围的、地方的、公司企业的发展方针。二者之间是相互联系的，但也是有区别的。原则上讲，后者应服从前者。

2. 制定发展战略的重要性在于战略上的错误将带来严重的失败。正确的战略思想将促进巨大的成功。

3. 制定发展战略要尊重客观规律。研究和掌握客观规律至为重要。当然，发挥人的主观能动性是必要的。但归根结底真正起作用的还是客观规律。

4. 制定发展战略要抓住主要矛盾，要弄清发展的决定性因素。一切次要矛盾和非决定性因素随着时间的推移，迟早是要过去的。用其制定发展战略是会落空的。

三、我国移动通信发展的战略任务和战略目标

1. 我国移动通信发展的战略任务应包括以下几个方面：第二代移动通信的应用与发展；移动数据通信的兴起与普及；第三代移动通信的研究与开发。

2. 我国发展移动通信的战略目标应以建立我国自己的移动通信产业为根本任务。没有建立起我国移动通信的民族工业，其他一切都谈不到。

下面我们分别加以论述。

四、第二代移动通信的应用与发展

国家应适当控制 GSM 网的发展，同时大力促进 CDMA 网的建设与发展。面对我国如此巨大的市场需求，我们应采取什么样的技术政策和发展方针呢？对于经营者来说，采取扩大 GSM 网的规模，充分利用已有基本设施的投资优势，尽快回收和取得利润是无可非议的。但实际情况是在大中城市已出现容量不够、频率资源不足的情况，而不能不动用1800MHz 频段的资源来解决容量不足的问题。因此，应该尽快采用频带利用率高的技术和系统作为今后解决容量不足、频率资源匮乏的主要手段和途径。实践已证明，CDMA 系统具有更大的容量和更高的频带利用率。同时还要考虑到第三代移动通信的主流技术是宽带 CDMA。因此，从国家整体利益和长远的观点出发，作者建议，国家应适当控制 GSM 网的发展，同时大力促进 CDMA 网的建设与发展。这是一个十分重要的战略决策。历史上许多新旧技术更迭、取代、演变的经验证明，一时技术政策的失误将会给今后的发展背上一个很难卸下来的包袱，因而我们切不可掉以轻心！

五、移动数据通信的兴起与普及

在第二代移动通信的发展中，制造业和运营业面对第三代移动通信系统即将面市的

挑战，正在考虑和做出努力来延长第二代移动通信的生存时间和解决平滑过渡到第三代移动通信问题。总的趋势是增加第二代新的服务功能、网络容量和增强其无线数据传输能力。移动数据通信就是用户通过无线数据终端可在任意固定地点或在运动中与其他数据终端交换数据、传递文件、提取资料，以及访问数据库。当前，由于移动通信的广泛应用和 Internet 服务的火爆，移动数据通信成为大家关注的热点问题。移动数据通信的发展趋势主要是两个方面：一是在以电话为主的蜂窝移动通信系统中增加传送数据的能力，二是移动通信与 Internet 的结合。下面是正在应用与开发的一些技术：

1. 通用分组无线服务（GPRS）技术。
2. 增强数据速率改进（EDGE）技术。
3. IS—95B 利用的码聚集（aggregation）技术。
4. 移动 IP（Mobile IP）。
5. 无线应用协议（WAP）。
6. 蓝牙（Bluetooth）技术。

六、第三代移动通信的研究与开发

经过世界各国数年的努力，1999 年 11 月 ITU 完成了 IMT-2000 RTT 标准的制定工作。今年将经过批准而正式执行。今年还将完成核心网标准的制定工作。第三代移动通信将获得广泛的应用和具有巨大的市场前景。

ITU 确定的 IMT-2000 RTT 技术规范的建议如下：

• 两种 CDMA FDD 建议：

①DS CDMA；②C CDMA

• 一种 CDMA TDD 建议：

③D-SCDMA 及 UTRA CDMA

• 一种 TDMA FDD 建议：

④UMC 136

• 一种 TDMA TDD 建议：

⑤E-DECT

由于世界各地区第二代移动通信发展情况的不同以及各国利益的冲突，最后未能达到全球统一的一个标准的目的。ITU 通过“家族”的概念实际上是折中和妥协的结果。应该看到，国外大公司的强强联手，实际上是重新瓜分了世界市场。但不容讳言，IMT-2000 的主要技术还是欧洲日本提出的 W-CDMA 和北美提出的 CDMA-2000。中国提出的 TD-SCMA 能纳入规范中，不能不说是一个重大的突破。

我国在政府主管部门的直接领导和各方面协同努力下正在进行 IMT-2000 的研究与开发。中国关于第三代移动通信发展的走向对世界移动通信发展的影响有举足轻重的作用，成为各国都关注的十分敏感的问题。建议有关部门在做出决策时应考虑如下因素：

• 大力发展第三代移动通信是建立我国移动通信产业和占领未来国内移动通信市场十分难得的机遇。错过这次机会我们只能始终跟在别人的后面爬行。

• 应把第三代移动通信未来的发展与第二代移动通信当前的发展联系起来，一同加以考虑，使二者既能满足当前国内市场的需求又能适应向未来发展平稳过渡。

• 容量和频谱利用率的问题是发展移动通信根本性的问题。从长远和全局的观点出发，我们应尽量采用先进的频谱利用率高的系统，而避免只顾眼前利益盲目发展落后的频谱利用率低的系统。在这个问题上国家应作宏观调控而不能听任各企业自行其是。

• 发展第三代移动通信，无论是进行研究开发或建立生产制造业，应是国家行为。核心问题是国家要下决心加大投入，务求必胜。国际上已有成功的先例值得参考。

• 发展第三代移动通信，必须要有我国自己的知以产权。因此，无论是自主开发，还是国际合作，力求具有真正中国品牌，而不是简单地贴个标签。只有这样，将来才会摆脱目前受制于人的局面，挽回每年几千亿元资金的流失，成为真正的经济增长点和支柱产业。

七、建立我国移动通信产业的发展战略

我国移动通信运营市场一片繁荣，而制造业却令人堪忧。移动通信设备绝大部分依靠进口，以致每年有数千亿资金流失国外。因而，建立我国移动通信产业仍然是举国上下关注的重大问题。

1. 建立我国移动通信产业的标准问题。我们面临的任务是如何建立国家的移动通信产业，而不是个别公司或厂家的移动通信产品问题。判断是否已建立起我国自己的移动通信的民族工业，笔者认为有以下三条标准：

（1）能提供国内运营市场所需 80% 以上的产品。

（2）所生产的产品具有 80% 以上的知识产权。

（3）产品能打出国门，并与国际市场上同类产品进行竞争。

2. 建立我国移动通信产业和技术路线问题。所谓技术路线问题就是选择何种技术的问题。原则上讲，建立产业应尽量采用新技术。新技术是具有很强的生命力。新技术生存、发展和具有生命力的充分和必要条件是，其性能/价格比（或性能函数/代价函数比）占有优势。例如，数字移动通信与模拟移动通信是如此，第三代移动通信与第二代移动通信是如此，CDMA 之与 TDMA 对第三代移动通信也是如此，它们都无一例外地遵循这一规律。鉴于我国在技术、市场、时间和空间上已经没有条件用发展第二代移动通信来建立移动通信产业，正确的战略决策应是：大力发展第三代移动通信来建立我国的移动通信产业。

3. 建立我国移动通信产业的道路问题。道路问题指的是通过什么途径达到前述三条标准，来建立我国移动通信产业。目前可供选择的有以下三条道路。

第一条道路：全力开发第二代移动通信产品，包括 GSM 和 IS—95 的交换机、基站、手机及成套芯片等，以期在一两年内达到具有自主知识产权的产品供应市场。但实际执行起来，可能最终达不到三条标准，只是人们美好的愿望，而实际上是行不通的。

第二条道路：进口国外套片，加上自己的名牌，采用 CKD 或 SKD 生产第二代移动通信产品。这条道路对于个别厂家和集团公司来说是可行的，可以在短时间内解决市场的急需。但对于建立国家产业只能是权宜之计。

第三条道路：国家在战略上采取发展第三代移动通信来建立我国的移动通信产业，

全力以赴，加大投入，集中全国各方面的力量自主开发从芯片到整机设备；走国际合作的道路，购入部分专利；在策略上另辟蹊径，出奇制胜；采取相应的政策措施，以期在5～10年时间内真正达到三项标准，建立起我国的移动通信产业。这条道路看起来慢一点，付出代价多一点，是一条艰苦攀登的路程，但它确能最终达到建立民族工业的目的，是一条大有希望的道路。

八、我国移动通信发展战略的基本思路

21世纪为我国移动通信的发展提供了前所未有的机遇，同时也面临严峻的挑战。综上所述，作者建议我国移动通信发展战略的基本思路是：

1. 21世纪我国移动通信的发展还有一个巨大的空间，机不可失，时不再来。抓住机遇迎接挑战的前提是正确把握移动通信的发展趋势和采取正确的政策。

2. 当前应适当限制第二代GSM网的发展，大力促进CDMA网的建设与发展，有效地利用宝贵的频谱资源，这对国家的总体来说是有利的。

3. 抓住第三代移动通信发展的大好时机，采取国家行为，加大投入，组织各方面力量背水一战，努力赶上世界先进水平。

4. 展望未来，第四代移动通信正向我们走来。我们应提前作好准备，迎接新的挑战。

5. 移动通信与Internet的结合是当前重要的发展方向，应积极促进各种移动数据通信新技术的应用与普及。

6. 正确吸取国际上卫星移动通信发展的经验与教训，继续坚持我们的研究与开发工作。

7. 大力发展第三代移动通信来建立我国的移动通信产业。发扬“8年抗战”和“卧薪尝胆”的精神，争取在5～10年时间内从根本上改变我国移动通信发展依赖外国的局面，建立起我国移动通信真正的民族工业。

8. 希望政府主管部门制定一系列发展我国移动通信的政策措施。首要的是抓好教育和人才培养。有了一支高水平的建设队伍，我国移动通信的发展是大有希望的。

第二部分　支配移动通信发展的4条基本规律

纵观世界范围内移动通信的发展，从第一代模拟移动通信到第二代数字移动通信，和即将进入市场的第三代宽带多媒体移动通信，以及人们正在思考和探索的第四代广带移动通信，其发展速度是惊人的，但发展的道路是曲折的。我们应认真进行研究总结，并掌握其发展规律，对处理今后的工作将有重要的指导意义。下面提出的4条支配移动通信发展的基本规律，只是一些粗浅的看法，希望能引起各界人士的关注和开展广泛的讨论。

一、移动通信的发展应尽量采用新技术，新技术具有很强的生命力。新技术的生存、发展和具有生命力的充分和必要条件是：其性能/价格比（或性能函数/代价函数比）具有明显的优势。第二代移动通信之与第一代移动通信和第三代移动通信之与第二代移动通信是如此。CDMA之与TDMA作为第三代移动通信的主流技术也是如此。它们都无一例外地遵循这一规律。相反的例子也是有的。CT-2也曾被认为是新技术，但它

与数字移动电话比较起来满足不了上述条件，因而未能获得推广应用。卫星移动通信中的“铱”系统在技术上虽然先进，但投资很大、造价昂贵，与地面移动通信比较起来也满足不了上述条件，不得不走上破产和陨落的结局。这些都是人们应吸取的经验教训。

二、移动通信的发展中新技术终究要取代落后的技术，这是一条不可抗拒的客观规律。当然，移动通信新技术的发展也不能不受到社会、政治、经济等诸多因素的影响。但归根结底，新技术的生命力是长期的和起主要作用的，而其他各种因素的影响是次要的和暂时起作用的。这一规律在历史上与今后的发展中都会得到证明。我国移动通信中CDMA 技术就受到了各种政治经济因素的影响而未能获得应有的广泛的应用。但迟早这种情况是会改变的。随着政治经济形势的好转，CDMA 的应用是不容置疑的。另外，“铱”星系统的优越的技术性能在一些条件有所改善后也会东山再起的。

三、移动通信的发展离不开市场的牵引和技术的推动，二者是相互促进的。在市场和技术的关系问题上，有时是市场的需求大大促进了新技术的发展，但有时又是新技术的发展培育了巨大的市场。近 10 年来可以说移动通信市场的需求大大促进了新技术的发展。但同时也可看到 Internet 的发展培育了 IT 市场。

四、移动通信发展演进的基本规律是：不断提高频带利用率和不断提高数据传输率，以满足人们不断增长的对服务的要求。纵观移动通信第一代到未来第四代的发展都是在上述三方面取得了明显的进展。2000 年以后下一代移动通信的发展也将遵循这一规律。到目前为止，无论从理论上或者从实践上都没有证明上述三方面已到了终点，再也没有发展的余地了。因而在移动通信的发展上人们还有许多工作要做，还是会大有作为的。移动通信的发展也将是大有希望和前途光明的。

论文 40

我国移动通信发展走向的分析*

李承恕①

关键词：移动通信

China Mobile Communications Trends

Mr. LI Chengshu, *Professor*, *Northern Jiaotong University*.

The author analyzes the possible trends of China's mobile communications industry developments in coming 10 years, concluding that 2G and 3G will co-exit and develop. He regards 4G as a new opportunity for China to nurture domestic mobile communications manufacturing for state-of-the-art equipment.

进入21世纪以来，我国移动通信仍处在高速发展的大好形势之中。到今年7月底，移动用户达到1.206亿户，超过美国最新统计的1.201亿户，位居世界第一。我国已建成全球最大的GSM网络，中国移动GSM用户数超过8 000万，中国联通移动用户数也已突破3 000万，中国联通CDMA网的建设容量为1550万户，并将于今年底完成。人们当前十分关注我国今后10年，即2001—2010年移动通信发展的走向，本文对此进行简要的分析，并提出一些个人的看法，供大家探讨。

一、2G的发展仍有巨大的空间

我国目前正处在2G发展阶段，其发展速度和规模远超出人们的预料，不是世界第一，也是世界第二。应该看到，世界先进国家移动用户数占人口总数的20%～65%之间。而对于我们13亿人口的大国来说，移动通信用户数仅占人口总数的百分之八点几。因此，毋庸置疑，在今后10年内，随着国民经济的发展和人们生活水平的提高，我国移动通信仍将高速发展，这是客观规律决定了的，我们一定要有思想准备。

---

① 本文作者李承恕先生，北方交通大学现代通信研究所教授，本刊编委。2001年8月14日收到。

* 本论文选自：世界网络与多媒体，2001（9）：8-9。

最近，国家决定由中国联通建设2G CDMA IS—95网络。这一决定很重要，不仅对用户有利，同时也将大大促进我国2G和3G的发展。众所周知，CDMA固有的优势在于容量大、频带利用率高、覆盖面大、基站数目少，以及总的投资省等。今年如能建成1550万户容量的CDMA网，具有了一定的规模，可以预期，在今后10年内它将以更高速度发展。对于我们这样一个发展中的大国，建设CDMA网有利于解决频率资源紧张、基本建设投资巨大和用户承受能力相对较弱等实际问题。我国2G发展的一个可能的格局是GSM与CDMA IS—95平分秋色，同步发展，这对于各方面来说，都是有利的。总的说来，这样巨大的需求和发展空间，绝不是一两个运营商所能承担的。何况，面临进入WTO的前景，更为激烈的市场竞争即将到来，我们也应有思想准备。

二、2.5G的发展方兴未艾

中国移动的GPRS业务已于今年7月9日开始在我国的16个省、直辖市、自治区，25个城市投入试商用，容量达到40万户。它采用信包（分组）通信技术，数据率可达115.2kb/s，人们称之为2.5G的移动通信。面临3G能为人们提供高达2Mb/s的数据率和传送多媒体信息的挑战，人们致力于使2G采用一些改进技术以达到提高数据率的目的。从而产生HSCSD、GPRS和EDGE等一系列GSM的演进技术。这样一来，基本上用来传送话音的2G也能做到移动上互联网，提供E-mail、ftp、电子商务等业务。由此可见，2.5G的出现是出于可以延长2G生存期的结果。目前运营商推出2.5G也是出于可以尽快满足市场对移动数据业务的需求，同时也为向3G过渡做了技术上的准备。但不可讳言，一个窄带系统用来传送宽带业务，即传送高速数据和多媒体业务，是力不从心的，是要付出一定代价的。虽然2.5G有一定的发展空间和时间，但终究是一种过渡技术。当人们需要在移动中大量传送高速数据和多媒体信息时，他们将很可能会选择具有宽带特性的3G系统。对于CDMA系统，从IS—95A发展到IS—95B，达到中等数据率（MDR），即115.2kb/s，也同样是属于2.5G，其发展的历程也会是相同的。

三、3G正向我们走来

2001年有3件大事将极大地影响我国移动通信的发展，除了上面提到的中国将于年底前加入WTO，国家决定大力发展CDMA移动通信网外，第三件大事即3G将于年底到明年中推出商用系统。3G从CCIR提出到今天已经15年了，经过人们长期的研究开发和技术标准之争，应该是初见分晓的时候了。世界上各国对3G发展的必要性的共识也是毋庸置疑的。现在的问题是，3G付诸实际商用是否能达到预期的性能上、技术上和经济上的目的和要求。我国对3G的发展应该说起步并不太晚，但决心不大，投资强度和动作力度不够。虽然在国家“863”计划和“九五”计划中均有所安排，也有了喜人的成果，并提出了TD-SCDMA标准，但与国际上相比，差距较大也是不能否认的。因而，大力发展3G，仍然是我国发展移动通信极为重要的战略决策，其出发点主要是：

（1）大力发展3G是建立我国移动通信产业和占领未来国内移动通信市场一次难得

的机遇。

（2）应把发展3G与发展2G结合起来一同加以考虑，使两者既能满足当前国内市场的需求，又能适应未来发展的过渡。

（3）容量和频谱利用率的问题是发展移动通信的根本性问题。应尽量采用先进的频谱利用率高的系统。3G的基本技术是宽带CDMA技术，因而是有很大优势的。

（4）我国未来2G的发展可能是GSM与CDMA IS—95平起平坐、平分秋色，因而对于3G的3种主流技术：WCDMA、cdma2000及TD-SCDMA均应发展。

（5）我国发展3G应与建立生产制造业结合起来，并尽可能的注入自己的知识产权。同时，国家要加大投入，使移动通信真正成为国家的经济增长点和支柱产业。

四、发展4G是建立我国民族移动通信产业的新机遇

3G尚未商用，为什么人们已开始关注发展4G呢？应该说，这种关注不是没有道理的。一代技术的发展，从提出、研究、实验、形成标准、批量生产直至最后到用户手里，大致需要10年左右的时间。1G、2G、3G的发展都是如此。估计4G的发展没有10年时间是不行的。3G在中国的应用估计可能要到2005年左右。到2010年，4G可能登上世界历史舞台。一般认为，新一代的产品无论在技术上和应用上都应比老一代的产品有“革命性”的变革，因而4G要比3G有明显的进展。目前对4G虽然尚无明确的定义和规范，但应具备以下一些基本特点：

（1）数据传输速率应比3G高一个数量级，达到20Mb/s～150Gb/s。

（2）主要采用以宽带为基础的技术。

（3）应具有自适应系统分配与适应变化的业务流和信道，有很强的自组织性和灵活性。

（4）能综合多种网络结构，如固定、移动、广播网络，并能加以控制。

（5）能满足不同用户、不同业务和码率的要求。

我国应尽早安排和起动4G的研发。出发点主要是赶上世界技术和市场发展的进程。我们可以充分利用今后10年时间，大力开发4G技术和产品，尽量注入我们自己的知识产权，同时建立自己的民族工业。争取在2010年，我国有自己生产的4G产品占领国内市场，并能进入国际市场参与竞争。我国发展2G和3G都错过了机遇，发展4G是不是建立我国民族移动通信产业的新的机遇呢？这个机遇不能再丢失了。

21世纪我国移动通信发展战略应该由国家最高层领导和主管部门来制定，因为移动通信产业每年都大约一万亿资金的运作，是一篇大文章。笔者文中提出的一些看法只是一已之见，衷心希望各界关注和参与这一问题的探讨。

论文 41

当前我国移动通信发展中的若干问题*

李承恕

（北京交通大学现代通信研究所，北京 100044）

摘要：分析了我国移动通信发展的形势，指出统筹兼顾、合理布局，才能真正促进我国移动通信的推广应用，建议尽早安排和启动4G 的研发。

关键词：移动通信；机遇；挑战；4G

中图分类号（CLC number）：TN929·5　文献标识码（Document code）：A

文章编号（Article ID）　1009-9336（2001）06-0002-07

1　我国移动通信发展的形势大好

我国移动通信目前仍以极高的速度在发展。这是有目共睹的。到 2001 年 9 月，我国电话用户从 2000 年 9 月的 2 亿户到目前已突破 3 亿户，即在 1 年之内增加用户 1 亿户。发展速度世界罕见。其中移动电话用户中国移动“全球通”用户为 9 580.2 万用户，联通移动用户为 3 490 万户，共计超过 1.3 亿户，普及率为 10%，居世界第一位。据预测，到“十五”末期，我国电话用户将超过 5 亿户，普及率将达到 40% 其中固定电话为 2.4 亿 ~ 2.8 亿户，占世界总数的 1/5，居世界第一位。移动电话为 2.6 亿 ~ 2.9 亿户，占世界电话用户 1/4，居世界第一。

* 本论文选自：电信建设，2001（6）：2-7。

移动通信用户数将超过固定用户数。届时，固定电话的用户普及率为18%，而移动通信的用户普及率为21%。中国将是名副其实的通信大国。

从中国移动通信终端市场的发展来看，据有关专家分析，今后3～5年将继续保持两位数的增长，到2005年，移动终端的销售额可达到1 200亿元，这是一个巨大的市场。2000年全球10%的手机是在中国制造的。移动市场对中国GDP所贡献的产值，到2005年将达到6 000亿元，在全国GDP中占6%～8%。中国移动通信市场包括三部分，即运营服务收入，手机终端销售的产值及运营商网络建设的投资。

国家决定，我国CDMA移动通信网络由联通负责建设和经营。它将达到5 000亿元的整体市场规模。在"十五"期间联通投入CDMA项目的资金达1 000亿元。国家计委决定，19家企业获得了生产CDMA手机的资格，它们是：波导、科健、中兴、首信、TCL、海尔、东方通信、康佳、南方高科、中电通信、大唐、贵州振华、浪潮、海信、大连大显、南京普天、天津电话设备厂、厦华以及摩托罗拉中国公司。按照联通的规划，5年后CDMA手机用户将达4 000万左右。

以上简单的统计数字表明，我国移动通信的发展远远超出了人们的预料，但应该看到，世界先进国家的移动用户数占人口总数的20%～65%之间，而对于我们13亿人口的大国来说，现在只占10%。因此，毋庸置疑，在今后10年内，随着国民经济的发展和人们生活水平的提高，我国移动通信仍将高速发展，形势大好。

2　我国移动通信的发展面临的机遇与挑战

在这样的大好形势下，我国移动通信的发展面临巨大的机遇和严峻的挑战。我国加入WTO后，电信市场的进一步开放，国外运营商的进入和产品低关税的涌入，将在我国移动通信市场形成更加激烈的竞争局面。当然，同时也会有大量国外资金、技术和人才的流入，对我国移动通信产业也会带来促进作用。审时度势，我们只能采取正确的措施和策略迎接进入WTO的机遇与挑战。总的看来，我们应在以下三个方面认真对待。

第一，对于在我国目前也广为应用的2G和正在兴起的2.5G的发展，应统筹兼顾，合理布局，大力促进其推广应用，进一步扩大和占领现有的移动通信市场。

第二，WTO和3G同时到来，我们只能顺应时代的潮流，兴利除弊，以积极的态度迎接WTO和3G的到来。

第三，建立我国移动通信产业（即制造业），仍然是发展我国移动通信带有根本性和战略的任务。及时开展关于未来新一代移动通信（或4G）的研究是我们面临的新的机遇，切不可轻易放过。

下面，对上述三方面的问题再作进一步的讨论。

3 统筹兼顾，合理布局，大力促进移动通信的推广应用

我国目前正处在2G的发展阶段，已有1.3亿用户，占世界第一位。但对于13亿人口的大国，仍有巨大的发展空间。中国移动主要发展GSM系统，现在已有9 000万用户，很快将超过1亿用户。继续发展GSM无疑是满足市场需求的有利方针。对于中国联通，正在快马加鞭建设和发展CDMA网络，2001年将达到1 550万用户容量。可以预期，今后10年它将以更高的速度发展。对于我们这样一个发展中的大国，建设CDMA网有利于解决频率资源紧张、基本建设投资巨大和用户承受能力相对较弱等实际问题。我们2G发展的一个可能的格局是GSM与CDMA IS—95平分秋色，同步发展，这对于各方面来说，都是有利的。

2.5G的发展正方兴未艾。中国移动GPRS网络的建设目前已覆盖16个省、直辖市、自治区，在25个城市投入试商用，容量达到40万户。面临3G能为人们提供高达2 Mbit/s的数据率和传送多媒体信息的挑战，人们致力于使2G采用一些改进技术以达到提高数据速率的目的。从而产生HSCSD、GPRS和EDGE等一系列GSM的演进技术，采用信包（分组）通信技术，可提供E-mail、ftp、电子商务等服务。目前运营商推出2.5G也是出于可以尽快满足市场对移动数据服务的需求。同时也为向3G过渡做了技术上的准备。目前已有爱立信、西门子等国外产品在中国市场推出数款GPRS手机。厦新公司也推出一款GPRS手机——A8698。另外，诺基亚、摩托罗拉等也纷纷出台自己的GPRS产品。但不必讳言，一个窄带系统用来传送宽带业务，即传送高速数据和多媒体业务，是力不从心的，是要付出一定代价的。在已推出GPRS手机的地区已出现了上网速度慢和影响电话通话的情况就是证明。因此，虽然2.5G有一定发展空间和时间，但终究是一种过渡技术，当人们需要在移动中大量传送高速数据和多媒体信息时，他们将很可能会选择具有宽带特性的3G系统。

总之，对国家来讲，无论是继续扩大2G的应用和发展2.5G，都需统筹兼顾，合理布局，以避免顾此失彼，才能真正促进我国移动通信的推广应用。

4 兴利除弊，迎接进入WTO及3G的到来

我国加入WTO，这对于我国进一步开放、发展经济将起到积极的推动作用。对于电信业，特别是移动通信的运营业和制造业无疑是机遇与挑战并存，有利有弊，利大于弊。所谓机遇与挑战并存，指的是我国面临国内外更为激烈的竞争。如果采取正确的措施和策略，我们将在竞争中取胜，求得更大的发展。所谓有利有弊，是指如果在竞争中有所失误，则将严重影响我国运营业和制造业的发展。所谓利大于弊，指的是无论如何，国外资金、技术、产品、人才和管理经验的大量流入，为我国移动通信进一步的发展提供了一些有利的条件，总体上说，我们将赢得这场竞争。

同样3G从CCIR提出到今天已15年了。经过人们长期的研究开发和技术标准之争，应该是初见分晓的时候了。世界上各国对3G发展的必要性的共识也是不容置疑的。

现在的问题是3G付诸实际商用是否能达到人们预期的性能上、技术上和经济上的目的和要求。我国对3G的发展应该说起步并不太晚，但决心不大，投资强度不大，动作力度也不大。在国家“863”计划和“九五”计划中均有所安排，也有了喜人的成果并提出了TD-SCDMA标准，但与国际上各大国相比，差距较大也是不能否认的。因而，大力发展3G，仍然是我国发展移动通信极为重要的战略决策，其出发点主要是：

（1）大力发展3G是建立我国移动通信产业和占领未来国内移动通信市场一次难得的机遇。

（2）应把发展3G与发展2G结合起来一同加以考虑，使二者既能满足当前国内市场的需求又能适应未来的发展。

（3）容量和频谱利用率的问题是发展移动通信的根本性问题。应尽量采用先进的频谱利用率的系统。3G的基本技术是宽带CDMA技术，因而是有很大优势的。

（4）我国未来2G的发展可能是GSM与CDMA IS—95平分秋色，因而对于3G的三种主流技术：WCDMA、CDMA2000及TD-SCDMA均应发展。

（5）我国发展3G应与建立生产制造业结合起来，并尽可能地注入自己的知识产权。同时，国家要加大投入，使移动通信真正成为国家的经济增长点和支柱产业。

5　发展未来新一代移动通信（4G），建立我国移动通信产业

3G尚未商用，为什么人们已开始关注发展4G呢？应该说，这种关注不是没有道理的。一代技术的发展，要经历提出、研究、实验、形成标准、批量生产直至最后到客户手里，大概需要10年左右的时间。1G、2G、3G的发展都是如此。估计4G的发展没有10年时间是不行的。中国3G的应用估计可能要到2005年左右。到了2010年左右4G可能登上世界历史舞台。一般认为，新一代的产品无论在技术上和应用上都应比老一代的产品有“革命性”的变革。因而4G会比3G有明显的进展。目前对4G虽然尚无明确的定义和规范，但应具备以下一些基本特点：

（1）4G应比3G数据传输速率高一个数量级，达到20 Mbit/s ~ 150 Gbit/s。

（2）主要采用更宽的频带，即以广带（Broad band）为基础的技术。

（3）应具有自适应系统分配和适应变化的业务流和信道条件，有很强的自组织性和灵活性。

（4）能综合多种网络结构，如固定、移动、广播网络，并能加以控制。

（5）能满足不同用户不同业务和码率的要求。

我国应尽早安排和启动4G的研发。出发点主要是赶上世界技术和市场发展的进程。我们可以充分利用今后10年时间，大力开发4G技术和产品，尽量注入我们自己的知识产权，同时建立自己的民族工业。争取在2010年我国有自己生产的4G产品占领国内市场，并能进入国际市场参与竞争。我国发展2G和3G都错过了机遇。发展4G是建立我国民族移动通信产业的新的机遇，我们不能再丢失了。

移动通信产业每年大约有1万亿资金的运作，是我国国民经济中重要的支柱产业和新的增长点。笔者对一些问题的看法只是为了提供讨论。衷心希望各界人士关注我国移

动通信的发展。

作者简介：

李承恕　北方交通大学教授，博士生导师。1953年毕业于北方交通大学电信系，后留校任教至今。1960年在苏联列宁格勒铁道运输工程学院研究生毕业，获副博士学位。1981—1983年以访问学者身份赴美国麻省理工学院进修学习。现任北方交通大学通信工程系教授、现代通信研究所名誉所长。主要从事无线通信、移动通信、扩展频谱通信、个人通信等领域的科教与科研工作。现主持多项国家自然科学基金、国家863计划等高科技研究项目。

收稿日期：2001-11-08

论文 42

我国第三代移动通信的研发与移动通信产业的发展战略问题*

李承恕

北方交通大学现代通信研究所博导、教授

一、研究与开发我国第三代移动通信是当务之急

经过世界各国数年的努力，1999 年 11 月 ITU 完成了 IMT-2000RTT 标准的制定工作。今年将经过批准而正式执行。今年还将完成核心网标准的制定工作。

第三代移动通信将获得广泛的应用和具有巨大的市场前景。

ITU 确定的 IMT-2000 RTT 技术规范的建议如下：

- 两种 CDMA FDD 建议：①DS CDMA；②MC CDMA
- 一种 CDMA TDD 建议：③TD-SCDMA 及 UTRA CDMA
- 一种 TDMA FDD 建议：④UMC 136
- 一种 TDMA TDD 建议：⑤E-DECT

由于世界各地区第二代移动通信发展情况的不同以及各国利益的冲突，最后未能达到全球统一的一个标准的目的。ITU 通过“家族”的概念实际上是折中和妥协的结果。应该看到，国外大公司的强强联手，实际上是重新瓜分世界市场。但不容讳言，IMT-2000 的主要技术还是欧洲日本提出的 W-CDMA 和北美提出的 CDMA-2000。中国提出的 TD-SCMA 能纳入规范中不能不说是我国在国际通信技术研发领域的一个重大的突破。

我国在政府主管部门的直接领导和各方面协同努力下，正在进行 IMT-2000 的研究与开发。中国关于第三代移动通信发展的走向对世界移动通信发展的影响有举足轻重的作用，成为各国关注的十分敏感问题。建议有关部门在做出决策时应考虑如下

---

* 本论文选自：电信软科学研究，2001（03）。

因素。

大力发展第三代移动通信是建立我国移动通信产业和占领未来国内移动通信市场十分难得的机遇。错过这次机会我们只能始终跟在别人的后面爬行。

应把第三代移动通信未来的发展与第二代移动通信当前的发展联系起来一同加以考虑，使二者既能满足当前国内市场的需求，又能适应向未来发展平稳过渡。

容量和频谱利用率的问题是发展移动通信根本性的问题。从长远和全局的观点出发，我们应尽量采用先进的频谱利用率高的系统，而避免只顾眼前利益盲目发展落后的频谱利用率低的系统。在这个问题上国家应做宏观调控，而不能听任各企业自行其是。

发展第三代移动通信，无论是进行研究开发还是建立生产制造业，应是国家行为。核心问题是国家要下决心加大投入，务求必胜。国际上已有成功的先例值得参考。

发展第三代移动通信必须要有我国自己的知识产权。因此，无论是自主开发，还是国际合作，都应力求具有真正中国品牌，而不是简单地贴个标签。只有这样，将来才会摆脱目前受制于人的局面，挽回每年几千亿元资金的流失，成为真正的经济增长点和支柱产业。

二、对我国第三代移动通信产业的战略透析

我国移动通信运营市场一片繁荣，而制造业却令人堪忧。移动通信设备绝大部分依靠进口，以致每年有数千亿资金流失国外。因而，建立我国移动通信产业仍然是举国上下关注的重大问题。

1. 建立我国移动通信产业的标准

我们面临的任务是如何建立国家的移动通信产业，而不是个别的公司或厂家的移动通信产品问题。判断是否已建立起我国自己的移动通信的民族工业，笔者认为有以下三条标准：

（1）能提供国内移动通信运营市场所需80%以上的产品；

（2）所生产的移动通信产品具有80%以上的知识产权；

（3）移动通信产品能打出国门，并与国际市场同类产品进行竞争。

2. 建立我国移动通信产业和技术路线问题

所谓技术路线问题就是选择何种技术的问题。原则上讲，建立产业应尽量采用新技术。新技术具有很强的生命力。新技术生存、发展和具有生命力的充分和必要条件是，其性能/价格比（或性能函数/代价函数比）占有优势。例如，数字移动通信与模拟移动通信是如此；第三代移动通信与第二代移动通信是如此；CDMA之于TDMA对第三代移动通信也是如此，它们都无一例外地遵循这一规律。鉴于我国在技术、市场、时间和空间上，已经没有条件用发展第二代移动通信建立移动通信产业。正确的战略决策应是大力发展第三代移动通信来建立我国的移动通信产业。

3. 建立我国移动通信产业的道路问题

道路问题指的是通过什么途径达到前述三条标准，来建立我国移动通信产业。目前可供选择的有以下三条道路。

（1）全力开发第二代移动通信产品，包括 GSM 和 IS—95 的交换机、基站、手机及成套芯片等，以期在一二年内达到具有自主知识产权的产品供应市场。但实际上是行不通的。

（2）进口国外套片，加上自己的名牌，采用 CKD 或 SKD 生产第二代移动通信产品。这条道路对于个别厂家和集团公司来说是可行的，可以在短时间内解决市场的急需。但对于建立国家产业只能是权宜之计。

（3）国家在战略上采取发展第三代移动通信来建立我国的移动通信产业，全力以赴，加大投入，集中全国各方面的力量自主开发从芯片到整机设备；走国际合作的道路，购入部分专利；在策略上另辟蹊径，出奇制胜；采取相应的政策措施，以期在 5～10年时间内真正达到三项标准，建立起我国的移动通信产业。这条道路看起来慢一点，付出代价多一点，是一条艰苦攀登的路程，但它确能最终达到建立民族工业的目的，是一条大有希望的道路。

三、我国移动通信发展的基本思路和建议

21 世纪为我国移动通信的发展提供了前所未有的机遇，同时也面临严峻的挑战。笔者对如何发展我国的移动通信事业提出如下思路和建议：

（1）21 世纪，我国移动通信的发展还有一个巨大的空间，机不可失，时不再来。抓住机遇迎接挑战的前提是正确把握移动通信的发展趋势和采取正确的政策。

（2）当前应适当限制第二代 GSM 网的发展，大力促进 CDMA 网的建设与发展，有效地利用宝贵的频谱资源。

（3）抓住第三代移动通信发展的大好时机，采取国家行为，加大投入，组织各方面力量背水一战，努力赶上世界先进水平。

（4）展望未来，三代后的移动通信正向我们走来。我们应提前作好准备，迎接新的挑战。

（5）移动通信与 Internet 的结合是当前重要的发展方向，应积极促进各种新技术的应用与普及。

（6）正确吸取国际上卫星移动通信发展的经验与教训，继续坚持我们的研究与开发工作。

（7）大力发展第三代移动通信来建立我国的移动通信产业。发扬“8 年抗战”和“卧薪尝胆”的精神，争取在 5～10 年内从根本上改变我国移动通信发展依赖外国的局面，建立起我国真正的移动通信民族工业。

（8）希望政府主管部门制定一系列有关发展我国移动通信事业的技术经济政策。抓好教育和人才培养工作尤为重要。有了一支高水平的建设队伍，我国移动通信的发展是大有希望的。

论文 43

关于第四代移动通信的思考与探索*

李承恕

（北方交通大学现代通信研究所　100044）

摘要：第三代移动通信即将面市，人们已开始谈论21世纪未来一代无线移动通信的发展前景，其中第四代移动通信已提上议事日程。文章扼要探讨了其发展的必要性、基本特征、系统结构以及演进到第四代的基本步骤，最后提出了我国发展第四代移动通信的建议。

关键词　移动通信　第三代移动通信　第四代移动通信

1　21世纪的未来一代移动通信

在此21世纪之初，在信息爆炸和技术革命的推动下，无线移动通信市场将史无前例地增长。无线电频率的发展趋势将从窄带走向宽带，且由一族标准来满足不同应用的需求。许多可能的技术（如宽带码分多址接入、软件无线电、智能天线和数字处理器件）将极大地改善3G系统的频带有效性。在移动网络领域，其发展趋势是从传统的电路交换系统走向信包交换的可编程网络，它将综合语音及信包服务，并将明显地演进到全IP网络。再者，伴随着无线移动定位技术的发展，无线移动因特网可望对服务产生革命性影响，它将为用户在确定的地点和确定的时间提供服务。无线移动通信不仅是已建成的有线网络的补充，更将成为其强劲的竞争对手。可以说，未来的移动通信将不仅是移动通信，它将成为我们生活的一部分。在20世纪80年代，人们梦想的是拥有一部更好的移动电话。展望21世纪第一个10年，其情景将完全不同。无线信息基础结构（不仅是无线通信）将是完全多维的，无论是在技术上（多样化和融合的）、在应用上（本地或全球的自由移动），或在服务上（服务/按需分配带宽）都如此。无线个人通信机或个人助理将使生活更为方便。无线通信将成为很容易和能承受的群众性市场。即使

* 本论文选自：电信快报，2001（04）：12-13。

远离办公室，商务工作也不会断线。全球漫游及高速无线链路使人们的旅行与在家里一样。从先进的广带（broadband）无线通信及基础技术，包括广带无线移动（3G 无线及 4G 移动）、广带无线接入、广带无线连网以及广带卫星通信，将确定无疑地占领整个通信市场，从各个方面改进商业模式。广带无线移动与接入的合一（convergence）将成为无线通信的下一个风暴。许多新兴技术，包括数字信号处理、软件无线电、智能天线、超导器件及数字收发信机，使未来的无线系统更为紧凑，并具有有限的硬件和更为灵活的软件。这种紧凑的硬件和很小部分的软件（称为公共空中接口基本输人输出系统 CAIBIOS）与过去计算机工业的发展相似。这种紧凑的多维广带无线模式将为系统设计和实现所接受。无线移动因特网是这种合一广带无线系统的关键应用。终端将很聪明，兼容移动和接入服务，包括无线多播和集群。这种新的终端将具有如下特性：（1）90% 以上的业务流将是数据；（2）安全功能将增强（嵌入指纹芯片）；（3）具有语音识别功能，也可选用按键或键盘；（4）终端将支持单一或多个具有不同服务选择的用户；（5）终端具有完全的自适应和软件重构功能。

第四代移动（4G mobile）无线通信将是这一未来合一的无线通信系统的理想模式。

2　4G 移动通信

4G 移动通信系统将是支持高速数据率（2～20Mb / s）连接的理想模式。

4G 移动系统不仅具有高运动速度，还应有高容量和低的比特代价，并有能力支持 2010 年代的服务。为了获得高容量，并具有合理的频带，4G 移动小区半径比现在的蜂窝系统要小。但是，当前蜂窝无线接入网结构（RAN）对微小区网络结构并不优化。因此，需要研究新的革命性 RAN 结构，并具有较小的比特代价。构成基于 IP 技术的，并可无缝连接 3G、4G 和无线 LAN（WLAN）及固定网络的系统将是可能的。不仅 RAN，整个网络结构都应能支持 2010 年代不同的应用服务。4G 移动系统基本网络结构的概念如下：整个网络和应用可分为三层。物理网络层提供接入和路由选择功能，它们由无线和核心网的综合格式完成。中间环境层的作用是桥接物理网络层和应用网络层，它的功能有 QoS 映射、地址变换和安全性管理等。物理网络层与中间环境层及其上的应用环境层之间的接口也是开放接口，它使发展和提供新的应用及服务变得更为容易。

4G 无线移动和接入系统的合一及 4G 移动网络和终端的重构性（reconfigurability）、可攀登性（scalable）、灵活性及自组织性包括：

（1）自适应资源分配以处理变化的业务流负载、信道条件和服务环境；

（2）综合固定/移动/广播网络和规则，以实现对功能体的分布式和非集中式控制；

（3）协议允许网络动态自适应变化的信道条件，并使低码率和高码率的用户能共存，使基站之间高数据率的用户相互切换。拥塞控制算法能识别和调节改变的信道条件；

（4）发展数字广带毫米波系统概念，使之对广带无线接入应用能传送更高的比特率。

因此，4G 移动在增加数目的综合的、不同的、异类的无线移动与接入平台和网络上，将提供无缝高数据率的无线服务，并运行于跨越多个频带。这一服务能自适应多个无线标准及多模终端能力，以及延迟的敏感和不敏感地应用于可变带宽的无线信道，跨越多个运营者和服务，提供大范围，具有完全的用户控制服务质量水平。

3 3G向4G移动通信的演进

3.1 对3G移动通信的基本要求和目的

（1）能提供大范围的电信服务，包括那些由固定网络提供数据率达2Mb/s的服务及移动通信提供的特殊服务。

（2）能通过手持机、便携机、车载台、可搬动设备及固定终端的全部服务环境中及不同无线环境中具有必要能力的终端提供服务。

（3）对漫游用户，不论在家里或其他环境均能提供同样的服务质量（QoS）。

（4）能提供音频、数据、视频及多媒体服务。

3.2 对4G移动通信的基本要求和目的

（1）对加速增长的广带无线连接的要求提供技术上的回应。

（2）对跨越公众的和专用的、室内和室外的多种无线系统和网络保证提供无缝的服务。

（3）通过对最适合的可用网络提供用户所要求的最佳服务。

（4）能应付基于因特网通信所期望的增长。

（5）开阔新的频段。

3.3 3G向4G移动通信演进的基本步骤

（1）各种不同无线系统通过网络互连及无线重构技术，达到无缝集成。

（2）对未来的应用要保证服务质量（QoS）水平。

（3）通过自认知、自组织的特定联网（Ad Hoc networking）概念和技术，增加网络的灵活性。

（4）通过创新的空中接口方式，允许无线连接，使自适应传输率大大超过2Mb/s。

（5）通过对频谱需求及共存问题的评估，包括对发展策略的研究及允许分布式和灵活的频谱资源管理相适应工具的发展，来达到4G的要求。

4 关于我国发展4G移动通信的建议

鉴于世界范围内对21世纪未来一代移动通信（也称后3G移动通信）已提上议事日程，个别国家已进行近10年的研究，我们在把主要精力放在发展3G的同时，应关注作为21世纪未来一代移动通信重要组成部分的4G移动的开发和研究。笔者建议：

(1) 应积极参与 ITU 关于 4G 移动发展标准建议的研究；(2) 积极跟踪各国的研究动向和成果；(3) 发挥国内大学及研究机构的作用，开展有关基本理论和技术的研究；(4) 要把 4G 移动的研发与建立我国移动通信产业结合起来；(5) 在进入 WTO 的条件下，积极开展国际合作，使我国移动通信的发展能跻身国际先进行列。

李承恕　北方交通大学现代通信研究所所长，教授

论文 44

我国移动通信发展的技术和产业问题*

李承恕
（北方交通大学现代通信研究所　100044）

进入21世纪以来，我国移动通信仍处于高速发展的大好形势中，今年7月底，移动用户数达2亿户，我国已建成全球最大的GSM网络，中国移动GSM用户数约8000万，中国联通移动用户数突破3000万，中国联通CDMA网的建设容量为1550万户，该网也将于今年底建成。当前，国内外都十分关注我国今后10年（2001—2010年）移动通信发展的走向。本文将对此进行简要分析，并提出一些个人看法，供大家探讨。

1　2G的发展仍有巨大的空间

我国目前正处在2G发展阶段，其发展速度和规模远远超出人们的预料，已居世界第一位。应该看到，世界先进国家的移动用户数占人口的比例在20%～65%之间。对于拥有13亿人口的我国来说，移动通信用户仅占人口总数的百分之九点几。不容质疑，在今后10年内（即到2010年为止），随着国民经济的发展和人民生活水平的提高，我国移动通信仍将高速发展，这是客观规律所决定的，我们一定要有思想准备。

最近，国家决定由中国联通建设2G CDMAIS—95网络。这一决定很重要，不仅对用户有利，同时也将大大促进我国2G和3G的发展。众所周知，CDMA的固有优势是容量大、频带利用率高、覆盖面大、基站数目少及总投资省等。今年如能建成1550万户容量规模的CDMA网，可以预期，在今后10年内，它将以更高速度发展。对于我们这样一个发展中的大国，它能有利于解决频率资源紧张、基本建设投资巨大和用户承受能力相对较弱等实际问题。我国2G发展的一个可能格局是GSM与CDMA IS—95平分

* 本论文选自：电信快报，2001（12）：3-25。

秋色，同步发展，这对于各方面来说，都是有利的。总的说来，这样巨大的需求和发展空间，绝不是一两个运营商所能承担得了的。何况进入 WTO 后，更为激烈的市场竞争即将到来，我们也应有思想准备。

2　2.5G 的发展方兴未艾

中国移动的 GPRS 业务已于 7 月 9 日开始在全国 16 个省的 25 个城市投入试商用，容量达到 40 万。此项业务采用信包（分组）通信技术，数据速率可达 115.2kb/s。这就是人们称之为二代半（2.5G）的移动通信。面临 3G 能为人们提供高达 2Mb/s 的数据率和传送多媒体信息的挑战，人们致力于使 2G 采用一些改进技术达到提高数据速率的目的，从而产生了如 HSCSD、GPRS 和 EDGE 等一系列 GSM 的演进技术。这样，就能将基本上用来传送话音的 2G 也能做到移动上互联网，提供 E-mail、ftp 和电子商务等业务。由此可见，2.5G 移动通信的出现是出于可以延长 2G 生存期的结果。目前，运营商推出的 2.5G 也是出于尽快满足市场对移动数据业务的需求，同时为向 3G 过渡做技术上的准备，是有一定道理的。但不可讳言，用一个窄带系统来传送宽带业务（即高速数据和多媒体业务）是力不从心的，要付出一定代价。虽然这种技术有一定的发展空间和时间，但它终究是一种过渡技术。很可能当人们需要在移动中大量传送高速数据和多媒体信息时，他们将选择具有宽带特性的 3G。对于 CDMA 系统，从 IS—95A 发展到 25 ~ 95B，达到中等数据速率（MDR），即 115.2kb/s 也是同样属于 2.5G，其发展的历程也会是相同的。

3　3G 正向我们走来

2001 年有三件大事将极大地影响我国移动通信的发展，除了上面提到的中国加入 WTO 和国家决定大力发展 CDMA 移动通信网外，第三件大事是我国将于今年年底到明年年中推出 3G 商用系统。3G 自 CCIR 提出至今已有 15 年了，经过人们长期的研究开发和技术标准之争，应该是初见分晓的时候了。世界上各国对 3G 发展必要性的共识是不容质疑的。现在的问题是 3G 付诸实际商用是否能达到人们预期的性能上、技术上和经济上的目的和要求。我国对 3G 的发展应该说起步并不太晚，但决心不大，投资强度不大，动作力度不大。在国家“863”计划和“九五”计划中，对 3G 的研发均有所安排，也有了喜人的成果和提出了 TD—SCDMA 标准，但与世界上各大国相比，差距较大也是不能否认的。因而，大力发展 3G，仍然是我国发展移动通信极为重要的战略决策，其出发点主要是：

（1）大力发展 3G 是建立我国移动通信产业和占领未来国内移动通信市场一次难得的机遇；

（2）应把发展 3G 与发展 2G 结合起来一同加以考虑，使二者既能满足当前国内市场的需求，又能适应未来发展的过渡；

（3）容量和频谱利用率的问题是发展移动通信的根本性问题。应尽量采用先进的、频谱利用率高的系统。3G 的基本技术是宽带 CDMA 技术，因而有很大优势；

（4）我国未来 2G 的发展可能是 GSM 与 CDMAIS—95 平起平坐、平分秋色，因而对于 3G 的三种主流技术：WCDMA，CDMA2000 及 TD—SCDMA 均应发展；

（5）我国发展 3G 应与建立生产制造业结合起来，并尽可能注入自己的知识产权。同时，国家要加大投入，使移动通信真正成为国家的经济增长点和支柱产业。

4 发展 4G 是我国民族移动通信产业的新机遇

3G 尚未商用，为什么人们已开始关注发展 4G 呢？应该说，这种关注不是没有道理的。一代技术的发展经历提出、研究、实验、形成标准、批量生产直至最后到用户手里，大概需要 10 年左右的时间。1G、2G、3G 的发展都是如此。估计 4G 的发展没有 10 年时间是不行的。中国 3G 的应用估计可能要到 2005 年左右。到 2010 年左右，4G 可能会登上世界历史舞台。一般认为，新一代产品无论在技术上和应用上都应比老一代产品有“革命性”的变革。因而，4G 要比 3G 有明显的进展。目前，对 4G 虽然尚无明确的定义和规范，但应具备以下一些基本特点：

（1）4G 的数据传输速率应比 3G 高一个数量级，达到 20Mb/s ~ 150Gb/s；

（2）主要采用更宽的频带，即广带（broad band）为基础的技术；

（3）应具有自适应系统分配以及适应变化的业务流和信道条件，有很强的自组织性和灵活性；

（4）能综合多种网络结构（如固定、移动、广播网络），并能加以控制；

（5）能满足不同用户不同业务和码率的要求。

我国应尽早安排和启动 4G 的研发。出发点主要是赶上世界技术和市场发展的进程。我们可以充分利用今后 10 时间，大力开发 4G 技术和产品，尽量注入我们自己的知识产权，同时建立自己的民族工业，争取到 2010 年，我国自己生产的 4G 产品能够占领国内市场，并进入国际市场参与竞争。我国发展 2G 和 3G 都错过了机遇。发展 4G 是不是建立我国民族移动通信产业的新机遇呢？我们不能再丢失了。

5 结束语

21 世纪我国移动通信发展战略是应该由国家最高层领导和主管部门来制定的，因为移动通信产业每年都有大约 1 万个亿资金的运作，是一篇大文章。本文作者提出的一些看法只是一己之见，衷心希望各界关注和参与这一问题的探讨。

李承恕　北方交通大学现代通信研究所所长，博士

论文 45

透视美国全球移动信息系统*

李承恕

北方交通大学现代通信研究所

全球移动信息系统概要

1994 年美军国防高级研究计划局（DARPA）提出了全球移动信息系统（GloMo）计划，以满足国防对快速展开和可靠的信息系统的需求，并研究和验证支持这一需求的各项技术。推动 GloMo 计划的一个实例就是陆军推出的数字化战场。数字化战场通信结构是将无线局域网、战斗网无线电台（CNR）、地面个人通信系统（PCS）、基于卫星的个人通信系统、直接视频广播等通过单信道无线电入口（SCRA）和无线入口点（RAP）接入大容量干线网电台无线网（HCTR），从而构成栅格状战区通信网。

GloMo 计划的组成部分：

1. 设计基础设施——工具、语言和环境。

2. 不限定的节点——高性能、模块化、低费用和小功率的无线节点。

3. 无线网络——移动组网算法和协议、自组织、自愈技术、可靠的算法和快速展开。

4. 端到端组网——在异种混合网上工作。

5. 移动应用支援——适应变化的网络连接和服务质量要求。

GolMo 计划的提出一方面是要满足未来国防上有效的移动信息系统的需求，而同时又能利用商用部门发展中的技术。军用要求与商用要求有许多不同之处，例如：军事移动信息系统应具有在敌对环境下的适应性：在移动性低的环境用宽的带宽，而在移动性高的环境，则用窄的带宽；系统要能快速展开，具有高度机动性。此外，系统在安全性方面要能抗多径干扰、敌力干扰、环境噪声干扰和具有多级保密等。

军方能够利用的商用先进的基础技术有：

---

* 本论文选自：军民两用技术与产品，2001（02）：41-42。

1. 数字信息处理和其他分支技术。

2. 将地球同步轨道（GEO）和低轨道（LEO）卫星系统综合进整个通信网络。

3. 保障终端用户计算机接入的个人数字助手（PDA）和类似技术。

4. 用于多媒体通信的异步传递模式（ATM）。

5. 全球信息高速公路（GII）的建设必须基于无线移动环境，并扩展到无线移动环境中去。

全球移动信息系统的思路

GloMo 计划的提出和实现是为了适应 21 世纪信息化战争的需要。而在其实现的途径中，特别强调了军用产品和商用产品、军用技术和商用技术的结合和军民两用相互促进的思想和原则。它的一个重要思路是既要满足将来国防对有效移动信息系统的需求，同时又能利用商业部门发展中的技术，从而使下一代军事信息系统能以商用产品和业务为基础。有关的论点如下：

- 美陆军在基础技术方面将利用新颖的商用通信资源，以增加现有的战术通信系统的能力。军队可以而且也应该从这些新的通信技术中受益。依靠商界已开发的通信基础设施，以避免浪费。同时利用全球民用制造的基础设施来满足部队快速部署的需求。

- 作为陆军 ACT II 计划的一部分，商用技术可用在训练与条令司令部的用户环境中。陆军可以利用共享的 ISDN 商用现成的硬件和软件技术，并与全球商用基础设施相连接。陆军将与开发人员结合，解决个人通信业务（PCS）满足军用性能和适应性需求的问题。

- 过去军事专用通信设备数量较少，一直是小批量生产，所以不能满足危机时刻迅速齐装，以满足部队迅速部署的需要。这种状况进一步促使采用商用现成设备，以便在短时间内利用全球商用制造商的基础设施，从而获得大量的设备。

- 个人通信业务（PCS）和数字蜂窝技术将在新的战场信息传输系统（BITS）中起重要作用。而 GEO/ LEO 卫星或无人航天器不需要复杂的地面基础设施，在许多应用方面更富吸引力。未来 10 年将着重采用民用技术，以便能够减少设备与寿命周期费用，同时改善系统性能和经济上的可负担性。研究由军民两用技术组成的综合体系结构，在保证全球双重基地作战的各个阶段能确保通信系统的可用性。

- ATM 交换技术已成为下一代战术交换技术。将推广研究在战术互联网采用商用标准 TCP/IP 协议的分组交换系统。陆军现有的数据网（MSE、EPLRS 和 SINGARS）将采用基于商用互连协议（IP）的战术多网关（TMG）和网间控制器（INC），实现无缝隙互连。

- 直播卫星（DBS）电视广播已在美国本土以低成本赢得商用用户，而对军用来说也是一种强劲的技术。GloMo 计划中为支持国防需求而开发的许多技术最终将转移到商用技术和基础设施中去，作为新的商用无线信息系统和业务的催化剂，并通过商用产品和业务使这些技术可供军用。

- DARPA 管理和指导国防部选定基础和应用的研究与开发项目，它从事的研究和技术开发风险和收效都很高，而且，如果成功的话，可以大大促进传统的军事任务和使命以及军民双重应用。军方用军方所需的性能增强商用产品，同时又保留商用硬件的许多优点。

• 在端到端组网中使用和扩展各种可用的商用标准（即支持 Internet 的那些标准），以使移动通信系统真正是全球信息基础设施的一部分。开发使无线网络与 NII（Internet 为其主要模型网）相结合的技术，这样就可能利用任何可用的通信设备，例如蜂窝系统、个人通信系统或卫星通信接入 Internet。

全球移动信息系统的启示

充分利用已有的民用系统，在最短的时间内，弥补军用系统之不足，完成整个军用系统的布置，是 一条多快好省的路子。我国的军用与民用信息系统也必然要走结合的路子。军用和民用两方面都不能孤立地来建设自己的专用系统，在战争条件下，各搞各的，结果是谁也不能很好地完成任务。

军用通信装备战前不可能准备十分周全，只能考虑到主要的、基本的需要。战争一旦打起来，情况千变万化，全靠现成的装备是不行的。民用通信经常在使用，经常在更新，经常在发展，且覆盖面广，投资有效益，是一种良性循环，可以长久维持。在某些领域，民用系统在技术上的发展，有时胜过军用系统的发展，例如移动通信、卫星通信、个人通信等，无论是技术还是产品，平时民用，战时军用，军民两用是完全可行的。在战争的环境中，二者结合起来，可以发挥整体的作用，比单独使用更具优越性，既能增加容量，又能增加安全性。

我国军民两用应解决的问题：

1. 国家需要有一个全面的、整体的建设规划，不能各行其是。

2. 建设民用系统时要考虑到如何转入军用（如加密设备），建设军用系统时要考虑如何与民用系统相沟通。

3. 在研制设备和建立通信网时，应要求解决兼容与接口标准问题，一旦有事，就可以互相连接和畅通无阻。

4. 军用和民用都要尽可能地采用国际最先进的技术，并互相移植和借鉴，如无特殊需要，技术上也要求相近和相通。

5. 生产军品的厂家，应同时生产相应的民品。生产民品的厂家也要承担生产军品的任务。

6. 应尽量吸收非军事院校及研究机构参与军用通信的研究，以发挥其专长，促使其在平时就做好战时参加服务的准备。在美国 GloMo 计划中参加的知名院校有 10 个，如麻省理工学院（MIT）、斯坦福大学、加州大学各分校、南加洲大学等。它们承担了 35 个研究课题中的 22 个，占 2/3，发挥着主要的作用。

此外，随着商品经济的发展，无论是部队和军工部门，还是民用部门，在诸如管理体制、经费使用、人力资源、流通渠道等方面都要有相应的政策，才能为军用和民用相结合创造必要的条件。

作者简介

李承恕教授　博士生导师、北方交通大学现代通信研究所名誉所长、中国通信学会常务理事、无线通信委员会主任委员。1960 年在苏联列宁格勒铁道运输学院获副博士学位。1981—1983 年在美国麻省理工学院研修。主要从事无线通信、移动通信、扩展频谱通信、个人通信等领域的教学和科研工作。主要著作《扩展频谱通信》、《数字移动通信》等。

论文 46

对移动通信产业发展的战略思考*

李承恕

北方交通大学现代通信研究所教授

我国移动通信发展战略研究的重要性

全球移动通信仍将以排山倒海之势迅猛发展。

目前全球移动电话已超过 6 亿户。据预测，到 2005 年，全球移动电话用户总数将超过有线电话用户总数；到 2006 年，全球移动电话用户总数将达到 10 亿户。

移动通信已成为我国国民经济的支柱产业和新的经济增长点。

我国移动通信发展势头强劲、如日中天。到去年底，我国移动通信用户数已超过 7 000万户，成为世界第二大移动电话市场。据统计，1999 年全国通信服务收入为 2 433 亿元，电子信息产品制造业销售收入为 4 300 亿元，出口总额为 3 350 亿元。如果再加上基础设施建设投资，移动通信市场规模超过一万亿元。比起其他行业，移动通信已成为名副其实的支柱产业和新的经济增长点。

我国移动通信还有巨大的发展空间。

近十年来，我国移动通信在以惊人的速度发展，但对于 12 亿人口的大国而言，普及率仅为 6. 5%，我国移动通信发展的空间仍然十分巨大。同时，我国即将加入 WTO。不言而喻，我国移动通信的发展已成为当今世界各国关注的焦点之一。

总的看来，我国移动通信的发展形势大好、任务艰巨，面临巨大的机遇与严峻的挑战。因此，研究和制定我国移动通信的发展战略是当务之急，具有重大的现实意义。我国移动通信发展战略应包括目前第二代（2G）移动通信的应用与发展，第三代（3G）移动通信的研究与开发，移动数据通信的兴起与普及，我国移动通信产业的建立与发展等等。

---

* 本论文选自：中国无线电，2001（1）：6-8。

第二代移动通信的应用与发展

国家应适当控制 GSM 网的发展，同时大力促进 CDMA 网的建设。

面对我国如此巨大的市场需求，我们应采取什么样的技术政策和发展方针呢？对于经营者来说，采取扩大 GSM 网的规模，充分利用已有基本设施的投资优势，尽快回收和取得利润是无可非议的。但实际情况是在大中城市已出现容量不够、频率资源不足的情况，而不得不动用 1800MHz 频段的资源来解决容量不足的问题。因此，应该尽快采用频率利用率高的技术和系统作为今后解决容量不足、频率资源匮乏的主要手段和途径。实践已证明，CDMA 系统具有更大的容量和更高的频谱利用率。同时还要考虑到第三代移动通信的主流技术是宽带 CDMA。因此，从国家整体利益和长远的发展出发，笔者建议，国家应适当控制 GSM 网的发展，同时大力促进 CDMA 网的建设与发展。这是一个十分重要的战略决策。历史上许多新旧技术更迭、取代、演变的经验证明，一时的技术政策失误将会使今后的发展背上沉重的包袱，因而我们切不可掉以轻心。

向 3G 演进。

面对第三代移动通信系统即将投入商用的挑战，移动制造商和运营商正在考虑和做出努力来延长第二代移动通信的生存时间，并致力于解决平滑过渡到第三代移动通信的问题。总的趋势是增加第二代新的服务功能、网络容量和增强其无线数据传输能力。第二代向第三代演进的策略是把 IMT-2000 的部分服务引入到第二代系统中。然后，在增加频谱有效性和灵活性的基础上演进或更新到 3G 宽带接入以提供全部 IMT-2000 的服务。两种主要体制演进的趋势是：

1. IS—95 的演进。IS—95（cdma One）系统的数据速率改进到 IS—95B 规定的中等数据速率（MDR）即到 115.2kb/s，采用集中使用（最多）8 个业务信道来传输分组数据。运营商开始可支持数据率为 28.8 到 57.6kb/s 的前向链路和 14.4kb/s 的反向链路（可浏览 Web 或下载 e-mail）。IS—95 采用的软切换和移动台辅助频率间的硬切换（MAHO）的改进措施也可增加系统容量。向前发展到 IS—95C（cdma2000 第一阶段）将达到 IMT -2000 的 MDR，是 cdmaOne 系统容量的两倍，并可增加待机时间。IS—95 C 的标准化将进展到 cdma 2000 标准的单载波和三载波模式。在前向链路，选用多载波模式对现有 IS—95 的运营商更具有吸引力。它可使在现有的频谱范围内平滑过渡到 3G 系。

2. GSM 的演进。GSM 向第二阶段 Phase 2^+ 的演进正在进行。关键是增强高速电路交换数据（HSCSD）服务，使数据率达到 57.6kb/s，用了 4 个时隙。另外还有先进的语声呼叫项目（ASCI）经过（CAMEL）引入的智能网（IN）技术，增强的短信息服务（SMS），以及高速通用分组无线服务（GPRS）等。GPRS 对 GSM 来说是重要的服务，它允许在全速移动和大范围覆盖时的数据率达 115.2kb/s，并可支持 IP 和 X.25。对 GSM 的 Phase 2^+，ETSI 决定发展增强数据率的全球演进（EDGE）技术，作为 GSM 未来的演进，它可用 GSM 现存的同样的频带。EDGE 与 GSM 的载波带宽（200kHz）、符号率（270.833 符号/秒）、以及帧结构（8TDMA 时隙/4.6ms 帧）等的相同性对设计多模终端是有利的。

第三代移动通信的研究与开发

经过世界各国数年的努力，1999 年 11 月 ITU 完成了 IMT-2000 RTT 标准的制定工作。如今，核心网标准的制定工作也在进行之中。第三代移动通信将获得广泛的应用，具有巨大的市场前景。

ITU 确定的 IMT—2000 RTT，技术规范的建议如下：

- 两种 CDMA FDD 建议：DS CDMA；MC CDMA
- 一种 CDMA TDD 建议：TD-SCDMA 及 UTRA CDMA
- 一种 TDMA FDD 建议：UMC 136
- 一种 TDMA TDD 建议：E-DECT

由于世界各地区第二代移动通信发展情况的不同以及各国利益的冲突，最后未能达到全球统一的、一个标准的目的。ITU 通过“家族”的概念实际上是折中和妥协的结果。应该看到，国外大公司的强强联手，实际上是重新瓜分世界市场。但不容讳言，IMT-2000 的主要技术还是欧洲和日本提出的 W-CDMA 和北美提出的 cdma-2000。中国提出的 TD-SCDMA 能纳入规范中不能不说是一个重大的突破。

我国在政府主管部门的直接领导和各方面协同努力下正在进行 IMT-2000 的研究与开发。中国关于第三代移动通信发展的走向对世界移动通信发展的影响有举足轻重的作用，成为各国都关注的、十分敏感的问题。建议有关部门在做出决策时应考虑如下因素：

1. 大力发展第三代移动通信是建立我国移动通信产业和占领未来国内移动通信市场十分难得的机遇。错过这次机会我们只能始终跟在别人的后面爬行。

2. 应把第三代移动通信未来的发展与第二代移动通信当前的发展联系起来一同加以考虑，使二者既能满足当前国内市场的需求又能适应向未来发展的平稳过渡。

3. 容量和频谱利用率的问题是发展移动通信根本性的问题。从长远和全局的观点出发，我们应尽量采用先进的、频谱利用率高的系统，而避免只顾眼前利益盲目发展落后的、频谱利用率低的系统。在这个问题上国家应做宏观调控而不能听任各企业自行其是。

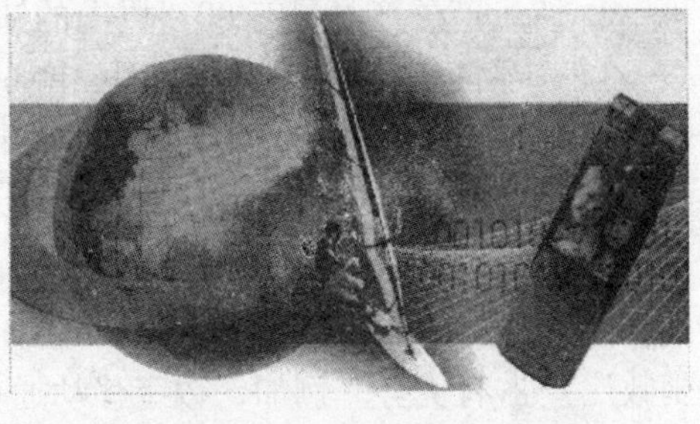

4. 发展第三代移动通信，无论是进行研究开发或建立生产制造业，应是国家行为。核心问题是国家在第三代移动通信领域要下决心加大投入，务求必胜。国际上已有成功的先例值得参考。

5. 发展第三代移动通信，必须要有我国自己的知识产权。因此，无论是自主开发，还是国际合作，要力求具有真正中国品牌，而不是简单地贴个标签。只有这样，将来才会摆脱受制于人的局面，挽回每年几千亿元资金的流失。

移动数据通信的兴起与首发

移动数据通信就是用户通过无线数据终端可在任意固定地点或在运动中与其他数据终端交换数据、传递文件、提取资料，以及访问数据库。当前，由于移动通信的广泛应用和 Internet 服务的火爆，移动数据通信成为大家关注的热点问题。移动数据通信的发展趋势主要是两个方面：一是在以电话为主的蜂窝移动通信系统中增加传送数据的能力；二是移动通信与 Internet 的结合。下面列出有关技术：

1. 通用分组无线服务（GPRS）技术；
2. 增强数据速率改进（EDGE）技术；
3. IS—95B 利用码聚集（aggregation）技术；
4. 移动 IP（Mobile IP）；
5. 无线应用协议（WAP）；
6. 蓝牙（Bluetooth）技术。

我国移动通信产业的发展战略

我国移动通信运营市场一片繁荣，而制造业却令人堪忧。移动通信设备绝大部分依靠进口，以致每年有数千亿资金流失国外。因而，建立我国移动通信产业仍然是举国上下关注的重大问题。

建立我国移动通信产业的标准问题。

我们面临的任务是如何建立国家的移动通信产业，而不是个别公司或厂家的移动通信产品的问题。判断是否已建立起我国自己的移动通信的民族工业，笔者认为有以下三条标准：

1. 能提供国内运营市场所需 80% 以上的产品。
2. 所生产的产品具有 80% 以上的知识产权。
3. 产品能打出国门，并与国际市场上同类产品进行竞争。

建立我国移动通信产业和技术路线问题。

所谓技术路线问题就是选择何种技术的问题。原则上讲，建立产业应尽量采用新技术。而新技术生存、发展和具有生命力的充分和必要条件是，其性能/价格比（或性能函数/代价函数比）占有优势。例如，数字移动通信之于模拟移动通信是如此，第三代移动通信之于第二代移动通信是如此，它们都无一例外地遵循这一规律。鉴于我国在技术、市场的时间和空间上，已经没有条件通过发展第二代移动通信来建立移动通信产业，正确的战略决策应是：大力发展第三代移动通信来建立我国的移动通信产业。

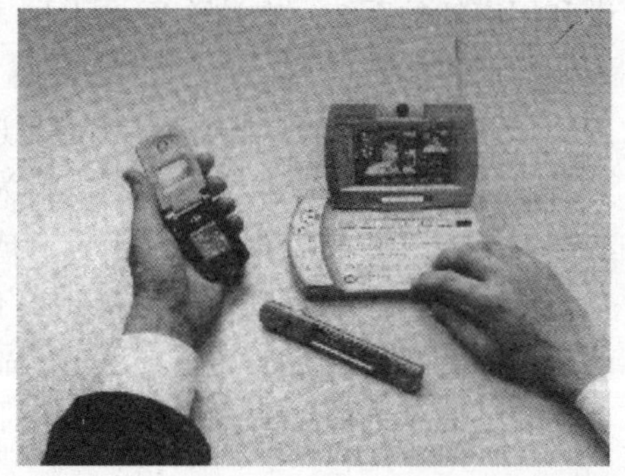

建立我国移动通信产业的道路问题。

道路问题指的是通过什么途径达到前述三条标准，来建立我国移动通信产业。目前可供选择的有以下三条道路：

第一条道路：全力开发第二代移动通信产品，包括 GSM 和 IS—95 的交换机、基站、手机及成套芯片等，以期在一两年内达到具有自主知识产权的产品供应市场。但实际实施起来，可能最终达不到三条标准。这只是人们美好的愿望，而实际上是行不通的。

第二条道路：进口国外套片，加上自己的品牌，采用 CKD 或 SKD 生产第二代移动通信产品。这条道路对于个别厂家和集团公司来说是可行的，可以在短时间内解决市场的急需。但对于建立国家产业只能是权宜之计。

第三条道路：国家在战略上积极发展第三代移动通信来建立我国的移动通信产业。全力以赴，加大投入，集中全国各方面的力量自主开发从芯片到整机设备；走国际合作的道路，购入部分专利；在策略上另辟蹊径，出奇制胜；采取相应的政策措施，以期在 5 ~ 10 年时间内真正达到三项标准，建立起我国的移动通信产业。这条道路看起来慢一点，付出代价多一点，是一条艰苦攀登的路程，但它确能最终达到建立民族工业的目的，是一条大有希望的道路。

我国移动通信发展的基本思路

21 世纪为我国移动通信的发展提供了前所未有的机遇，同时也带来严峻的挑战。综上所述，作者建议发展我国移动通信的对策和基本思路是：

1. 21 世纪我国移动通信的发展还有一个巨大的空间，机不可失，时不再来。抓住机遇迎接挑战的前提是正确把握移动通信的发展趋势和采取正确的政策。

2. 当前应适当限制第二代 GSM 网的发展，大力促进 CDMA 网的建设与发展，有效利用宝贵的频谱资源，这对国家的总体来说是有利的。

3. 抓住第三代移动通信发展的大好时机，国家应加大投入，组织各方面力量背水一战，努力赶上世界先进水平。

4. 展望未来，第四代移动通信正向我们走来。我们应提前作好准备，迎接新的挑战。

5. 移动通信与 Internet 的结合是当前重要的发展方向，应积极促进各种新技术的应用与普及。

6. 吸取国际上卫星移动通信发展的经验与教训，继续坚持我们的研究与开发工作。

7. 大力发展第三代移动通信来建立我国的移动通信产业。发扬“卧薪尝胆”的精神，争取在 5 ~ 10 年时间内从根本上改变我国移动通信发展依赖外国的局面，建立起移动通信真正的民族工业。

8. 希望政府主管部门制定一系列发展我国移动通信的政策措施。首要的是抓好教育和人才培养。有了一支高水平的技术队伍，我国移动通信的发展是大有希望的。

论文 47

论中国 CDMA 移动通信的发展*

李承恕

1 中国 CDMA 移动通信发展现状

自国家 1999 年决定由中国联通负责中国 CDMA 移动通信网络的建设以来，经过近 3 年的努力，2002 年 1 月 8 日中国联通的 CDMA 网络正式开通运行。一期工程建设规模为 1 515 万户，覆盖全国除台湾省和香港、澳门特别行政区以外的 31 个省、市、自治区共 330 个城市，覆盖面达到全国 96% 的地级市、92% 的行政县和 30% 的行政乡。应该说在国家的大力支持下，中国联通的 CDMA 网络建设速度快、成绩显著。中国联通一期工程采用 CDMA IS—95A 增强型技术，新建 188 个交换局、14 500 个基站、9 000 个直放站。一期工程的资本支出为 240 亿元人民币，其中 CDMA 主设备支出为 125 亿元人民币。中国联通计划在 3 年内将 CDMA 网络的总容量达到 5000 万户，整个计划到 2003 年完成。完成以后的 CDMA 网络将提供基本的话音业务，支持国际漫游及智能网业务，其中包括用户预付费业务、移动 VPN 业务和被叫付费业务等。

中国联通新时空公司宣布，他们将对 CDMA 网络采取以下演进策略：

第一步：建设一个完好的 IS—95A 增强型 CDMA 网络，它将支持广泛的网络漫游，支持机卡分离的终端设计要求，以及支持向未来 cdma 2000 1x 平稳过渡的发展策略。

第二步：在现有的 IS—95A 增强型网络平台上向 cdma 2000 1x 过渡，即适时将全网过渡为一个包含 IS—95A 增强型信道结构的 CDMA 2000 1x 网络，并尽快在 cdma 2000 1x 网络平台上将单一话音业务加补充业务服务模式过渡为业务多元化的服务模式。

第三步：在完成建设 CDMA 20001x 网络和服务的前提下，向 cdma2000 1x-EV/DO 或 EV/DV 方向演进。

从上述基本情况看来，中国 CDMA 移动通信的发展在国家正确决策和大力支持下已在大踏步地向前推进，对中国移动通信的发展无疑是一件大好事。中国联通 CDMA 移动

---

* 本论文选自：中兴通讯技术，2002（02）：31-33。

通信网的建设，将进一步促进中国移动通信的发展，使整个国家移动通信的发展格局更趋合理。

2　CDMA 移动通信的优势

在第二代移动通信发展历程中长期存在着究竟选择哪种制式的问题，应该说技术的先进与否是选择制式的主要依据。中国由于历史的原因，目前已建成了世界上最大的基于 TDMA 的 GSM 网络。从移动通信进一步发展，满足人民群众不断增长的需求和进入 WTO 后国际竞争的形势来看，发展格局应有所变化，应使其更为合理。这里我们先分析一下 CDMA 移动通信的基本特点，它有助于我们考虑今后的发展格局问题。众所周知，CDMA 移动通信采用扩频通信技术，具有扩频技术固有的特点，同时又引入了蜂窝移动通信中所特有的一些先进技术，使之成为一种干扰受限的系统。它具有如下优点：

（1）容量大

在理论上 CDMA 移动网比 FDMA 和 TDMA 移动网有较大的系统容量。在相同的频率资源条件下，CDMA 移动网为模拟移动网容量的 20 倍，CDMA 网为 TDMA 网的 10 倍。目前在实际运行中，CDMA 网比 GSM 网在容量上要大 4 ~5 倍。

（2）通话质量好

由于采用了较先进的声码器技术，CDMA 网可以动态地调整码速率及门限值，在背景噪声较大的情况下也能获得较好的通话质量，所采用的软切换技术也减少了掉话率。

（3）频率规划简单，容量配置灵活

CDMA 具有频率规划简单、系统容量可灵活改变和配置的优点。

（4）手机电池使用寿命较长

由于采用了功率控制技术和变码率的声码器，节约了能量的消耗。

（5）建网成本低，建设投资省

实际建网表明，与 GSM 比，CDMA 覆盖范围大 1/3，基站数目减少 1/3，总投资也就节省了 1/3，同时建设周期也可缩短。

（6）可平滑过渡

由于第三代的主流技术为宽带 CDMA 技术，采用 CDMA IS—95A、CDMA2000 1x 和 CDMA 2000 3x 的过渡策略是比较容易的。

在上述优点中，具有决定性的优势在于其容量大和频率利用率高。频率是国家宝贵的资源，由于不能再生，只能合理利用。当用户需求量增加或新服务出现时（如城市人口增加、高速数据与多媒体业务发展），就会需要更多的频率资源，这时人们就不得不求助于频带利用率高的技术和容量大的制式，CDMA 技术具有强大的生命力的原因就在于此。同时，对于一个国家来说，面对有限的频率资源，大力发展具有容量大和频带利用率高的技术和制式是理所当然的。

3 中国发展 CDMA 移动通信的理由

从上述 CDMA 移动通信基本特点的分析中，我们不难理解中国 CDMA 移动通信发展的必要性。是否发展 CDMA 移动通信的争论由来已久，国家决定发展 CDMA 移动通信也不是一时权宜之计，而是重大的战略决策。这是基于下面的理由：

(1) 中国移动通信用户总数目前已达到 1.45 亿户，但对于 13 亿人口的大国来说，其普及率仅占 11.3%，也就是说中国移动通信还有一个巨大的发展空间。世界上发达国家的移动通信普及率为 30% ~60%，我们应如何来填补近 50% 的普及率呢？显然，不能一味地只发展 GSM 一种体制，而应采用具有容量大、频带利用率高的 CDMA 移动通信系统，这对于频率资源有限和人口众多的大国来说，具有重大的战略意义。更何况目前 GSM 在大城市已感到频率资源不够而不得不动用 1 800 MHz，这将影响今后中国与国际频率资源分配的接轨和个人通信及 3G 的发展。因此，发展 CDMA 移动通信是解决频率资源不敷应用的有效措施之一。

(2) 为了在中国移动通信市场引入竞争机制，也不能不大力发展 CDMA 移动通信。显而易见的是，中国联通依靠发展 GSM 移动通信网是不能与中国移动通信进行竞争的，只有发展 CDMA 移动通信网，利用其容量大、投资省、建设周期短的优势，才能在最短时间内形成与中国移动相竞争的实力，否则旧的局面在实际上很难打破。而且对广大用户来说，形成多种选择的局面是符合大众利益的。这也是电信体制改革所必需的。

(3) 中国加入 WTO 后，面临国际范围的市场竞争，仅有一种体制有时也会受制于人。在国际市场上引入竞争机制发展 CDMA 移动通信也是十分必要的。今后，无论是进口还是出口通信产品，多样化的选择都是有利的。

(4) 向第三代移动通信过渡采用基于 CDMA 技术的第二代移动通信也是较为有利的。前面已经提到第三代移动通信的主流技术是宽带 CDMA，因而从窄带 CDMA 向宽带 CDMA 平滑过渡也是顺理成章的事情。中国联通采取通过 CDMA 2000 1x 进行过渡的策略与中国移动通信采取通过 GPRS 进行过渡的策略在道理上是一样的。

当然，从中国移动通信发展的格局来看，最好是 TDMA 与 CDMA 两种制式平起平坐，平分秋色。我们相信，在不远的将来，这种格局一定会出现，中国移动通信将会取得更大的发展。

4 中国发展 CDMA 的机遇与挑战

按理说，中国早就该发展 CDMA 移动通信了。在这一点上，韩国发展 CDMA 的经验值得我们借鉴。他们抓住了有利时机，下了最大的决心，付出了一定的代价，也取得了巨大的收益。他们不仅建成了全国性的 CDMA 移动通信网，同时在移动通信产业发展上也取得了巨大的进展，其 CDMA 移动通信产品积极参与了国际市场的竞争，占有了可观的份额。中国发展 CDMA 移动通信虽然由于各方面的因素错过了最有利时机，但亡羊补牢，犹未为晚。当前国家采取的重大决策和中国联通进行的有效的工作努力都是值得赞扬的。应该说，当前的机遇也是很有利的。中国国民经济正持续稳定发展，人民购买力的提高是移动通信发展的先决条件。前面已经提出中国移动通信发展仍然存在巨大的空间，这是CDMA移动通信发展难得的机遇。如果CDMA移动通信的占有率能达到人口的30%，则用户数将从计划的5 000万增到4亿。这不是一个十分可观的数字吗？同时，不仅对移动通信运营市场发展CDMA移动通信大有可为，对于中国民族移动通信产业，即产品制造业的发展也是一个难得的机遇。目前国家采取的一系列政策也大大促进了中国民族移动通信制造业的发展。例如，在中国联通CDMA一期工程中国家规定了以市场换技术的方针，中国联通不直接向国外厂商采购，国外厂商只有与国内企业合作才有资格投标的政策就是一例。2001年5月中国联通CDMA一期工程系统招标中，中兴通讯、华为、大唐、金鹏、东方等国内企业中标总额达到38亿元，占中标总额的30.6%。另外，对于手机产品来说，中国厂商已经推出了各具特色和风格的手机。国家计委确定的具有生产CDMA手机资格的厂商有中兴通讯、波导、中科健、首信、厦华等19家国内企业，而外企仅摩托罗拉一家。国家扶持民族工业政策的引导，将大大促进中国移动通信民族工业的发展。

机遇与挑战并存是不言而喻的。发展CDMA移动通信的挑战主要来自两个方面：即中国尚未真正掌握CDMA的核心技术，同时又面临进入WTO后市场准入的激烈竞争的局面。这方面的问题，恐怕要到中国发展3G时才会得到根本性的解决。

5　中国CDMA移动通信发展展望

3年来在中国CDMA移动通信的发展中，国家的决策和中国联通采取的发展策略可以说都是正确的。目前应继续加强工作，以期取得更大的进展。在发展初期出现某些不尽人意的情况也是正常的。例如，目前用户数的增加不如想象中的那样快，是因为人们只关心使用而不关心具体的技术优势。人们对CDMA也有一个认识和接受的过程。另外，手机供应不够及时的问题，相信只要市场有需求，手机的品种和数量是会逐步得到解决的，不用担心市场需求的巨大推动力。另外，各种服务的提供也可由培育服务提供商来解决。因此，可以认为目前CDMA移动通信存在的问题只是发展中产生的问题，而其优势则是具有根本性的。我们对中国CDMA移动通信的发展前景是乐观的。我们相信，21世纪中国的移动通信将在更健康的道路上取得更大的发展。

（收稿日期：2002-03-18）

作者简介

李承恕，北方交通大学教授，博士生导师，北方交通大学现代通信研究所名誉所长，中国通信学会常务理事、无线通信委员会副主任委员。主持多项国家自然科学基金、国家“863”计划等高科技研究项目。

论文 48

WLAN 与 2.5/3 代移动通信网的结合*

李承恕

（北方交通大学现代通信研究所，北京 100044）

摘要： 文章探讨了无线局域网与蜂窝移动数据网互联与结合的机制，介绍了无线局域网与 GPRS、CDMA 2000 1x、WCDMA 等几种网络实现互连与结合的解决方案。

关键词： 无线局域网；通用分组无线业务；码分多址

Abstract： The mechanism of the interconnection and convergence of WLAN and the cellular mobile data network is discussed, and solutions to the interconnection and convergence of WLAN with GPRS, cdma 2000 1x and WCDMA networks are introduced and analyzed.

Key words： WLAN；GPRS；CDMA

中图分类号：TN925.93；TP393.17　文献标识码：A　文章编号：1009-6868 (2003) 02-14-03

1　与移动通信网的结合

蜂窝数据网能提供大覆盖范围相对低速的数据服务（可达 100 kbit/s 每用户）。无线局域网（WLAN）则可在较小的范围内提供高速数据服务（802.11b 可达 11 Mbit/s，802.11a 可达 54 Mbit/s）。两者的结合可各自发挥自己的优势，起到互补的作用。由于 WLAN 与蜂窝移动第 2.5 代/3 代移动通信在数据率与移动性两方面所占区域并不重叠，各有其应用范围，因此具有互补的作用[1]。

下面我们介绍几种两网互联与结合的解决方案。

2　与 GPRS 的互连与结合

目前已有一些 WLAN 与蜂窝网互联的建议。欧洲电信标准组织（ETSI）制订的两

* 本论文选自：中兴通讯技术，2003 (06)：28-31。

种网络互连的方法称为松耦合及紧耦合[2]。松耦合时 WLAN 是作为通用分组无线业务（GPRS）网接入网的补充，WLAN 只利用 GPRS 的用户数据库，与 GPRS 核心网没有数据接口。WLAN 与 GPRS 的松耦合在 Gi 参考点进行，WLAN 旁路 GPRS 网，直接将数据接入到外部信包数据网（PDN）。在紧耦合时，WLAN 则连接到 GPRS 的核心网，这时与其他无线接入网的情况相似，例如通用移动通信系统（UMTS）的无线接入网（UT-RAN）。此时 WLAN 的数据流在到达外部 PDN 前要经过 GPRS 的核心网，紧耦合在 Gb 或 Iu-ps 参考点进行。还有其他一些互连方法，不再赘述。短期来看，将采用松耦合方法，并采用基于用户识别模块（SIM）卡的身份进行认证及计费，但这种方法与紧耦合比较起来其移动性的能力有限。

2.1　紧耦合体系结构

这里介绍一种基于 802.11 的 WLAN 与 GPRS 网络互连体系结构的解决方案[2]，它采用紧耦合，WLAN 连接到 Gb 参考点。这种解决方案有以下一些优点：

（1）无缝的服务连续跨越 WLAN 与 GPRS。

（2）可重用通用分组无线业务计费、鉴权、认证。

（3）可重用 GPRS 的体系结构，保护蜂窝运营商的投资。

（4）支持合法的无线局域网用户的强插。

（5）增加了安全性。

（6）可提供公用及商用。

（7）可接入核心的 GPRS 服务，例如短消息业务基于位置的服务。

在采取紧耦合进行网络互连时，移动台（MS）是双模的，具有两个无线子系统，一个是用于 WLAN 接入，另一个则用于 GPRS 接入。移动台中新增一个联网部件，即 WLAN 自适应功能（WAF）模块，它提供如下功能：

（1）当移动台进入 WLAN 区域时，给 WLAN 接口信令加以启动。

（2）支持网络互连功能/路由区域身份号（GIF/RAI）发现进程，它是由 MS 起动去发现 GIF 的媒体访问控制（MAC）地址及 WLAN 的路由区域身份号（RAI）。

（3）当网关 GPRS 服务节点（SGSN）需要寻呼 MS 时，支持在 Gb 参考点的寻呼进程。

（4）从 MS 到 GIF 转移上行链路 LLC PDU，并从 GIF 到 MS 转移下行链路 LLC PDU。

（5）在 GIF 及 MS 中实现传输排序以支持服务质量（QoS）。

（6）在 WAF 字头中传送临时链路身份号及 QoS 信息。

在采取紧耦合进行网络互连时，新增的另一部件为 GPRS 网络互连功能（GIF）模块，它连接 WLAN 中的分布系统（DS）经标准的 Gb 参考点至服务 GPRS 支持结点（SGSN）。GIF 的主要功能是提供到 GPRS 核心网的标准接口，并虚拟地隐蔽 WLAN 的特殊性。GIF 使 SGSN 把 WLAN 看成是典型的 GPRS 另一路由区域（RA）。

GIF/RAI 发现进程是 MS 进到一个 WLAN 区域后立即进行的关键进程，MS 得到相应的接入点（AP）。WAF 在 MS 中起动这一进程：

（1）发现 GIF 的 MAC 地址。

（2）发现相应于 WLAN 网络的路由区域号。

（3）将 MS 的国际移动用户身份（IMSI）值发送到 GIF 以支持 GPRS 寻呼进程。

从上述紧耦合系统可以看出，借助于 WAF MS 能在 WLAN 与 GPRS 无线接入间无缝地移动，并运用正规的进程进行移动性管理。

2.2 松耦合体系结构

前面已经谈到松耦合是另一种在 Gi 参考点提供 GPRS 与 WLAN 互连的方法。WLAN 在运营商的 IP 网上与 GPRS 耦合。WLAN 的数据流并不通过 GPRS 的核心网，而是直接进入运营商的 IP 网（和/或 Internet）。在这一体系结构中，基于 SIM 的身份认证将受到 GPRS 与 WLAN 的支持，从而获得接入运营商的服务。此体系结构也支持通过公共计费系统进行联合计费。WLAN 可为第 3 方所拥有，也可通过在运营商与 WLAN 之间特定的连接，或在已有的公用网（例如 Internet）上进行漫游/移动。松耦合利用标准的因特网工程任务组（IETF）协议进行身份认证、计费及移动，因而不需要将蜂窝技术引入到 WLAN 中。漫游可跨越所有类型的 WLAN，只要通过漫游协议即可。

WLAN 系统在世界范围内技术上的演进与成功的部署培育了它与蜂窝数据网络互连的需求。我们简要地介绍了两种通用的互连的方法，即紧耦合与松耦合，并对它们的优缺点做了论述。一般说来，选择最佳的网络互连的体系结构决定于许多因素。如果无线网络包含大量的 WLAN 与蜂窝网运营商，则松耦合是最好的选择。但是，当 WLAN 为蜂窝网运营商所专有，则紧耦合更具吸引力。除了体系结构的选择外，WLAN 技术在热点地区能作为广域数据网的补充以及能提供 IP 多媒体服务，并发挥重要的作用。

3 与 cdma 2000 1x 的互连与结合

cdma 2000 1x 为 2.5G 技术，目前已在中国进行大规模商用部署。中国联通与中兴通讯均报道了 WLAN 与 cdma 2000 1x 相结合的解决方案[3,4]。CDMA 2000 1x 是 3G 无线接口标准 cdma 2000 的第一阶段，它采用码片速率为 1.2288 Mbit/s 的单载波直接序列扩频方式，便于与 IS—95 系统反向兼容，前向链路数据速率可以达到 144 kbit/s，容量是 IS—95 的两倍。

（1）中国联通的解决方案

图 1 所示为中国联通的 WLAN 与 cdma 2000 1x 互连的网络结构图。图中 cdma 2000 1x 系统占了大部分，引入了分组交换，可支持简单 IP、移动 IP 以及远程认证拨入用户服务器（RADIUS）。WLAN 仅由接入点经接入控制器连接到 cdma 2000 1x 所管理的 IP 网。WLAN 用户与移动用户均可采用统一的账户进行计费。用户终端如有支持两个网络的双模卡，则可同时识别两套网络，并可选择进入哪一网络。支持 WLAN 及 cdma 2000 1x 的双模卡国外已有产品，国内厂家也在研制中。

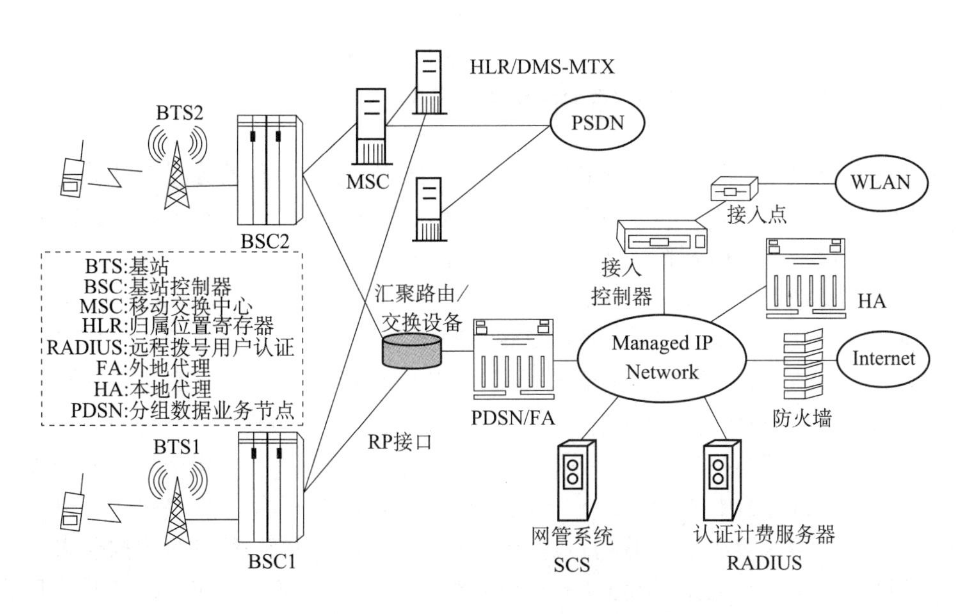

图 1 联通 WLAN 与 CDMA 2000 1x 互连的网络结构

（2）中兴通讯的解决方案

图 2 所示为中兴通讯的 WLAN 与 CDMA 2000 1x 互连的网络结构图。其中 WLAN 中的 AP 为无线接入点，为用户提供无线接入功能，可提供话音和数据的接入服务。它同时完成对无线用户的管理及无线信道的动态分配，完成 802. 11 与 802. 3 协议的转换。WLAN 中的 APGW 是接入点网关，它将以太网数据包封装成 IP 包，并经 IP 网发到分组数据业务节点（PDSN）中去。一般情况下 WLAN 与分组数据业务节点距离较远。APGW 的功能是将接入点转换出的二层数据包穿越三层网络以达到分组数据业务节点。此方案的优点也在于实现了两网用户的统一鉴权与计费，两网优势互补，并利用 CDMA 2000 1x 网络的现有设备与技术实现两网用户的统一管理，实现两网的有机结合。

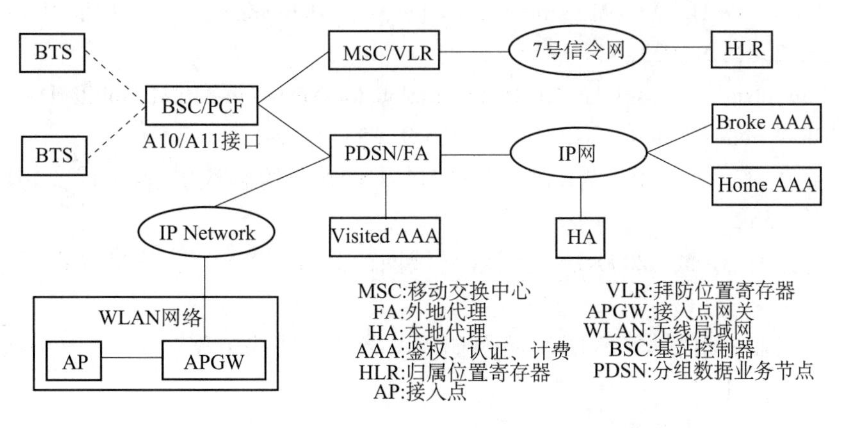

图 2 中兴通讯 WLAN 与 CDMA 2000 1x 互连的网络结构

4 与 WCDMA 的互连与结合

关于 WLAN 与 3G 的结合，3GPP 提出了从简单互连到完全无缝互连的 6 种解决方案[5]，即公共计费和客户、基于 3GPP 系统的接入控制和计费、接入 3GPP 分组域业务、业务连续、无缝业务，以及接入 3GPP 电路域业务。

朗讯针对移动营运商提出了 WLAN 与 CDMA 及 WLAN 与 WCDMA 的解决方案[6]其中 CDMA 代表 CDMA2000 1x 及 cdma 2000 1xEV，WCDMA 代表了 2.5G 的 GPRS 及 3G 的 WCDMA。朗讯提出的解决方案能提供简单 IP 和移动 IP，解决方案主要在现有移动网络的基础上增加 WLAN 相关的设备。在朗讯方案中 WLAN 接入点设备安装在热点覆盖地区，通过以太网与接入控制服务器（AS）相连，在移动 IP 结构中它是一个外区代理（FA）。在朗讯方案中 AS 直接与 IP 骨干网相连，AS 是一台在热点地区可以对用户进行鉴权的通用接入服务器，并用过滤所有来往于 WLAN 接入网络的数据包来控制用户的接入服务。AS 的主要功能由以下几部分组成：业务控制、鉴权、统计与账目、客户管理及计费、应用程序接口及无线局域网网络管理。朗讯 WLAN 与 WCDMA 及 WLAN 与 CDMA 的解决方案非常相似，不再介绍。

5 结束语

WLAN 与蜂窝移动 2.5G/3G 的结合为应用提供了新的服务，也为商家提供了新的商机，从而受到广泛的关注。目前也有人认为 WLAN 的进一步发展有可能取代 3G/4G。本文对一些基本情况的讨论已充分说明两网的结合更为实际，这将在今后的实践中得到验证。

参考文献：

[1] Nonkasalo H. WCDMA and WLAN for 3G and Beyond [J]. IEEE Wireless Communications, 2002, 9 (2): 14-18.

[2] Salkintzis A K. WLAN-GPRS Integration for Next-Generation Mobile Date Networks [J]. IEEE Wireless Communications, 2002, 9 (5): 112-124.

[3] 裴小燕，齐力焕. WLAN 与 CDMA 1X 结合的解决方案 [J]. 中国通信, 2002, (10): 55-57.

[4] 许秀莉. CDMA 2000 1x 与无线局域网的结合 [N]. 通信世界报, 2002-11-11 (B3).

[5] 刘建业，蔡彤军. WLAN 与 WCDMA 融合的解决方案 [J]. 中兴通讯技术, 2002, 8 (S0): 41-44.

收稿日期：2003-02-14

作者简介：

李承恕，北方交通大学教授，博士生导师。现任北方交通大学现代通信研究所名誉所长，兼任中国通信学会常务理事、无线通信委员会副主任委员。主持多项国家自然科学基金、国家“863”计划等高科技研究项目。

论文 49

复合可重构无线网络*

——欧洲走向4G的研发之路

李承恕
（北京交通大学，北京 100044）

摘要：当前在全球范围内，3G蜂窝移动通信正紧锣密鼓地走向市场，人们也全方位地开始了4G的研发。*IEEE Communications Magazine* 2003年7月集中报道了欧洲走向4G的研发之路。文章综合了其主要内容，着重讨论了B3G的网络移动性、增强B3G性能的热点无线局域网、超宽带无线技术、航空通信技术、知道位置的无线网络等通信技术热点。

关键词：无线网络；第4代移动通信；航空通信；超宽带无线通信；可重构性

Abstract: Now 3G is speeding up its steps towards the market in the worldwide scope and 4G is under full development. The July issue of IEEE Communications Magazine focused on Europe's path towards 4G. The main ideas in that issue are summarized in this paper. The emphasis is put on the discussion of the network mobility in Beyond-3G Systems, hotspot WLAN to enhance the performance of 3G and Beyond Cellular Networks, ultra-wideband radio technology, aeronautical communications technology and situation-aware wireless networks.

Key words: wireless network; 4G; aeronautical communication; ultra-wideband wireless communication; reconfigurability

中图分类号：TN929.5　文献标识码：A　文章编号：1009-6868（2003）06-0028-04

社会的进步和通信技术的发展要求骨干网提供多种不同的接入技术，使其能连接大量各种类型的终端以满足人们的需求。在各种网络环境中，从微微网到蜂窝网，以及卫星网等，每一种无线接入技术都能在基于公共的IP平台上独立地演进，以支持端到端的IP连接。面临的挑战是核心网如何根据用户的需求和市场的演进方向提供无缝的合成的各种无线接入技术。可重构网络是一种灵活实现各种无线接入的方式，能在各种不同

* 本论文选自：中兴通讯技术，2003（06）：28-31。

的环境中达到始终最佳连接，并可优化使用稀有的频谱资源以及最有效的动态频谱分配。*IEEE Communications Magazine* 2003 年 7 月集中报导了欧洲走向 4G 的研发之路[1]。为了使人们了解相关动态，本文分 5 个方面扼要介绍发展未来新一代移动/无线系统所面临的技术挑战。

1　B3G 的网络移动性

1.1　网络移动性

典型的 B3G 系统包括一些不同的接入网络技术：蜂窝系统、无线局域网（WLAN）以及广播接入。对于跨越这些异种接入网络的全 IP 的应用应具有统一的网络连接层提供 IP 连网技术。移动 IP 提供了节点移动性的解决方案，它独立于接入网的类型，并对所有的应用透明。网络移动性十分重要，可归结为一系列节点的集合移动性的概念。1 个 IP 子网的移动，改变了 IP 拓扑位置就是典型的网络移动性。移动网络的形成可有不同程度的复杂性。最简单的情况是移动网络只包含 1 个移动路由器和 1 个主机。更为复杂情况的移动网络是一些 IP 子网，由本地路由器的互连集合，形成一个可以移动的整体单元，并通过 1 个或多个移动路由器与 IP 骨干网相连。移动路由器位于移动网络的边缘，它可具有 1 个或多个接口，与移动网和 IP 骨干网相连。移动网的内部结构可包括固定与（或）无线部分，且具有相对稳定的拓扑结构。网络移动性在概念上比众所周知的节点移动性远为复杂。1 个在家里或远离家的移动网络，本身可被移动节点或其他移动网络所访问。这种情景可导致移动网络的多层集合（或称为巢状移动网）。这种巢状移动性是网络移动性独一无二的特性。

具体的移动网络有：

（1）个人数字助理（PDA）与蜂窝网或 WLAN 连接。

（2）列车上的旅客用具有 WLAN 卡的便携电脑与列车上部署的接入点相连。

（3）1 辆汽车网络链接其电子部件（例如提供地图的车上电脑或音响设备）至移动路由器，后者通过蜂窝网与互联网相连。

（4）移动网络的多层聚集。

1.2　支持网络移动性的基本要求

虽然节点移动性的解决方案是基于移动 IP，但对于网络移动性有另外一些新的要求。移动网中所有节点通过其永久 IP 地址都能被达到，并保持正在进行中的会话，即使在移动路由器改变其在互联网中的接入点时亦如此。为此目的，应达到下列要求：

- 解决方案在 IP 层，对所有 IP 都应透明，并独立于任何接入网。
- 与互联网的寻址和路由体系结构兼容。
- 具有安全性，例如黑客不能改变业务流的方向。
- 支持本地节点，提供对所移动网内本地节点的外部 IP 连接。
- 支持访问移动节点，即支持访问移动网络的外部节点。

- 支持巢式移动性。
- 终端系统改变最小。

1.3 支持网络移动性的基本方法——双向隧道

支持网络移动性的基本方法——双向隧道技术将建立在 IPv6 基础上，并只有最小的扩展。在 IPv6 中采用双向移动节点-驻地代理（MN-HA）隧道方式，支持移动节点的移动。同样地，移动路由器（MR）将有 1 个驻地代理（HA），也将采用双向 MR-MN 隧道在 MR 移动时保持节点间会话的连续性。MR 用捆绑更新的方法将其驻地地址与转交地址绑定。从 MR 到 HA 的流是直接达到的。MR 需要将信包封装，并在 MR-HA 隧道中发送到 HA。后者再将其封装后转发到目的地。在另一方面，HA 需要截获所有试图传到 MR 的信包，并通过隧道将它们传到 MR，后者将解封装并转发到移动网中去。这些操作能用现存的移动 IP 协议在 IPv4 及 IPv6 中进行，不需对信包格式和协议互相作用方式有所改变。但是 HA 需要将节点在移动网中的统一地址与 MR 的驻地地址对应起来，否则，截获试图到达移动网中节点的信包后，HA 不知道将它们用隧道传送到哪一个 MR 中去。识别移动网中的节点，只要知道属于 MR 的 IP 地址的前缀就足够了。值得一提的是，MR-HA 双向隧道机制足以支持巢式移动网。MR-HA 双向隧道机制能使移动网在另一移动网中移动。另外，移动 IP 中 MN 在移动网中移动时可继续其与核心网的会话。IP 层的网络移动性对未来的 B3G 系统很重要，但移动网络要实现无缝移动的最优解决方案还有许多研究工作要做。

2 增强 B3G 性能的热点无线局域网

在世界范围内，3G 已在一些国家开始应用。将来用户还要求有更高数据速率的多媒体服务及无所不在的通信。为达此目的，3G 网将继续演进以能提供更高的数据速率，其将采用新的无线接入技术。一种广泛期望的演进形式是在热点地区应用 WLAN 作为补充。最终，B3G 将扩展到能提供数据速率超过 100Mb/s，并与一些技术包括卫星通信及数字广播技术等互连。显然，这些网络将通过基于 IP 的网络提供集成及无缝服务。B3G 的环境是极为复杂的，涉及联合鉴权、认证、计费（AAA），不同网络/服务器之间无缝切换，以及采用复杂的终端等。

WLAN 可在公共及家庭环境中为 PC、便携电脑以及其他设备提供高速数据连接。HIPERLAN/2 及 IEEE 802.11a 可支持多个传输模式，提供数据速率高达 54Mb/s。WLAN 能支持无线高速互联网接入及高清晰度音频和视频流。目前，WLAN 与 3G 网络的互连有两种建议的方法：松耦合和紧耦合。松耦合方式能提供无缝的切换，在 WLAN 及 3G 网络中有相同的安全性水平。该方法要求 WLAN 及 3G 核心网有互连接口。紧耦合方式将依赖 IP 协议进行移动性管理及接入网之间的漫游。该方法要求有用户身份认证过程。WLAN 与核心网的互连由 AAA 服务器与本地位置登记器协调完成。对于 3G 蜂窝系统来说 WLAN 可视为一种补充技术，用来在高业务密度地区（城市中心或商业区）向用户提供高速数据服务。WLAN 能获得较高的数椐速率，但覆盖范围较小。如用户使用双模终端，则可同时获得热点地区高的数据速率与大范围高速运行中的服务。

3　超宽带无线技术

B3G 的发展，使人们可以实现“每个人和每个设备可在任何地方和任何时间”进行连接。这要依赖于现有的及未来的无线系统的集成，其中包括广域网、无线局域网、无线个域网、无线身体域网、即兴网（Ad Hoc）及家庭域网等。未来短距离的无线技术将起到十分关键的作用。每个人和每个设备可由不同类型的通信链路相连接，包括：人与人、人与机器、机器与人、机器与机器。通信信息除人与人之间采用语声及高速数据外，还有大量的低速数据无线部件（如传感器、信标、身份标等）产生信息，因此未来基于超宽带无线技术（UMB-RT）的部 件将起重要作用。目前短距离的无线通信主要运行在室内环境和单独模式情况下。

3.1　超宽带的频谱效率

对用户来说，高速数据速率、在任何时间和地点进行接入、无边界的移动性、智能化、跨网络时服务不被中断等是基本要求，采用 UMB-RT 对实现目前存在的上述要求是一种潜在的解决方案。同时目前频率资源的匮乏也是影响 B3G 发展的问题，采用共享现有的无线电频谱资源的方法已被美国及其他国家政府主管部门所接受。现有的共识是 UWB-RT 对家庭联网、娱乐市场以及以用户为中心的无线世界将产生极大的影响。对于超宽带（UWB）技术的通用定义是产生的信号的分数带宽大于 0.2，或整个传输带宽至少为 500MHz。这一 UWB 定义不仅能设计出比经典窄带系统具有较低衰落门限的无线电系统，且具有在数据传输中精确的定位能力。例如，采用多跳路由，UWB 发射机可减少其功率辐射及覆盖面积，使得在给定面积内有较大数目的发射机同时工作，从而增加频谱的重用及更高的单位面积的容量。按需建立动态即兴网对频谱重叠和重用技术组合应用特别有效。增加频谱有效性可用空间容量来度量。由于系统最大传输范围与数据速率成反比，故连续的无所不在的全部时间的覆盖使系统运营价格随数据速率的增加大为增加。短距离无线系统覆盖面积相对较小（微/微微小区），特别是 UWB-RT 对未来高空间容量网络的实现十分重要。另外，UWB-RT 系统可提供极大的灵活性保持小区的空间容量，以自适应大数目的低速数据节点或小数目的高速数据节点。具体实施时由实际应用的要求来决定。

3.2　超宽带无线技术的潜在应用

在实际应用中 UWB-RT 在较短的距离内可支持超过 100 Mb/s 的数据速率。另外，UWB-RT 也可用于低数据速率而增加链路距离。

UWB-RT 的应用场合主要有：

- 高数据速率无线个人域网
- 无线以太网接口链路
- 智能无线域网

• 传感器、定位、身份认证网

以上各类应用中在系统价格、覆盖范围、数据速率、位置精确度、电池寿命、对信道条件的自适应的优化问题方面还有许多工作要做。

3.3 技术上的挑战

UWB 在技术上有一些问题尚待解决。如 UWB 部件之间的干扰，能达到的服务质量（QoS），知道位置系统所要求的精确度等。技术挑战也存在于调制和编码领域。对于自适应调制方法和信道编码方式应考虑 UWB 无线信道在时域的特性。UWB 射频平均 EIRP 很低，一般小于 0.56mW，但在很小的时间段内峰值功率相对很高。先进的 UWB MIMO 系统则能提供高的链路可靠性和数据速率的自适应能力，同时，它还具有较好的抗码间干扰（ISI）和抗信道间干扰（ICI）的能力。UWB 接收机带内干扰的消除、多径干扰及交叉部件干扰、接收机和网络级的同步保持等问题都尚待解决。为了改进自适应调制方法，有必要确定测量噪声电平和干扰性能。此外，模拟前端的动态范围，数字基带实现时的硬件价格、功率消耗，接收机性能等问题也都未解决。对于 UWB 频带在设计上应用的特定电路元件，如宽带低噪声放大器、功率放大器以及高速模/数变换器等的研制都是严峻的技术挑战。

4 航空通信技术的演进

旅客要求空中旅行更为舒适、安全和有效，因此航空公司和客机生产厂商需要采用航空通信以满足这些要求。旅客航空通信目前的发展趋势是在机舱中实现个人无线通信和多媒体的数据上网。以前的飞机运营商仅提供低速的准全球通信服务，而目前旅客要求兆比特每秒以上的传输速率以满足新的多种服务和应用，因为高数据速率才能为旅客提供飞行中的娱乐、互联网应用和个人通信服务。旅客更愿意用一些个人化的设备，如移动电话、PDA、便携电脑等。很显然，飞机上需要一种无线接入的解决方案。飞机上的无线网络还能支持航线上工作人员日常工作中的需求，同时也可节省机上安装有线网络的费用。目前只有少数航空公司的航线上有无线接入设备，而且由于系统受到带宽的限制，不能满足旅客互联网服务的需要。航空通信服务的演进趋有两种：一是改进机舱技术，使之具有对用户友好的个人及多媒体通信环境；二是改进空间段通信技术，允许更高比特率的服务。欧洲航天局（ESA）大力推进航空通信的发展，安排了多个研究计划，总的目标是使空中旅客能获得与地面上相同的无线个人及多媒体通信服务。

航空通信服务所需的多种服务都各有其带宽要求和通信协议的类型。通常在机舱中设有电视屏幕、远程医疗设备、卫星电话，旅客能通过自备的移动电话、便携电脑实现通信。有些航线将会推出 WLAN 实现通信，但蜂窝通信仍在禁止之列。航空通信服务主要的无线接入技术有 GSM、通用移动通信系统（UMTS）和通用移动通信系统的无线接入网（UTRAN）空中接口技术，WLAN 技术，蓝牙（Bluetooth）技术等。

5 位置可知的无线网络

移动电话用户希望在不同的环境无缝地接入各种服务，即要求多个不同种类的网络能够共存，并互为补充，提供无所不在的连接。运营商则希望所提供的移动连接数据速率能与固定互联网接入相当，而每比特的价格保持现有水平。要实现能够提供全国范围的覆盖及更高的数据速率，直接的方案是应用大量的网络节点（即各种接入点、基站等）。一个较好地实现方法是采用一些信息站，部署在靠近网络节点处，使得很高的数据传输速率成为可能。在离信息站一定范围之外，则只提供中等的数据传输速率。智能网络可优化资源分配，以提供可以部署的容量。由于业务量和传播环境随时间变化，用户 QoS 的变化有时很显著。对于微小区，环境随变化造成的起伏主要引起蜂窝覆盖和容量的变化。为了在时变网络中保持 QoS 并减小开销，可采用自适应或动态网络，特别可以采用具有位置可知性的自组织或自动化技术以获得动态网络性能。一个设计很好的动态规划系统应当能最大化频谱有效性，优化关键参数（如覆盖及容量）。动态规划系统能使网络运营商有效地利用网络资源，增加收益。动态规划系统能使用户在移动应用的各种环境下获得高的 QoS。动态网络体系结构可减少网络对规划参数的敏感性。采用自愈网络的概念也可使最初网络的规划保持较长的时间周期。对于构造一个智能网络，统计推理技术、组合优化及博奕论等都是规划工具所必需的数学基础。

位置可知的无线网络原理：

（1）系统对环境的变化的响应自动完成

系统一旦检测到外部条件的变化，立即产生相应反应。可用两种方法来实现自组织网络：一种方法是采用从上而下的规划方法，可称为分群控制；另一种方法是采用局部相互作用反向规划的方法。在分群控制方法中，将网络元素加以分层，无线网络控制器（RNC）位于顶层，控制节点俯视下层的网络节点，由中心节点形成使整个分群获得最好性能的全部决定；局部相互作用的方法则具有平面的结构，系统处于无中心的模式中，每 1 节点独立做出决策，由局部网络元素集合起来的性能去支配网络全局的性能。

（2）物理层完成位置可知功能

位置可知功能将网络目前状态的局部知识提供给基站。这些知识是基于采用逻辑传感器获得的对周围环境的观察。其模型可分为 3 层：第 1 层是网络元素对环境的感知。要求基站检测地理上的特征及邻近的动态变化。这样可以检测出对等端，建立平均路径损失或额外的可用容量。第 2 层为对目前状态的理解，由第 1 层获得的数据来形成环境的图像。在此阶段基站必须决定出环境中扰动的性质。第 3 层则为规划未来的状态，也是最基本的评估功能。在此阶段要求基站根据状态起动正确的动作，最好的选择是使整个系统具有最小的负面影响。

6 结束语

上面介绍了欧洲向 4G 演进过程中将采用的一些技术，对于中国发展 4G 有重要的参考价值。中国有关部门应当早日研究相关新技术，踏踏实实地开展4G的研发工作。

参考文献

[1] IEEE Communications Magazine. Composite Reconfigurable Wireless Networks：The EUR&D Path Toward 4G [DB/OL]. http：//dl. comsoc. org/cocoon/comsoc / servlets /OntologySearch ? query = &node = TOC 1350&render = false&type = 1.

收稿日期：2003-10-24

作者简介：

李承恕，北京交通大学教授，博士生导师。现任北京交通大学现代通信研究所名誉所长，兼任中国通信学会常务理事、无线通信委员会副主任委员。主持多项国家自然科学基金、国家“863”计划等高科技研究项目。

120Th 1896 - 2016

论文 50

下一代无线个人通信网*

李承恕
（北京交通大学现代通信研究所）

1 前 言

在文献［1］中作者曾简要地介绍了欧洲在发展4G移动通信中所采用的主要技术："复合可重构无线网络"（见文献［2］），近来又有进一步的报导（见文献［3］）。其中"下一代无线个人通信网"（见文献［4］）为其研究计划的一部分，本文扼要加以介绍，供各界参考。

目前无线移动通信出现了一种新的模式，即包含各个层面的无线接入技术和网络。例如：个人层面的个人域、身体域、即兴网（"Ad Hoc Network"现无公认的译名，笔者建议译为"即兴网"较为贴切和符合原意），蜂窝层面的GSM/GPRS、UMTS，以及较广层面的DVB-T、BWA及卫星通信网。为了使用户能在任何地方和任何时间进行最佳连接，这些接入系统要能以最佳方式相互补充加以组合，适应不同的服务要求和无线环境。它将提供用户本身或设备透明地接入广范围的服务，且与其所处位置无关。它将允许所有无缝和游牧的用户具有按新类型的丰富应用的特性。一种通用的接入网络（GAN）应当是基于公共的、灵活的及无缝全IP结构并能支持可扩展性及移动性。

上述观点反映了欧洲合作研究在B3G系统领域的看法和研究结果。欧洲对3G的研究始于20世纪80年代，集中在三个阶段，即空中接口、网络概念及可用技术。欧洲合作研究以5年期框架计划进行B3G的研究，以期达到在任何地方和任何时候实现最佳的连接。

---

* 本论文选自：通信学报，2004（11）：90-92。

2 下一代无线个人通信

无线通信网仍在持续地向前发展。无线局域网（WLANs）、无线个人域网（WPANs）以及新出现的传感器网形成了新短距离的无线通信网，并逐步地获得更为广泛的应用。已经采用的较成熟的技术有：IEEE 802. 11b 及蓝牙，但仍需要发展新的技术，且新旧技术之间必须共存和无缝联网。具有应用潜力的下一代无线个人通信网（WPN）将使因特网技术与新的 WLAN 和 WPAN 在结构上协同工作而使人们在不同的相伴与嵌入的计算机间互相操作，不仅在邻近的地方，甚至可在世界上的任何地方。当 WPANs 开始商用时，人们已开始发展一种透明机制使之互联，使因特网的节点与 WPN 设备之间可以通信。

（1）无线个人网设备

WPN 设备可粗略分为低端无线电设备（LDR）和高端无线电设备（HDR）。LDR 的传输速率为 50 ~200kb/s，并受到功率消耗及处理能力的限制。HDR 的传输速率可达数十 Mb/s，且无须严格的功率限制。

LDR 典型的设备为作为远程观察应用的传感器及执行机构，例如医院所用的不同的生理测量。这类设备将来还准备装配在消费类电子产品中。

HDR 典型的例子是膝上计算机、个人数字助理（PDAs），以及嵌入了 WPAN/WLAN 接口的移动电话。其特点为较高的传输比特率及扩展的功能。大容量的终端自然具有 IP 能力，例如 Nokia 9500 智能电话。同时它还可起到 LDR 设备的网关的作用。总的说来，基于 HDR 的系统较 LDR 设备要求更多的网络结构的支持。

（2）多跳：扩展 WPANs

目前的无线通信多采用单跳的模式。例如 WLAN 中接入点就起着设备通向固定以太网结构的桥梁作用。IETF 的 MANET 工作组并未考虑 WPN 情况，但是，对于不远将来 WPAN 的应用，多跳通信将是必需的。可以预见小的身体域设备需要至少两跳以连接网络结构。多跳通信目前只限于低端网络。但栅格网及具有快速部署能力的 WANs 对多跳网都有很大兴趣。有人估计可以用来覆盖多个体育设施。

（3）WPN 需求的挑战

WPN 的挑战在于有限的资源应用在小的移动设备上，难以满足网络要求。可以简单归结为如下要求：

- 比特率的可扩展性及设备的容量将是网络结构的组成部分。异种技术的共存及互操作性是强制性的步骤通向真正的复合网络。
- 在某些场合为了支持通信要求中间转发的无线节点必须中继信息从源端到目的端。除了现存的 MANET 路由解决方案外，平滑结构网络的互联机制是应考虑的。
- TCP 应用于无线的性能是众所周知的研究课题。特别应关注的是高层与媒体接入层（MAC）之间的相互作用。这类问题对于异种网络具有几个不同的 MAC 及物理层共同存在时更难于处理。
- 另外基础性的课题是安全与保密性问题。这对于无线信道的开放性更是一种强制性的要求。提供一种端到端很好的安全结构是很难的工作，且应在设计时就完成。

● 附加的复杂性的要求出现在走向无所不在的趋势及遍布的计算范例，以及商业应用的增涨和不仅在基于位置的服务和基于用户的偏爱方面。

● 要求新的控制平面技术以辅助层间通信，完成总体的管理工作，从而导致某些不可避免的分层的违反。

上述要求已在欧洲合作研发计划 IST 中的无线最优化个人域网（ACWOMAN）及多跳无线 IPv6 网（6HOP）课题上进行了分析与考虑。下面讨论解决上述挑战的一些方法。

3　无线个人通信可采用的技术

上面探讨了一些下一代无线个人通信成为现实的一些问题。在某种程度上它们只是目前不同的研究活动所覆盖的，而不是一种统一的方法。下面介绍一些目前已提议或部分实现的解决方案，以满足上述要求。

（1）可扩展性

一种主要的可以预见的对 WPN 的影响是传感器演进到智能空间。目前只用在一些特定的场合，但不远的将来它们在个人通信环境中要起到基础性的作用。传感器数量的增加只带来了它们互联的需求，尚未约束于传感器网络的概念。由于这些 LDR 设备的不同性能，满足此类要求就成为很难的挑战。它们并不面对高容量的需求，但应具有长的运行寿命，与之相适应的应具有知道功率的特性。在这种意义上，许多努力用在设计和开发适合的物理接口上。

在 IEEE 802. 15 及 802. 15. 4a 中研究了低容量的物理接口。他们也考虑了支持超宽带（UWB）技术及 OFDM。除了物理层及链路层的课题外，另一重要的方面为支持这些 LDR 设备之间的互联性。传统的 IP 用来作为一种粘合技术，但对 LDR 终端并不适用，因为它们不具备 IP 功能，所以全 IP 方法并不是一种最适合用于现实的复合网络场合的方法。现建议一种策略，即 LDR 终端进行分群（Cluster）。它被具有双协议栈的更强之一所控制。它允许将 LDR 与外部世界互联而用传统的 IP 通信。这方面将要求在一传感器网中存在一定数量的这类管理者。在 PACWOMAN 中灵活的主设备方法已经找到最直接的解决方案，即在一星形拓扑结构中有一主设备，但它可被灵活地选出。同时建议更为灵活的网络的组成。最主要的是它能支持大量的从属设备。在很多情况下，希望有轻型的协议和非常快的构成时间要求。散射网络结构是难于满足这种要求的。

（2）对 Ad Hoc 路由的增强

即兴网为下一代 WPN 提供了大数目的可能性。MANET 小组采取的第一步就是确定基本的协议去支持多跳情况下的通信。通用的方法已经雄心勃勃，目标是网络包含多达数百个节点，并具有高速移动性。虽然它能很好地描述某些传统的 Ad Hoc 场合，如在战场环境下，但并不需要去反映现实生活中民用的场合。后者较少挑战性，或许只有数十跳，具有很静态的节点。另外的工作是需要弄清楚 Ad Hoc 路由，包括量度。MIT

报导了有趣的研究结果，表明有些时候“最短路径是不够的”。跨层最优化范例需要有一公共的框架，它将允许相应的机制去跨越，通过已知的接口及它们所需要的信息。

（3）与基础结构网络的连接

下一代 WPN 将要求连续无缝的全球的连接。用户必需能在任何时旬和任何地点进行连接。再者，它应能采用最适合的接口。最传统的概念是一网关提供给用户与一基础结构网的；连接性应加以扩展。因此，它应当包含移动性，它是单一的或分群的 WPNs 的内在特性。移动网络的概念已由 IETF 的网络移动性小组（NEMO）加以研究，其中网络被看作一个单一的单元，它将改变与因特网的接触点。它也可以被看成叶状网络，因而并不携带传输流量。但是，它必需多个驻地，采用多个移动路由器（MRs）或单个路由器具有多边接口。未来的网关功能将不仅提供与基础结构网的互联，也将需要用户位置的登记及用户发现方法。WPN 的另一特性将是能够多驻地及相应的在一多维环境下的移动性。在移动跨越不同维时通信必须能被保持。同时也希望总用最佳的可用连接。因而额外的需求如无线资源管理及最佳切换也出现了。

（4）协议的提升于无线链路需要提供最佳可能的 IP 性能，其中包括原有的系统。在网络路径上原有 ICP/IP 性因链路而有所下降，一系列改善因特网协议的方法由 IETF 工作组所选择。一个控制平面是需要的，以缓解所需求的信息共存（交叉层的通信及构建）。此外，还有其他来自多跳通信出现的需求。

（5）位置的感知及用户的偏爱

未来服务与应用将需要有某些参数的知识，它们涉及用户及其内容，并自适应它们的行为。一个基本的元素是用户的位置，它允许产生内容感知的服务。观光旅游是一个典型的例子，如何到达机场，有飞机及其飞行时刻表在其 PDA 上，从而获得实时的关于地方和标记的信息。用户将被许多不同的设备所包围，并设想为在其中分配计算工作。为了使这种看法成为现实，重要的是未来的设备将提供一系列的接口应用于缓解这种过程，明确知道，“我周围是些什么”“它们能为我们做什么”。近来发展的智能卡技术可以开发为通用控制平面。很可能一种新的无线个人用户身份模块（WPSIM）提供一种万能的商用平台提供用户、接入、付费、构建，以及安全信息。将来，智能卡能作为一公共数据仓库，用户可存贮许多相关的信息。但是，与 WPSIM 有关的通信及安全问题仍应认真加以考虑。

（6）通向 WPN 的开端

至此我们探讨了一些在未来遭遇的一些最重要的挑战。其中某些部分已在 PAC-WOMAN 及 6HOP 计划中着手进行研究。前者集中在所建议的可工作的结构上，以妥善处理容量及价格。表征未来的个人通信空间，采用三层网络描述：

• 一个基本终端（bTs）的小网，具有星形结构，其中有一个主（M）设备，具有双协议栈，确定通信为中心控制点。bTs 子集及主设备称为虚拟设备（VD）。

• 一个小网包含 VD 及一些先进终端（aTs）形成一栅格状拓扑，即众所周知的个人域网（PAN）。这一 PAN 可粗略地描述为一与人接触的网络。

• 一个较大的网络包含任何数目的 PANs，通过栅格状拓扑互相通信，并可能通过网关（GW）与外部世界相连。这一概念称为共域网（CAN，Community Area Network）。

在图 1 中示出这种结构的一个例子。一个纯粹的复合网络由一些异种设备构成。

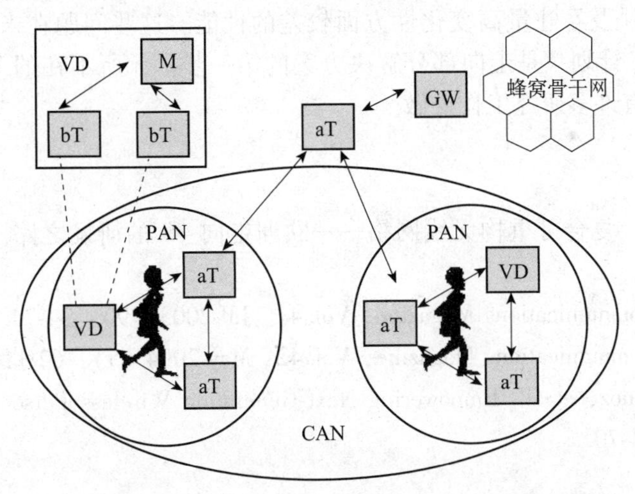

图 1　PACWOMAN 网络结构

对于某些方面，如 Ad hoc 路由的增强及 TCP/IP 域的提升，一些信息必须在高层可用，去进行跨层的优化。对动态组合不同网络（可复合性）及提供跨层优化及构建的要求导致实现前述控制平面。目前尚无标准存在去解决此问题，因而需要提供一通用平台，使这些信息在不同协议层及实体中流动。在 PACWOMAN 中称为 PAN 及 CAN 优化层（PCOL），而 6HOP 则称之为无线自适应框架（WAF）。PCOL 可视为 PAN 及 CAN 的解决方案，而 WAP 则是更为一般的去处理多跳无线网要求方法。

4　实验实现的问题与结果

现在已进行了有关的基础性测试，其中包含增强 Ad hoc 路由及 TCP/IP 协议栈的增强问题。实验是在 Cantabria 大学进行的。有关实验的细节请参阅文献［4］。

5　结束语

新一代 4G 移动通信是以用户为中心，由异种网络构建而成。其目标是提供一种自行构建及自适应性联网。为达此目的，需要进行大量的研究工作。如不同层协议栈及 WPN 结构设计。本文的主要结论是增加对重构性及复合性的要求。从而带来了在扩展性、Ab Hoc 路由增强、结构互联性、IP 栈的提升、安全性以及信道感知和用户偏爱方面的挑战。此外，对控制平面的新概念、接口，以及网络结构的通用部件方面也有所要求。

实际的实验和试验表明 WPNs 在技术层面上的关键是缺乏公共的无线接口技术，高的复杂性及次优的纯 Ad hoc 路由协议和安全考虑。用户及高质量的应用仍然关注基于环境的 TCP 在多跳及吞吐量高变化性方面较差的性能。这些问题在未来的研究中应加以解决。欧洲 IST 计划只是走向部分解决方案的第一步。无所不在的 WPN 的应用成为商用现实之前仍有许多研究工作要做。

参考文献

[1] 李承恕．复合可重构无线网络——欧洲走向 4G 的研发之路。中兴通信技术，2003（6）：28-31.

[2] IEEE Communications Magazine，Vol. 41，Jul 2003（9）：34-74.

[3] IEEE Communications Magazine，Vol. 42，May 2004（5）：62-110.

[4] Luis Munoz，et al. Empowering Next-Generation Wireless Personal Communication Networks，ibid：64-70.

第三部分　发表论文目录

这部分内容主要是作者已发表的中、英文论文目录，包括中英文期刊目录和会议论文目录，其中：

1. 中文论文是根据中国文献检索库，中国知网 cnki. net 下载。下载时间 2016 年 12 月。为读者方便查找，本书未做修改。

2. 英文论文目录是由《Engineering lndex》的检索平台 http：// www. engineeringvillage. com 下载。下载时间 2016 年 12 月。本书未做修改。

一、期刊论文目录

［1］李承恕．视频矩形窄脉冲序列同步简谐自激振盪器的研究［J］．电子学报，1962，02：35-49.

［2］李承恕，王臣，卢尧森，冯锡生，李振玉，胡振声，赵荣黎，王国栋，姚家兴，宋士功，张广川．扩频选址通信系统方案电路的试验［J］．北方交通大学学报，1980，02：30-37.

［3］李承恕．扩频通信技术—原理与应用（一）［J］．中国空间科学技术，1985，04：28-32 +27.

［4］李承恕．扩频通信技术—原理与应用（二）［J］．中国空间科学技术，1985，06：31-37.

［5］张涛，李承恕．扩频信包无线网话音和数据综合服务多址协议［J］．通信学报，1987，05：64-69 +35.

［6］李承恕．无线通信网的组网方式及发展趋势［J］．电信科学，1988，03：1-9.

［7］李承恕．扩频信包无线综合通信网［J］．北方交通大学学报，1988，03：62-68.

［8］李继峰，李承恕．室内信道下分时片 ALOHA 协议的分析［J］．北方交通大学学报，1989，01：109-113.

［9］李继峰，李承恕．室内环境下分时片 1—坚持 CSMA 协议的分析［J］．通信技术，1990，03：33-37.

［10］李继峰，李承恕．室内无线通信系统［J］．通信技术，1990，04：5-12.

［11］李承恕．数字移动通信发展现状［J］．通信学报，1991，01：3-13.

［12］李承恕．信息理论与通信技术的最新进展——ISITA’90、GLOBECOM’90 综述［J］．电信科学，1991，03：1-8.

［13］李继峰，李承恕．室内环境下分时片 1—坚持 CSMA 协议的分析［J］．无线电工程，1991，01：17-20.

［14］李承恕．自组织自适应综合通信侦察电子对抗系统［J］．无线电工程，1991，06：1-4 +12.

［15］李承恕．数字通信发展中的若干问题［J］．电信科学，1992，04：1-7.

[16] 姜为民，李承恕．基于生成树概念的广播路由确定法［J］．通信技术，1993，03：21-23.

[17] 李承恕．国家信息基础结构——信息高速公路［J］．电信科学，1994，06：51-56.

[18] 李承恕．前言［J］．电信科学，1994，08：2.

[19] 李承恕．个人通信与全球通信网［J］．电子技术应用，1994，01：20-22 +40.

[20] 李承恕．信息社会的自由王国——“信息高速公路”初探［J］．电子技术应用，1994，08：24-25.

[21] 姜为民，李承恕．蜂房 CDMA 移动通信系统的容量表示法［J］．通信技术，1994，03：24-26.

[22] 姜为民，李承恕．蜂房 CDMA 的特点和容量问题［J］．通信技术，1994，04：67-70.

[23] 李承恕，姜为民．扩频通信在民用通信中的应用［J］．自动化博览，1994，03：28-29.

[24] 李承恕．迅速崛起的无线数据通信网［J］．中国计算机用户，1994，11：31-33 +30.

[25] 陶成，谈振辉，李承恕．线性无偏最小方差多用户信号检测器［J］．北方交通大学学报，1995，03：293-298.

[26] 杨列亮，李承恕．扩展 Fire 单个单向突发错误纠正/全部单向错误检测码的构造［J］．北方交通大学学报，1995，03：299-304.

[27] 陶成，谈振辉，李承恕．线性无偏最小方差多用户信号检测器性能分析［J］．北方交通大学学报，1995，04：459-463.

[28] 全庆一，李承恕，张忠平．函数链的一种新学习算法［J］．电声技术，1995，01：2-4.

[29] 杨列亮，高德刚，李承恕．IS－95～99 中关于 CDMA 的一些信号设计［J］．电信科学，1995，09：17-21.

[30] 李承恕．建设“信息高速铁路”初探［J］．铁道学报，1995，02：83-87.

[31] 李承恕．建设“铁路信息基础结构”初探［J］．中国铁路，1995，06：9-11 +5.

[32] 李承恕．国际个人通信、移动通信及扩频通信学术会议（ICPMSC’94）在京举行［J］．通信学报，1995，01：32.

[33] 全庆一，李承恕．直接序列码分多址通信系统中最佳多用户检测器的一种实时实现方法［J］．电声技术，1996，04：2-5.

[34] 全庆一，李承恕．直接序列扩频多址通信系统中最佳线性多用户信号检测器研究［J］．电声技术，1996，06：2-4.

[35] 全庆一，李承恕．码分多址通信系统中线性多用户信号检测器研究［J］．电声技术，1996，10：2-5.

[36] 全庆一，李承恕．一种组合式多用户信号检测器［J］．电声技术，1996，11：2-5.

[37] 李承恕．移动通信、个人通信与全球信息高速公路 [J]．电信科学，1996，01：30-36.

[38] 杨列亮，李承恕．基于剩余数系统的直接序列扩频多址通信方式及其性能 [J]．电子学报，1996，07：17-22.

[39] 杨列亮，李全，李承恕．最大选择分集接收 M 进制正交码 DS－CDMA 扩频通信系统性能分析 [J]．铁道学报，1996，05：56-61.

[40] 李承恕．移动通信个人通信与全球信息高速公路 [J]．今日电子，1996，08：43-47＋37.

[41] 全庆一，李承恕．直接序列扩频多址通信系统中最佳线性多用户信号检测器研究 [J]．数字通信，1996，02：20-21.

[42] 李承恕．无线本地环路 [J]．通讯产品世界，1996，04：59-62.

[43] 杨列亮，李承恕．正交码混合 DS——SFH 扩频通信系统及性能 [J]．移动通信，1996，02：23-26.

[44] 李承恕．个人通信发展趋势 [J]．中国工程师，1996，04：11.

[45] 李承恕．个人通信发展展望 [J]．中国计算机用户，1996，05：5-7.

[46] 全庆一，李承恕．直接序列扩频多址通信系统中线性多用户信号检测器研究 [J]．北方交通大学学报，1997，01：57-61.

[47] 全庆一，李承恕．非频率选择性莱斯慢衰落信道中 M 元正交信号的接收 [J]．电声技术，1997，04：2-6.

[48] 李全，郝建英，张艳荣，李承恕．衰落信道中 Q-CDMA 系统差错性能的理论分析与仿真 [J]．铁道学报，1997，05：78-83.

[49] 杨列亮，李承恕．基于剩余数系统算法的映射序列扩频通信方式及特性 [J]．通信学报，1997，01：63-68.

[50] 全庆一，李承恕．非频率选择性莱斯慢衰落信道中 M 元正交信号的接收 [J]．通信学报，1997，02：43-50.

[51] 全庆一，李承恕．最佳线性多用户信号检测器及其近似求解 [J]．通信学报，1997，04：10-15.

[52] 李全，杨列亮，李承恕．随机 M 进制正交码混合 DS-SFHCDMA 扩频通信系统性能分析 [J]．通信学报，1997，06：32-39.

[53] 李承恕．CDMA，PCS（3GM）与 NII/GII [J]．移动通信，1997，06：9-12.

[54] 姜为民，李承恕．在微蜂窝码分多址小区的上行链路实现比特同步的设想 [J]．电子科学学刊，1997，02：231-237.

[55] 张效文，路军，杨列亮，李承恕．M 进制混合 DS-SFHCDMA 信号在多径随机衰落信道中的性能分析 [J]．北方交通大学学报，1998，05：5-10.

[56] 张效文，路军，聂涛，李承恕．一类改进型 Logistic-Map 混沌扩频序列 [J]．铁道学报，1998，03：77-82.

[57] 李承恕．面向 21 世纪的移动通信——个人通信 [J]．电子科技导报，1998，01：6-9.

[58] 李承恕．当前我国移动通信发展中的几个问题［J］．电子科技导报，1998，09：2-7.

[59] 李承恕．发展第三代移动通信　建立我国移动通信产业［J］．通讯世界，1998，06：18-20.

[60] 李承恕．第3代移动通信中的卫星移动通信［J］．中兴新通讯，1998，06：14-17.

[61] 张禄林，樊秀梅，李承恕．顽存性技术在电信网中的应用［J］．电讯技术，1999，05：74-78.

[62] 关皓，杜志涛，李承恕．综合业务CDMA系统的联合呼叫接入-拥塞控制［J］．电子学报，1999，S1：122-124.

[63] 李承恕．高速铁路无线通信系统与GSM-R［J］．铁道通信信号，1999，07：32-34.

[64] 路军，张效文，聂涛，李承恕．软件无线电结构的智能天线在CDMA系统中的应用［J］．铁道学报，1999，02：59-62.

[65] 张效文，周彬，聂涛，李承恕．一种无线ATM网的改进型MAC协议［J］．铁道学报，1999，05：51-54.

[66] 李承恕．世纪之交的移动通信（上）［J］．电信技术，1999，08：1-3.

[67] 李承恕．世纪之交的移动通信（下）［J］．电信技术，1999，09：3-5.

[68] 张禄林，樊秀梅，李承恕．网络顽存性技术［J］．电子科技导报，1999，11：35-38.

[69] 李承恕．个人通信与第三代移动通信［J］．舰船电子工程，1999，03：28-32+8.

[70] 李承恕．军民结合，共建21世纪军事信息系统［J］．移动通信，1999，02：6-10.

[71] 李承恕．卫星移动通信系统简介［J］．信息系统工程，1999，01：40.

[72] 李承恕．我国移动通信发展中的几个问题［J］．信息系统工程，1999，04：10.

[73] 关皓，杜志涛，李承恕．终端辅助——k-位置轨迹移动管理法［J］．电子学报，2000，11：59-62.

[74] 张禄林，李承恕．MANET路由选择协议的比较分析研究［J］．电子学报，2000，11：88-92.

[75] 吴兴耀，李承恕，聂涛．一种基于PRMA的数话综合多址协议及其性能分析［J］．铁道学报，2000，03：47-51.

[76] 张禄林，郎晓虹，李承恕．多跳无线网路由选择协议及其性能比较［J］．铁道学报，2000，04：34-38.

[77] 关皓，李承恕．综合业务CDMA系统业务模型分析［J］．铁道学报，2000，04：39-41.

[78] 高雪，廖灵雯，李承恕．异步码分多址硬判决并行干扰消除算法的改进高斯

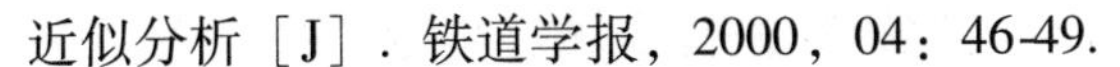
近似分析［J］. 铁道学报，2000，04：46-49.

［79］吴兴耀，聂涛，李承恕. CRRCMA：一种新的多业务多址协议［J］. 铁道学报，2000，06：59-63.

［80］高雪，赖小容，李承恕. 定时同步错误对 CDMA 并行干扰消除检测器的影响［J］. 铁道学报，2000，06：67-71.

［81］张禄林，郎晓虹，李承恕. 多跳无线网 MAC 层后退算法分析［J］. 铁道学报，2000，06：72-75.

［82］关皓，李承恕. 非理想功率控制下综合业务 CDMA 系统性能分析［J］. 铁道学报，2000，06：76-79.

［83］关皓，杜志涛，李承恕. 变速率分组 CDMA 系统性能分析［J］. 通信学报，2000，09：70-73.

［84］宋琦军，李承恕. 信息站嵌入蜂房系统的若干问题研究［J］. 通信学报，2000，09：74-78.

［85］程型清，曹晏波，李承恕. 基于多代理的移动信息服务［J］. 广东通信技术，2000，11：12-15.

［86］李承恕. 我国移动通信发展的形势与任务［J］. 通信世界，2000，15：8-7.

［87］程型清，李承恕. 无线接入网技术［J］. 四川通信技术，2000，04：18-21.

［88］程型清，李承恕. ATM 在移动通信网中的应用［J］. 四川通信技术，2000，05：6-9.

［89］李承恕. 移动通信网概要［J］. 数据通信，2000，01：30-33.

［90］张禄林，郎旭，李承恕. 移动互联网的结构及其技术发展趋势［J］. 通讯世界，2000，10：14-16.

［91］张禄林，郎旭，李承恕. 移动 Internet 及其研究现状［J］. 现代电信科技，2000，09：15-18.

［92］程型清，李承恕. 码分多址（CDMA）蜂窝移动通信［J］. 邮电商情，2000，20：19-21.

［93］吴强，高雪，李承恕. 判决反馈近似解相关双速率异步 CDMA 接收机性能分析［J］. 北方交通大学学报，2001，03：89-92.

［94］宋琦军，李承恕. 移动信息系统的军民协同［J］. 电信科学，2001，07：3-5.

［95］张禄林，郎晓虹，李承恕. 一种多跳无线网扩频码分配算法［J］. 电子学报，2001，04：499-502.

［96］高雪，李承恕. 非理想定时跟踪下 CDMA 并行干扰消除检测器的性能［J］. 电子学报，2001，05：668-670.

［97］吴兴耀，聂涛，李承恕. 分组预约多址类协议在蜂窝多小区下的性能分析［J］. 铁道学报，2001，01：48-51.

［98］宋琦军，李承恕. 信息站与 WM-CDMA 系统的频谱叠加［J］. 铁道学报，2001，03：42-45.

[99] 吴强，李承恕. 多径信道下基于子空间跟踪的盲多用户检测 [J]. 铁道学报，2001，03：62-65.

[100] 郑旭峰，吴强，李承恕. CDMA 无线网络小区规划问题的研究 [J]. 铁道学报，2001，03：72-75.

[101] 吴强，李承恕. 基于子空间跟踪和共轭梯度的半盲多用户投影接收机 [J]. 铁道学报，2001，05：42-45.

[102] 李翠然，李承恕. 一种改进的部分并行干扰消除算法 [J]. 铁道学报，2001，05：46-49.

[103] 周运伟，赵荣黎，李承恕. 异步差分跳频扩谱多址系统的性能分析 [J]. 铁道学报，2001，05：54-59.

[104] 李翠然，李承恕. 一种改进的 MC/CDMA 系统的性能分析 [J]. 通信学报，2001，11：118-123.

[105] 李承恕. 当前我国移动通信发展中的若干问题 [J]. 电信建设，2001，06：2-7.

[106] 李翠然，李承恕. UTRAN 系统中自适应多速率声码器业务探讨 [J]. 重庆邮电学院学报（自然科学版），2001，03：5-8.

[107] 李翠然，李承恕. UMTS 无线接口协议物理层描述 [J]. 电信快报，2001，01：23-25.

[108] 李承恕. 关于第四代移动通信的思考与探索 [J]. 电信快报，2001，04：12-13.

[109] 李承恕. 我国移动通信发展的技术和产业问题 [J]. 电信快报，2001，12：3-25.

[110] 李承恕. 透视美国全球移动信息系统 [J]. 军民两用技术与产品，2001，02：41-42.

[111] 李翠然，李承恕. 第三代移动通信系统 WCDMA 的业务信道支持 [J]. 四川通信技术，2001，06：24-26.

[112] 李翠然，李承恕. 基于 GPRS 的第三代移动通信网 [J]. 数据通信，2001，01：42-44.

[113] 李翠然，李承恕. 智能环境——全新概念的无线通信网络 [J]. 邮电设计技术，2001，12：10-15.

[114] 李承恕. 对移动通信产业发展的战略思考 [J]. 中国无线电管理，2001，01：6-8.

[115] 宋琦军，李承恕. CDMA 蜂窝网频谱规划方案的比较分析 [J]. 中国无线电管理，2001，02：20-22.

[116] 李翠然，李承恕. WCDMA 的 lu 接口描述 [J]. 电信网技术，2001，04：14-17.

[117] 周运伟，赵荣黎，李承恕. 差分跳频信号的波形复制-FFT 联合检测 [J]. 铁道学报，2002，01：56-60.

［118］李翠然，李承恕．一种带有自适应子载波分配算法的多载波系统性能分析［J］．铁道学报，2002，01：114-118.

［119］雷春娟，李承恕．一种扩展多接入信道容量的方法［J］．铁道学报，2002，03：32-35.

［120］周运伟，赵荣黎，李承恕．差分跳频信号的存在性检测［J］．铁道学报，2002，03：40-44.

［121］曹晏波，吴强，李承恕．多径信道下基于等增益合并的盲多用户检测［J］．铁道学报，2002，05：72-75.

［122］李翠然，李承恕．一种低复杂性的自适应干扰消除接收机方案［J］．通信学报，2002，02：92-96.

［123］雷春娟，李承恕．多业务 DS-CDMA 系统的资源分配算法研究［J］．通信学报，2002，10：101-107.

［124］李翠然，李承恕．4G 系统中的关键技术［J］．重庆邮电学院学报（自然科学版），2002，02：17-21.

［125］雷春娟，李承恕．未来的第四代移动通信［J］．电信技术，2002，06：40-43.

［126］雷春娟，李承恕．移动 Ad-hoc 网络及其关键技术［J］．电信技术，2002，12：34-37.

［127］雷春娟，李承恕．DS-CDMA 系统的速率自适应技术［J］．电信快报，2002，02：24-26.

［128］雷春娟，李承恕．第四代移动通信的发展趋势［J］．电信快报，2002，05：6-8 +38.

［129］李翠然，李承恕．自组织无线网络的 EAR 协议分析［J］．广东通信技术，2002，02：14-19.

［130］雷春娟，李承恕．无线接入 Internet 的两种方式及其关键技术［J］．世界电信，2002，01：34-38.

［131］李翠然，李承恕．4G 网络的 QoS 问题［J］．数据通信，2002，02：11-14 +22.

［132］雷春娟，李承恕．智能天线在广带固定无线接入网中的应用［J］．现代通信，2002，03：13-15.

［133］雷春娟，李承恕．关于第四代移动通信若干问题的探讨［J］．移动通信，2002，06：1-5.

［134］李承恕．有效利用频率资源推动交通运输发展［J］．中国无线电管理，2002，02：5.

［135］李承恕．论中国 CDMA 移动通信的发展［J］．中兴通讯技术，2002，02：31-33.

［136］雷春娟，李承恕．蜂窝移动的室内宽带接入延伸——一种 WLAN 运营网络结构［J］．电信网技术，2002，03：12-15.

［137］雷春娟，曹晏波，李承恕．一种适用于 W-CDMA 系统的多业务无线资源调

度算法［J］. 电子学报，2003，07：1005-1007+1021.

［138］曹晏波，周彬，李承恕. 采用交叉时隙定位提高CDMA/TDD系统容量［J］. 铁道学报，2003，02：52-56.

［139］李翠然，李承恕. 浅析无线局域网的主要标准［J］. 中国数据通信，2003，07：5-11.

［140］李承恕. WLAN与2.5/3代移动通信网的结合［J］. 中兴通讯技术，2003，02：14-16.

［141］李承恕. 复合可重构无线网络——欧洲走向4G的研发之路［J］. 中兴通讯技术，2003，06：28-31.

［142］李承恕. 对我国发展第三代移动通信的几点看法［J］. 中国数据通信，2004，03：5-6.

［143］崔嵬，李承恕. 线性反馈移位寄存器的改进算法及其电路实现［J］. 北方交通大学学报，2004，05：69-72.

［144］杨维，朱刚，谈振辉，李承恕. 新一代移动通信及其应用［J］. 铁道学报，2004，05：115-120.

［145］李承恕. 下一代无线个人通信网［J］. 移动通信，2004，11：90-92.

［146］崔嵬，李承恕，童智勇. 3bit块自适应量化算法的FPGA实现［J］. 北京理工大学学报，2005，02：139-142.

［147］李翠然，谢健骊，李承恕. MC-CDMA系统的动态子载波和功率分配算法［J］. 铁道学报，2006，01：55-58.

［148］李翠然，李承恕. AdHoc移动自组网路由算法分析［J］. 兰州交通大学学报，2006，01：82-85.

［149］袁盛嘉，李旭，李承恕. AdHoc与无线网络的扩展性研究［J］. 无线通信技术，2006，01：5-9.

［150］李翠然，谢健骊，李承恕. 自适应子信道分配的多载波CDMA系统［J］. 铁道学报，2006，03：54-57.

［151］李翠然，谢健骊，李承恕. 改进的多载波CDMA系统性能分析［J］. 信号处理，2006，03：445-448.

［152］吴昊，李承恕. Ad hoc物理层关键问题的探讨［J］. 无线通信技术，2006，03：16-19.

［153］刘琪，李承恕. WLAN与B3G结合的结构框架和接入技术［J］. 铁道学报，2006，04：60-64.

［154］刘琪，李承恕. 多模可重构终端的无线接入管理［J］. 电子学报，2007，10：1833-1837.

［155］吴韶波，李常茗，李承恕. 欧洲B3G研究及进展［J］. 现代通信，2007，Z3：54-57.

［156］李常茗，李承恕，唐云. 复合可重构无线移动通信系统建模与分析［J］. 北京交通大学学报，2008，02：53-57.

［157］李常茗，李承恕，吴韶波．复合可重构无线移动通信系统分析［J］．铁道学报，2008，04：44-49.

［158］李常茗，李承恕．一种异构无线通信系统垂直切换分析方法［J］．铁道学报，2009，05：118-124.

［159］丁一鸣，吴昊，李承恕．无线传感器网络中一种基于簇头预测和功率控制的节能路由算法［J］．铁道学报，2010，01：43-48.

［160］刘琪，苏伟，李承恕．基于跳频的自适应频谱共享方案［J］．电子学报，2010，01：105-110+116.

二、会议论文目录

［1］郝析，李承恕．大型复杂信息系统开发方法论的讨论提纲［C］．//全国扩频通信、短波通信与无线通信新技术学术交流会论文集．1989：132～136页．

［2］郝析，李承恕．扩频多跳网应答协议的研究［C］．//全国扩频通信、短波通信与无线通信新技术学术交流会论文集．1989：132～136页．

［3］张涛，李承恕．无线计算机网中的扩频通信与综合语声和数据服务［C］．//无线通信网（局部网）学术讨论会议论文集．1990：17页．

［4］李承恕．综论跳频通信的电子对抗与电子反对抗（提纲）［C］．//全国第二届现代军事通信学术会议论文集．1990：166～169页．

［5］李承恕．数字通信发展中的若干问题［C］．//全国数字通信学术会议论文集．1990：65～70页．

［6］顾世敏，李承恕，史大亮等．基于声表面波卷积器的扩频通信及其快速同步方法［C］．//全国数字通信学术会议论文集．1990：428～431页．

［7］李承恕．个人通信——迎接现代通信技术的新挑战［C］．//电子学科归国学者学术会议论文集．1991：28～31页．

［8］李承恕．数字移动通信、个人通信及扩频通信的进展［C］．//全国数字通信、个人通信、扩频通信学术会议论文集．1991：93～98页．

［9］李承恕．浅谈第二代和第三代公众移动通信［C］．//铁路无线通信学术研讨会论文集．1991：9～12页．

［10］付克玉，李承恕．一种扩频信道存取协议的实验系统［C］．//第五届全国微机在通信中的应用学术会议论文集．1991：160～167页．

［11］蒋彦，李承恕．信包无线通信网中信道容量的多用户共享［C］．//个人通信、移动通信及扩频通信学术会议论文集．1993：222～225页．

［12］姜为民，李承恕．DS－SSMA系统性能的计算问题［C］．//个人通信、移动通信及扩频通信学术会议论文集．1993：173～175页．

［13］李承恕．建设“信息高速铁路”初探［C］．//铁路无线通信学术会议论文集．1994：4～8.

［14］李承恕．自组织无线通信网原理与应用［C］．//全国第四届军事通信学术会议论文集（上册）．1994：163～167.

［15］蒋彦，李承恕．通信网中模糊数学方法的应用［C］．//第四届全国青年通信学术会议论文集．1994：461～464.

［16］李承恕．野战通信抗干扰体制问题与 DS－CDMA 军用双工移动通信系统［C］．//全国第四届军事通信学术会议论文集（上册）．1994：175～178.

［17］姜为民，李承恕．蜂房 CDMA 系统的容量控制问题［C］．//第四届全国青年通信学术会议论文集．1994：355～357.

［18］李承恕．个人通信与全球通信网［C］．//我国通信网发展专题研讨会论文集．1994：35～39 页．

［19］杨列亮，李承恕．跳频码簇的构造及宽间隔跳频图案的探讨［C］．//第四届全国青年通信学术会议论文集．1994：298～303.

［20］李承恕．个人通信与全球通信网［C］．//第三届全国短波、超短波学术会议论文集．1994：1～4.

［21］李承恕．移动通信、个人通信与全球信息高速公路［C］．//中国通信学会第四届学术年会论文集（下册）．1995：784～791.

［22］蒋彦，李承恕．自组织信包无线网的路由选择方案讨论［C］．//全国无线通信学术会议论文集．1995：236～240.

［23］吴兴耀，李承恕．一种多跳信包网的通量分析方法［C］．//全国移动通信、个人通信及无线通信新技术学术会议论文集．1996：192～196.

［24］李承恕．CDMA，PCS（3GM）与 NII/GII［C］．//全国无线通信与无线通信理论学术会议论文集．1997：1～4.

［25］吴兴耀，李承恕．无线信包网中的路由选择［C］．//全国无线通信与无线通信理论学术会议论文集．1997：228～231.

［26］宋琦军，李承恕．GloMo——美军二十一世纪的移动信息系统［C］．//'98 中国移动通信研讨会论文集．1998：279～285.

［27］李承恕．军民结合，共建 21 世纪军事信息系统［C］．//'98 军事电子信息学术会议论文集．1998：27～31.

［28］李承恕．世纪之交的移动通信网［C］．//首都信息网络发展学术研讨会论文集．1999：110-115.

［29］关皓，杜志涛，李承恕等．软切换 CDMA 系统前向链路容量分析［C］．//21 世纪通信新技术－第六届全国青年通信学术会议论文集．1999：427-430.

［30］关皓，杜志涛，李承恕等．综合业务 CDMA 系统的业务模型分析［C］．//论文集．2000：110-113.

［31］宋琦军，李承恕．军事移动信息系统的发展策略初探［C］．//2000 军事电子信息学术会议论文集（下册）．2001：604～606.

［32］宋琦军，李承恕．信息站的原理及军事应用前景［C］．//2000 军事电子信息学术会议论文集（下册）．2001：571～575.

［33］李承恕．移动数据通信的现状与展望［C］．//21 世纪铁路通信发展与展望学术研讨会论文集．2000：7-9.

［34］程型清，李承恕．移动通信网中的 ATM 技术［C］.//论文集 . 2000：326-329.

［35］宿淑艳，李承恕．一种发展中的技术——软件无线电［C］.//论文集 . 2000：138-141.

［36］宋琦军，李承恕．移动信息系统的军民协同［C］.//中国电子学会第七届学术年会论文集 . 2001：71-76.

［37］江连山，李承恕．移动 Ad hoc 网络路由协议可扩展性的研究［C］.//中国计算机用户协会网络应用分会 2005 网络新技术与应用研讨会论文集 . 2005：85-89.

［38］吴韶波，李常茗，李承恕等．复合可重构无线网络——第三代网络之上的一个台阶［C］.//电子测量与仪器学报（下册）. 2006：888-891.

［39］李常茗，李承恕．复合可重构无线通信系统建模［C］.//2007 年无线暨移动通信技术发展研讨会论文集 . 2007：1-8.

［40］吴韶波，李承恕．基于双水印技术的终端软件安全下载［C］.//北京通信学会 2009 年无线及移动通信研讨会论文集 . 2009：1-6.

［41］吴韶波，李承恕．可重构终端软件安全下载与发布管理［C］.//第十九届全国测控、计量、仪器仪表学术年会论文集 . 2009：240-244.

三、IEEE 及国际会议论文目录

[1] Li Chuan and Li Chengshu, "Performance analysis of M-ary spread spectrum data transmission system based on phase modulating a PN sequence," *Communication Technology Proceedings*, 1996. *ICCT*'96. , 1996 *International Conference on*, Beijing, 1996, pp. 607-610 vol. 1.

[2] Lie-Liang Yang and Cheng-Shu Li, "DS-CDMA performance of random orthogonal codes over Nakagami multipath fading channels," *Spread Spectrum Techniques and Applications Proceedings*, 1996. , *IEEE* 4*th International Symposium on*, Mainz, 1996, pp. 68-72 vol. 1.

[3] Lie-Liang Yang and Cheng-Shu Li, "Extreme performance evaluation for cellular DS-SFH system," *Spread Spectrum Techniques and Applications Proceedings*, 1996. , *IEEE* 4*th International Symposium on*, Mainz, 1996, pp. 1282-1286 vol. 3.

[4] Zhang Xiaowen, Ren Lijuan, Nie Tao and Li Chengshu, "A class of RS-RNS concatenated codes: construction and performance," *Communication Technology Proceedings*, 1998. *ICCT*'98. 1998 *International Conference on*, Beijing, 1998, pp. 5 pp. vol. 2-.

[5] GuanHao, Du Zhi Tao and Li Cheng Shu, "Capacity enhancement method for CDMA system with integrated services," *Communication Technology Proceedings*, 1998. *ICCT*'98. 1998 *International Conference on*, Beijing, 1998, pp. 5 pp. vol. 2-.

[6] Wu Xingyao, Zhao Ruifeng and Li Chengshu, "M-ary equicorrelation signaling transmission in Nakagami multipath fading channel," *Communication Technology Proceedings*, 1998. *ICCT*'98. 1998 *International Conference on*, Beijing, 1998, pp. 5 pp. vol. 2-.

[7] Zhang Xiaowen, Lu Jun, Nie Tao and Li Chengshu, "Performance analysis of cellular DS-SFH systems," *Communication Technology Proceedings*, 1998. *ICCT*'98. 1998 *International Conference on*, Beijing, 1998, pp. 377-380 vol. 1.

[8] Xu Xingyao and Li Chengshu, "Performance of slotted ALOHA with spread spectrum and delay capture," *Communications*, 1999. *APCC/OECC*'99. *Fifth Asia-Pacific Conference on ... and Fourth Optoelectronics and Communications Conference*, Beijing, China, 1999, pp. 525-528 vol. 1.

[9] Xingyao Wu and Chengshu Li, "A novel protocol for the integration of voice and data over PRMA," *Vehicular Technology Conference Proceedings*, 2000. *VTC* 2000-*Spring Tokyo*.

2000 IEEE 51*st*, Tokyo, 2000, pp. 1541-1544 vol. 2.

[10] Hao Guan, Zhi Tao Du and Cheng Shu Li, "Terminal aided k-location tracking with distributed HLR database for mobility management," *Vehicular Technology Conference Proceedings*, 2000. *VTC* 2000-*Spring Tokyo*. 2000 *IEEE* 51*st*, Tokyo, 2000, pp. 2310-2314 vol. 3.

[11] Gao Xue and Chengshu Li, "Performance of partial parallel interference cancellation in DS-CDMA system with delay estimation errors," *Personal, Indoor and Mobile Radio Communications*, 2000. *PIMRC* 2000. *The* 11*th IEEE International Symposium on*, London, 2000, pp. 724-727 vol. 1.

[12] Xue Gao, Cheng-Shu Li and Xiao-Rong Lai, "Analysis of HD-parallel interference cancellation in DS-CDMA system with timing errors," *Vehicular Technology Conference*, 2000. *IEEE-VTS Fall VTC* 2000. 52*nd*, Boston, MA, 2000, pp. 1226-1229 vol. 3.

[13] Zheng Xufeng, Zhou Bin and Li Chengshu, "Jointly optimal RS code rate and number of users for FHSS-MA communication system," *Communication Technology Proceedings*, 2000. *WCC - ICCT* 2000. *International Conference on*, Beijing, 2000, pp. 132-135 vol. 1.

[14] Gao Xue and Li Chengshu, "An analysis of HD-parallel interference cancellation in asynchronous DS-CDMA system," *Communication Technology Proceedings*, 2000. *WCC - ICCT* 2000. *International Conference on*, Beijing, 2000, pp. 1522-1525 vol. 2. doi: 10. 1109/ICCT. 2000. 890949.

[15] Gao Xue and Li Chengshu, "Analysis of partial parallel interference cancellation in DS-CDMA system with timing errors," *Communication Technology Proceedings*, 2000. *WCC - ICCT* 2000. *International Conference on*, Beijing, 2000, pp. 1518-1521 vol. 2.

[16] Gao Xue and Li Chengshu, "Performance of HD-parallel interference cancellation in DS-CDMA system with timing errors," *Communication Technology Proceedings*, 2000. *WCC-ICCT* 2000. *International Conference on*, Beijing, 2000, pp. 1526-1529 vol. 2.

[17] Xue Gao, Cheng-Shu Li and Xiao-Rong Lai, "Effect of tracking error on DS-CDMA partial parallel interference cancellation," *Wireless Communications and Networking Confernce*, 2000. *WCNC*. 2000 *IEEE*, Chicago, IL, 2000, pp. 382-385 vol. 1.

[18] Qiang Wu and Chengshu Li, "A semi-blind multiuser projection receiver based on conjugate gradient and subspace tracking," *Vehicular Technology Conference*, 2001. *VTC* 2001 *Spring*. *IEEE VTS* 53*rd*, Rhodes, 2001, pp. 1740-1744 vol. 3.

[19] Qiang Wu, Xufeng Zheng and Chengshu Li, "Blind multiuser detection algorithms based on set theory," *Personal, Indoor and Mobile Radio Communications*, 2001 12*th IEEE International Symposium on*, San Diego, CA, 2001, pp. B-1-B-5 vol. 1.

[20] Cuiran Li and Chengshu Li, "An adaptive interference cancellation receiver," *Signal Processing*, 2002 6*th International Conference on*, 2002, pp. 1271-1274 vol. 2.

[21] Yanbo Cao, Bin Zhou and Chengshu Li, "A novel channel allocation scheme to enhance resource utilization in CDMA/TDD," *Communication Technology Proceedings*, 2003. *IC-*

CT 2003. *International Conference on*, 2003, pp. 821-824 vol. 2.

[22] Yanbo Cao, Xingqing Cheng and Chengshu Li, "Dynamic channel allocation in TD-SCDMA," *Communication Technology Proceedings*, 2003. *ICCT* 2003. *International Conference on*, 2003, pp. 1129-1132 vol. 2.

[23] Yanbo Cao, Bin Zhou and Chengshu Li, "Admission control of integrated voice and data CDMA/TDD system considering asymmetric traffic and power limit," *Personal*, *Indoor and Mobile Radio Communications*, 2003. *PIMRC* 2003. 14*th IEEE Proceedings on*, 2003, pp. 896-900 Vol. 1.

[24] Cuiran Li and Chengshu Li, "Proposal of determining the number of subcarriers for MC-CDMA systems," *Signal Processing*, 2004. *Proceedings. ICSP'* 04. 2004 7*th International Conference on*, 2004, pp. 1769-1772 vol. 2.

[25] Cui Wei, Li Chengshu and Sun Xin, "FPGA implementation of universal random number generator," *Signal Processing*, 2004. *Proceedings. ICSP'* 04. 2004 7*th International Conference on*, 2004, pp. 495-498 vol. 1.

[26] WuHao, Li Xu and Li Cheng-shu, "Software radios applying in ad hoc network nodes' adaptive detection," 2005 *IEEE International Symposium on Microwave*, *Antenna*, *Propagation and EMC Technologies for Wireless Communications*, 2005, pp. 1214-1217 Vol. 2.

[27] C. Li, H. Wu, X. Li, C. Li and J. Xie, "Performance Evaluation of A New MAC Method for Ad Hoc Networks," 2006 *International Conference on Communications*, *Circuits and Systems*, Guilin, 2006, pp. 1453-1456.

[28] Q. Liu and C. Li, "Framework and access technology for integration between WLAN and B3G," *Wireless*, *Mobile and Multimedia Networks*, 2006 *IET International Conference on*, hangzhou, China, 2006, pp. 1-4.

[29] C. Li, J. Xie and C. Li, "Performance of an Improved Multicarrier CDMA System," 2006 8*th international Conference on Signal Processing*, Beijing, 2006, pp. .

[30] C. Li, J. Xie and C. Li, "A MAC Method with Joint Detection for Ad Hoc Networks," 2006 8*th international Conference on Signal Processing*, Beijing, 2006, pp. .

[31] W. Hao, D. Yi-ming and Li Cheng-shu, "Cooperation Enforcement Mechanism Considering Battery Cost in Ad hoc Networks," *Microwave*, *Antenna*, *Propagation and EMC Technologies for Wireless Communications*, 2007 *International Symposium on*, Hangzhou, 2007, pp. 134-137.

[32] W. Hao, C. Chao and Li Cheng-shu, "Research on One Kind of Improved GPSR Secure Routing Protocol," *Microwave*, *Antenna*, *Propagation and EMC Technologies for Wireless Communications*, 2007 *International Symposium on*, Hangzhou, 2007, pp. 255-259.

[33] J. Xie, C. Li and C. Li, "Analysis of Multicarrier CDMA System with Adaptive Subcarrier and Power Allocation," 2007 3*rd International Workshop on Signal Design and Its Applications in Communications*, Chengdu, 2007, pp. 279-282.

[34] C. Li, Q. Ma, J. Xie and C. Li, "A New Channel Accessing Scheme for Multi-

Hop Networks," 2008 4*th International Conference on Wireless Communications*, *Networking and Mobile Computing*, Dalian, 2008, pp. 1-4.

[35] C. Li and C. Li, "Dynamic Channel Selection Algorithm for Cognitive Radios," *Circuits and Systems for Communications*, 2008. *ICCSC* 2008. 4*th IEEE International Conference on*, Shanghai, 2008, pp. 275-278.

[36] C. Li, S. Liu and C. Li, "Analysis of a Spectrum Awareness Algorithm for Cognitive Radios," *Image and Signal Processing*, 2008. *CISP*'08. *Congress on*, Sanya, China, 2008, pp. 19-22.

[37] C. Li, J. Zuo, J. Xie and C. Li, "Improved Resource Awareness Channel for Cognitive Radio," 2008 4*th International Conference on Wireless Communications*, *Networking and Mobile Computing*, Dalian, 2008, pp. 1-5.

[38] Cuiran Li and Chengshu Li, "Opportunistic spectrum access in cognitive radio networks," 2008 *IEEE International Joint Conference on Neural Networks* (*IEEE World Congress on Computational Intelligence*), Hong Kong, 2008, pp. 3412-3415.

[39] Cuiran Li, Jianli Xie and Chengshu Li, "Performance evaluation of a new MAC scheme for ad hoc networks," *Information and Automation*, 2008. *ICIA* 2008. *International Conference on*, Changsha, 2008, pp. 1734-1737.

[40] J. Xie, C. Li and C. Li, "A Spectrum Sensing Scheme for Cognitive Radios," *Communications and Mobile Computing*, 2009. *CMC*'09. *WRI International Conference on*, Yunnan, 2009, pp. 83-87.

[41] Wu ShaoBo and Li ChengShu, "A method of USIM anti-cloning in LTE/SAE," *The* 2*nd International Conference on Information Science and Engineering*, Hangzhou, China, 2010, pp. 4277-4280.

[42] W. S. Bo and L. C. Shu, "Identity-based SIP Authentication and Key Agreement," *Computational Intelligence and Security* (*CIS*), 2011 *Seventh International Conference on*, Hainan, 2011, pp. 808-811.

国际会议

1. Chengshu Li. CLUSTERING IN PACKET RADIO NETWORKS [C]. Chicago: 1985 IEEE International Conference on Communications (ICC'85), 1985.

2. Yang LieLiang, Li ChengShu. FH Codes for Use in CDMA and the Study of its Long Distance FH Patterns [C]. Beijing: 1994 International Conference Personal, Mobile Radio and Spread Spectrum Communications (ICPMSC'94), 1994.

3. Quan Qingyi, Li Chengshu. A FEEDFORWARD NET and ITS APPLICATION IN DIRECT-SEQUENCE PARALLEL SEARCH ACQUISITION [C]. Beijing: 1994 International Conference Personal, Mobile Radio and Spread Spectrum Communications (ICPMSC'94), 1994.

4. Tao Cheng, Li Chengshu. DECORRELATING MULTIUSER SIGNAL DETECTORS WITH DECISION FEEDBACK FOR DS-CDMA SYSTEMS [C]. Beijing: 1994 International Conference Personal, Mobile Radio and Spread Spectrum Communications (ICPMSC '94), 1994.

5. Chuan Chingyi, Li Chengshu. A Novel Multiuser Detector with Hopfield Network [C]. HongKong: The 2nd International Conference on Personal, Mobile and Spread Spectrum Communications (ICPMSC1996), 1996.

6. Li chuan, Li Chengshu. Performance analysis of M-ary Spread Spectrum Data Transmission System Based on Phase Modulating a PN Sequence [C]. Beijing: 1996 International Confernece on Communication Technology (ICCT'96), 1996.

7. Wu Xingyao Yang, Lieliang, Li Chengshu. Combinatory Equicorrelation Signaling Transmission Based on the Remainder Theorem: System and Performance [C]. Beijing: 1996 International Confernece on Communication Technology (ICCT'96), 1996.

8. Cuiran Li, Chengshu Li. An Adaptive Interference Cancellation Receiver with Low Complexity for CDMA [C]. Beijing: 2002-6th International Conference on Signal Processing Proceedings, 2002.

9. Yanbo Cao, Bin Zhou, Chengshu Li. A Novel Channel Allocation Scheme to Enhance Resource Utilization in CDMA/TDD [C]. Beijing: Proceedings of 2003 International Conference on Communication Technology, 2003.

10. Cuiran Li, Hao Wu, Xu Li, Chengshu Li, Jianli Xie. Performance Evaluation of A New MAC Method for Ad Hoc Networks [C]. Guilin: 2006 International Conference on Communications, Circuits and Systems, 2006.

11. Jianli Xie, Cuiran Li, Chengshu Li. Analysis of Multicarrier CDMA System with Adaptive Subcarrier and Power Allocation [C]. Chengdu: Proceedings of 2007 International Workshop on Signal Design and Its Applications in Communications IWSDA'07, 2007.

第四部分　研究生名单和学位论文目录

一、研究生及博士后名单

硕士研究生名单

谈振辉（1978—1981）
孙　炬（1978—）
张国华（1980—）
田易增（1980—）
付克玉（1983—1986）
史振良（1983—1986）
张　涛（1984—1987）
田秀占（1984—1987）
牛志升（1985—）
郝　析（1985—1988）
张竺军（1985—1988）
史大亮（1985—1988）
李继峰（1986—1989）
顾世敏（1987—1990）
裴建忠（1988—1991）
蒋　彦（1989—1992）
陈　文（1990—1993）
李　全（1991—1994）
刘　翔（1993—1996）
吴兴耀（1994—1997）
李伟刚（1994—1997）
周　彬（1995—1998）
程型清（1998—2001）
宿淑艳（1998—2001）
肖　伟（1999—2002）
杨　涛（1999—2002）
江连山（2003—2006）

博士研究生名单

姜为民（1992—1995）
蒋　彦（1992—）
李　全（1994—1997）
杨列亮（1994—1997）
全庆一（1994—1998）
张效文（1995—1998）
路　军（1995—1998）
倪建军（1995—）
关　皓（1996—1999）
宋琦军（1996—2001）
吴兴耀（1997—2000）
高　雪（1997—2000）
张禄林（1997—2000）
吴　强（1998—2002）

郑旭峰（1998—2002）
周　彬（1998—）
李翠然（1999—2003）
周运伟（1999—2003）
雷春娟（1999—2004）
曹晏波（1999—2004）
刘　琪（2003—2008）直博
李常茗（2003—2009）
吴韶波（2004—）
刘　留（2005—2010）硕博

博士后名单

陶　成（1993—1995）
黎洪松（1994—1997）
崔　巍（2003—2005）

二、研究生学位论文目录

1
【篇名】频率跳变扩频通信系统同步技术
【作者】谈振辉
【学位类型】硕士【年份】1981.
2
【篇名】分布式扩频区域无线信包通信网信道传输控制协议的研究
【作者】付克玉
【学位类型】硕士【年份】1986.
3
【篇名】声表面波卷积器在突发式直接序列扩频通信同步中的应用研究
【作者】史振良
【学位类型】硕士【年份】1986.
4
【篇名】扩频信包无线网中综合话音/数据服务多址协议的研究
【作者】张涛
【学位类型】硕士【年份】1987.
5
【篇名】高斯噪声中跳频信号检测问题的研究
【作者】田秀占
【学位类型】硕士【年份】1987.
6
【篇名】信包无线扩频网中应答协议的研究
【作者】郝析
【学位类型】硕士【年份】1988.
7
【篇名】混合扩频系统同步问题的研究
【作者】张竺军
【学位类型】硕士【年份】1988.

8

【篇名】计算机通信网中的 ARQ 系统

【作者】史大亮

【学位类型】硕士【年份】1988.

9

【篇名】室内信包无线通信协议的分析与数据终端的研制

【作者】李继峰

【学位类型】硕士【年份】1989.

10

【篇名】基于 SAW 卷积器的扩频快速同步捕获的研究

【作者】顾世敏

【学位类型】硕士【年份】1990.

11

【篇名】自组织信包无线网的分布式分群算法的研究

【作者】裴建忠

【学位类型】硕士【年份】1991.

12

【篇名】自组织扩频信包无线通信网链路激活的排序算法的研究

【作者】蒋彦

【学位类型】硕士【年份】1992.

13

【篇名】自组织扩频信包无线网路由算法的研究

【作者】陈文

【学位类型】硕士【年份】1993.

14

【篇名】自组织信包无线通信网实验系统的研究

【作者】李全

【学位类型】硕士【年份】1994.

15

【篇名】自组织扩频信包无线通信网络的研究

【作者】刘翔

【学位类型】硕士【年份】1996.

16

【篇名】自组织信包无线网路由选择优化问题的研究

【作者】吴兴耀

【学位类型】硕士【年份】1997.

17

【篇名】计算机仿真技术在扩频 CDMA 系统分析中的应用研究

【作者】李伟刚
【学位类型】硕士【年份】1997.
18
【篇名】无线 ATM 网络的移动性管理
【作者】周彬
【学位类型】硕士【年份】2001.
19
【篇名】CDMA 蜂窝移动通信网络规划相关问题的研究
【作者】程型清
【学位类型】硕士【年份】2001.
20
【篇名】CDMA 蜂窝移动通信小区规划技术及软件的研究
【作者】宿淑艳
【学位类型】硕士【年份】2001.
21
【篇名】蓝牙电话应用系统的软件设计研究
【作者】肖伟
【学位类型】硕士【年份】2002.
22
【篇名】基于软件测试自动化技术的蓝牙 Profile 互连测试系统的开发
【作者】杨涛
【学位类型】硕士【年份】2002.
23
【篇名】Ad Hoc 家庭网络的研究
【作者】江连山
【学位类型】硕士【年份】2006.
24
【篇名】关于蜂房 CDMA 移动通信系统的若干问题的研究
【作者】姜为民
【学位类型】博士【年份】1995.
25
【篇名】扩频码分多址（CDMA）信包网的研究
【作者】李全
【学位类型】博士【年份】1997.
26
【篇名】跳频频带重叠混合扩频通信系统的研究
【作者】杨列亮
【学位类型】博士【年份】1997.

27
【篇名】DS-CDMA 通信系统中多用户信号检测器的研究
【作者】全庆一
【学位类型】博士【年份】1998.
28
【篇名】基于 CDMA 技术的无线 ATM 通信网络的研究
【作者】张效文
【学位类型】博士【年份】1998.
29
【篇名】CDMA 移动通信系统中智能天线技术应用的研究
【作者】路军
【学位类型】博士【年份】1998.
30
【篇名】提同宽带 CDMA 系统性能的研究
【作者】关皓
【学位类型】博士【年份】2000.
31
【篇名】移动信息系统的军民协同与信息站若干问题的研究
【作者】宋琦军
【学位类型】博士【年份】2001.
32
【篇名】移动多业务分组预约多址协议的研究
【作者】吴兴耀
【学位类型】博士【年份】2000.
33
【篇名】DS-CDMA 系统多用户信号检测器的研究
【作者】高雪
【学位类型】博士【年份】2000.
34
【篇名】多跳无线网若干问题的研究
【作者】张禄林
【学位类型】博士【年份】2000.
35
【篇名】DS-CDMA 盲与半盲多用户检测算法研究
【作者】吴强
【学位类型】博士【年份】2002.
36
【篇名】分组移动通信系统中服务质量保证若干问题的研究

【作者】郑旭峰
【学位类型】博士【年份】2002.
37
【篇名】MC-CDMA 无线通信系统中的若干关键技术研究
【作者】李翠然
【学位类型】博士【年份】2003.
38
【篇名】差分跳频若干问题的研究
【作者】周运伟
【学位类型】博士【年份】2003.
39
【篇名】移动通信中无线资源管理及调度算法的研究
【作者】雷春娟
【学位类型】博士【年份】2004.
40
【篇名】TDD/CDMA 系统中动态信道分配的研究
【作者】曹晏波
【学位类型】博士【年份】2004.
41
【篇名】复合可重构无线网络中终端可重构的研究
【作者】刘琪
【学位类型】博士【年份】2008.
42
【篇名】复合可重构无线通信系统网络复合的研究
【作者】李常茗
【学位类型】博士【年份】2009.
43
【篇名】高速移动条件下宽带无线接入关键技术的研究
【作者】刘留
【学位类型】博士【年份】2010.
44
【篇名】移动通信系统中的若干问题研究
【作者】陶成
【学位类型】博士后【年份】1995.
45
【篇名】移动通信的甚低速率压缩编码技术
【作者】黎洪松
【学位类型】博士后【年份】1996.

46

【篇名】线性反馈移位寄存器的改进算法及其电路实现

【作者】崔　巍

【学位类型】博士后【年份】2005.

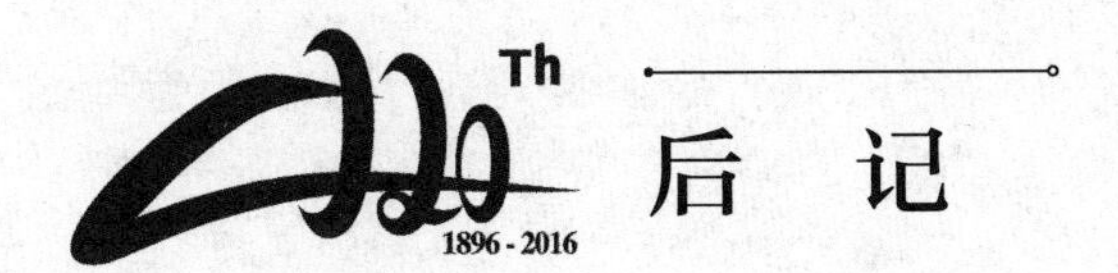

后　记

由于篇幅所限，本书只选编了本人以第一作者名义发表的论文。对于所带研究生的学位论文目录和摘要及研究生发表论文的代表作，将编为另一本书出版，以便更为广泛的交流。

本书的责任编辑为北京交通大学出版社的贾慧娟女士。她为本书的编辑和出版做了大量认真负责，热情而有效的工作，为此我要表示衷心的感谢。在本书论文的编辑工作中，也得到了我校电信学院吴昊教授、刘留副教授，以及王瑾、刘妍、张楠等研究生同学的热情支持与帮助，在此也对他们的辛勤劳动一并表示由衷的谢意！

由于编辑论文选集时间仓促，一些不妥之处在所难免，希读者见谅并恳请批评指正！

李承恕

2016 年 5 月 6 日